智能电网关键技术研究与应用丛书

配电系统的控制和自动化

Control and Automation of Electrical Power Distribution Systems

[瑞典]詹姆斯·诺思科特·格伦（James Northcote - Green）
[英] 罗伯特·威尔逊（Robert Wilson） 著
郝全睿 译

机 械 工 业 出 版 社

本书对配电网自动化涉及的基本理论、相关硬件和合理性等进行了详细介绍，主要内容包括配电网自动化的控制系统和架构、网络设计和运行、相关硬件设备、保护和通信、性能评价和经济性分析等。

本书适合配电领域的技术人员，特别是正在从事配电网规划和设计的电力工程师以及高等学校电力系统的教师和学生阅读。

译 者 序

配电网自动化是将配电网的电网结构、设备、用户和故障投诉等信息进行企业内部的纵向和横向集成，旨在实现配电网运行监控和管理的自动化和信息化。配电网自动化的实现涉及通信、量测、计算机、电力系统、自动化等多种技术，是一项综合、复杂的工程。目前，国内的配电网自动化比例低于国际平均水平，改造空间很大。虽然已经有很多介绍配电网自动化的书籍，但是大多数都是从技术和设备角度来阐述，很少涉及配电网自动化的合理性分析及配电网自动化收益的经济性量化分析，同时针对具体配电网自动化案例的分析也偏少。

本书作者长期从事配电网的相关技术和市场工作，有着深厚的配电网自动化背景。他们从工业界最关心的角度——配电网自动化方案设计和合理性出发，对配电网自动化涉及的基本原理和控制形式、设计原则和方法、设备、通信方式、性能的改进以及收益的经济性量化等相关问题进行了详细论述。使用了大量例子详细地介绍了配电网自动化系统的相关设备、性能计算、合理性分析等，以简单易懂的方式使读者了解配电网自动化的设计和工作过程。本书的相关内容基本上代表了国外配电网自动化最新的发展现状，书中给出的配电网自动化合理性分析和经济性分析方法对国内配电网自动化的发展有着很强的借鉴意义，特别是书中最后例举说明了如何创建具体的配电网自动化商业案例。因此，译者历时一年将本书翻译出来，希望这部书对读者有所帮助。本书部分内容的表述与国内熟知的出入较大，在翻译过程中，译者尽量贴近原著进行表述，以更真实地表达作者的思想和意图。

翻译过程中，我的学生张良一、谢蔚、季海宁和桂睿同学做了大量工作，对此深表感谢；也感谢我的妻子王淑颖对全书进行了校正；最后，感谢国家自然科学基金委对本书翻译工作的资助（51877125）。限于译者水平有限，书中难免存在用词不当或概念偏差之类的翻译错误，恳请广大读者予以批评指正。译者电子信箱：haoquanrui@ sdu. edu. cn。

郝全睿

于山东大学电气工程学院

原书前言

本书涵盖了配电网自动化的方方面面，可以作为参考书和教程指南。配电网自动化广义上涵盖了从简单的远程控制，到自动化逻辑的应用，以及基于软件的决策工具等相关内容。

考虑自动化的电力公司必须意识到并解决一系列关键问题：首先，必须要评估向现有开关设备添加自动化的成本和可行性，与用更“自动化就绪”的设备替换现有设备的方案进行比较；其次，要评估控制基础设施的类型和希望考虑的自动化水平（中央或分布式、系统或本地、或者以上这些的组合）及其对通信系统可用性和实用性的影响；然后，要对希望或被迫（监管压力）达到的目标水平与谨慎的支出进行权衡，目标水平受必须达到的可靠性和运营经济性的影响，有必要寻找那些能够经济有效地提高性能却不会降低电力公司商业表现的关键功能；最后，为了实现自动化解决方案，必须通过创建商业案例证明其合理性，不同的商业环境会产生非常不同的评价，如在基于性能的罚款风险中运营的电力公司会将缺供电量看得比那些以传统电量成本核算的电量重要得多。

《配电系统的控制和自动化》解决了以上四个问题以及许多在应用配电网自动化时应该考虑的相关问题。对控制和自动化解决方案的基本原理进行了介绍，包括控制深度、控制责任边界、自动化阶段、自动化强度水平（AIL）、配电自动化（DA）、配电管理系统（DMS）、变电站自动化（SA）、馈线自动化（FA）和自动化设备准备度等概念，所有这些都在第1章中进行了介绍。因为FA或扩展控制、一次变电站外的自动化是本书的主题，本书详细地探讨了这些概念。

第2章总结了SCADA、控制室运行管理、调度员决策支持工具等高级应用和停电管理（OM），介绍了DA解决方案中中央控制的作用。用一小节内容介绍了衡量实时系统性能的概念。配电网的连接性模型是所有DMS的基础元素，因此，数据和数据建模成了DMS实施的关键——潜在的实施者应该明白它的意义。数据模型的重要性及其对构建与GIS等其他应用接口的意义也一同进行了解释，目的是通过公共信息模型（CIM）进行标准化。

第3章介绍了配电设计、规划、本地控制、网络类型的比较以及网络结构，以协助选择一次设备和相关的控制。后者引出了网络复杂性因数的概念，本书后面的内容将会用到相关的关系式。

第4章介绍了配电一次设备、断路器、重合闸、分段器和不同类型传感器的基本知识，这些将成为DA方案的一部分，本书后面的章节将在此基础上提出馈线自

动化组成单元的概念。

第5章扩展了前面章节的基础工作，这些工作对开发FA组成单元而言很重要：对配电网基本的保护要求以及不同接地方式下需要考虑的相关内容进行了解释；详细介绍了故障指示器（FPI）及其应用；描述了适合一次设备自动化的各类智能电子设备（IED）及其可能的用途；最后，对自动开关电源、电池及其工作周期进行了解释。本章最后一节选择并收集了本章及之前章节中介绍的相关设备，提出了FA组成单元的概念，并特别关注了不同组件之间接口，这些接口必须经过设计和测试才能用来创建一个自动化就绪设备。

第6章讨论了如何计算配电网的性能，以及选择的自动化策略和不同FA组成单元如何提高性能。本章总结了性能指标的计算、网络复杂性因数（NCF）和性能之间的关系以及不同的自动化策略。

通信系统是DA实施的关键部分，第7章深入介绍了该主题，以便DA实施者能够理解通信系统的复杂性。总结了不同的通信媒介后，对无线通信进行了介绍，内容涵盖了天线的结构管理到增益计算；无线通信之后，对配电线载波进行了全面介绍；总结了可能适合DA的通信类型及其优缺点；解释了协议的结构，最后介绍了对通信系统规格的要求。

第8章开发了证明DA合理性所必需的方法。一开始介绍了直接和间接收益的概念，二者可能是硬性或软性收益；解释了一般性收益、收益机会矩阵和收益流程图的思想；分析了DA功能对硬件的依赖性以及对共享收益进行重复计算的可能性；给出了计算由资本推迟、缺供电量、工时节省和人员出行时间节省CTS（通过Wilson’s曲线）产生收益的方法；最后一节分析了对电量相关的收益进行量化时为其分配正确经济价值的重要性。本章结束时又回到收益的硬性和软性分类，将其总结为一种表示商业案例量化结果的方法。

第9章通过两个案例研究对本书进行了总结，这两个案例利用前面章节中的思想对不同的情况进行了说明，其中配电自动化正面的商业案例是成功的。

电力公司一直在通过改进配电网资产的管理来争取更好的经济性，而DA是他们可以利用的工具之一。本书的内容将为决策制定者在制定方案和论证其合理性的时候，提供一种针对所有需要进行研究和决策的问题的有用指导。

本书涵盖了一系列主题，如果没有我们同事的巨大付出，本书不可能完成。作者特别感谢以下专家对第7章做出的贡献：原来在ABB、现在Cipunet的Josef Lehmann，英国铁路行业的通信专家John Gardener，瑞典Radius通信的Anders Grahn和Hans Ottosson。Gunnar Bjorkmann和Carl－Gustav Lundqvist给出的建议和贡献极大地改进了第2章中SCADA、性能测量和数据建模部分。我们还要感谢Reinhard Kuessel和Ulrich Kaizer博士为第2章高级应用部分提供了宝贵的材料。本书的构思受Andrew Eriksson领导的ABB高级管理者的战略性思想的启发，Andrew Eriksson明确了重新审视馈线自动化的需求，而这种需求导致了对一项DA研究项目的资助。感谢已故的英国电力行业高级会员和作者 Ted Holmes，感谢他的建议和审阅。作者还要感谢为该项目指派的 ABB 成员 David Hart 博士、Peter Dondi 博士、Arnie Svenne、Matti Heinonen、Tapani Tiitola、Erkki Antila、Jane Soderblom、Duncan Botting、Graeme McClure 和 Karl LaPlace，感谢他们在 FA 各方面所做的原创性工作，这些工作已经包含在本书中。ABB 电网管理部门一直允许引用重要的文献和技术专题，这种支持是无价的。我们还想感谢 Jay Margolis 和 Taylor &Francis 其他员工的参与和工作。最后同样重要的是，我们要谢谢我们多年的同事和搭档 Lee Willis 鼓励和督促我们写下我们所经历和了解的内容。

目　录

第1章

输配电系统控制和自动化

1.1 引言

电力公司一直竭诚作为有效率的企业以提供质量尚可的电力。放松管制的出现极大地改变了这种商业环境。作为放松管制、开放获取和私有化的结果，这种商业目标的根本性转变发生在很多国家的电力公司中，正引起一场对电网设计和运行实践的重新认识。随之产生的发电、大容量输电、配电和计量业务分离突显了这些组织各自的关注重点。特别是，无论是直接通过监管者还是间接通过新的费率结构或消费者意识，电网可靠性、电能质量（Power Quality，PQ）都被要求得到改善和提高；配电网的所有者也同样被要求通过改进监测和分析手段最大化地利用资产并延长其寿命，这些都是他们需要负责的重要问题。在此发展过程中，电网控制和自动化将发挥关键作用，帮助配电网所有者适应不断变化的形势和机遇并实现他们的商业目标，同时确保股东们享有适当的回报。该书的目的即总结配电网自动化所用到的组件和系统，定义工业自动化中用到的某些公式，并且介绍有助于实现控制自动化的新思路和解决方案。

1.2 为什么需要配电自动化

实现配电自动化（Distribution Automation，DA）的配电公司正在很多方面获益。例如，DA可以快速提高可靠性，使整个操作功能更加高效；或者只是简单地延长资产寿命。受过去收益-成本比的限制，整个配电行业对配电自动化的接纳程度并不一致。过去的管理层认为更有效率的配电网控制既不必要，也没有投资价值。基于放松管制和对新型、更具成本效益的控制系统的行业经验，这种观念正在改变：自动化首先在最高控制层实现，最高控制层的功能整合可以提高整个企业的效率；下游自动化系统的实现则需要更复杂的论证，并且通常针对那些改进后会产生可观收益的特定区域。变电站自动化带来的好处正在延伸到变电站外的馈线装置甚至仪表上。实施配电自动化的电力公司已经有了成功的商业案例㊀，大量与各自运营环境相适应的实际收益支持了这些案例。表 1.1 总结了根据控制层㊁划分的主要自动化收益类别。

表 1.1　根据控制层分类的主要的自动化收益

控制层级	降低运维成本	推迟扩容工程	提高可靠性	新型用户服务	电能质量	改善的工程和规划信息
公司	√			√		√
电网	√	√	√		√	√
变电站	√	√	√		√	√
配电	√	√	√		√	√
用户	√	√	√	√	√	√

（1）降低运行维护成本。无论是从公司层面改进的信息化管理，还是从电网层面由配电管理系统（DMS）带来的切换计划自动化，自动化都降低了整个公司的运行成本。在变电站和配电网层面，故障快速定位大大降低了巡线时间，因为工作人员可以被直接指派到电网的故障区域。传统费时的故障定位需要进行巡线，同时需要在一次变电站现场操作手动开关与馈线断路器进行配合，这种操作方式已经被废除。如果负荷特性允许，通过定期远程切换常开联络开关（NOP）以及动态地控制电压，自动化可以用来降低损耗。

通过实时数据及资产管理系统，对电网设备的状态监测可以实现基于状态和可靠性的维护工作。维护工作经过优化，可以减小对用户的影响。

（2）推迟扩容工程。改进后的电网运行信息允许现有电网以更小的安全裕度运行，因此可以释放一部分事故备用容量。实时负荷分析将针对运行需求优化设备寿命。在许多情况下，一次变电站之间的联络开关自动化将避免增加对其他变电站变压器的容量需求，因为可以通过远程控制将短期负荷转移到相邻变电站来维持电力供应而几乎不减少设备寿命。

（3）提高可靠性。虽然可靠性是电能质量问题，但通常单独进行考虑，因为故障统计是配电网运行中的一项重要指标。通过部署远程控制开关（如重合闸和负荷开关）和故障指示器（FPI），并结合控制室管理系统，可以改善整个区域的停电管理，大大减少停电时间和停电频率。无论间接地还是通过基于性能/罚款的费率，要求提高电网可靠性的用户需求和监管压力正在迫使电力公司管理层重新审视供电质量不合格区域的运行和设计实践。自动化提供了可以减少停电时间的最快方法。经验表明，通过实施自动化，大多数维护良好的架空馈线系统每年的平均停电持续时间可以减少 20% ~30%。如果只有当停电超过一定的时间才会被记录为

㊀ 第 8 章涵盖了成本/收益分析和商业案例开发的全部领域。

㊁ 如第 1.4 节所述。

一次停电的话，它甚至可以减少停电的次数㊀。这种改善的前提是，由重合闸操作引起的瞬时停电是可以接受的。比较而言，例如更换为绝缘导线可以同时改善停电持续时间和停电频率，但需要更高的成本和时间代价，通常需要3~4年的实施期。

（4）新型用户服务。通过远程读表实现用户层的自动化，使电力公司能够提供更灵活的收费机制并为用户用电提供更多的选择性和控制。这种最低控制层必须与最高控制层的用户信息系统相协调，才能成为一个有效的业务系统。这种最低层的自动化是分布式电源㊁实用化的先决条件。

（5）电能质量。除了以停电来衡量的可靠性外，电能质量还包括电压调整和不平衡、电压暂降、电压暂升和谐波含量。随着电力电子负荷渗透率的提高，这些特性正在受到越来越多的关注。配电网自动化越来越多地在智能装置中采集波形，从而实现真正的电能质量监测。自动化还可以通过对电容器组和电压调节器的远程控制实现电压调整的动态控制。

（6）改善的工程和规划信息。由配电自动化而产生的实时数据大大增加，这为电网的规划和运行人员提供了更高的能见度。通信基础设施的优化是实现自动化的一个重要方面，它需要向相应的应用程序提供数据。这些数据是在不同商业目标下进行更好的规划和资产管理的基础，能够降低运营和资本投资。

1.2.1 渐进式实施

计算机化的控制和自动化系统的好处是随着每项功能的实施而体现的。实施策略是渐进式的，即每一项功能建立在前一阶段基础之上，因而成效随着时间而累积。图1.1显示了一个主要为农村地区供电的电力公司的例子，随着10年内各项功能的逐步实施，停电时间和工作人员水平都有所改善。这些改善对于电力公司而言具有经济价值，可以为其业务提供正的收益成本比。已实现的配电自动化（DA）功能有：

- 监控与数据采集（SCADA）；
- 变电站内继电器通信；
- 远程控制隔离开关；
- 集成故障定位功能的配电管理系统，故障定位功能由包含资产数据库和地图系统的企业网络信息系统提供支持。

虽然基于性能的处罚（PBR）机制的出台对配电自动化来说是一种强劲的经济驱动，但由于设备价格的大幅降低、配电自动化标准的出现以及提高资产利用率的商业压力，配电自动化在PBR尚未出现时就已呼之欲出。考虑到短期商业目标中

㊀ 为了在公共或私有环境下国家评价标准机构或监管机构对电力公司表现进行评估的统计目的。停电仅在持续超过一定时间后算起，通常在1~5min之间，视国家而定。在24h内未处理的停电故障通常会招致对用户支付罚款。

㊁ 分布式电源是指通常接入中压（MV）或低压（LV）电网的小型发电系统（微型燃气轮机、燃气发动机、风力机、光伏阵列等）。

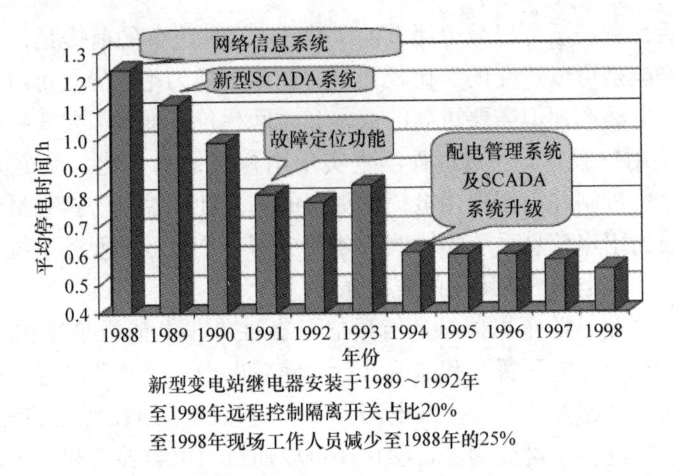

图 1.1　某农村电网在一段 DA 执行期内累积的收益概况（由 ABB 提供）

的许多软性和硬性收益已经为配电自动化提供了成功的商业案例，需要注意的是只实现一项自动化功能就可以产生不同类别的收益。反之，额外的功能可以在已有的 DA 基础设施上以较小的增量成本实现。在制定 DA 策略时，这种相互依赖性应该最大化，特别是在开发整体商业案例时不应忽视软性收益。对这些无形的软性收益的正确评估，将影响配电自动化对配电业务的最终贡献和价值。

1.2.2　电力行业对配电自动化的接受程度

评估配电自动化（DA）在工业界中的应用程度很难，不仅因为对该概念的理解不同，还因为应用策略多种多样。市场和国家的供电政策对电力公司管理层产生不同的业绩压力，导致不同的业务驱动力。一些电力公司在监管压力下被迫立即采取行动，改善性能较差的电网部分或重要用户的供电质量，而其他电力公司则需要很多年才能在全网逐渐实现配电自动化。另外，基于组件的采购方式使得确认 DA 的应用数量变得很难。DA 是许多市场调查的主题，图 1.2 对此进行了回顾，证实了 DA 被接受程度和应用程度都在日益增长。

1988 年，一项对全美 500 多家电力公司的调查（见调查编号 1）显示，只有 14% 的公司应用了 DA，另有 12% 的公司有一项 DA 策略。这一时期 DA 的背景是在采用 RTU 的下游配电变电站部署配电 SCADA 系统。那些部署了配电 SCADA 系统的公司中有 70% 正在考虑增加变电站外的扩展控制。十年后（即 1998 年）对美国和其他国家（主要是加拿大、英国和澳大利亚）变电站自动化的调查（见调查编号 2）显示，变电站内采用通信总线而非硬接线的自动化应用显著增加。被调查的美国以外的电力公司接受变电站自动化的比例更高。一项在 1999 年进行的关于电网扩展控制（馈线自动化）的调查（见调查编号 3）证实，在被调查的 40 家美国电力公司中超过一半的公司正在积极部署，并已计划在其一次配电网（中压）中继续安装远程控制开关。这项调查覆盖了所涉及电力公司运营的 20000 条架空线

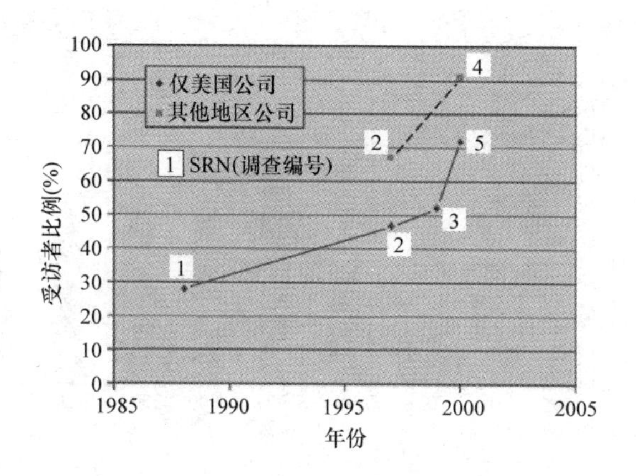

图 1.2　1988～2000 年间美国及美国之外地区实现 DA 的配电公司调查结果
（数据由 Newton－Evans 调查公司提供，数据来自 Newton－Evans 调查公司和 Maryland 公司，要么是商业性的，要么代表 ABB；这两家机构提供了摘要）
1—1988 年全美 500 多家电力公司　2—1998 年美国和其他国家（加拿大、英国和澳大利亚）
3—1999 年 40 家美国电力公司　4—2000 年非美国公司　5—2000 年美国公司

路和 3500 条配电馈线，这代表了一个 4660 万的用户群或占整个美国 20% 的样本。在 2000 年对美国 DA 应用的调查（见调查编号 5）再次关注了扩展控制，并显示了远程控制开关或重合闸的大规模应用。50% 的受访者不使用 DA 的主要原因是他们的系统不需要，其中 30% 认为成本过高。同一年对非美国公司的调查（见调查编号 4）主要关注变电站自动化和扩展控制，其中 75% 的受访者声称他们目前已经实现了变电站和馈线开关的自动化并且这种趋势将在调查期间（2000～2002 年）得到延续。调查样本包括来自南美洲（17 个）、欧洲（9 个）、中东（4 个）和远东（8 个）地区有代表性的电力公司。

通过英国的经验可以清楚地说明如何在监管环境下实施 DA。监管者将允许收入与改善性能最差的馈线可靠性所需的投资水平相挂钩，有效地引入了间接经济处罚。最高收入通过系数“X”被限制低于一般通货膨胀水平，系数“X”根据记录的性能而定期变化。这一限制的主要效果是确保改善可靠性的投资，并将投资决策与收入限制进行比较。已实现 SCADA 控制的变电站外的自动化渗透程度如图 1.3 所示。

一旦为每个电力公司设定好首个监管期的目标，变电站外自动（远程控制）开关的数量会迅速增加。各电力公司的自动化策略有所不同，有些集中在高密度的地下电网，另一些集中在性能较差的农村架空线路。大多数公司计划在第二个监管期间继续改进性能，将自动开关的普及率提高到总量的 5% 左右。

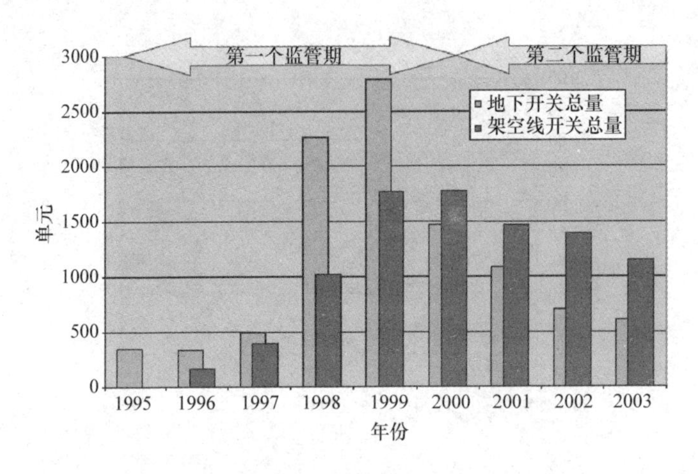

图 1.3 私有化后英国配电公司一次变电站外的自动开关数量

1.3 输配电系统

输配电系统是连接终端用户和发电机的连续网络，该网络分为将电力从发电机传输到负荷中心的大电网，在负荷中心电力被分配给最终使用者或用户。用户越大，输电的电压等级越高。输电系统专注于安全高效地传输大容量的电力以及选择合适的电源。在最近引入自由电力市场之前，一家公司负责所有三个领域。将服务领域分配给一家负责这一垂直过程的公司，造成了电力供应的垄断，这种垄断由授权的管理机构进行管制。这些官方机构在电力公司提交财务和工程计划后批准终端用户的费率。发电经济学对不同发电形式（热、核能，天然气和可用的水电）的运行成本和电力在输电网络的传输成本进行平衡。利用规模经济的优势选择最大容量的发电机，这样可以保证考虑失负荷概率时的可靠性。输电系统则通过全面且确定的单个和多重事故稳态分析和动态稳定性分析进行设计，这些分析是为了研究发电和输电量的大量损失对系统安全性的影响。这些系统的控制是最基本的，使用SCADA 系统的电网运行人员可以通过向各个发电厂的发电控制系统发送指令并远程开关断路器、分接开关和电容器组来远程增加发电量。随着时代的进步，开发的能量管理系统可以提供自动发电控制（AGC），并可以通过状态估计和安全分析持续监测输电网络的状况来提醒运行人员潜在的问题。通过在线预测最小的发电量，短期负荷预测提高了运行的经济性。

随着电网与发电的分离，控制要求变得越来越复杂。现在，发电是在一个自由市场中按大小分级、定位来运作的，因此，输电控制系统必须能够从不同且变化的地点响应发电，而这些地点取决于发电商的策略。为了以不同的价格水平传输电力，必须添加控制来管理贯穿整个供电网络的能量流动。这种需求已经催生了仅以此为目的的商业输电线路和更加可控的高压直流（HVDC）输电的更多应用。在放松管制的环境中电力公司的各种功能分离为独立的业务，如图 1.4 所示。

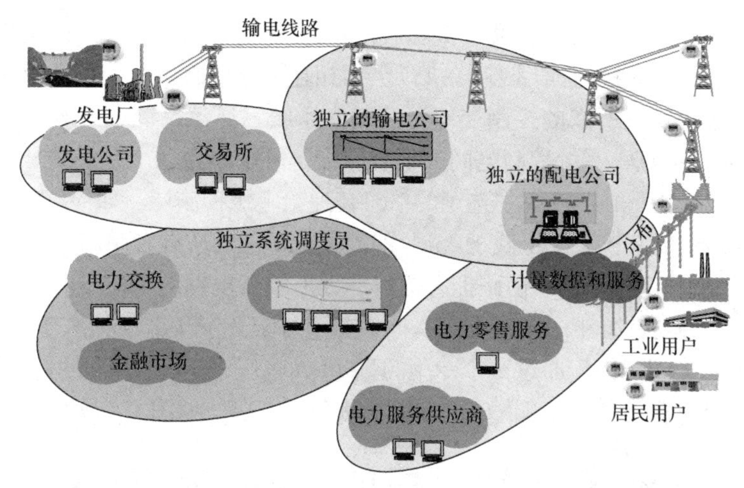

图1.4　在放松管制的环境中作为独立法律实体运作的电力公司业务流程（由ABB提供）

本书将不再详述发电和输电控制的相关问题，而是主要关注放松管制环境下由独立配电公司（DisCo）运营的配电系统的自动化和扩展控制。配电系统几乎不需要实时控制，因为其中占大多数的辐射状网络在电压限定值和预期负荷范围内设计运行。电网由一次（配电）变电站的馈线断路器及各种变电站边界外的馈线保护装置（重合器、自动分段器、熔断器）提供保护。一次变电站外的网络切换操作由线路运行人员手动执行，他们在恢复全面供电之前被派去定位、隔离和修复故障。当然，与大容量输电线路相比，损失的电量并不足以证明对控制系统进行大量投资的必要性。在配电网中引入的第一个远程控制是大型一次变电站采用的简单SCADA系统，这种大型一次变电站的经济性类似于输电变电站。小型一次变电站（<50MVA）一般仍然采用与配电网类似的人工控制。

然而，放松管制强调了减少停电时间的要求，这已经对配电网产生了影响。因此，馈线系统自动化已成为提高运行水平的策略之一。与带配电管理系统的简单SCADA系统[㊀]（相当于输电系统EMS）相结合，馈线系统自动化大大提高了配电网的控制水平。随着分布式电源在配电层的部署，这种提高的控制能力将变得更加重要。

对电力系统控制的全面讨论最好以控制层级的形式展开。

1.4　控制层级

电网自动化应用于结构化的控制层级，这种结构包括了电网不同传输层的需求。这需要能够通过委托型控制从一个点、控制中心或多个分布式控制中心对电网进行控制。这个过程称为SCADA或远程控制，它依赖于控制中心到一次设备（发电机、断路器、分接开关等）的通信链路来进行操作。主要设备必须装有执行机

㊀　详见第2章。

构或机械装置进行机械分合操作。这些执行机构必须与二次设备——智能电子设备（IED）对接。IED通过通信系统与执行机构相连，IED的相对大小和复杂性取决于控制系统的配置及其所在的控制层级。控制室系统、通信系统和IED相结合组成了SCADA系统。SCADA系统控制电网的不同层级，可以作为一个系统集成在多个层级之上，也可以作为单独的系统将选定的信息传递给上级控制层。如何组织中央控制取决于电网层级的所有权：电压低于33kV的简单配电网的所有者倾向于使用一个SCADA系统来控制整个网络；即使是拥有覆盖广大地域大电网的电力公司也正在加强从分布式控制中心到一个中心的控制[⊖]；同时拥有中压和高压（HV）输电网（230～66kV）的电力公司倾向于通过一个专用的SCADA系统来运行高压电网，将两种电压等级整合在同一系统中。典型的电网控制层级包括五层，如图1.5所示。

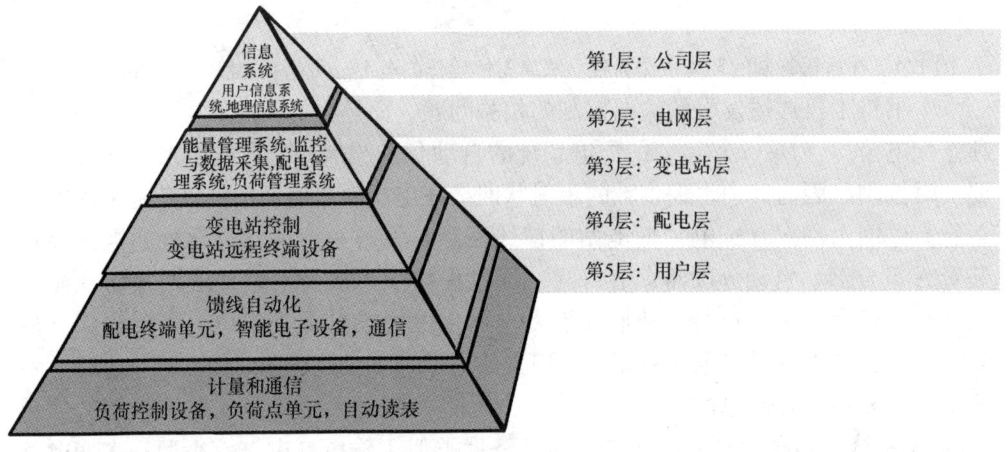

图1.5　典型的电力公司控制层级（由ABB提供）

第1层，公司层：该最高控制层涵盖了所有的企业级IT、资产管理和能量交易系统。

第2层，电网层：一直以来，该层控制了大规模输电网，包括发电机的经济调度。

第3层，变电站层：通过对所有继电保护状态进行通信，实现变电站内所有断路器的综合控制。

第4层，配电层：该控制层涵盖了中压馈线系统，并通过远程控制和本地自动化反映位于一次变电站下游的馈线设备的实时控制能力的扩展情况。

第5层，用户层：这种最低控制层位于输电系统与用户的直接连接处。该层对更加灵活的计量系统的需求日益增加，以便对费率和负荷控制进行修正（需求侧管理，DSM）。这项功能是通过在信息技术（IT）基础上集成了新型、易配置的计费和记账过程的自动读表（AMR）系统来实现的。

⊖　计算技术的提高和DMS的引入使得这种强化在技术上是可行的。

将控制过程按控制层划分是因为在实际中电力公司的控制职能也是类似地组织起来的，另外，电网是一个垂直集成的传输系统，其中每一层都是整个系统的必要部分。如果要满足电网所有者的业务需求，控制层的划分以及由此产生的架构必须呈现一个完整的企业视角。本书中的配电自动化涵盖第3层和第4层。

但是，如果没有关于其他控制层足够多的细节来涵盖他们对DA的贡献和相互作用，那也是不完整的。第2章将回顾这些控制层在配电网企业中的技术、应用和贡献。

如果不引入控制深度和控制责任边界的概念，就无法对分层控制进行讨论了。控制深度是指特定的控制系统所涵盖的控制层，如输电SCADA/EMS的控制深度可以覆盖中压馈线断路器以上的所有设备。配电SCADA/DMS控制也可以从同样的断路器开始，并控制所有中压设备，包括配电变压器低压侧的测量设备，甚至可以延伸到中高压输电网。控制责任的划分、谁控制什么，必须通过电网组织内部达成一致并恰当地设置控制责任边界来定义。

1.5　什么是配电自动化

全球范围内的电力界对什么是配电自动化有很多观点，从作为涵盖配电企业整个控制过程的这一概括性术语，到通过改造现有设备实现简单的远程控制和通信设施的部署。因此为了清楚起见，将这种概括性术语视为DA的概念，并在该概念下探讨配电管理系统和配电自动化系统的其他常用术语。

DA概念

DA的概念只是简单地将自动化这一通用词应用到整个配电系统运行中，并涵盖了从保护到SCADA系统的全部功能以及相关的信息技术应用。这个概念将就地自动化、开关设备的远程控制和中央决策的能力融合在一起，为配电系统形成一个联系紧密、灵活并具有成本效益的运行架构，如图1.6所示。

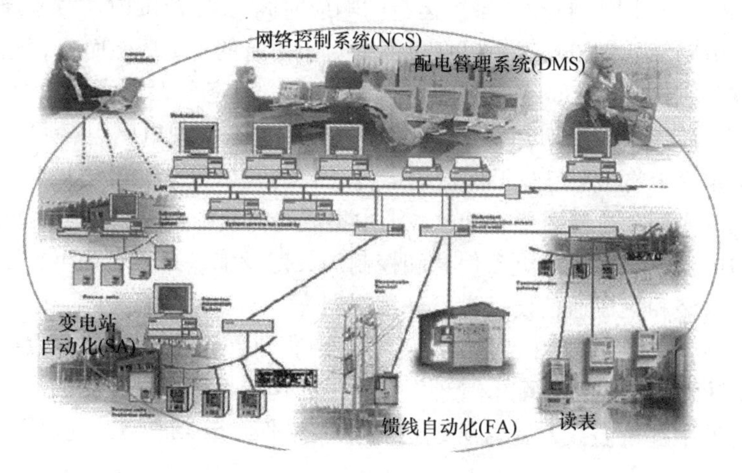

图1.6　作为总称的配电概念（由ABB提供）

在实际中，在 DA 概念中有两个在工业界广泛使用的专用术语。

(1) 配电管理系统。配电管理系统（DMS）有一个控制室中枢，在此为运行人员提供最佳的电网“已运行”视图。它通过协调配电网中所有下游实时功能与非实时（手动装置）信息，定期地对电网进行适当控制和管理。DMS 的关键是将配电网的模型数据库、对所有 IT 支持基础设施的使用以及填充模型和支持其他日常操作任务所必需的应用程序组织起来。一个通用的 HMI（人机界面）和过程优化的命令结构是至关重要的，可以为运行人员提供一个能直观高效地完成任务的工具。

(2) 配电自动化系统。配电自动化系统（DAS）安装在配电管理系统之下，包括在变电站和馈线层面上所有的远程控制设备（如断路器、重合器、自动分段器）、分布在这些设备上的本地自动化系统以及通信基础设施。它是 DMS 的一个子系统，基本涵盖了下游的电网控制流程的所有实时环节。本书主要关注配电控制和自动化方面，因此应该对该层面的自动化进行更详细的讨论。

1.6 配电自动化系统

配电自动化涉及的范围很广，从简单的远程控制改造或高度集成的智能设备的应用，到完整系统的安装。术语“自动化”本身表明该过程是自我控制的，电力行业采用以下定义：“一套使电力公司能够以实时模式远程监控、协调以及远程操作配网组件的技术”[㊀]。

有趣的是，该定义没有提及自动化功能。这得从“协调”一词推断出来。所有的保护装置必须经过协调，才能通过正确的、有选择性的故障隔离来自动执行保护功能。隔离故障只是 DA 的一部分功能，因为如果隔离了故障，使尽可能多的正常电网重新通电，电网运行情况将得到改善。此外，术语“实时”表明，在典型的大型 SCADA 控制中，自动化系统运行的响应时间在 2s 范围内。对于通信延迟很多的某些配电网部分来说，这个目标过高。对于所有的 DA 功能而言，这也是不必要或不划算的，DA 功能的响应时间可以根据需求而定。无论术语“实时”还是“需求时间”都允许灵活地设置适于以经济有效的方式实现电网运行目标的响应时间。一种从定义上将 DA 与基于保护的运行（自动）区分开的说法是，相关的配网组件可以远程控制。这就需要在 DA 系统中集成通信基础设施，这是为配电网更智能运行所需的决策制定提供更多信息和控制的关键设施，必须对在可控配电设备和中央控制中安装和集成通信设备进行仔细规划。

如前所述，DA 也支持中央控制室应用，以促进整个配电网中远程控制和手动操作设备的决策进行——在配电管理系统中的应用。不受远程控制的配电设备数量在任何配电网中都占多数，妥善管理这些资产对业务至关重要，这需要在 DMS 中

㊀ 改编自 IEEE PES 配电管理教程，1998 年 1 月。

添加额外的设施。这些应用需要来自位于控制结构顶层的企业进程系统的支持，如用户信息系统（CIS）和地理信息系统（GIS）。

无论DA应用在两个控制层中的哪一个，都有三种不同的方式来看待自动化：

（1）就地自动化——通过保护或就地逻辑决策的开关操作。

（2）SCADA（远程控制）——通过带远程状态监测、指示、报警和测量的远程控制进行的人工开关操作。

（3）集中自动化——通过针对故障隔离、网络重构和故障恢复的中央决策进行远程控制的自动开关操作。

任何DA的实现都将包括其中的至少两项功能，因为通信是必须实现的一部分。但是，有的电力公司声称拥有可运行的配电自动化系统，这是因为其早期安装的重合闸，其中有些重合闸与自分段开关相结合。没有设备的通信就不满足公认的DA定义。许多实现了上述功能的电力公司也承认为了确定设备是否动作需要与开关设备通信。

1.6.1　自动化决策树

通过图1.7中的决策树来说明开关设备自动工作的选择路径。一旦根据电力传输和配电网中的保护责任选定主设备，就可以确定自动化程度。

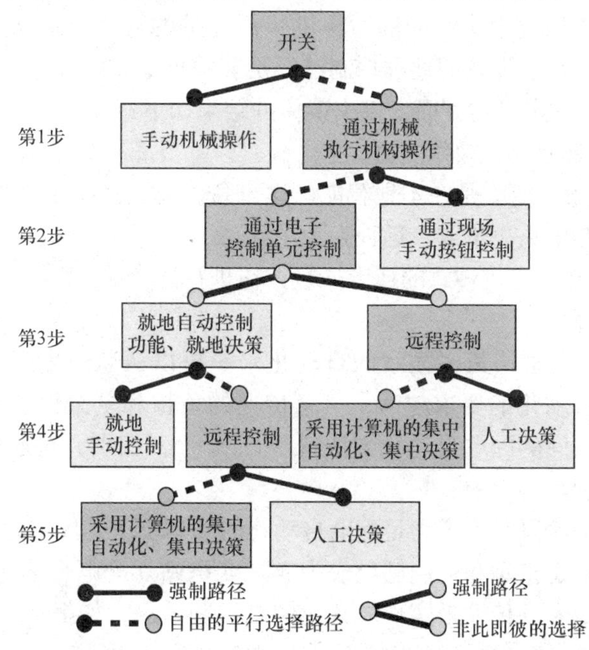

图1.7　显示了实现一次开关就地或中央自动化逻辑步骤的决策树

实现任何手动开关的自动化可以描述为导致控制结构的程度和类型的许多步骤和不同路径。有些路径是可选的，但如果要实现自动化，许多路径是必须的。

步骤1：这是基本步骤，旨在为开关提供机械执行机构，没有它将不可能实现非人工操作。一直以来，开关一直是手动操作的，但增加了储能装置或动力执行机构来确保开关操作与人力水平无关以及一致的操作速度。因为操作人员离开关更远，安全性得到了提高。

步骤2：虽然安装执行机构允许就地通过按钮进行简单强制的手动操作，但它的主要目的还是便于通过就地自动化或远程控制来运行。

步骤3：一旦为执行机构安装了电子控制单元，就可以选择实现两个主要自动化功能之一了。该步骤中最简单的选择是，就地自动化可以连接到通信系统，以允许远程控制。另一种选择是，实现本地智能化，允许设备在某些预先设置下进行自动操作。步骤3中第二种选择的典型例子是没有通信的重合器。

步骤4：这一步建立在前一步的两个选择基础上。基本上，远程控制被添加到就地自动化中，这样一来，就地自动化下任何设备的动作都会通知给运行人员，并且运行人员可以抑制本地动作或进行远程决策。就地人工操作优先于智能化是它的强制性功能。在步骤3选择了远程控制的另一条路径中，有两种可能的决策形式，一种是涵盖了全系统角度的远程集中控制，另一种是人工启动的远程控制（人工决策）。

步骤5：最后一步将步骤4中相同的选项——远程控制应用到就地自动化。虽然向就地自动化添加集中决策的能力提供了最先进的自动化策略，但并未普遍实行，因为发现使用智能设备的远程控制已经足够并且更简单。

在满足DA基本定义的方面，该决策树的结果如下：

- 开关必须具有远程操作能力。
- 实现了决策，要么是在本地智能二次设备，要么在位于中央的DA服务器，二者结合了就地和中央决策或者远程人为干预。
- 就地操作必须是机械式的或者通过按钮进行。

1.6.2 自动化阶段

对1.6.1节中通过决策树显示的自动化水平可以从通信媒介负担的角度来考虑。远程监控和自动化的要求越高，信息传递的负担和复杂性越高。基于这种考虑，产生了两种不同的配电自动化方法（见图1.8），特别针对通信主要基于无线电的馈线扩展控制。

第1阶段：该阶段是为了满足配电自动化的基本要求，提供远程状态和控制功能。开关的远程状态指示和控制已经成为实现变电站外配电自动化的最合理阶段，这只能通过数字信号的传输来实现。其他的二进制信息，如报警、FPI触点闭合以及阈值附近的数值，可以采用数字化通信。数值的通信通过缩短数据包长度，大大降低了通信的复杂性。为了满足基本的远程控制需求，低功率无线电系统被开发出来并加以采用。

第2阶段：这个阶段将测量模拟信号的传输添加到状态和控制指令中。这种附加信息将扩展控制的功能转移到变电站层面的相关功能上；但是，通信负担加重

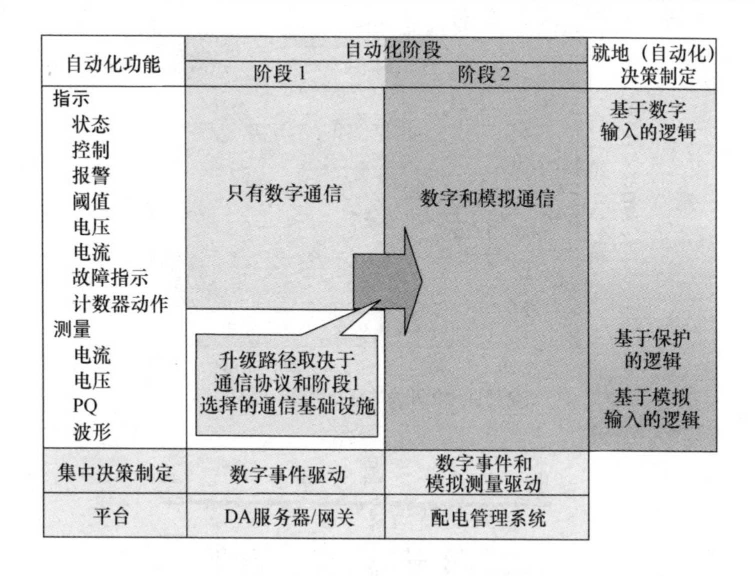

图1.8　配电自动化的扩展控制阶段

了，并且需要整个SCADA系统采用的通信协议。为了减少这种负担，高层的协议必须有未经请求的异常报告㊀和拨号㊁的能力。

就地自动化可以应用在这两个阶段，并且只取决于电力传感器和智能二次设备的精密程度。仅有上报状态的限制不影响基于模拟/保护的就地决策过程。集中决策的程度不仅取决于传递给服务器的信息的数量和细节，还取决于通信基础设施的数据传输速度能力。

从一个阶段到另一个阶段不一定有自然的升级路径，因为协议和通信基础设施可能由于第1阶段的优化而存在局限性。第1阶段基础设施的选择必须考虑到在实施的投资回收期内是否需要升级到第2阶段。

1.6.3　自动化强度水平

自动化强度水平（AIL）是用来定义变电站外部馈线系统自动化渗透率的术语。常用的度量方法有两种：一种是可以远程控制的手动开关数量的百分比，典型值为5%～10%；另一种是每条馈线的自动开关数量。后者通常为1，1.5，2，2.5等，其中半个开关表示两条馈线共享的常开联络开关。每条馈线的一个半开关是指使一个常开开关和一个中间馈线开关的自动化——该AIL值产生投资的最大改善，因为更大的AIL对系统性能的边际改善将减小。图1.9以一组实际馈线为例进行说明，其中AIL值用上述两种度量方法表示。一个明确的拐点发生在AIL=1.5左右。

㊀ 未经请求的异常报告是指当任何信号处于异常工作状态时，子设备向主设备发起问询而不是等待主设备轮询的能力。

㊁ 拨号功能是允许子设备在必要时初始化通信链路而不必使通信信道连续工作的能力。

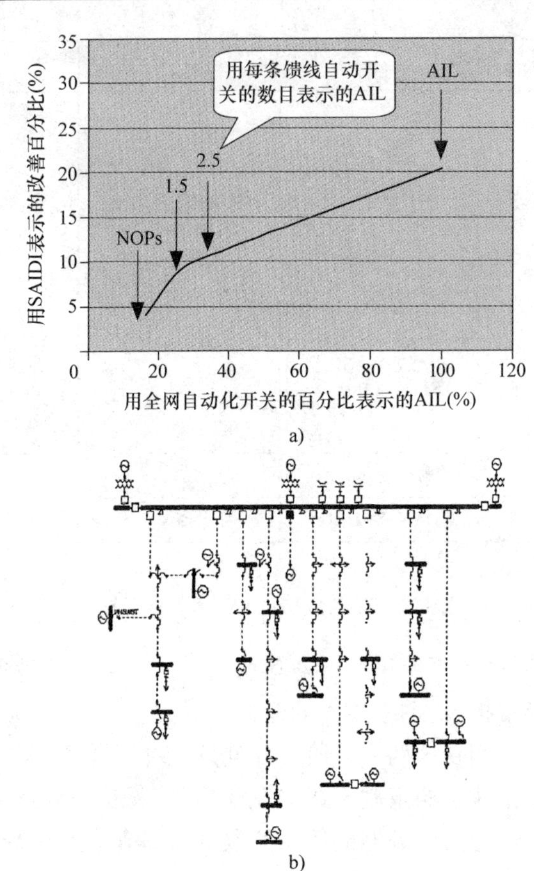

图 1.9　AIL 增加时停电持续时间的边际改善

1.7　配电自动化的基本架构和实施策略

1.7.1　基本架构

配电自动化系统的基本架构包括三个主要组成部分：操作设备（通常是一个智能开关）、通信系统和通常被称作 DA 网关的网关，如图 1.10 所示。

这种结构可用于变电站和馈线自动化。在一次变电站的应用中，网关是变电站计算机，负责采集和管理所有来自开关柜中保护装置和执行机构的数据。它取代了 RTU 作为通信系统的接口接收并向中央控制发送信息。类似地，在馈线自动化应用中，网关管理着与多个智能开关的通信，将中央控制作为数据集中器。这实际上为每个开关创建了虚拟位置，并且不需要中央控制将每个开关建立为一个控制点。当然，后一种结构是可能的并可以用于几个远程控制开关的自动化，在混合配置中将变电站计算机或者在没有变电站自动化的情况下将变电站 RTU 作为变电站馈线上所有开关的网关。网关还可以用于建立本地控制区域，在该区域内可以独立于 SCADA 系统建立用于扩展控制的更加优化的通信基础设施。网关成为从一个基础

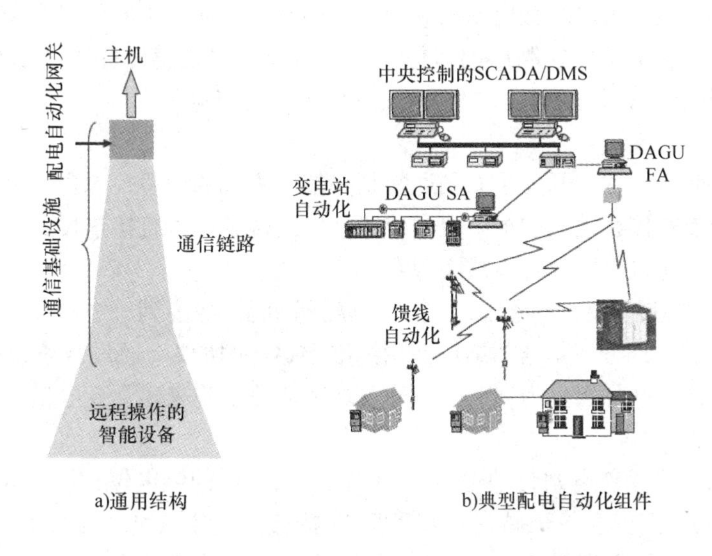

a)通用结构　　b)典型配电自动化组件

图1.10　通用结构和DA系统的主要组件（由ABB提供）

设施（协议和通信系统）到另一个基础设施的切换点。网关也可以从简单的数据集中器扩展为具有有限的图形用户界面，以允许本地控制或者向多个主机传送所选信息。

1.7.2　创建配电自动化解决方案

有必要在硬件级别上对典型配电自动化系统的组件进行一次更详细的检查，因为这将暴露出一些实施自动化的挑战和各种组件之间的相互影响。DA系统的主要组件如图1.11所示，是在一次变电站内以及变电站外的馈线设备，如柱上开关、落地式单元和二次变电站，它们需要连接到配电控制中心（DCC）。通信基础设施

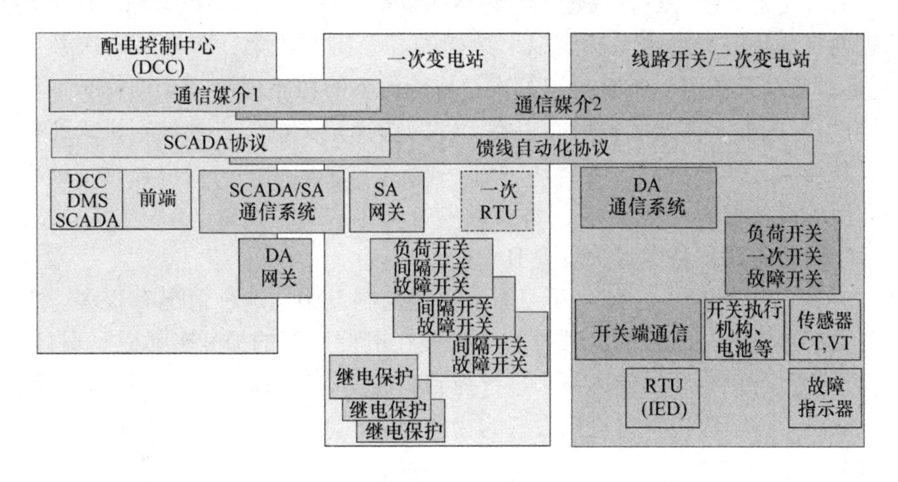

图1.11　集成为一个工作系统的DA组件

贯穿这三个功能，可以对变电站内和馈线上的从设备使用不同的媒介和协议。通信方法的选择取决于每个控制层的目标，混合需要通过通信链路上某点处的变换与DA的实施相适应，该点通常在网关处或SCADA的前端。

1. 一次变电站

在一次变电站内，开关柜间隔通常是一整套集成的设备，包含一个带执行机构的断路器和装有接线端子的继电保护装置，接线端子可以直接连接到站内控制母线上。远程控制通过以下两种方式实现：

（1）通过硬接线，将控制、指示和测量回路连接到一次RTU。RTU作为SCADA系统的一部分，其通信结构使用标准SCADA协议，通过微波无线电或专用线路通信。这是一种通过为现有一次开关加装通信设施来建立变电站远程控制的传统方法。

（2）通过采用变电站自动化（SA），在变电站内的继电保护装置和基于PC的小型SA网关之间建立一个局域网来管理站内数据。这样就取消了一次RTU和站内装置的硬接线。网关通过SCADA协议为DCC提供通信接口，支持基于软件的变电站内部联锁和自动化应用程序，并为就地操作提供GUI。

对一次变电站（变电站自动化）和线路开关（馈线自动化）的检查可以分开，尽管区别很小。

2. 线路开关/二次变电站

随着SCADA系统的应用（当然主要是在输电网和配电控制层的高端），远程控制和自动化已经在变电站中应用了一段时间。一次变电站外的远程控制开关正在被采用。与柱上或落地式开关要实现自动化的作用和水平相关的标准还很少。这为开关的配置选择留下了空间。什么样的测量精度、数量和参数是必要的？自动化的水平是1级还是2级？这些决定了传感器的数量、智能设备的类型和通信负担。所需的就地自动化的类型也是决定以下选择的一个主要因素：首先是一次开关设备（重合器、负荷开关等）的选择，其次是智能设备的功能规范（全面保护或简单的通信接口）。因此，馈线装置里面主要元件的选择是关键。一旦被定义，通信媒介和协议必须被选好并整合到整个DA结构中。经过全面测试后可以在指定的环境中即插即用的设备称为“SCADA就绪”或“自动化就绪”设备（ARD）[1]。

这一层级有两种基本方法实现DA。

（1）为已安装的（已有）开关加装远程控制设施，这种情况有很多。大多数柱上开关都是空气开断式的，通过一个安装在电杆底部的DA控制柜实现自动化，控制柜包含执行机构和二次设备来进行控制和通信。对现有地面设备进行自动化改造完全取决于接收改进执行机构设备的物理性能。

（2）安装新型的专门为远程控制定制的自动化就绪设备，替换已有的手动开

[1] 在1.8节中定义。

关，后者封存起来以备需要时用于电网其他地方。

在任意DA应用过程中，存在一个已有SCADA系统的概率是很高的，这就很有必要使控制系统的拓展必须与旧系统相配合。控制在配电网中拓展越深，集成多个供应商设备的可能性越高，每家都有自己的标准，这就很有必要实现一个集成的控制系统。随着DA实施策略的发展，必须仔细了解这些方面的局限性。

1.7.3　配电网结构

以网络形式进行的电力传输过程实际上是自动化方案的最终用户。作为一项投资，自动化的应用必须提高电网的性能，以提高企业的业绩和运营效率作为回报。配电网主要是以辐射状运行，重构是提高可靠性的几种方法之一。一旦发生故障，故障区段必须被隔离，而被隔离区段下游的正常线路只能通过闭合常开联络开关重新通电。故障隔离可以通过就地自动化或直接远程控制来实现；但是，通过调度员决策的远程控制而非自动逻辑恢复供电是最为公认的方法。采用就地自动化的全自动故障恢复方案是可能的，但在被认可之前，这需要运行人员的完全信任。远程控制也可以用于地下系统中占主导地位的开环结构。

在二次变电站装有断路器的闭环地下配电网具有更高的可靠性，但因为需要更加昂贵的开关及双向或单元式保护，初始成本更高。故障隔离是通过保护（就地自动化）直接实现的，在电缆系统中隔离故障不会干扰用户，因为用户通常可以通过负荷点任一侧的开关连接到变电站，典型网络中只有很少的T型接线。

在决定DA实施的水平和复杂性时，配电网的拓扑和类型是一个重要的考虑因素。网络设计的影响将是后面涵盖了故障定位和DA经济性论证的几章中反复出现的一个因素。

1.8　自动化设备准备度的定义

DA不仅是商业案例所要求的自动化体系结构的一项功能，并且受配电层面采购方法的影响。配电设备一直被认为是批量产品或组件业务，而不是系统业务。这使得DA的采购在大多数情况下处于组件水平，尤其是在馈线水平。电力公司招标采购单个组件，如控制柜中的IED、带执行机构的开关、指定的IED和通信设备（低功率无线电、GSM等）。每个设备必须符合系统规范，如通信协议和经过特定通信媒介时的良好性能。此外，还可能要求设备要和已安装的（已有）SCADA系统能够一起运行，这些SCADA系统会提供控制接口。正确配置和预备好的设备允许电力公司独立实施整个DA工程。在缺乏标准或允许对标准进行扩展的工业领域，这种观念导致了很多不同供应商组件间的互操作性错误，在这样的领域必须解决该问题。系统的供货合同中，如大型SCADA系统，任何系统的主要部件要在工厂配置好，在运到安装现场前要通过FAT（出厂验收测试），并通过SAT（现场验收测试）。因为电力公司已经承担了系统责任，如果使用零部件采购程序，这一过程是不可能实现的。为了避免互操作性问题，可以使用试点工程或概念验证项目来消除不兼容性。这就允许电力公司在批量采购组件时选择一些在特定 DA 基础设施中经过验证的设备。

如果对设备的准备程度做出更精确的定义，互操作性错误可以大大减少，提出的不同准备程度如下：

(1) 自动化不可行设备（AID）。为了远程控制，在这样的主设备上安装执行机构无论技术上还是经济上都不可行。它适用于无法支持非人工操作的旧开关设备，最典型的是老式环网柜。

(2) 自动化预备设备（APD）。这样的主开关设备是为了自动化而专门设计的，因此它可以将执行机构作为原始设计的一部分很容易地进行加装。为了后期改造，它可以不带执行机构。该设备还可以设计成一个整体控制设备（内部箱体或外部柜体），这种控制设备可能包含智能电子装置、电源和为通信收发设备做的准备。这种控制设备可以由第三方来改装或者留作日后改造。

(3) 自动化就绪设备（ARD）。这样的自动化预备设备已完全包含所有必要的控制设备，以允许它在用户指定的 DA 体系（针对特定通信媒介的正确协议）中运行。如果需要在电网中独立运行（如重合器），保护也是就绪的。

(4) 自动化应用设备（AAD）。这是一个安装和配置有通信接收器的 ARD，并作为 DA 系统的一部分工作在其中，在适当的地方包含有就地自动化逻辑。

(5) 自动化配电系统（ADS）。这描述了完整的 DA 系统，包括所有智能开关设备、通信基础设施、网关、与中央控制系统（SCADA）的集成以及自动化逻辑的应用。

每个定义必须承担的不同层级的系统责任（系统集成测试）如图 1.12 所示。

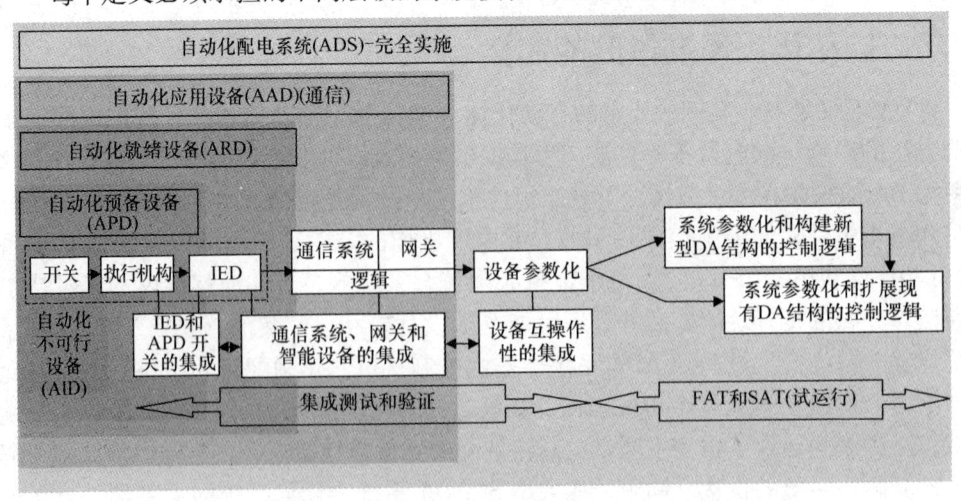

图 1.12　DA 集成测试及针对不同自动化准备程度的验证要求

一些供应商提出了验证中心的概念。在验证中心可以配置不同的智能开关组

件，组成一个完整的符合逻辑的DA系统，从而建立标准的方法和组合，一经验证，可以批量应用在该领域并大大减少调试时间和风险。

1.9　总结

在本章所介绍的DA概念中，配电网自动化应用的日益增长是无可争议的。然而，单个电力公司定制解决方案的趋势不会产生规模经济效应，而一致通过更标准化的方法实现规模经济效应才是可能的。设备和实施成本的进一步改进以及将电网资产利用率最大化的应用程序，将促进自动化的增加。本章介绍了控制层、控制深度、控制责任边界、自动化阶段、AIL等概念和术语以及设备准备度的重要概念。本书的其余部分建立在这些概念之上，描述了配电自动化所需的组件和应用程序逻辑，并通过功能组成单元探讨了一种标准化方法，所有这些都旨在通过更标准化的方法在电力输送过程中产生收益。

参考文献

1. Bird, R., Business Case Development for Utility Automation, DA/DSM Europe 96, Volume III, Oct. 8–10, 1996, Austria Centre, Vienna.
2. Chartwell, Inc., *The Distribution Automation Industry Report,* 1996.
3. McCaully, J.H., Northcote-Green, J.E.D., Distribution Control Centers — Extending Systems Operational Capabilities, Third International Conference on Power System Monitoring and Control, IEE Savoy Place, 26–28 June 1991, Conf. Pub. #336, p. 92–97.
4. McDonald, J., Delson, M., and Uluski, R.W., Distribution Automation — Solutions for Success, Utility University 2001, UU 208 Course Notes, Distributech, San Diego, Feb. 4, 2001.
5. Philipson, L. and Willis, H.L., *Understanding Electric Utilities and De-Regulation,* Marcel Dekker, Inc., New York.

第2章

中央控制和管理

2.1 引言

中央控制和管理功能是所有电网的神经中枢，它负责协调所有的运行策略。即使实施了分布式的控制操作，动作结果也必须传送给中央协调点。第1章所介绍的分层控制是定义电网运行策略的常用方法，并给出了控制和管理进程的组织架构。最高的两层由中央控制负责，采用来自变电站和馈线子系统的信号作为输入。本章涵盖了前三个控制层的基本原理，因为它们影响配电网的控制和自动化。本章将介绍对系统设计至关重要并且有进一步研究价值的领域。

2.1.1 为什么要控制电力系统

全球的电网正在进入一个需要改进控制和管理方法的变革时期。在变革的大环境下，各个公司的业务流程使电网变得更加复杂，主要有以下两个方面的变化：

(1) 私有化、解除管制和拆分的变化为消费者提供了电网公司服务范围外独立电力供应商的开放服务，同时建立了其他法律实体来进行电力交易和供应。

(2) 监管者和公共领导者意识到商业和居民用户对电力公司运营的理解在增强，因此更加重视量化提供服务的成本以及提升实际或感受到的服务质量的成本。

电力公司为了达到业务目标，更加关注用户的需求和感受。私有化环境下的监管者通过电能质量指标积极奖励在用户满意度方面有明显提升的电力公司。虽然核心业务功能不会显著改变，但它们需要更有效的执行，并且仍然能够满足这些以用户为导向的目标。对电力公司而言，不可避免的结果就是综合实时和信息技术（IT）系统来支持效率的提升和业务活动的“合理精简”。

2.2 电力系统运行

在从电源传输电能满足终端用户需求的过程中，电力系统运行需要在安全性、经济性和质量之间保持平衡。从纯技术角度来看，这种平衡取决于发电厂类型和规模的结构、输电网的结构和状况以及终端用户的需求特性。现在新型的商业环境叠加在以前的技术约束上，需要综合平衡监管规则和自由市场。自由市场在供应和零售层面运行，而监管影响了从事输电业务的垄断性电网公司的运营。

历史上，控制系统已经应用在大型电力系统上，其中对电网所有输入和输出点的监测都是经济的。这种实时系统提供了用来监视控制和获取数据的设备，被称为SCADA系统。计算技术和电力系统建模的进步使得从SCADA获得实时数据的快速应用成为可能，这些应用为运行人员提供了额外的决策信息。这些应用的自然演变提高了决策过程中的自动化水平。控制中心所需要的系统操作功能可分为三类，每类功能反映一个时间尺度。总结如下：

瞬时操作：涉及对系统需求和负荷、发电、电网潮流和电压水平的实时监测。这些参数值不断地与定义的技术和经济负荷限值以及合同的阈值进行比较，确保电网运行符合要求。在正常状态下或由于保护动作而导致的任何超越限值或阈值的情况都必须得到响应，以将运行状态恢复到定义的边界内。

运行计划：分为短期（几个小时）和长期（几个月）。短期计划对于发电厂的经济调度至关重要，精确的短期负荷预测技术是实现这一功能的关键。过去，发电厂的热耗率是相关参数，但在今天放松管制的环境下，买入价格成为主要参数。在某种环境下，通常在发电量不足的市场中，短期负荷预测对配电公司的运营至关重要，超过合同约定的最大值将引发超额罚款利率。预测何时切负荷以及切多少负荷对企业至关重要。

运行报告：反映了持续统计性能指标、扰动和负荷情况并将其作为计划和核算输入的需求。事后分析是确定扰动原因的关键。质量报告通常是法律法规所要求的。

图2.1所示电力系统运行的四种状态通常用于描述大型电力系统，紧急状态反映电力系统的崩溃，它通常由主要发电或输电线路损失导致的多级保护动作引起。

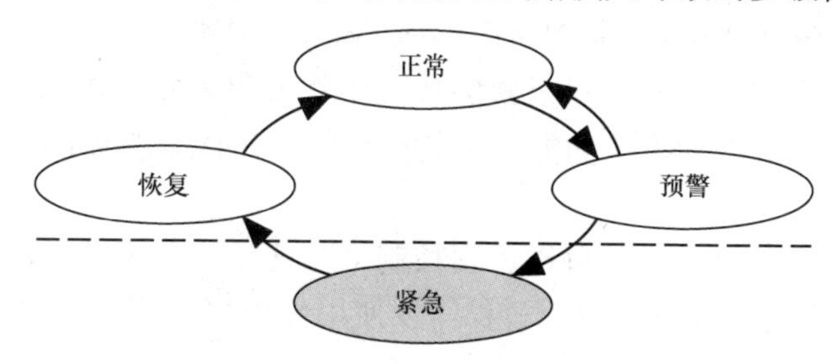

图2.1　电力系统运行模式

预警状态表示已经发生了干扰，应当直接采取措施（自动或在时间允许的情况下通过运行人员干预）来缓解这种情况。在大电网中，预警状态会非常迅速地变为紧急状态，使运行人员无法阻止系统崩溃。电力系统运行的目标是使系统保持在正常状态并且通过恢复进程尽快地返回该状态。运行人员使用控制中心的所有设施，是系统恢复的主要决策者。

配电系统位于控制层级的底端，控制水平可能受配电网的具体结构及实时监测和控制设施应用程度的限制。配电网中的SCADA一直以来控制着10%的开关设备，并且仅限于大型一次变电站内的断路器。将DA概念的应用扩展到小型变电站和一次馈线，将大大增加实时控制的范围。

2.3 配电网运行环境

目前，配电网的运行方式受到缺少远程控制和实时监测的影响，需要大量的人工干预来进行决策和恢复。配电网元件的规模和多样性带来了处理大量信息的需求，以确保电网的良好运行和人员安全。

这种运行环境对配电系统控制人员提出了以下三种情况：

（1）正常情况。在系统正常情况下，运行人员能够准备计划检修的切换方案、监测系统的越限运行、考虑实现最优运行的配置以及发起限制过负荷或低电压的应急措施。在该状态下，完成控制室信息的一般性维护，如网络图更新和管理统计。

（2）紧急情况。电网故障是非计划性的，它建立了一种运行人员必须应对的应激状态。主要目的是尽快组织电网的恢复。这涉及准备和执行切换计划来隔离故障和恢复供电，具体措施为：

- 操作远程控制开关设备。
- 派出并控制维修人员操作手动设备，并确认故障位置。
- 管理故障投诉信息并告知用户以保持用户满意度。

（3）管理。记录事件、准备标准的管理报告和提供指标统计信息等日常任务很耗时。私有化和外部压力的改变要求改进对系统性能的监测、用户联系的审计跟踪以及更多关注文档安全。所有这些问题都需要运行人员的更多努力和精准操作。另外，还需要建立用于改进资产管理的设备统计。

配电管理系统（Distribution Management System，DMS）必须在两种主要的电网运行状态下（正常和紧急）通过反映完成的工作流程来发挥作用。系统审计、事故分析和安全要求所需的报告功能必须是持续的，并且能够提供法规要求的所有数据。

通常只有10%的开关设备可以远程控制，对这样的系统进行操作需要派遣人员到开关现场进行手动操作。这个过程需要使用传统SCADA之外的支撑系统或信息，例如：

- 显示电网和设备位置的运行方式图和地理接线图。
- 追踪和分配正确资源和技术人员的管理方法。
- 电网备件的检修车清单。
- 确认故障可能位置的用户投诉电话。
- 允许控制中心和现场进行命令和数据交互的移动通信和数据系统。

所有这些功能必须协同进行，并在控制中心和现场操作之间同步。

2.4 配电管理系统的演变

在集成的DMS出现之前，配电公司通过公司内部组织工作反映出的四项关键

职能来管理他们的电网。这些功能（见表2.1）为满足自身需求执行独立的应用程序，进而创建传统的控制岛或工作进程。

表2.1　配电公司内部的四个关键功能及责任

功能	责　任
运行	该功能负责电网的日常运行，主要目的是保持电力供应的持续性。在配电网顶层使用传统的SCADA系统是合理的。对于电网的其他部分，利用纸质地图或大型墙板来管理运行
资产	与电力公司有关的所有活动，尤其是电力网络，例如库存控制、建设、电厂记录、图纸和地图，都属于这一类别。为方便该活动而引入的主要应用是地理信息系统（GIS），以前被称作自动绘图与设备管理（AM/FM）系统
工程	工程部门执行电网扩建的所有设计和规划。最为提升效率的方式之一，电网分析和系统规划工具被用来对短期解决方案和最优扩建规划进行系统运行审计，目的是以最小的成本加强系统
业务	业务职能包括电力公司内所有的核算和商业活动。对配电运营商特别重要的是用户信息，他们可以以此及时地应对故障投诉。这样的信息在用户信息系统（CIS）或用户关系管理（CRM）系统中进行维护

当前的配电管理系统是这些不同应用程序的拓展，这些程序适应配电网的特性，并且专门经过打包用在控制室中。虽然现在的DMS正逐渐集中于通用的功能性，但这种演变过程有着不同的路径。路径的起点取决于公司的主要掌控者，典型的进化路径如图2.2所示。构建DMS的重要元素是共享数据模型和对接不同数据源来形成满足运行人员需求的集成系统的能力。为了实现这一点，系统必须直观地通过指令结构的速度和简单性来模仿传统的控制室进程。

图2.2中的路径仅仅表明了DMS配置和实施策略将根据组织内的“冠军”而有所不同。例如，故障投诉管理系统（TCMS）是由面向公司的用户需求驱动，用来提高用户满意度。通过用户电话的累积来推断故障位置，然后将公司正在为恢复供电所采取的行动信息告知随后打来的投诉电话。TCMS不是严格的实时系统，可以在没有SCADA的情况下运行。它是一个针对停电管理（OM）的纯IT解决方案，可以归为以用户为导向的DMS。相比之下，SCADA系统是实时系统，但不带整个电网的图形连接模型，由于网络实时覆盖的限制，它们不能归为DMS。将通过手动操作的电网部分的图形模型涵盖进来，可以实现针对负荷的全面运行管理。这种方式没有任何用户参与，可以归为不以用户为导向。显然，将所有功能集成到一个系统将既能实现以用户为导向，又能实现电网资产的最优利用。所有DMS配置的共同点是需要电网接线和运行图的详细模型。后者多数采用类似现有挂图的连续地理简图形式；但是，依然存在为每条馈线和电源变电站建立页面来反映当前操作的做法。因此，所有现代DMS的基本要求是具有快速导航和调整功能的连续全局地图。这个完整的图形体系构成了控制室运行管理（CROM）功能的重要部分，运行

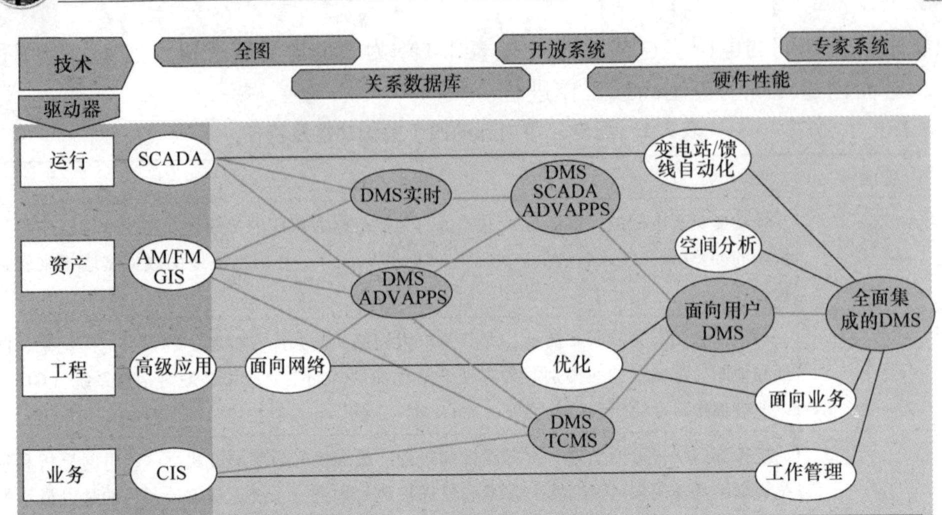

图 2.2　典型的 DMS 演化路线

人员可以用它来成功地执行任务。早期配电管理系统中实施的关键功能样本（见图 2.3）显示了该功能的重要性。

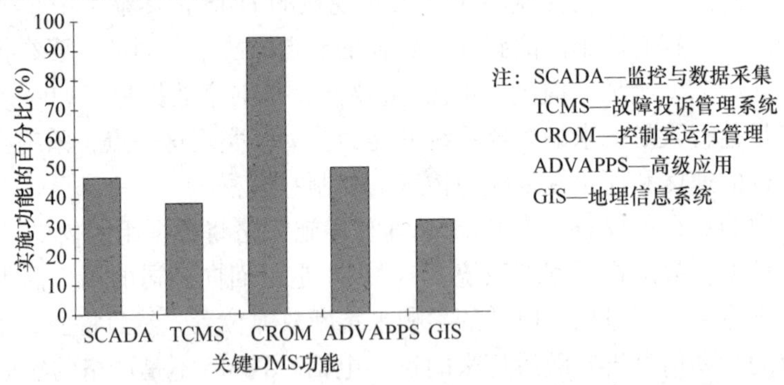

图 2.3　电力公司实现的 DMS 关键功能百分比

完整的 DMS 是新型管理系统的焦点。它位于电力企业纵向集成（实际的功率传输过程）和横向集成（企业 IT 系统）的交叉点。纵向集成是公司运营机构的领域，超出传统 SCADA 的电网扩展控制在他们的责任范围内。横向集成元素提供了支持整个 DMS 实施所需的公司资产数据（材料和人员）来源。DMS 需要对接公司内部诸多不同的企业活动（见图 2.4）。

完整 DMS 的实施涉及企业的许多活动，论证过程可能很漫长。企业中要对接或舍弃的旧系统越多，决策过程就越繁琐。论证很困难，通常采用分阶段的方法。它要求 DMS 必须是模块化的、灵活的，并且对无缝集成应用程序的最终解决方案开放，这些无缝应用程序用来操作远程控制的开关设备。

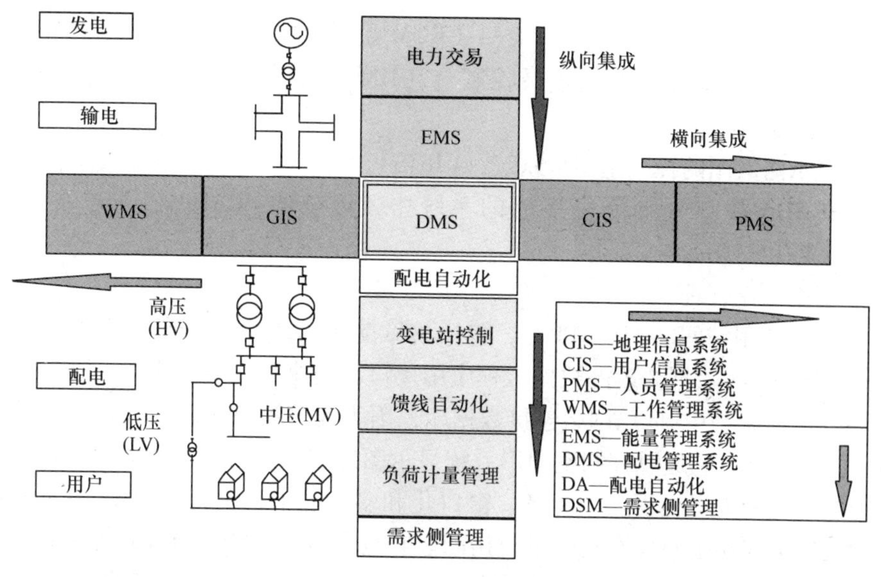

图2.4　配电管理系统中的横向和纵向集成

2.5　配电管理系统的基本功能

用于网络控制和自动化的模块化DMS由四个主要功能来描述，每个都具有与另外一个充分集成的能力，但也具有独立运行的可能性（见图2.5）。DMS由企业信息技术策略中其他独立的应用程序来支持。

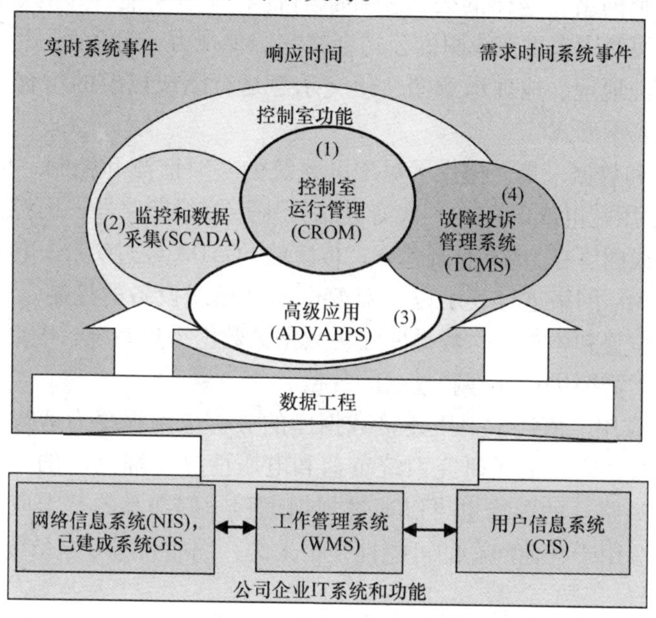

图2.5　主要的高级配电管理系统功能

（1）控制室运行管理（CROM）[㊀]。CROM 是对 DMS 非常重要的用户环境，是一项总的功能，涵盖了通过调度员控制台（HMI）[㊁]提供给控制室调度员的设施。以下是典型的 CROM 功能：

- 显示网络图的控制室图形系统（CRGS）。
- SCADA 接口（在完全集成的系统中，传统的 SCADA 经过扩展来提供 CROM 功能）。
- 切换工作管理。
- 高级应用访问（ADVAPPS），包括故障投诉（TCMS）或停电管理。
- 用于 DMS 数据修改的数据工程应用接口和企业 IT 系统（EIT）输入。

DMS 的基础是中/低压网络连接数据库，因为几乎没有实时元素，它被认为是 CROM 的一部分。它通过控制室图形系统显示图片和数据，以通用的调度员控制台形式构成系统的人机界面。全图形、窗口化和多功能平台支持在 DMS 中不同权限级别的调度员控制下对所有功能进行访问。它具有编辑功能，允许对控制室图表和中压网络接线数据库进行维护。前提是当前的“已动作”状态以及将新增的设备更新为正常的“已建成”状态。必须通过动态着色和跟踪来支持完全标记、拓扑分析和安全检查。前面已说过 CROM 包括配电网模型，实际的连接模型可能存在于其他三个关键功能的任意一个中，这取决于 DMS 如何配置。在 CROM 功能内，图形显示的类型为满足个别用户的要求会发生变化。通常，在实施 DMS 之前，会在控制室中重复使用物理显示。例如，有的电力公司使用大量挂图以地理示意图的形式表示其整个网络，这样的公司需要带有优异导航功能（平移、缩放和定位）的全局地图；而使用多重馈线图的公司会将它们再现为一组页面。但趋势是使用连续全局地图（纯地理、地理示意图、正交示意运行图或以上的组合）和变电站单独页面的组合表示形式。

（2）监控和数据采集。提供了对配电系统的实时监测和控制。传统的 SCADA 扩展到了高/中压配电变电站（一次变电站）中压馈线断路器，而控制室只能显示变电站的主接线图。在 DMS 的概念下，传统的 SCADA 经过扩展，包括了以连接模型形式对整个 MV 网络进行表示以及对变电站外馈线设备的控制。SCADA 系统的基础是从远程位置和中央实时数据库收集数据的数据采集系统，中央实时数据库为运行人员提供了需要进行处理和显示的数据。

（3）高级应用。依赖于中压连接数据库的分析应用程序为运行人员提供了在切换序列前进行实时评估和研究系统负荷和电压情况（潮流）的方法。网络配置对故障电流（短路）的影响也可以通过规划工程师们熟悉的基本应用来确定。将高级应用程序应用于其他问题的可能性是很大的，例如利用专家系统来确定优选的

㊀ 有时也称为配电运行监控（Distribution Operations Monitor，DOM）。

㊁ 人机界面。

恢复序列。快速优化和搜索技术是获得最佳系统重构的关键，系统重构用来实现损耗最小化和恢复供电。由于私有化强调商业问题，需要可以在工程限值内满足电网业务合同约束的应用。网络模型是这些应用的基础，如果模型不在高级应用程序中，则模型依赖来自 SCADA 或停电管理（OM）功能的同步副本。这些应用被认为是决策支持工具。

（4）故障投诉管理系统。停电管理跨越多个功能，可以包含接听用户电话、诊断故障位置、分配和派遣人员确认和维修故障（工作管理）、准备和执行切换操作来恢复运行，以及通过完成所有需要的报告和统计工作来完成停电管理。在此过程中，如果又有新的故障的话，用户额外的故障投诉应该与已经声明的故障相协调。当包含电话接听功能时，经常使用“故障投诉管理”一词。当 CROM 已经提前实现时，TCM 系统一直作为独立的应用程序而不与 SCADA 系统对接，因为它依赖 CRGS 和中压网络模型数据库。完全实现了 TCMS 的 DMS 意味着面向用户的 DMS 思想。一些 OM 功能可以被认为包含在高级应用领域中，因为它依赖于快速的网络拓扑和网络分析。

图 2.5 中标记为“数据工程”的模块代表了 DMS 的重要组成部分。该活动将所需要的数据填充到 DMS 中。它必须具有独立的功能来为实时和高级应用程序填充数据以及支持图像显示的数据要求，或者具有从 GIS 接收“已建成”数据的接口。来自后者的数据必须用实时系统（SCADA）所要求的其他数据进行补充。

DMS 在功能上可以分为最小的独立模块，从而允许将工业界已经实现的不同 DMS 配置进行组装，每个配置都有不同的能力，每个配置都可以分阶段扩展为完整的 DMS。所有功能的关键是连接模型必须留在要实现的第一个模块中，并且模型必须能够支持各功能模块的性能要求。

图 2.6 所示为现在可以在工业界找到的这些关键功能的典型组合。例如，最近升级了传统 SCADA 系统的电力公司正在采用新的控制室管理系统来提高 MV 网络的运行效率。那些在压力下向用户改进形象的电力公司正在增加故障投诉管理功能，这项功能通常作为独立系统与现有 SCADA 系统松散地对接。这些组合多种多样，纯粹取决于电力公司能够将哪些功能发展为可接受的商业案例。

可以看出，必须小心地适应实时和手动操作的要求，才能允许运行人员在各功能间进行无缝导航。高级应用应该能够根据需要跨越两个环境，并使用实时和需求侧（故障投诉）数据来使决策质量最大化。

显然，当完整地实现 DMS 功能时，将发生应用之间的功能重叠；因此，最终的 DMS 架构必须实现以下几乎无缝的集成：

- 电网实时和手动控制部分的运行，考虑了：
    - SCADA；
    - 员工和作业管理；
    - 切换调度和规划；

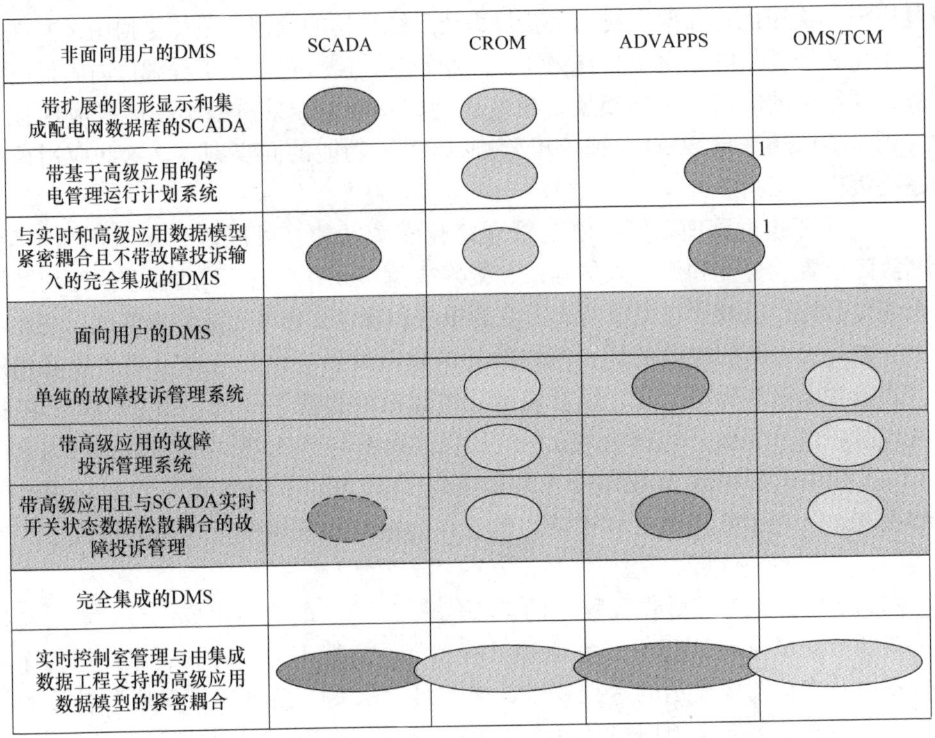

非面向用户的DMS	SCADA	CROM	ADVAPPS	OMS/TCM
带扩展的图形显示和集成配电网数据库的SCADA				
带基于高级应用的停电管理运行计划系统			1	
与实时和高级应用数据模型紧密耦合且不带故障投诉输入的完全集成的DMS			1	
面向用户的DMS				
单纯的故障投诉管理系统				
带高级应用的故障投诉管理系统				
带高级应用且与SCADA实时开关状态数据松散耦合的故障投诉管理				
完全集成的DMS				
实时控制室管理与由集成数据工程支持的高级应用数据模型的紧密耦合				

图 2.6　在配电管理系统领域采用的典型配置及相应功能

注：1 表示停电管理功能是在不带故障投诉直接输入的高级应用配网模型中执行的。

- 运行图维护和整修（注释和标记）；
- 网络资源的经济性分配；
- 网络的临时和永久性更改；
- 网络中新资产和工厂的引入。

- 已运行和已建立的网络设施数据库的及时同步。
- 控制室外的数据来源，如 GIS、人员、工作管理、故障投诉和人员管理系统。
- 资产管理系统。
- DMS 中网络所有部分和组件的通用数据工程。

DMS 的四个主要组成部分将在本书其他章节中作详细介绍。

2.6　实时控制系统的基础

任何实时控制的基础是 SCADA 系统，它从不同的来源、预处理进程中采集数据并将数据存储在不同用户和应用都可以访问的数据库中。现代 SCADA 系统围绕以下标准的基本功能进行配置：

- 数据采集

- 监控和事件处理
- 控制
- 数据存储归档和分析
- 针对应用的决策支持
- 报告

2.6.1　数据采集

描述电网运行状态的基本信息被传递到SCADA系统。这些基本信息由各个变电站的设备和装置自动收集，由运行人员手动输入反映现场人员对非自动化设备进行手动操作的状态信息。在所有情况下，信息的处理方式相同。信息分为：

- 状态指示
- 测量值
- 电量值

开关设备和报警信号的状态由状态指示表示。这些指示指的是连接到远程通信装置[㊀]数字输入板的触头闭合，通常是单个指示或双重指示（见图2.7）。简单的报警由单个状态指示表示，而所有开关和双状态装置具有双重指示。一位表示触头闭合，另一位表示触头打开。这种方式允许检测到假的中间值（00或11）状态，这些状态反映了开关卡住或不完整的开关动作，会导致误操作报警。此外，监测电路中的错误也可以被检测到。

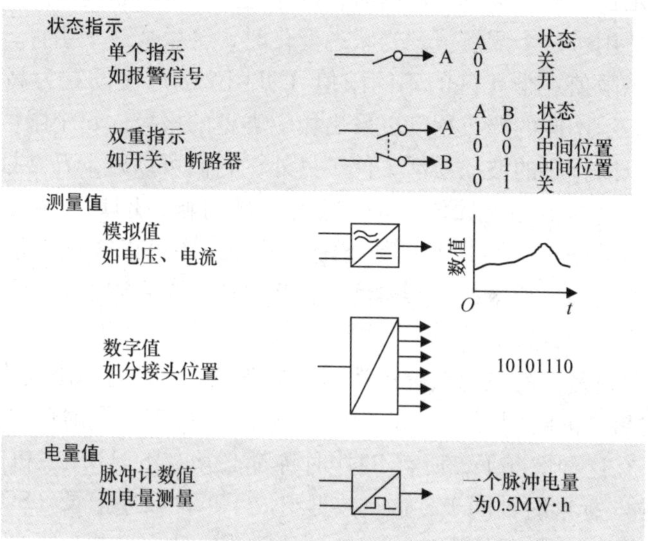

图2.7　采集的数据类型示例（由ABB提供）

测量值反映了不同的时变量，如从电力系统采集来的电压、电流、温度和分接头位置。它们分为两种基本类型，即模拟量和数字量。所有模拟信号通过A/D转

㊀ 指远程终端单元（RTU）、通信保护设备或变电站自动化系统。

换器转化为二进制格式；因为它们被视为瞬时值，所以存入 SCADA 数据库前必须将它们标准化。测量值的扫描（轮询）是循环进行的或只发送关于死区的变化值(异常报告)，并按数值变化的原理进行记录。数字编码的值具有不同的设置，如分接头位置和来自 IED㊀的健康检查。

电量值通常从脉冲计数器或 IED 中获得。与脉冲计量相关的 RTU 被指示在预定的命令间隔或中间点（如果需要的话）发送脉冲信息。在预先指定的时间间隔传送连续计数器在该时间段的内容，并且在下一间隔重复该过程。

不同的数据采集系统在 2.6.5 节和 2.6.6 节中作为 SCADA 系统配置和轮询设计原理的一部分进行了更详细的描述。

2.6.2 监测和事件处理

数据收集和存储本身产生的信息很少，故所有 SCADA 系统的一个重要功能就是监测所有违背正常值和限值的数据。数据监测的目标根据收集的数据类型和系统中各个数据点的要求而异。特别说明，如果是状态指示的改变或超出限值，则需要进行事件处理。

状态监测需要将每个指示与之前保存在数据库中的值进行比较。任何变化都会产生一个事件来通知运行人员。为了扩展信息内容，为状态指示分配一个正常状态，从而触发一个不同的报警来发出不在正常状态的消息。考虑到一次设备的动作时间，状态指示更改可以经过一定延时，以避免不必要的报警消息。

限值监测适用于每个测量值。当状态变化时，会生成一个事件，但前提是变化量必须超过某个限值。带死区的不同限值（见图 2.8）被设置为高于或低于正常值，每个限值表示不同的严重程度以发出相应类型的报警。每个限值的死区与测量装置相关，可以防止小的波动激活事件。另外，它们可以减少异常报告的传输，因为只有与前一次测量值相比数值变化大于死区的时候，RTU 信号才会解锁。死区可以在各测量值的采集点（RTU）处指定。另外，还可以实现类似状态监测中所用到的延迟功能。限值死区的一个实例是，当水库水位在限值时，死区可以避免水库中的波浪引起大量警报。

为了正确分析复杂的电力系统扰动，非常准确的事件时间戳是非常必要的。一些 RTU 可以将事件的时间戳降到 ms 级，并且可以将带有该时间戳的信息发送给 SCADA 主机。在这种情况下，所有 RTU 时钟都必须与 SCADA 主机同步，而 SCADA 主机又必须与标准时钟同步。这类数据组成了事件顺序记录（SOE）。

趋势监测是 SCADA 系统中使用的另一种监测方法。如果一些量的幅值变化过快或者电网或设备的运行趋势错误（例如，电压一分钟内上升 7% 可能意味着变压器分接头失去控制），趋势监测就会触发警报。

在大量收集的数据中向运行人员持续提供信息的需求，故而引发了将质量属性

㊀ IED——智能电子设备。

应用于数据的想法，这反过来又产生了一种利用特殊颜色或符号在运行人员的显控台对数据进行标识的方法。以下是这种方法的典型属性：

- 未更新/已更新——数据采集/手动/计算
- 手动
- 计算
- 禁止更新
- 禁止事件处理
- 禁止远程控制
- 正常/非正常状态
- 超出限值、合理/报警/警告/零
- 报警状态
- 未确认

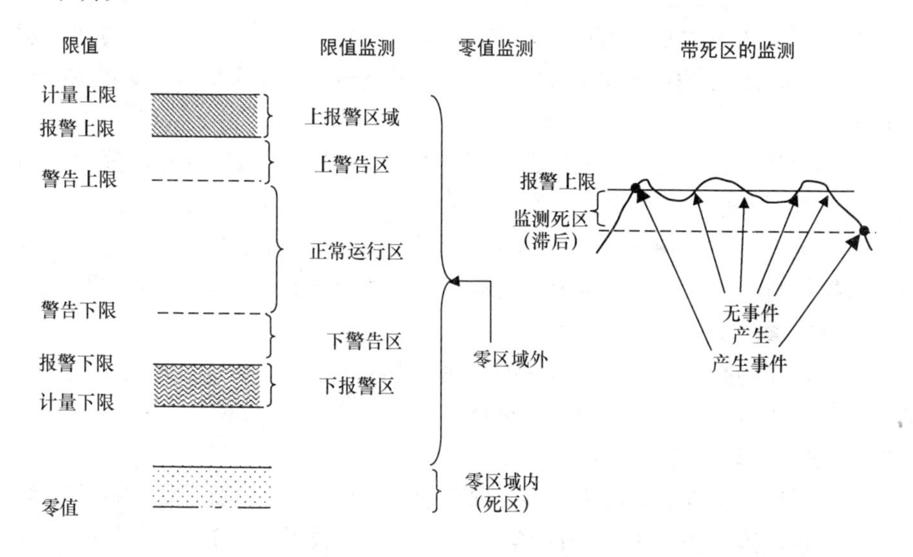

图2.8　监测量（如电压）和死区概念的典型限值图（由ABB提供）

注：监测量应该位于大于零的某一界限内，死区限制了小的变量波动生成事件

所有由监测功能生成或由运行人员操作引起的事件都需要进行事件处理。事件处理需对事件进行分类和分组，以便向不同的HMI功能发送相应的信息来向运行人员报告报警的危急程度。事件处理是控制系统中的关键功能，主要影响实时性能，特别是报警突发期间的实时性能。事件处理的结果为按时间顺序排列的事件和报警列表。为了协助运行人员，事件被分为许多种类别，最重要的是报警会产生一个报警列表。以下类别是最常用的：

- 未确认和持续的报警类别对应显示器上的特别警示，如带颜色的闪光，并且在一些情况下会发出声音信号。未确认的报警会一直持续到运行人员确定为止。持续类的报警会一直保持到状态消失（通常通过运行人员操作）或被禁止。

• 与特定设备类型相关的事件，事件中为每个数据点，如母线电压或继电保护动作等分配一种属性。

• 因分配到监测功能而发生事件的原因（如断路器或重合闸的自发跳闸、手动或控制命令）。

• 将所有事件分为不同优先级的优先权，通常通过对设备类型和事件原因进行组合来确定。

这些分类的目的是从不太重要的事件中筛选出重要事件，从而在发生多个活动时，协助运行人员解决最重要的问题。

2.6.3 控制功能

控制功能由运行人员启动或由软件程序自动启动，并直接影响电力系统的运行。控制功能可以分为四类：

（1）单个设备控制。表示直接对单个设备的打开/闭合命令。

（2）调节设备的控制消息。一旦由控制室发起，需要由设备处的就地逻辑自动运行，以确保在预定限值内运行。典型例子包括升高或降低分接头或向发电机发送新的设定点。

（3）时序控制。涵盖了时序命令启动后一系列控制动作的自动完成。通过预定义的后备配置来恢复供电的一系列开关动作，具有时序控制的特点。

（4）自动控制。由事件或调用控制动作的特定时间触发。自动电压控制通过负荷分接头自动响应电压设定值的波动，是一种常见的例子；定时投切的电容器组是另一种常见例子。

前三种控制类别都是手动启动的，除了当时序控制是自动启动的情况。手动启动的控制动作可以在动作之前经过选择确认，也可以立即执行。

2.6.4 数据存储、归档和分析

如前所述，从进程中收集来的数据存储在 SCADA 应用服务器内的实时数据库中，以创建被监控进程的最新映像。来自 RTU 的数据在被接收到时便存储起来，而数据更新是用新数据值覆盖旧数据值。

在为用户和监管机构提供电网相关部分以及整个电网电能质量的实际情况时，通过 SCADA 系统进行的性能统计数据非常重要。保存的事件顺序记录（SOE）列表提供了对这些统计数据进行开发的基础。

这种时间标记的数据（TTD）以周期性间隔保存在历史数据库中，比如，扫描速率可以是每 10s 或每 1h 一次。通常，仅保存变化的数据，以节省磁盘空间。可以在以后再提取数据用于多种形式的分析，如规划、数值计算、系统加载和指标审计以及编写报告。

事后分析（PMR）是另一个重要领域，通常在停电之后不久执行或以后通过历史数据库执行。为了便于进行 PMR，可以通过循环记录 PMR 组内选定集合的数值或者记录所有数据来采集数据。这种数据的分离允许为每个 PMR 组分配适当的

采集周期，并将每个PMR组与停电事件相关联，从而可以冻结停电事件前后相关的数据，用于以后的分析。

数据挖掘的要求正在推动更复杂的数据归档功能，这种功能采用自适应方法来选择要保存的数据和事件。这些历史记录、公司数据库或具有完全冗余和灵活检索功能的信息存储和检索（ISR）系统，现在是所有DMS的组成部分。它们一般基于商业数据库，如Oracle。

2.6.5　硬件系统配置

SCADA系统在由多通道通信前端组成的硬件上运行，这种通信前端管理着来自RTU的数据采集过程，一般通过以短时间间隔（通常2s）重复轮询RTU来实现。然后，接收的数据通过局域网（LAN）传送给SCADA服务器，用于运行人员和其他应用程序的存储和访问。控制通过支持HMI命令结构和图形显示的调度员控制台进行调用。SCADA系统的任务危急程度要求考虑冗余度，因此，基于双LAN配置的应用服务器和热备用前端是标准配置。典型SCADA系统的通用配置如图2.9所示。

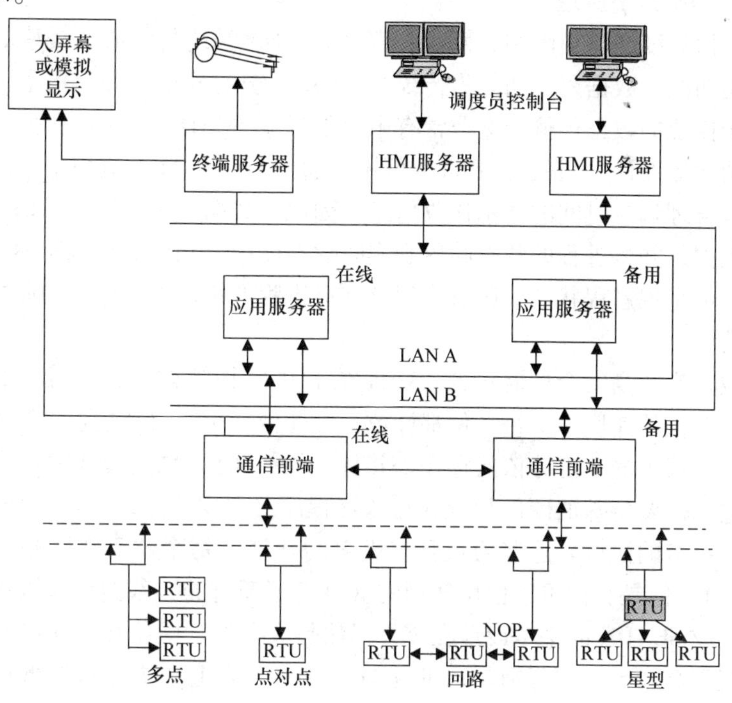

图2.9　典型的SCADA系统配置

通信前端支持通过广域网（WAN）向RTU进行高效通信，以此来收集进程数据和传输可以对安全性和成本进行优化的控制指令。通信前端支持各种配置，目前最常用的如下：

- 多点配置是一种辐射状结构，其中RTU通过一个通信信道按顺序进行轮询。这种方案以响应时间为代价，价格更低。

• 点对点的结构为每个 RTU 配备了一个专用通信信道。它通常用于一次变电站或数据集中器等具有大量 RTU I/O 端口的地方。这种配置提供了响应水平，但代价是增加了许多通信信道。在要求高可靠性的应用中，需要增加一条额外的通信路径，以形成线路点对点的冗余方案。

• 回路配置以连接两个通信前端的开环结构形式运行，每个信道为多点类型。优点是可靠性高，因为任何路径的损失都可以通过切换常开联络点（NOP）来解决。

• 星形配置是数据集中器 RTU 和点对点配置的组合。作为数据集中器的 RTU，按照点对点型或多点型配置，控制对从 RTU 的数据访问。这种配置用于配电自动化，可以经济地实现混合的响应时间。

包括通信前端以上所有部分的中央系统被称为“主站”。在工业应用中，主站和 RTU 之间存在许多通信协议及变体。大多数协议㊀基于 RTU 的集中轮询。

2.6.6 SCADA 系统原理

由于通信速度的历史限制，性能一直是 SCADA 系统的核心。缓慢的速度影响了数据采集功能，数据采集功能为传统 SCADA 系统的分布式进程奠定了系统架构基础。由于传统的数据传输带宽非常有限，形成了 SCADA 中异步和独立两个数据处理周期的整体设计。当仅有 50bit/s 可用于通信时，SCADA 应用不可能直接从测量值和具有合理响应时间的指示接收信息。因此，数据采集周期以通信允许的最快速度采集数据，并将进程的状态映射到实时数据库中。如前面章节所述，从该数据库向运行人员呈现进程状态。所有应用都在该进程的镜像上工作，因此完全独立于数据采集功能。

慢速波特率和高安全性需求的特殊性在于 RTU 协议被设计成带有非常特殊的特征。在非常低的速度下，每一位都计数，因此位同步协议是远程控制开始时的标准。这些旧协议中的一部分依然存在，并且必须与现在的新系统对接。位同步协议的缺点是它们需要特殊的硬件和特殊的解释程序。在现代系统和新的协议标准中，采用了面向字节的协议。这些协议具有更多的开销（每个“真实”信息位对应更多的帧比特），但是它们可以使用通用的（并且更便宜的）线路卡和调制解调器。

起初形成 SCADA 的基本设计在今天仍然是成立的，即使基于现代 PLC 和光纤电缆的带宽更高。唯一的区别是，进程的镜像在时间上“更接近”实际进程。现在低于 2400bit/s 与变电站的点对点通信已经不常见了，并且已经越来越多地使用通信速度高得多的广域网通信。

相比之下，工业控制系统具有与电网控制完全相反的设计，这是因为工业进程的地理分布有限。在这种情况下，获得一直到控制器和测量点的高带宽通信通常是

㊀ 见第 7 章，通信。

没有问题的。中央数据库只是展示功能和更高级别应用的复杂化，因为它们直接从测量点亦即从进程本身访问进程数据。

基于上述讨论和历史原因，很容易理解，技术规范主要集中在数据采集响应时间和带宽要求的计算。这种评估将证明在考虑数据采集系统[㊀]配置的情况下系统如何准确地反映进程以及更高级别应用结果的精确度如何。数据采集可以通过多种方式进行配置，下面的章节将对此进行描述。

2.6.7　轮询原理

在电网控制系统中有两种主要的RTU轮询类型：循环和异常报告。

1. 循环

为被测量和指示分配不同的轮询周期（扫描速率），通常为数秒。例如，对于高优先级的数据为2～4s，对于不太重要的点为10s。通信前端按这些周期从RTU请求信息，而RTU用分配给该级别的所有数据进行应答。中央SCADA系统将检查数据与上一周期相比是否发生了变化，如果有变化，则更新实时数据库并启动其他相关的应用程序。通信信道在轮询周期之间是空闲的。

命令和设定点在运行人员请求时由SCADA服务器发出。如果赋予命令请求很高的优先级，它们将中断发送所有来自RTU的遥测数据，否则，命令将一直等到线路空闲时才能发送。

循环轮询当然会给出非常一致的响应时间，响应时间与进程真实的变化程度无关；即使在大扰动期间，数据采集的响应时间也总是与正常条件下相同。SCADA服务器的负荷在扰动期间将变得更重，因为变化检测和所有的事件激活发生在采用循环轮询方案的SCADA中。

2. 异常报告（RBE）

在异常报告的原理中，RTU只在遥测值发生变化时（对于带死区的被测量而言）发送信息。通信前端连续地轮询RTU，在没有数据可用时，RTU将用空确认进行应答；如果数据点发生了变化，则用数据进行应答。因为不是所有的数据点都被发送，在每个报文中，异常报告方案下的数据点都需要标识符。

在异常报告方案中，线路在RTU应答后立即被轮询。这意味着通信线路总是带100%的负荷。通信速度变高的话，虽然线路仍然带100%的负荷，但响应时间得到了改善。

一旦开始新的轮询，命令和设定点将根据请求由SCADA系统发送，即命令代替了下一次轮询。这意味着在异常报告系统中命令和设定点的发送更一致，这是因为进行中的内部信息等待时间更短。

优先级方案也可以通过异常报告来进行应用。可以根据对象的重要性为它们分配不同的优先级：通常，指示和非常重要的遥测值，如用于自动发电控制（AGC）

㊀ 如2.6.5节和2.6.6节所述。

和保护动作的频率测量等，均被分配为优先级1；正常的遥测值，如有功和无功功率等，被分配为优先级2；而事件序列被分配为优先级3。轮询方案被设计为在请求优先级2之前首先请求所有RTU上的最高优先级信息，这在多点配置中很重要，目的是对来自同一线路上所有RTU的重要信息，如断路器的状态等，实现良好的响应时间。

几乎所有情况下，异常报告轮询都为遥测信息提供了快得多的响应时间。在高扰动情况下，异常报告比循环轮询略慢，这是因为报文中需要更多的开销来识别数据。

不对称轮询发生在轮询请求始终来自前端计算机即主机主动要求通信的时候。采用对称协议时，RTU可以在发生变化时向通信前端发送请求进行轮询。对称协议通常用于具有低变化率、许多小型RTU和低响应时间要求的电网，如中压配电网带拨号连接的馈线自动化。

一些协议允许将设置下载到RTU，从而避免到现场才能进行修改。下载通常在协议的文件传输部分进行处理，下载文件的格式是供应商特定的，没有特定的标准化。

使用广域网进行数据采集。现在SCADA实现方面的明显趋势是使用广域网（WAN）和TCP/IP通信从RTU进行数据采集，WAN采用的通信原理是分组交换通信。基于TCP/IP的标准，RTU通信协议已经有定义，如针对这类网络的IEC 60870-5-104。这种趋势的原因是用户正在安装过多通向变电站的通信容量，如在电力线塔中安装光纤并直接铺设新的电缆网络。分组交换技术更有效地利用了这种额外的通信容量，并且备用容量可以由电力公司用于许多其他目的，如出售电信服务等。

在分组交换网络中，通信路径不是固定的。单个的数据包搜索可能的最佳通信路径。这意味着不同的数据包可以采用不同的路径，即使逻辑上它们属于相同的报文，而完整的信息只在通信的接收端重新汇集。不可能定义这种网络中的精确响应时间，但是通过WAN上稳定的通信和足够的备用容量，响应时间对于所有实际应用都是足够的。

分组交换通信的结果是通信线路上RTU的时间同步将会不准确，这是由于传输时间的不可预测性。在这类网络中，RTU的时间同步通常在本地通过GPS进行。

对于闭环控制应用而言，设定点的发送也可能是分组交换网络中的问题。当延迟时间变化时，闭环控制特性将受到影响。在这些应用中，必须特别注意保持数据发送和接收时间恒定，例如，通过在电网中定义一定数量预定义和固定的备用路径，通信可以在正常路径发生通信问题的时候进行切换，比如通信节点的故障。

WAN通信不需要通信前端，并使用直接连接到控制中心（冗余）LAN的标准商用路由器。路由器基于接收的数据包将数据合并在一起，并向SCADA服务器发送RTU报文。轮询的原理同样适用于WAN，就像对点对点的连接那样。

2.7　停电管理

停电管理是配电网运行中最关键的进程之一，其目的是使网络从紧急状态恢复到正常状态。该进程包括三个独立阶段：

（1）停电警示。

（2）故障定位。

（3）故障隔离和恢复供电。

已经开发了各种协助运行人员的方法，这些方法取决于可用来驱动该进程的数据类型（见图2.10）。

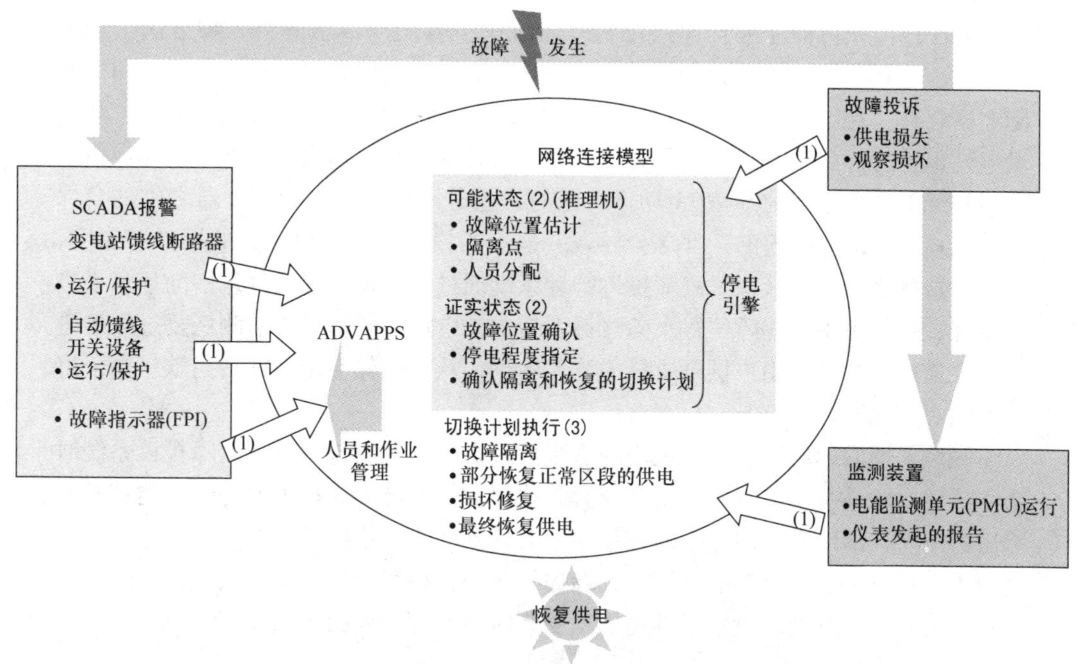

停电管理阶段：(1)停电警示；(2)故障定位；(3)供电恢复。

图2.10　停电管理流程图

虽然实时控制（低AIL）渗透率非常有限，但用户和网络记录良好的电力公司多采用故障投诉的方法。而具有良好实时系统和扩展控制的电力公司则能够采用来自自动化装置的直接测量。前一种解决方案在美国普遍用于一次网络（中压），其中配电一次变电站较小。除了大型城市网络，低压（二次）馈线系统受到限制，平均有6~10个用户由一个配电变压器供电。这种系统结构更容易建立用户到电网的连接，如果停电管理是为了产生实际结果，则需要故障投诉管理系统。相比之下，欧洲系统具有非常广泛的二次系统（每个配电变压器拥有用户高达400个），因而主要关注SCADA控制；因此任何MV故障都将被清除，并且在用户投诉前关联已知的受影响馈线的信息。在这种环境下，如要真正有效，故障投诉的方法必须从 LV 系统开始运行，在 LV 系统建立用户到电网的连接更具挑战性。在这些情况下，故障投诉响应的目的是保持用户关系优于故障定位的优先级，这是通过结合系统监控应用（SCADA，FA 和 FPI㊀）和高级应用而快速实现的。

DMS 现在结合了最好的方法，通过面向用户的反馈来实现网络上的实时解决方案。为了理解各种方法的组合如何改进整体解决方案，有必要描述一下各种方法的原理。停电管理的故障定位和恢复功能可以是本地解决方案（重合闸和自动分段器），也可以是中央进程。中央进程将在这里介绍，而本地方法将在后续关于馈线自动化的章节中进行介绍。

2.7.1 基于故障投诉的停电管理

基于故障投诉的停电管理是在网络运行中引入用户信息的第一种方法。通过 IT 方法，它改进了系统的运行，其中 SCADA 仅限于大型变电站而且在配电网中实际上不存在。有限的 SCADA 只能向运行人员提供实际电网故障的少量信息，如果变电站保护看不到故障的话，则直到用户向信息部门打电话投诉停电方可知。供电的损失，无论是已知的 SCADA 动作引起的，还是诸如熔断器或重合器之类的自保护非遥控装置动作引起的，常常会导致一连串的投诉，为了得到高的用户满意度，必须对这些投诉进行管理。故障投诉管理系统通过从投诉中提取尽量多的信息来进行设计，目的是确定故障位置、向投诉者提供停电的最新信息、监测恢复过程的进展、并最终保持每个用户供电质量的统计数据，从而确保准确地评估罚款。整个过程如图 2.11 所示。

在风暴期间，用户感觉到风暴的后果后投诉爆发式增长，设计故障投诉系统时必须能够对此进行快速响应。随着受影响线路数量的增加，投诉的趋势是达到峰值然后再下降，即使受影响线路的数量还没有达到峰值，用户开始意识到风暴已经达到最大并将过去。但是，因为用户开始失去耐心，持续的停电将导致投诉的爆发式增长发生延迟。典型的风暴投诉历史与受影响线路的剖面图如图 2.12 所示。

1. 停电警示

第一个故障投诉意味着可能存在电网故障；但是在某些情况下，它可能是用户住所内的隔离故障。一旦收到更多的投诉，这一点可以很快得到确认。典型 TCM 的投诉输入界面如图 2.13 所示，图中显示了收集到的数据和用户相关的活动，例如现代系统中提供的回叫请求。

2. 故障定位

故障定位通过推断和验证这两个步骤来反映停电两种可能的状态。该进程的核心通常称为停电引擎，它通过处理线路设备状态和故障组来自动维护不同停电事故的状态及与每个停电状态相关的用户（负荷）状态。该方法依赖电网的辐射状连

㊀ FPI，Fault Passage Indicators，故障指示器。

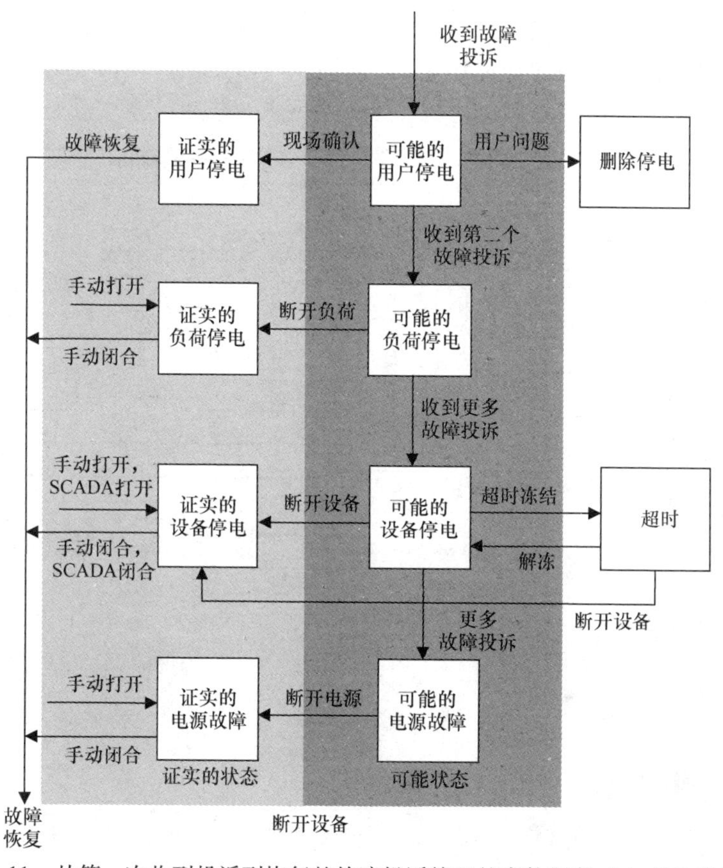

图2.11　从第一次收到投诉到恢复的故障投诉管理的事件顺序（由ABB提供）

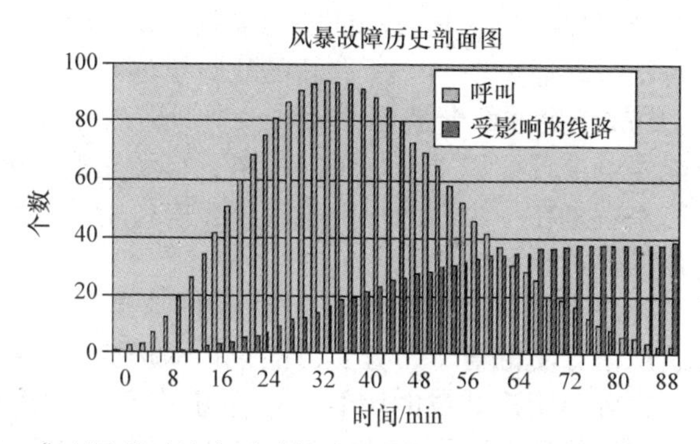

图2.12　典型风暴下故障呼叫与受影响线路的数量随持续时间的剖面图

接模型，该模型包括将CIS中每个用户指向电网某一位置的用户—电网连接。如前所述，在美国式的配电系统中通过配电变压器关联用户的方式比欧洲系统中的方式更简单，欧洲系统中二次（低压）电网更复杂，并且每个变压器连接的用户数量更大。除了GIS方法[⊖]之外，各种混合指派方法（如邮政编码）一直被用来检查早期的主要记录。停电被定义为已经动作的保护装置或开路导线的位置以及动作导致的电网断电程度，包括受影响的用户。

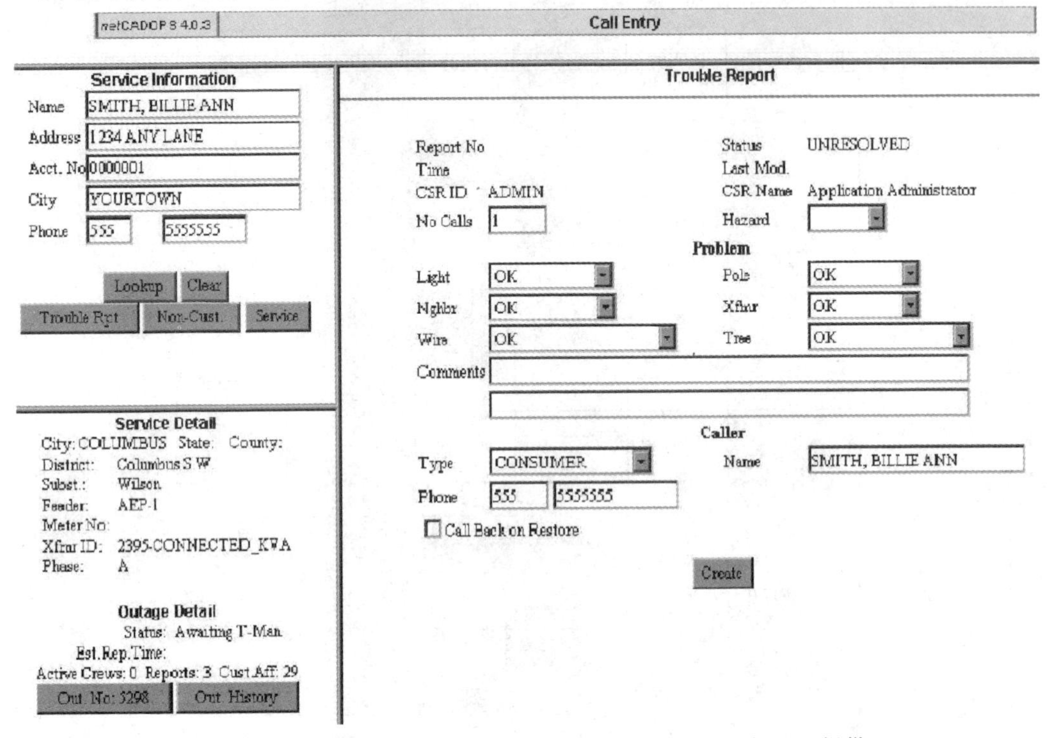

图2.13 现代故障投诉管理系统典型的投诉输入界面（由ABB提供）

3. 可能停电

大多数停电引擎分析那些与已知或已证实的停电无关的故障投诉，并将它们归为可能的停电。在每次风暴通过期间，所有新的故障投诉和先前所有归为可能停电（还没有经过验证）的故障投诉都会被记下来。一组新的故障投诉被用来跟踪电网以推断一组新的可能停电位置。识别新的可能停电，移动先前的可能停电以及删除先前的可能停电，结果就是在一组新的可能位置集合中每个位置都可能停电。停电位置是可能已经动作的保护装置。

预测停电的典型算法为带馈线网络图后序遍历的“深度优先”算法。经验规则被用来满足辐射状网络分支的需求，分支可能包括保护装置。例如，在网络的每个节点处，计算故障投诉与用户数量的比值，然后与该节点下子图中所有节点的累积比值进行比较。计算该位置故障下的故障呼叫和可能停电列表。访问节点后，做出是否在该节点处创建可能停电的决定，或者检查完上游节点后再做出决定。以下是一些典型的确定性推论：

⊖ GIS方法是指传统的地理调查和绘制地图。在GIS实施前建成的城市地下网络中，将纸质主要记录光栅化并认可其精度有时是唯一经济的方法，因此需要用到其他公共数据来改进或验证故障定位。

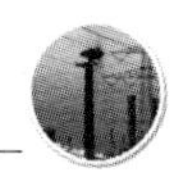

- 必须为每个故障投诉分配某种可能停电。
- 在创建停电之前，至少两个负荷必须有故障报告（用户投诉）。
- 停电应该位于网络中最低的保护设备或负荷处，在该位置以上，报告与用户数量的比值低于预定的阈值。
- 逻辑“AND”和“OR”的确定由受影响的负荷数量和用户投诉百分比决定。

故障投诉的方法主要用于SCADA部署非常有限的网络，但结果是系统不能被观察到。传统方法主要依赖投诉和网络拓扑来寻找公共上游设备。现在正在研究采用模糊逻辑来提高停电的确定精度，该方法扩展了输入信息，使其包含了保护选择性，基于模糊逻辑的决策过程屏蔽了这些信息。该过程组合了反映等效逻辑运算的模糊集合，例如，带有两个分支的馈线具有针对分支“a”的模糊集“A”，该模糊集反映了可以对分支末端的投诉进行动作的设备。

$$A_a = \{[x_{ia}, \mu_{ia}(x_{ia})]/x_{ia}\}$$

式中，上游设备$\alpha = x_{ia}$，集合的元素值$\mu_{ia}(x_{ia}) = i_a/i_a$。

构造第二个集合来反映分支“b”，每个集合通过Hamacher原则来进行组合，以此考虑分支点上游每个集合中的公共设备，形成该条馈线基于模糊逻辑的决策算法。与采用蒙特卡罗模拟的传统停电检测方法（OD）的比较表明，基于模糊逻辑的扩展方法对多重故障位置的预测有显著改进，具体数字见表2.2。

表2.2　模糊逻辑控制与传统方法的效果比较

	模糊OD（%）	传统OD（%）
情况A：单个故障	98.6	99.1
情况B：多重故障	83.7	3.7
情况C：多重故障	80.4	2.8

快速准确地预测可能停电的位置至关重要，因为它可以指导现场工作人员确认故障位置和隔离点。工作人员到达现场和确认损害程度的速度越快，恢复供电过程的效率就越高。

4. 证实的停电

停电通过现场人员手动操作开关、开路或SCADA操作的通知来进行验证。一旦停电被证实，停电引擎会反复分析切换事件和其他的连接性变化（分阶段恢复），以更新与停电相关的用户。该类的不同事件通常处理如下：

- 对于可能停电处的“打开”操作，停电被证实。
- 对于在没有可能停电处的“打开”操作，将创建一个新证实的停电。
- 对于断电设备的“打开”操作，不会创建或修改任何停电事件。
- 对于证实停电处的“闭合”操作，删除停电。
- 对于为断电负荷通电的“闭合”操作，部分或完全删除停电。
- 对于断电设备的“闭合”操作，不修改任何停电。

只有在一定延时后来自SCADA的“闭合”操作才会被接受，以此允许对产生新跳闸的故障进行闭合操作。

5. 恢复供电

紧急切换计划和现场人员操作被反复执行来隔离故障并恢复供电。供电恢复通常是部分的，其中常开联络点或其他的馈线对系统正常部分重新供电，这些正常部分因故障与一次电源隔离。当手动操作完成时，运行人员已经接收到现场的确认，会将连接性的变化输入到 DMS（TCM）OMS 网络模型中。停电引擎自动跟踪这些变化和事件，因此，电力公司的电话接听员一直知道仍然停电的用户及预后情况。

2.7.2 基于高级应用的停电管理

由于不同的停电管理方法使用更多不同的输入数据进行决策，他们之间的不同成为重点之一。虽然 2.6 节描述的方法能够从 SCADA 数据的使用中获益，但重点仍然是基于 IT 的解决方案。相比之下，基于高级应用的方法直接由来自 SCADA 数据采集设备的实时输入进行触发，事件后的故障投诉又补充了额外信息。来自测量装置的信息（通常为保护继电器或 FPI）直接传送给实时系统网络模型中的拓扑引擎，以此确定故障位置。故障投诉通常为高度自动化的网络补充不了太多信息。这种故障定位、隔离和恢复供电（FLIR）将进程分为三个独立但关联的阶段：

- 故障定位（FL）
- 故障隔离（I）
- 恢复供电（R）

如果 DMS 中的配电系统是一个集成的多电压等级网络模型，那么 FLIR 函数的一般性使其能够在很多电压等级上运行。

1. 故障定位

配电网上的故障由保护装置感知，并由安装在一次（电源）变电站中的断路器进行隔离。除了重合闸之外，很少有其他安装在馈线网络上的一次开关设备能够分断故障电流[㊀]，故很少有其他信息来帮助确定沿着馈线的故障位置。唯一的例外是带真空断路器的环网柜，环网柜含有完整的保护部分，现在已经变得很具性价比。馈线自动化，要么以与远程控制线路开关相关的 FPI 形式，要么以通信 FPI 的形式，提供了改善故障定位分辨率的可能性。FPI 可用于短路和接地故障，非方向性 FPI 是最常见的并且用于辐射状网络，而方向性 FPI 则用于网状网络。现在使用的中心故障定位方法使用两个数据源：①非方向性和方向性 FPI 的动作；②来自通信保护继电器（距离或过电流）的信息。第一次分析是确定位于距离电源最远的已动作 FPI 以下及下一个未动作 FPI 以上的辐射状网络区域，或者是许多已动作的方向性 FPI 之间的网状网络。通常，分析会对网络进行划分并确定包含未动作和已动作 FPI 的子网。前者通常称为“无故障区域”，而其他区域称为“故障区域”。定位分辨率受 FPI 部署密度的限制，但是在拥有某些保护继电器的情况下可以通过

㊀ 配电变压器或单相侧的熔断器将清除故障，但不会直接向控制室提供信息。如果装有熔断器熔断指示，它们将有助于故障定位。

电网线路参数和继电保护数值进行强化，从而确定故障到保护装置的距离。虽然这种计算依赖于电网模型阻抗数据的准确性，但是却常常可以区分“故障”子网中的不同分支。它还允许将计算限于“故障”和“疑似故障”子网络。

2. 故障隔离

故障隔离需要在知道故障位置的情况下快速确定最佳隔离点。在辐射状网络中，这种确定非常简单，只需要选择离故障区段最近的上游装置。在网状环境中，任务是确定组成“无故障区域”边界的开关设备。在该过程中，高级算法应当区分手动和远程控制开关，包括设备是否存在限制，具有操作限制的设备应该被排除掉。这些算法确定隔离故障必要的开关顺序，并且通常给出建议的切换方案供运行人员确认和执行。

3. 恢复供电

识别出可以闭合的打开开关为隔离的子网恢复供电。在辐射状网络中，为了为最低隔离点以外的部分恢复供电，有必要闭合常开联络点（如果存在的话）。高级恢复算法中的一项功能是通过运行恢复步骤间的潮流计算来检验由其他备用电源为负荷供电的可行性。最后的恢复顺序通常与隔离步骤相反，但是这样做必须满足开关的操作要求。与隔离功能一样，大多数系统提供推荐的顺序给运行人员确认和实施，每次确认一个步骤。

4. FLIR 示例

典型 FLIR 的隔离和恢复功能由图 2.14 所示的辐射状和网状组合网络来进行说明。

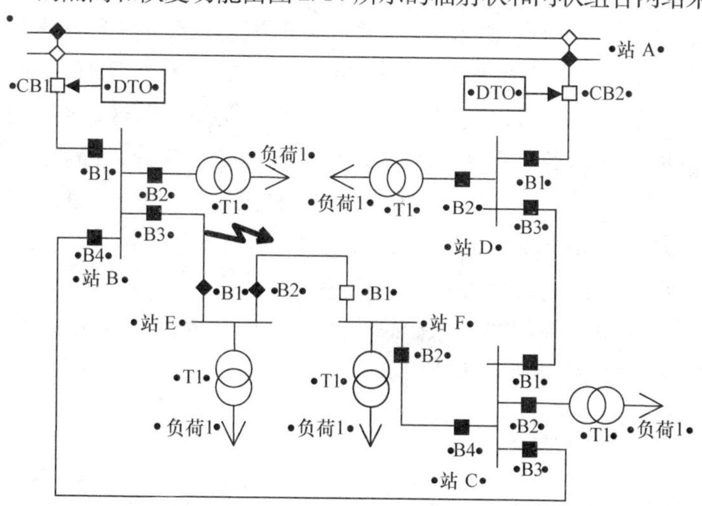

图 2.14 样本 FLIR 分析（由 ABB 提供）

故障发生在站 B 和 E 之间的线路上，由站 A 中的过电流保护断路器 CB1 和

CB2 来清除。来自分布在网络中的 FPI 的信息可以将故障定位在站 B 和 E 之间的线路上。故障隔离功能确定故障位于站 B 的开关 B3 向站 E 的 NOP B2 供电的线路上。开关 B3 被确定为利于故障隔离的远程控制开关，而站 E 的开关 B1 被确定为首选的手动开关。如果通过打开远程控制开关 B3 隔离了故障，一旦运行恢复功能，恢复功能将给出两阶段恢复的建议。首先，闭合 CB1 恢复供电，然后在现场工作人员证实了停电并打开手动开关 B1（站 E）后，他们可以继续闭合手动 NOP B2（站 E)，为闭合远程控制开关 B1（站 F）做准备，从而完成第二和最后的恢复步骤，重新连接由站 E 供电的用户。

2.7.3 以 GIS 为中心和以 SCADA 为中心

存在两种方法来部署基于故障投诉的停电管理系统：

- 以 GIS 为中心
- 以 SCADA 为中心

以 GIS 为中心的 TCM 系统更贴近 GIS 环境，具有单独的连接模型，以便获得令人满意的从故障投诉推断出故障位置的响应时间。他们的 HMI 可以与 GIS 共享，在 TCM 为独立系统时，也可以是专门为应用程序设计的专用设备。为了保持 TCM 连接性模型与 SCADA 模型的实时同步，任何实时的网络变化必须从 SCADA 系统中传来。为了保证结果正确，这是必须的。这种类型的故障投诉管理系统是最早实施的，并且主要在几乎没有 SCADA 或馈线自动化的北美地区。它提供了用户满意度和停电管理的 IT 解决方案。在欧洲，呼叫接听系统配备有与低压网络相关的基本用户定位算法，以此提高用户关系管理，同时避免昂贵的 LV 连接性模型。

以 SCADA 为中心意味着 TCM 程序紧密嵌入在 SCADA、HMI、网络连接模型和实时过程中。尽管 TCMS 可以使用专用的简化连接模型，但这种连接性是在实时系统内不断更新的。任何数据变化，无论是暂时的还是永久的，都通过相同的数据维护/数据工程机制进行同步。在 AIL 很高并不断增加的地方，这种类型的部署必不可少，因此，随着更多的实时设备状态发生改变以及与之相关的报警发生在网络中，这种类型的部署对实时性能产生了越来越大的压力。这种方法还允许充分利用基于高级应用的停电管理功能。人们意识到了这种优势，混合 TCM/高级应用的停电管理系统正在行业内得到成功应用。

2.8 决策支持应用

除了 FLIR 功能之外，高级应用还包括可以独立应用或支持 FLIR 功能的其他决策支持应用。虽然这些应用被设计工作在实时环境中，但它们最常见的模式是作为运行规划工具，运营商为紧急事件、正常网络结构的变化以及规划的切换方案制定计划。在实时环境中使用时，它们通常由三种可选方式进行触发：

（1）手动。应运行人员要求。

（2）循环。以预定的周期在后台（如每 15min）。

（3）事件驱动。由开关动作或显著的负荷变化引起的网络结构变化。

为了减少大型配电网中的计算负荷，拓扑引擎被设置为只识别自上次计算以来变化的网络部分，计算只限于网络的变化区域。

2.8.1 调度员潮流

该功能为一系列特定的网络条件提供电网的稳态解决方案。网络条件涵盖了线路配置和负荷水平，对于特定的情况，后者通过负荷校准过程进行估计，负荷校准过程通过尽可能多的SCADA可用实时数据来调整静态网络参数（已建成）。校准方法通常分为多个不连续的步骤：

（1）第一步是静态负荷校准。该计算的输入为静态信息，如负荷曲线、供电的用户数量和季度；结果是消耗的有功和无功功率静态值。

（2）第二步是拓扑负荷校准。该功能利用功率静态值、最新测量值和网络的当前拓扑来确定消耗的有功和无功功率动态值。对于网状网络，只是进行简单的树搜索来确定上游的计量点。这些值作为伪测量值与实际测量值一起作为状态估计的输入，构成第三步。

（3）最后一步调整非测量值和所有的缺失值，以此表示包括损耗在内的网络负荷状态。

负荷校准过程的基础是采用的负荷模型。不同的用电设备（照明、空调、加热负荷等）表现出特定的负荷特性，这些特性由恒定功率、恒定阻抗（照明）和恒定电流三种类型中的一种表示，每种类型表现出不同的电压依赖特性（见表2.3）。

表2.3 显示了电压依赖性的典型非线性负荷类型

表现	系数名称	电压依赖性
恒定功率	F_{CP}	无
恒定阻抗	F_{CI}	二次方
恒定电流	F_{CC}	与P、Q成指数关系，$0 \leqslant P, Q \leqslant 2$

在诸如MV/LV变电站的任意一个配电负荷点，很可能接有不同类型的负荷。这些负荷类型可能是负荷类别或用户类型（商业、居民、工业）中固有的，因此，通过为每个负荷特性分配一个百分比系数，所有负荷都可以描述为以上三种负荷特性的组合。

通常将这些模型的百分比贡献度和定电流的指数分量设为默认值。

$$\begin{cases} P_{load} = P_{CP} + P_{CI} + P_{CC} = P_{load}F_{CP} + P_{load}F_{CI} + P_{load}F_{CC} \\ Q_{load} = P_{load}(\sqrt{1-(\cos\varphi)^2})/\cos\varphi \\ \quad\quad = Q_{CP} + Q_{CI} + Q_{CC} = Q_{load}F_{CP} + Q_{load}F_{CI} + Q_{load}F_{CC} \end{cases} \tag{2.1}$$

除了电压依赖性，配电网的负荷[2]随时间变化，并通过每日负荷曲线进行描述。负荷在不同时间达到峰值，所有单个峰值之和与负荷曲线之和的峰值之间的差异称为负荷分散性。分散性存在于相同类型（类型内分散性）以及不同类型（类型间分散性）的负荷之间，系统累积的负荷越高，分散性越小。因此，为了对一天不同时间的负荷进行精确建模，建议采用负荷曲线。典型负荷类型的负荷曲线通过聚合程度为每个负荷点至少 10 个负荷的负荷研究得出，负荷类型也随着季度、工作日、假日和周末而不同。因此，负荷可以由一类负荷或多类负荷的组合表示。

调度员潮流的负荷模型必须能够表示具有有限或更广泛信息的负荷。三种对有功功率 P 和无功功率 Q 进行建模的不同方法如下：

1. 基于单点值

基于 kVA 或其他预定义幅值（如峰值）的典型负荷。采用固定的典型负荷 S_{typ}和功率因数 $\cos\varphi$（为每个负荷单独定义）来确定有功功率和无功功率。

$$\begin{cases} P_{load} = S_{typ}\cos\varphi \\ Q_{load} = S_{typ}\sqrt{1-\cos^2\varphi} \end{cases} \tag{2.2}$$

单点负荷的描述既不反映配电网负荷与时间相关的消耗模式，也不反映负荷分散性。

2. 基于用户类型曲线[㊀]

当与单个负荷值一起使用时，该负荷点可采用不同季度的 24 小时标准化负荷曲线；这考虑了分散性的表示以及在不同于单点值的时间进行校准的更准确数值，因此在负荷模型中体现了时间依赖性。

$$\begin{cases} P_{load} = S_{typ}L_{p}\text{（季度，日，小时）} \\ Q_{load} = S_{typ}L_{Q}\text{（季度，日，小时）} \end{cases} \tag{2.3}$$

这可以针对每类电压依赖性的有功和无功功率值（P_{CP}、P_{CI}、P_{CC}、Q_{CP}、Q_{CI} 和 Q_{CC}）进行拓展，首先单独计算各功率值。此外，用户类别（CC）也被区分开来。

$$\begin{cases} P_{XX} = \sum\limits_{CC} S_{CC}(\text{季度})F_{XX,CC}n_{CC}L_{P,CC}(\text{季度},\ldots) \\ Q_{XX}' = \sum\limits_{CC} S_{CC}(\text{季度})F_{XX,CC}n_{CC}L_{Q,CC}(\text{季度},\ldots) \end{cases} \quad XX \in \{CP,CI,CC\} \tag{2.4}$$

3. 基于计费电量

使用一个变压器的计量（计费）电量 E_{Bill}和供电的用户数 n：

$$P = \sum(E_{Bill}LF_{c})/DF_{c} \qquad \text{用户 } 1 \sim n \tag{2.5}$$

式中，LF_{c}为负荷类型系数；DF_{c}为负荷类型分散系数。

在第二步，使用 S_{Bill}的值作为方法 1 公式中的典型负荷。

存在一个定义了首选计算方法的通用优先级列表。对于每个负荷，检查哪些输

㊀ 见第 3 章图 3.21 和图 3.23 的例子。

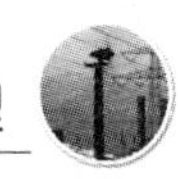

入数据可用。如果多个计算方法的输入数据可用，则采用具有最高优先级的方法。静态负荷校准的输出用作拓扑校准的输入。

2.8.2　故障计算

有两种类型的故障：平衡或对称的故障，称为三相故障；当仅涉及两相或地的时候，称为不对称故障。

对称短路分析功能由 IEC 909 定义，其中忽略了负荷潮流计算（LFC）提供的节点/母线电压初始值。

对于远离发电机的三相对称故障（L1－L2－L3－E），故障计算功能模拟电力系统中每条母线上的故障（见图2.15）。对于每种故障情况，计算母线上的初始对称短路电流和母线分支中的电流。根据戴维南定理，电流为

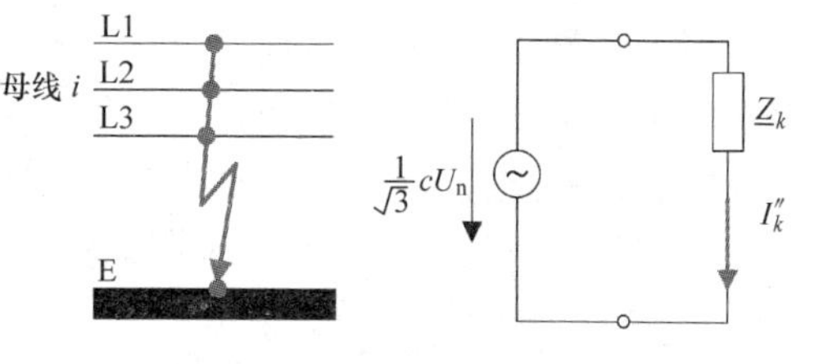

图2.15　三相对称故障

$$I''_k = -\frac{cU_n}{\sqrt{3}Z_k} \qquad (2.6)$$

式中，U_n为额定电压；c 为电压因数；Z_k为三相系统的短路阻抗。

c 取决于电压等级。此外，可以确定相邻母线处的初始对称短路视在功率和故障电压。

不对称短路分析：

以下类型的不对称（不平衡）短路通常由不对称短路分析功能进行计算：

- 不接地的线间短路（见图2.16a）
- 接地的线间短路（见图2.16b）
- 线对地短路（见图2.16c）

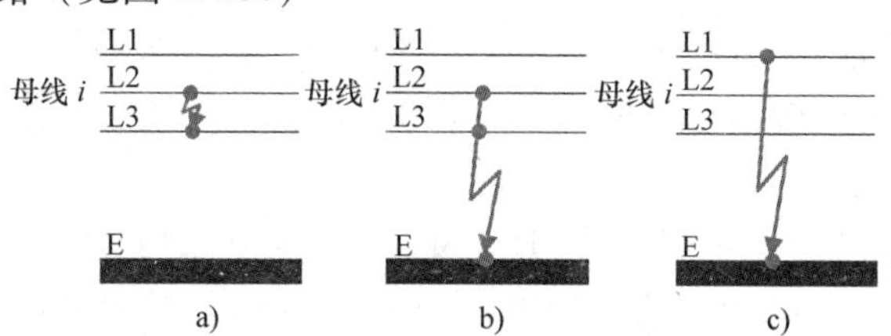

图2.16　三相不对称故障（由 ABB 提供）

由三相系统不对称短路引起的故障电流计算可以通过对称分量的方法进行简化，这需要计算三个独立的系统分量，从而避免互阻抗的耦合。

采用这种方法，各条线路中的电流可以通过叠加三个对称分量电流来获得：

- 正序电流 $\dot{I}_{(1)}$
- 负序电流 $\dot{I}_{(2)}$
- 零序电流 $\dot{I}_{(0)}$

以线路 L1 作为参考，电流 $\dot{I}_{L1}$、$\dot{I}_{L2}$和 $\dot{I}_{L3}$为

$$\begin{cases}\dot{I}_{L1}=\dot{I}_{(1)}+\dot{I}_{(2)}+\dot{I}_{(0)}\\ \dot{I}_{L2}=a^2\dot{I}_{(1)}+a\,\dot{I}_{(2)}+\dot{I}_{(0)}\\ \dot{I}_{L3}=a\,\dot{I}_{(1)}+a^2\dot{I}_{(2)}+\dot{I}_{(0)}\end{cases} \tag{2.7}$$

式中，$a=120°$算子，且 $a=-\frac{1}{2}+\mathrm{j}\,\frac{1}{2}\sqrt{3}$；$a^2=-\frac{1}{2}-\mathrm{j}\,\frac{1}{2}\sqrt{3}$。

每个对称分量系统都有自己的阻抗，其反映了网络设备的类型、接线和接地方式（变压器），并且必须输入到配电模型数据库中。

对称分量法假定系统阻抗是对称的，这表示线路分布和换位线路是对称的，尽管在配电网中缺少换位造成的误差很小。

断路器额定极限检查：DMS 中故障计算的主要用途是确定断路器是否会在高于其额定值的时候动作，由此可以创建报警来通知运行人员动作状态是否违规。

2.8.3 损耗最小化

损耗最小化的应用程序提供了一种综合方法，可以通过在特定运行约束内的网络重构来研究辐射状配电网络实际损耗的减少。损失最小化的应用具有以下特点：

- 识别开关变化，以减小配电损耗的能力。
- 计算馈线间负荷的重新分配，以减小配电损耗的能力。
- 验证提出的系统优化条件是否在允许的运行限制（容量和电压）范围内。
- 根据运行人员请求，每天循环运行或在指定时间运行的执行能力。与负荷潮流类似，计算仅限于受变化影响的网络部分（切换、增量负荷调整等）。
- 将优化限制在仅使用远程控制开关的能力范围内。

该功能总是从一个可行的系统基础案例开始，在已动作的基础案例不可行（违反了约束）的情况下，损失最小化功能将首先确定（建议）可行状态。从该状态开始，将列出开关动作和与之相关的损耗减少列表，每个连续的开关动作将使损耗不断减少。开关动作的时序，可能涉及同一开关的多次动作，特别要确保的是，在开关动作时序期间内任何时间任何设备都不会过载或电压越限。

2.8.4 VAR 控制

VAR 控制功能被设计用来控制 HV/MV 变电站和中压馈线上的 MV 电容器组。该功能确定辐射状系统的电容器配置，从而减少无功潮流流入 MV 系统，同时保持系统运行在用户定义的电压和功率因数限制条件下。得出的电容器配置可以减小不同系统负荷情况下 MV 馈线的压降和损耗。

VAR 控制功能通常在单独的 HV/MV 变电站服务区基础上产生 MV 网络本地电容器控制策略。典型的计算顺序如下：

（1）步骤 1：确定关于 VAR 补偿的服务区运行状态。存在三种可能情况：

- 服务区处于正常状态。这一点可以通过比较实际总服务区的功率因数（由 SCADA 测量）与目标功率因数，以及通过 MV 馈线上高/低电压和功率因数不越限（通过状态估计来计算）来确定。

- 服务区需要 VAR 补偿。通过比较实际总系统的功率因数与目标，以及通过 MV 馈线上存在低电压和功率因数越限来确定。
- 服务区处于过 VAR 补偿状态。通过比较实际总系统的功率因数与目标，以及 MV 馈线上存在高电压和功率因数越限来确定。

（2）步骤 2：目标总系统的功率因数由用户定义。用户定义的死区和阈值被用来确定服务区的运行状态，以减少 VAR 控制应用程序的运行次数。

运行状态 2 和 3 表示 VAR 控制的可选项。这些服务区中可控电容器组的可用性还决定了是否可以对特定服务区执行 VAR 控制。

为了简化计算，同时保证结果在系统运行公差内，可以做一定的假设。典型的假设包括所有 MV 级别的 VAR 调整不会在更高的电压网络中反映，并且所有分接头设备（变压器和线路调压器）将保持恒定。此外，采用在馈线上布置数量有限的电容器组的常用做法。

2.8.5 电压控制

电压控制功能被设计用于控制与变电站变压器和线路调压器相关的在线分接头开关（OLTC）中，目的是降低整个系统的负荷。通常，在需求大于供应或潮流异常的时候使用该功能，可以计算电压设定点或 OLTC 处等效的分接头设置来减少系统总的负荷。

这种计算方法支持两种降负荷控制策略，具体如下：

（1）目标电压降低。第一种方法以最低电压不越限的方式降低系统负荷。因此，最大的负荷减小量是用户定义的最低允许电压函数。

（2）目标负荷降低。第二种方法确定实现用户定义的负荷减小目标所需的系统电压。

（3）计算方法。计算方法类似于 VAR 控制方法。首先选择需要减少负荷的区域，如图 2.17 所示为一个带三条辐射馈线的系统。每条馈线的长度（因此阻抗也不同）、总负荷、负荷分布和线路调压器的数量都不相同。

第一步确定哪些 HV/MV 变电站服务区域可以进行 OLTC 电压控制。采用的准则反映了：

- 由 SCADA 确定的 OLTC 控制的可用性。
- 用户定义的有功功率限制。

通过两种可能的计算方法，逐个分析每个变电站可能的服务区域。

同样，类似 VAR 控制功能的相应假设允许计算的实际效果可以由控制室使用。

2.8.6 数据依赖性

所有高级应用程序结果的有效性完全取决于数据的可用性及质量。第一级数据是网络拓扑的数据。包含开关状态的网络连接性都必须正确，因为基本的运行决策和安全性维护以此为基础。远程控制开关状态的维护在 SCADA 系统内是自动的，但是所有手动开关的状态必须由运行人员根据现场传送的信息手动输入。在临时切

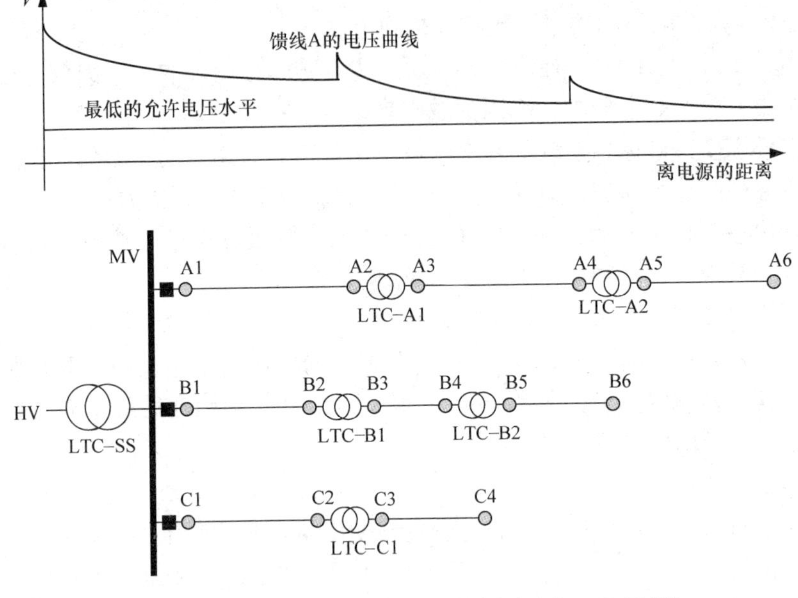

图 2.17　显示了线路调压器的网络例子（由 ABB 提供）

换期间，必须保存网络配置的正常状态，才能恢复到 NOP 定义的正常状态。由于对网络进行了扩展，添加到 DMS 的所有更改都必须与实际的现场状态同步。北美网络的数据建模更加复杂，其每相都需要进行表示，这是因为三相和单相混合供电并且开关设备可以独立打开一相。高级应用组合中的停电管理和基本切换方案生成器完全取决于正确的拓扑（连接性），这样才能获得有效的结果。

在网络上执行计算的高级应用程序，如潮流、故障电流、损耗最小化和优化，需要另一级别的数据来描述网络参数，如线路阻抗、容量限制和负荷。后者是最难确定的，不仅因为电量消费的时间变化随用户类型而不同，而且存在电压/电流依赖性。除了变电站馈线电源处之外，几乎没有对单个负荷或复合负荷群的实时测量。用户变电站最常见的可用值是年度峰值负荷，该值在达到系统峰值后手动收集，并且很少有时间戳。自动读表的实现，即使不广泛，也正在改善负荷的行为信息。然而，自动读数通常不是实时值，而是历史电量消耗值。网络中具有本地控制的设备，如线路调压器和电容器控制器，需要控制行为的其他数据来描述它们的动作，如设定点和死区。

在设置执行网络分析计算的高级应用程序给出的期望值和收益时，必须考虑数据的准确性和持续性问题。DMS 数据库的初始创建不仅需要大量的工作，还需要在不断变化的环境中保持其准确性。

可以得出结论，DMS 高级应用应该分为两类：仅需要拓扑就能顺利运行的应用，和那些除了拓扑之外还需要网络参数数据的应用，见表 2.4。前者给出不受网

络容量约束的结果，并且必须依赖运行人员的专业知识；而后者考虑了网络容量和电压调节的约束。

表 2.4　高级应用的分类

应用	基于拓扑（无约束）	基于参数（有约束）
网络着色	√	
切换规划器	√	√①
FLIR	√	√①
调度员潮流		√
故障电流分析		√
电压/VAR 控制		√①
损耗最小/最优重构		√①

注：一些功能在不需要潮流的情况下运行就可以给出有意义的结果，诸如切换规划器和 FLIR 的例子，它们开始可以作为无约束的应用来实施，从而减少了收集和验证额外复杂数据的需要。

① 在约束条件下运行的应用需要潮流作为应用的组成部分。

在具有良好规划实践的电力公司中，MV 系统的详细网络模型已经被创建出来并经过了验证，该模型提供了足够的精细度来表示开关和馈线，可以作为 DMS 连接性模型的基础。

数值相对数据复杂度的概念在图 2.18 中以一种主观的方式给出，其中数据复杂度和可持续性因数指定为 1 ~ 10 之间。类似地，受约束的高级应用给出的结果相对运行人员的数值也可以指定在 1 ~ 10 之间。两个值之比，即数值与复杂度之比（VCR），在主观上说明了潜在的收益，并区分了无约束和有约束的应用。

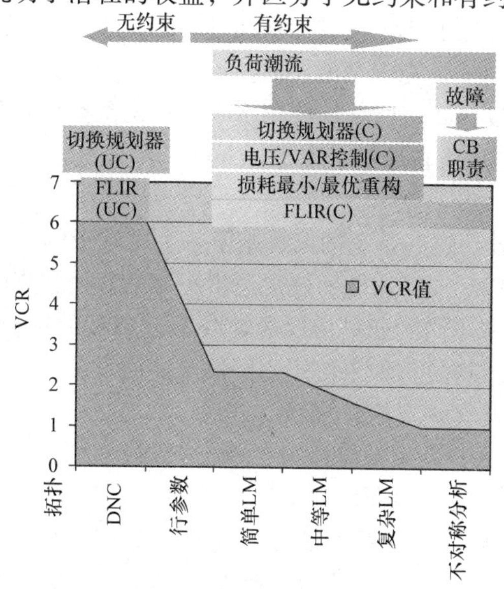

图 2.18　针对不同类型数据和相关 DMS 高级应用的主观收益与创建数据的努力，其中，DNC—动态网络着色；LM—负荷模型，“简单”表示为基于配电变压器容量的单值模型，“中等”由估计的负荷值和电压依赖性表示，“复杂”需要除了前两类以外的典型日负荷曲线。“不对称分析”指需要不平衡负荷和序阻抗的应用

2.9 子系统

2.9.1 变电站自动化

传统的SCADA系统从变电站获取电力系统的大部分数据。这是通过安装RTU来实现的，其中RTU与保护继电器和开关辅助触点硬连接并作为到中央控制系统的通信接口。这种方法成本昂贵并且具有限制性，没有充分利用现代通信继电器的全部能力。变电站自动化（SA）描述了在变电站内利用可配置通信IED技术实现本地多层控制结构的概念，逻辑上有两个级别：低级别或间隔级（馈线），及高级别或站级。供应商采用了不同的SA架构，这些架构采用两个或三个信息总线配置——区别在于智能保护所在的位置。三总线方法保持了各间隔保护逻辑和设备的隔离，而双总线架构采用一个公共中央处理器用于所有保护。三总线方法受到青睐，因为它反映了传统的保护理念。

正在销售的SA平台试图集成许多IED的分布式处理能力，主要类型有：

（1）基于RTU的设计。这些系统从常规SCADA演变而来，其中RTU经过改进可以提供与现代IED的通信接口并利用其分布式处理能力。一些RTU增加了有限的PLC功能和实际上的标准子LAN协议，如Echelon LONWorks或Harris DNP 3.0。这种方法的主要缺点是不能一对一地向IED传输指令，因为对于中央控制室而言它们实际上是作为虚拟设备出现的。

（2）专有设计。这是由使用专有架构和协议的供应商提供的功能齐全的模块化分布式系统。因为完整的协议没有发布而且HMI专门针对供应商的IED和架构，所以这些系统是不开放的。变电站的任何扩展都只限于原始SA供应商的设备。

（3）UNIX/PLC设计。这些系统使用RISC工作站来提供高速的多任务解决方案，其中RISC工作站运行在通过PLC集成的UNIX系统下。相关的成本要高于其他平台。

（4）PC/PLC设计。这些系统的设计基于一个局域子网，由PC提供HMI和集成的变电站数据库。PLC支持定制的梯形逻辑程序来替代常规的信号器、闭锁继电器和定时器。因为局域子网的通信协议通常取决于PLC的选择，所以PC保护IED需要特殊的网关和接口模块。如果使用不同供应商的设备，产生的集成问题不容易解决，但是这种方法具有一定的开放性。

（5）黑盒设计。这些系统被设计为在单个PC框架内集成选定的SA功能。可编程保护、梯形逻辑、输入/输出（I/O）和前面板显示等所有功能在一个公共的PC服务器上实现。主要缺点是保护是集中式的，这偏离了单条线路具有独立保护的常规保护理念。表2.5总结了不同SA类型的比较。主要和次要配置的灵活性带来的收益是巨大的。

表 2.5　不同 SA 的主要特征对比总结

特征	基于 RTU	专有	UNIX/PLC	PC/PLC	黑盒
SA 设计类型					
HMI 操作系统	Windows/DOS	专有	UNIX	Windows	Windows
HMI 软件	有限	专有	HP，SI，US 数据	很多	专有
局域子网协议	LONWorks/DNP	专有	基于 PLC	基于 PLC	VME 总线
IED 支持	协议转换	专有	协议转换	协议转换	独立
比较功能性	中等	限于同一供应商的产品	高	高	中等
成本	中	高	中到高	中	低
主要供应商	Harris/SNW/ACS	ABB \ Schneider \ GE \ AREVA	HP/SI	Tasnet/GE K series/Modicon/Allen Bradley	RIS

2.9.2　变电站就地自动化

目前使用的最常见架构无论是否为专有架构，每个间隔都具有独立的保护装置，因此有必要对设计的更多细节进行扩展。保护和控制单元在扰动情况下独立地发挥作用、切除网络的故障部分。相同的保护继电器和控制单元具有一条通信总线，并用作向本地系统或遥控系统传输数据的数据传输单元，代替常规 RTU。通信信号器也可以连接整个系统。所有数据采集设备通过公共通信总线连接，如果需要，公共通信总线通过数据通信单元将数据传输到本地或遥控系统。

保护继电器、控制单元和报警中心为操作系统提供以下信息：

- 带时间戳的事件数据
- 被测电气量（直接测量和推导得出）
- 开关设备（断路器和隔离开关）的位置数据
- 报警数据
- 数字输入值
- 动作计数器
- 记录的扰动数据
- 设备设置和参数数据

本地或遥控（SCADA）系统可以向各单元发送：

- 控制命令
- 设备设置和参数数据
- 时间同步消息

与常规的信号布线相比，通信总线具有若干技术和经济上的优点。当许多必要的信息通过一条总线传送时，对布线的需求就少很多，也不需要中间继电器。另一

方面，可以舍弃馈线专用的电流传感器和电路，因为测量数据是通过保护线路获得的。由于需要更少的电缆和中间继电器，变电站的故障频率变小了。保护继电器可用于二次线路的状态监测，如跳开线路。消息的传送也可以进行监测，并且通信中断和故障可以快速定位。因为基于这种通信原理可以很容易添加新的单元，所以系统更容易进行扩展。

每个设备通过总线提供带时间戳的事件消息（启动、跳闸、激活等），这些事件按时间排序并传输到事件打印机或监控系统。涵盖的数据包括最大故障电流数据、启动或跳闸的原因以及故障计数器。基于微处理器的继电器和控制单元在各种寄存器中存储了大量关于故障的数据。设备设置和参数数据也可以由控制单元传输，而且控制系统的命令也可以按照相同的方式传输到开关设备，此外设备可以进行电流和电压测量。设备还可能带有计算程序来提供由测量的电流和电压值推导得出的功率、电量和功率因数，这些数据可以在本地使用或由遥控系统使用。

系统中的每个设备都有自己的内部时钟，内部时钟必须与系统中的其他时钟同步。为了保持时钟同步，以固定间隔发送使时钟具有毫秒精度的同步消息。事件和其他重要消息在二次设备中打上时间戳，消息可以基于该时间戳按时间进行排序。

变电站级具有在该级执行集中自动化功能的监测或控制系统。这些本地控制系统（见图 2. 19）基于与 SCADA 系统相同的概念和技术，但是它们在设备和软件方面比 SCADA 系统更基础，并且经过缩减用于变电站级。

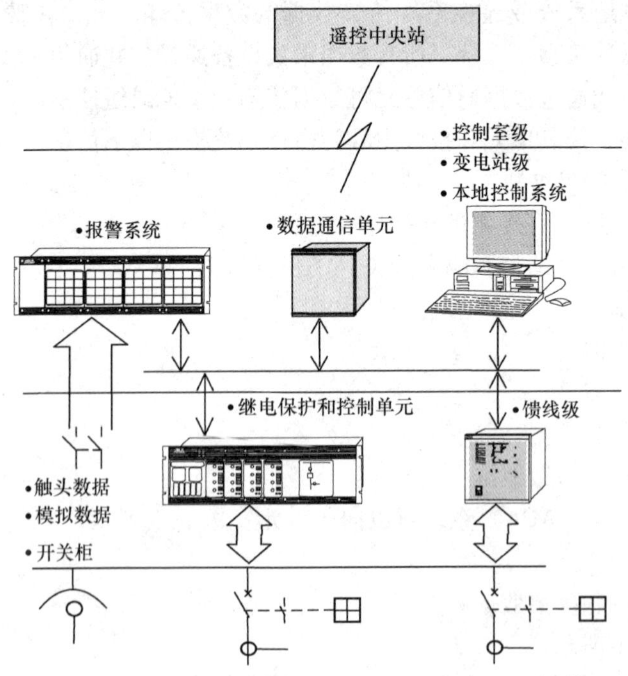

图 2. 19　典型的变电站就地自动化设计（由 ABB 提供）

在变电站执行的典型功能包括：

- 变电站和开关位置的指示示意图
- 表示被测电气量
- 控制
- 事件报告
- 报警
- 同步
- 继电器设置
- 扰动记录采集和评估
- 处理测量数据、趋势、电能质量数据等
- 故障和故障值的记录数据
- 网络一次设备的状态监测
- 变电站级和馈线级联锁
- 自动的负荷断开和重新连接
- 各种调节（电压、补偿、接地线圈）
- 间隔级和变电站级的连接顺序（如母线或变压器切换顺序）

技术上，可以在单个设备中集成类似功能，一个保护单元可以包含上馈线所需的所有保护功能。保护继电器还可以包含控制、测量、记录和计算功能，可以提供扰动记录、与事件相关的寄存器值、电能质量和功率测量以及计数器和监控数据。保护单元中可用的输入和输出数量正在增加，因此所有与馈线相关的数据可以通过继电器单元集中获取。要处理的数据越多，通过一个足够智能的设备链接数据就越经济，而且通信设备变得越来越小。通过小型I/O设备将数据（门开关、温度等）临时链接到系统在经济上是可行的，因此这种类型的数据在本地系统和主站SCADA系统中也将是集中可用的。

（1）控制单元。必要的保护和控制功能已集成到馈线保护单元中。馈线专用控制单元提供馈线开关设备的位置数据，该单元可用来控制本地开关柜中的电动开关设备；控制单元也可以执行间隔专用的互锁。位置数据和控制单元的测量、计算和寄存器数据也可以通过通信总线传送到本地或遥控系统，并且本地或遥控系统可以通过控制单元控制馈线的电动开关设备。

（2）信号器单元。信号器对来自全变电站或全配电过程的报警信号进行整理，获得的数据作为模拟消息发送到模拟信号器，模拟信号器根据预编程的条件发出报警。信号器的目的是便于管理扰动，通常信号器广播第一个报警，显示扰动的起源。信号器可以对报警延迟时间、报警限值、报警闪烁顺序或报警持续时间等进行编程。信号器的联系功能可以打开或关闭。此外，为避免同一故障引起不必要的报警，报警经过编程可以相互锁定。对于远程监控，信号器具有两个或多个可编程报警输出组，可以指示报警是否需要立即采取行动或仅仅是提供信息，这些组可以根据需要进行编程。信号器还可以链接到变电站通信总线，从而为本地或遥控系统提供信息。在小型变电站中，集成到信号器中的控制数据通信器可以从整个变电站收集数据。对于事件报告，事件报告打印机可以直接连到这样的信号器（见图2.20）。

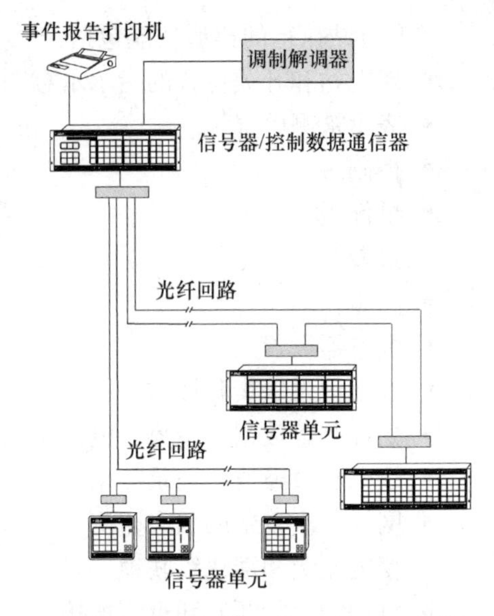

图2.20　典型的报警系统（由ABB提供）

（3）扰动记录器。扰动记录器在故障诊断和故障后分析中越来越受欢迎，扰动记录器的功能现在被集成到了保护装置中。扰动记录器提供模拟值的曲线，如故障前后的电流和电压，以及故障前后的自动重合闸事件顺序等数字数据。信道号、采样率和监测的信号可以为每个用途单独进行编程。扰动记录器可以由监测信号的设置条件或经通信总线接收的触发信息进行触发。扰动记录可以通过通信总线下载并在单独的计算机程序中进行分析，也可以馈入电子表格等标准程序和计算程序中做进一步分析。

（4）变电站级通信。基于微处理器的继电器、控制单元和信号器彼此通信，因此与这些设备相关的数据通过通信总线提供给链接到系统的其他设备。变电站级通信总线将所有馈线级设备和报警单元以及变电站的本地监控和监测系统互连。变电站级常用的通信介质是光纤，因此数据传输不易受到电气干扰。连接到变电站级通信总线的数据采集单元从连接到母线的设备采集数据，并将其传输到更高级的系统，如遥控或过程监控系统（见图2.21a）。

从数据采集单元到遥控系统的通信称为遥控通信。简单来说，数据采集单元是变电站级和遥控通信之间的门户。数据采集单元也可以作为报告单元运行，时间打印机可以与它相连。在轮询系统中（如使用SPA总线的系统），数据采集单元是变电站通信系统的主机，而在自发系统中（如使用LON总线的系统），这些装置自主地向总线发送数据并向其他装置轮询数据。在自发系统中，事件数据在它们发生时就立即传送；而在轮询系统中，它们只在请求时才发送。另一方面，轮询系统更易于实现和管理，因为主节点可以自由地确定何时以及从哪个节点请求数据。早期的专有总线如SPA总线是20世纪80年代为ABB SPACOM/PYRAMID系列继电器开发的通信标准，已经演变为通用的变电站级通信标准。保护继电器、控制单元和报警中心在一个主设备下通过光电回路相连，所有节点，即从节点，都有唯一的编号。SPA的本质是轮询，主设备为了需要的数据轮流查询每个从站，从站响应该查询。SPA总线为异步总线，最大速度为9.6 kbit/s。系统响应时间取决于设备数量和轮询的数据量，重要数据可以比其他数据优先级更高，并且可以更频繁地轮询。

LON总线由ECHELON开发，是广泛使用的开放通信标准，它支持各种通信媒介，从光纤到配电线路载波（DLC）。光纤LON总线的最大数据传输速率为1.2 Mbit/s。在变电站中，LON总线被配置为具有星形耦合器的辐射状系统。LON总线为自发系统，其中所有设备（节点）都可以重复状态的改变（见图2.21b）。

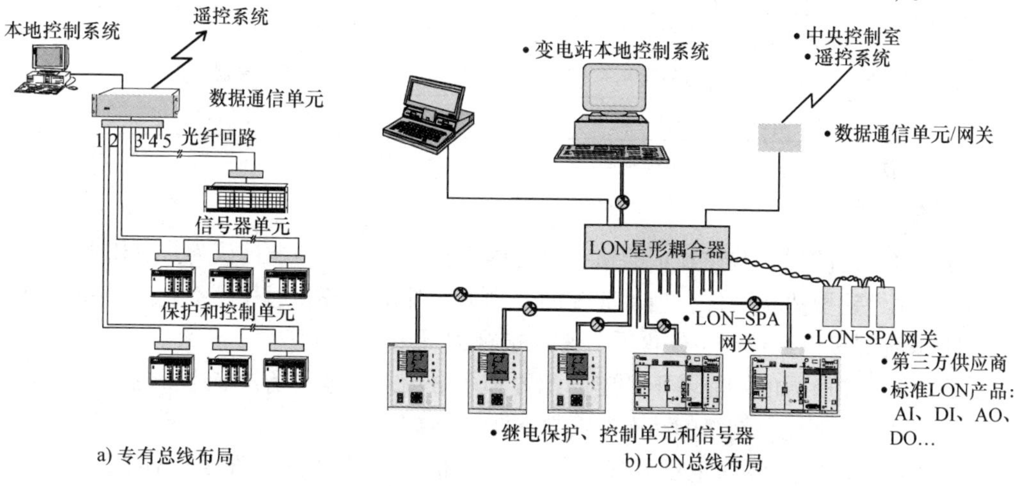

图2.21　专有总线布局和LON总线布局（由ABB提供）

2.10　扩展控制馈线自动化

上述扩展控制是针对变电站外的所有远程控制和设备自动化的通用术语，包括配电馈线上的所有设备如开关、电压线路调节器控制、馈线电容器控制等，以及电力公司用户接口处的设备如远程智能仪表。所有线路设备都属于馈线自动化系统，这是本书的重点，将在介绍完配电系统类型和保护基础后在后续章节中作详细介绍。馈线装置可以直接从DMS主站进行控制，也可以通过正常供电的一次变电站RTU或SA服务器进行控制。这很大程度上取决于建立的通信基础设施以及通信架构是否基于分布式数据集中器，这样一来，在DMS主机处通过集中器看上去，馈线设备IED变成了虚拟设备。无论配置如何，所有设备最终都将从中央位置进行控制。

2.11　性能测量和响应时间

2.11.1　场景定义

配电管理系统需要在正常和异常条件下工作。特别重要的是，在系统异常情况下，运行人员依赖系统来精确跟踪网络快速变化的状态和相关信息，因此没有数据在高活动期间丢失是至关重要的。

响应时间是中央系统、通信和数据收集系统事务时间的组合。大多数技术规范通过将功能分为关键（核心）和非关键（其他）功能对响应时间进行定义，典型的功能见表2.6。

表2.6　关键及非关键功能

关键	非关键
所有SCADA应用程序	数据库修改和生成（DE）②
所有DMS高级应用程序	显示修改和生成（DE）
处理来自调度员控制台的请求	培训模拟器
信息存储和检索系统①	程序开发系统

① 有时称为公司数据仓库或历史数据库。

② 数据工程。

当以预定的周期并在预定的执行时间内运行时，关键功能被认为是可用的。它们的可用性还取决于硬件，当足够多的处理器、外围设备和远程设备连同与外部企业IT系统的接口运行时，硬件反过来也被视为可用的。

这些功能所需的性能基于特定的配置和多个场景，这些场景描述了围绕基本情况的各种条件下配电网络的状态。配置场景定义如下：

（1）配置。需要确定已经完成了硬件的指定设置并且软件是可操作的（见表2.7）。

表2.7　硬件配置矩阵，标识了带主要和备份控制中心（MCC和BCC）、信息存储和检索（IS&R）系统、分布式培训模拟器（DTS）和程序开发系统（PDS）的典型SCADA/DMS系统的冗余和数量

设备	MCC		BCC		IS&R		DTS		PDS	
	冗余	数量	冗余	数量	冗余	数量	冗余	数量	冗余	数量
处理器和辅助存储器	Y	1①	N	1	Y	②	N	1	N	
数据库	Y	1①	N	1	Y		N	1	N	
LAN①	Y	1①	N	1	Y		N		N	
打印机	N	2	N	2	N	1	N	1	N	1
操作控制台	N	5	N	3			N	2	N	2
支持控制台	N	2	N	1			N	1	N	
通信前端①	Y	1①	Y	1					N	

① 冗余对。

② 在该例中IS&R使用MCC SCADA/DMS服务器；然而，一些实现需要单独的冗余服务器。

在软件方面，正常的显示和命令窗口必须在所有调度员控制台上运行并显示某些内容，如网络概况和报警列表。必须加载整个网络的完整数据库。它定义了系统活动和条件，在这些条件下，稳态和高活动性状态被分层。

（2）稳态或正常状态。这表示正常的系统运行条件并在典型的1h期间内进行测量，该时间内调用特定的函数。

（3）高活动性状态。网络处于紧张状态，发生了许多事件，运营商忙于将网络恢复到正常状态。高活动性状态可持续数小时。

（4）紧急状态。电力系统发生了扰动。控制中心接收到大量事件。这代表了典型停电情况下15min内的特定状态。

（2）和（4）所讲的两种状态的典型定义见表2.8。表2.9显示了一个有10000个事件的典型突发，突发是指除了高活动性状态之外在突发期间每分钟由中央系统接收的多个事件。假设高活动性状态发生在突发之前和之后。

表2.8　两个性能场景的活动定义

活动	稳态	高活动性
每10s足以发生变化来要求整个系统进程的总模拟点百分比	10%	50%
每分钟生成和处理的报警数（50%状态，50%模拟）	30次/min	600次/min
按照每个调度员工作站每段时间要求一个新显示来表示的显示活动性	1次/min	1次/（10s）
每个调度员控制台每段时间为一个测量数据点的数据输入频率	1次/min	5次/min
每个调度员控制台每段时间的监控顺序频率（设备打开或关闭）	1次/（5min）	1次/min
根据每段时间分析的网络数量衡量的高级应用程序（调度员潮流）	每15min网络的10%	每5min网络的50%
按照一个控制台查询和报告请求的数量和查询项目的数量衡量的信息存储和检索系统响应	每500个项目查询5次	每500个项目查询1次

表2.9　典型的报警突发概况

分钟	报警（50%状态，50%模拟）
1	5000
2	2000
3	1000
4	500
5	500
6	400
7	300
8	300

2.11.2 DA 响应时间的计算

响应时间的计算取决于中央系统（从实时数据库检索和显示）、通信时间[⊖]和远程数据收集系统（RTU）的响应时间，后两者组成了数据采集系统。响应时间通常针对各种信号进行计算，最常见的如下：

- 指示变化
- 被测量的变化（限值内、限值外、最大和平均时间）
- 发送命令和接收确认指示的时间

1. 指示

在报告中，指示变化通过轮询从多点结构中的一个 RTU 到达前端数据库的响应时间（最坏情况）由下式给出：

$$T_{TOT}=T_{MEAS}+(N-1)\times(T_{POLL}+T_{NACK})+(T_{POLL}+T_{IND})$$

式中，T_{MEAS}是发送一个被测量报文所需的时间；T_{POLL}是发送一个轮询请求的时间；T_{NACK}是确认并指示没有信息发送的时间；T_{IND}是发送一个指示响应的时间。

如果一个被测量只是从线路上的一个 RTU 发送，该报文必须在发出新的轮询请求之前完成。如果使用多点线路，那么在指示发生变化的 RTU 被轮询之前，必须将轮询请求发送到线路上所有其他的 RTU。最坏的情况就是所有 $N-1$ 个 RTU 在实际 RTU 之前被轮询，因此轮询请求必须乘以线路上 RTU 的数目减一，即 $N-1$。可以看到，在正常轮询方案中，优先级 1 信号即正常指示在轮询被测量（优先级 2）变化之前被轮询。

每种类型的报文都有一定数量的字节，每个字节 11 位，包括一个起始位、一个奇偶校验位、一个停止位和 8 位的字节本身。帧头为 5 字节，帧尾为 IEC 60870－5－101 报文的 2 字节。为了计算，假设轮询报文和确认报文都需要 12 个字节，指示报文需要 15 个字节，命令和核对报文需要 17 个字节，被测量报文需要 20 个字节。确切的字节数取决于 RTU 协议，可以在相关的协议定义中找到。

通信线路的波特率定义了每秒可以传输多少比特。根据该信息，现在可以计算在具有 5 个 RTU、多点、1200bit/s 的线路上前端通信板卡接收指示变化的总时间（最差情况）为

$$\begin{aligned}T_{TOT}&=(20\times11/1200+(5-1)\times(12+12)\times11/1200+(12+15)\\&\quad\times11/1200)\text{s}=(1573/1200)\text{s}=1.31\text{s}\end{aligned}\qquad(2.8)$$

根据该计算，可以确定波特率和 RTU 数量对响应时间的影响，如图 2.22 所示。图中波特率为 1200～19200bit/s，RTU 数量为 5、10 和 15。

该计算给出了 RTU 和前端之间的通信时间。在调度员的屏幕上显示指示之前，必须加上以下时间：

T_1，在前端进行处理和发送到主系统的时间。前端系统通常对许多 RTU 线路

⊖ 见第 7 章不同通信媒介通信时间的计算。

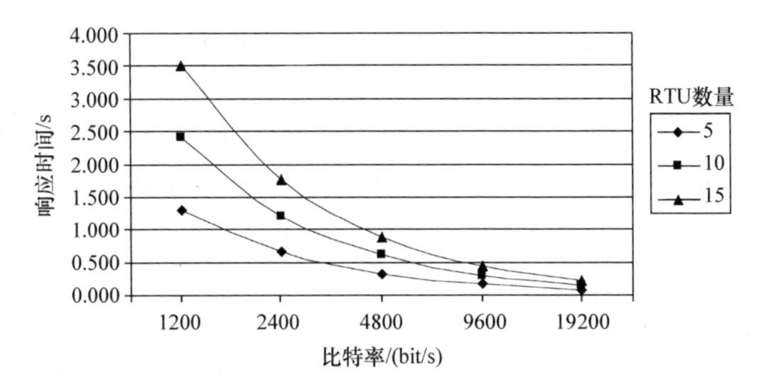

图 2.22　每个通道不同通信波特率和 RTU 数量的响应时间

上的报文进行缓冲，并构建要发送到主系统的缓冲器。T_1 通常为 0.1s，包括了缓冲时间。

T_2，数据库更新程序中主系统实时数据库的更新时间，T_2 通常为 0.01s。

T_3，屏幕需求更新的时间，T_3 通常为 0.2s。

T_4，显示循环更新的周期，T_4 通常最大为 5s（平均 2.5s）。

对于指示，采用需求更新方案。如果加上所有时间，上述相同条件下在 RTU 和运行人员屏幕之间一个指示的响应时间大约为 1.62s。

2. 计量值

如果多点线路上仅有一个 RTU、被测量采用优先级 2 的轮询方案并且没有指示发生变化，那么一个被测量响应对应的时间为

$$T_{TOT} = T_{MEAS} + (N-1)(T_{POLL} + T_{NACK}) + (T_{POLL} + T_{MEAS}) \quad (2.9)$$

采用与上面相同的值，可以得到

$$T_{TOT} = (20 \times 11/1200 + (5-1) \times (12+12) \times 11/1200 + (12+20) \times 11/1200)\mathrm{s} = (1628/1200)\mathrm{s} = 1.36\mathrm{s} \quad (2.10)$$

对于不超过限值的被测量变化，通常采用循环更新方案。当循环更新时间为 5s 时，RTU 中的被测量变化通过单条通信线路显示的最大时间为 6.36s，平均时间为 3.86s。

对于超过限值的被测量变化，采用需求更新。包括了 T_1、T_2 和 T_3 的总时间为 1.67s。

3. 带校验的输出命令

下面给出了上述相同条件下带校验的输出命令对应的公式。公式的前两部分 $T_{CHB} + T_{COM}$ 是 RTU 中输出继电器完成设置的时间，T_{OPR} 是主设备的动作时间，T_{TOTIND} 是指示响应的时间，如上所示。注意，校验和命令消息将中断轮询但不能中断正在进行的报文。

$$T = T_{CHB} + T_{COM} + T_{OPR} + T_{TOTIND} \quad (2.11)$$

式中，$T_{CHB} = T_{MEAS} + T_{CHBS} + T_{RTU} + T_{CHBR} + T_{FE}$（等待可能的被测量报文 + 发送校

验消息 + RTU 处理时间 + 接收校验的响应 + 前端处理时间）。

校验或命令消息的 RTU 处理时间约为 0.1s，前端处理时间大致相同，为

$$T_{CHB} = (20 \times 11/1200 + 17 \times 11/1200 + 0.100 + 17 \times 11/1200 + 0.100)\,s$$
$$= (594/1200 + 0.200)\,s = (0.495 + 0.200)\,s = 0.695s \tag{2.12}$$

式中，$T_{COM} = T_{MEAS} + T_{COM} + T_{ACK} + T_{RTU}$（等待可能的被测量报文 + 发送命令 + 确认时间 + RTU 处理时间），即

$$T_{COM} = (20 \times 11/1200 + 17 \times 11/1200 + 12 \times 11/1200 + 0.100)\,s$$
$$= (539/1200 + 0.100)\,s = (0.449 + 0.100)\,s = 0.549s \tag{2.13}$$

T_{OPR}主要取决于装置。例如断路器可以在 0.5s 内完成动作，而隔离开关可能需要 10s 来完成动作。

现在可以计算从请求检查命令到单线图上显示响应指示的全部时间。假定一次设备有 2s 的动作时间，则

$$T = T_{CHB} + T_{COM} + T_{OPR} + T_{TOTIND} = (0.695 + 0.549 + 2.00 + 1.62)\,s = 4.86s$$

2.11.3 响应时间

系统响应时间通常针对以下系统交互的领域进行定义。下表将响应时间定义为 90% 值，90% 值意味着响应时间至少有 90% 的时间小于该值。

这些响应时间是按照从 RTU 输入处的事件发生到它被显示给运行人员所经历的时间来进行测量的。运行人员可以在控制台 VDU 上看到包含该物体的图像，显示时间包括了限值内被测量的 5s 图像更新周期的允许公差。所有的其他事件导致需求驱动的图片更新，可以通过在物理（非模拟）RTU 上进行指定的数据变化来进行测试。

现在总结从前面章节中计算得出的数值，见表 2.10 ~ 表 2.13。

表 2.10 指示变化

	稳态 90%/s	高活动状态 90%/s
RTU 到屏幕的时间	1.62	稳态加上 50%

表 2.11 测量变化

	稳态 90%/s	高活动状态 90%/s
不越限时从 RTU 到单线图的时间	6.36	稳态加上 50%
越限时从 RTU 到单线图的时间	1.67	稳态加上 50%

表 2.12 指令、管制

	稳态 90%/s	高活动状态 90%/s
从单击确定到显示返回指示的时间	4.86	稳态加上 50%

表 2.13　人机界面：本地控制台图片调用（图像调用的时间是从按键开始到显示完整图像）

图片类型	稳态 90%/s	高活动状态 90%/s
世界地图	3	4.5
单线图	1	1.5
报警列表	1	1.5

2.12　数据库结构和接口

DMS 内一个具有挑战性的问题是不同数据结构的分辨率，不同的数据结构存在于不同应用之间、SCADA 内部之间、高级应用之间以及停电管理功能与外部企业 IT 功能之间，如 GIS、工作管理（CMMS、ERP）[㊀]和用户信息管理系统（CIS/CRS）。

2.12.1　网络数据模型表示

具有不同细节程度的电网数据模型在行业内经过发展已经可以适用于使用数据的应用程序，如图 2.23 所示。

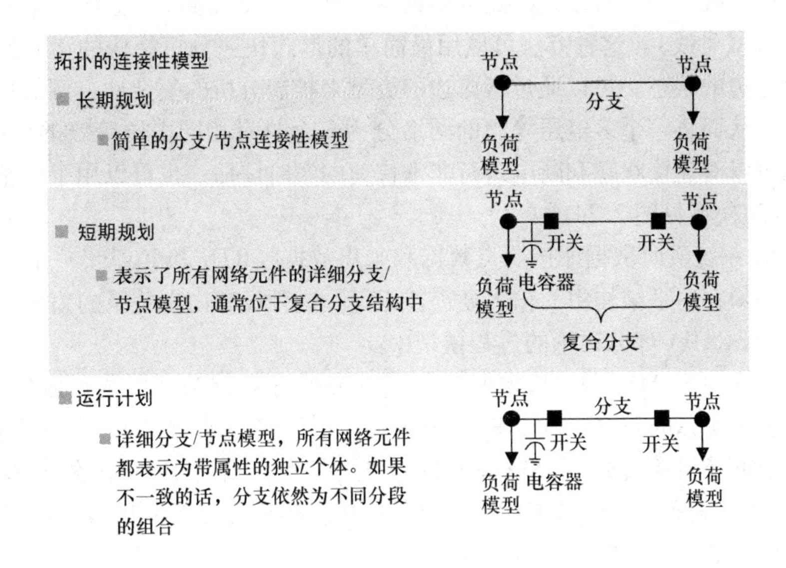

图 2.23　三级网络模型（其中运行计划模型具有最高的设备分辨率，也最复杂）

所有的模型都有一个节点分支关系模型，因为这可以最有效地描述连接性。运行模型需要进行最详细的表示，其中所有设备和运行约束必须表示为独立的个体，不仅是为了网络分析，也是为了适应用于控制和监测的 SCADA 数据模型。即使与 GIS 或 CMMS 中的资产模型相比，这种模型的复杂性也经过了简化。资产模型中每

㊀ CMMS：计算机维护管理系统；ERP：企业资源规划。

项资产及其细节都是管理库存和进行维护所必需的。特别是在 GIS 中记录了用于地下网络的每个电缆尺寸和接头，并且与架空系统类似，标识了导线尺寸和排列方式发生变化的点。实时 DMS 网络模型不需要这类细节；故如果由 GIS 系统提供数据，则必须采用某种形式的模型简化来提取复合分支模型。这种概念贯穿整个资产数据库，取决于采用的 GIS 数据模型特定的颗粒度。

2.12.2 SCADA 数据模型

传统上，用于电力系统的 SCADA 系统采用了由变电站、分站、间隔和终端组成的电力系统分层结构。这需要对影响电网运行的所有元件进行详细建模。变电站内的简单开关必须是间隔的一部分，线路是不同变电站中间隔之间的端口互连。网络模型的拓扑必须从这个结构去理解，相比之下，网络应用功能（高级应用）只需要简化的等效结构。实际上为了有效，这种等效必须专门以分支节点结构为基础，其中连接节点的分支表示非零的阻抗元件，如线路和变压器。现在，通过将电网拓扑的节点和分支概括为顶点和边来协调这两种需求。

顶点定义为由 SCADA 分层结构所描述的网络中的固定点，各层不允许重叠。边是任意的连接元件，可以是线路的阻抗承载元件（如线路），也可以是零阻抗元件（如开关或母线）。这种方法可以用最简单的形式快速分析结构的连通性，因为只需要考虑边的状态。可以通过考虑边的类型来扩展分析的复杂性：例如将变压器看作开路，从而将一个多电压等级的网络分为多个具有相同电压等级的离散网络。这种架构可以对连接状态和断电进行非常快速的实时评估，也可以用于动态网络着色。顶点/边模型见图 2.24。

SCADA 系统实时数据库按照点数据和采集数据（RTU 和 ICCP[㊀]）来描述，其中每个点必须在扁平结构中的输入处进行定义。这种没有内在关系的扁平结构必须建立到之前 SCADA 部分讨论的过程模型中。

简化形式的 SCADA 数据模型概念如图 2.25 所示。点数据由测量或指示组成，这些数据没有实际的意义，除非链接到图片，所以按照纯 SCADA 的最简单形式，这两类点数据必须链接到 SCADA 图片中的某个位置（见图 2.25 中的虚线）。实际的 SCADA 系统具有在实时数据库中运行的应用，因此在链接到图像之前，需要一个到网络模型的附加映射。

GIS 中的示意图通常不能令人满意地用在控制室中对配电网进行监测和控制，因此 SCADA 系统需要额外的图像数据来进行图形显示。这些数据根据文本、数值（测量值及要显示的位置）以及符号或简单的图画来描述所有的图像对象。图像数据和对象数据必须链接到与点数据关联的同一个 SCADA 装置或元件。

此外，通过点寻址到 RTU 的数据采集系统连接也必须在输入端进行描述。

所有这些数据输入作为数据工程进程的一部分对一致性进行协调和验证。

㊀ ICCP：控制中心间通信协议，是从一个控制中心向另一控制中心传送数据的标准。

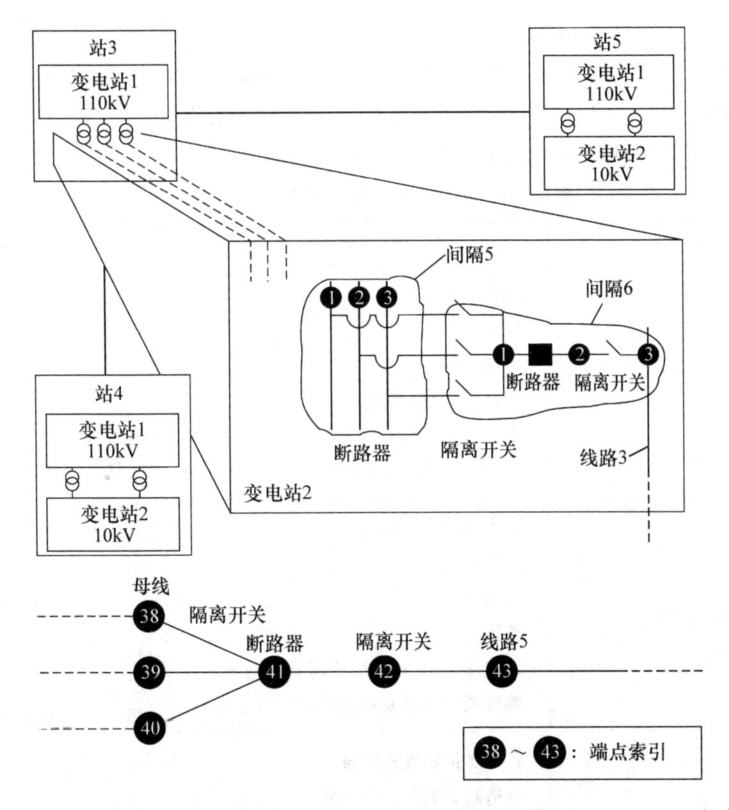

图 2.24　由传统 SCADA 数据结构发展而来的顶点/边模型图（由 ABB 提供）

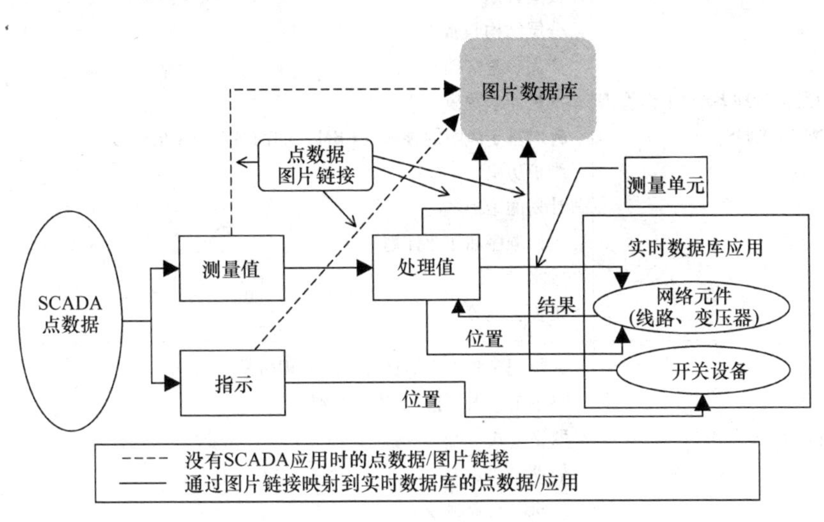

图 2.25　SCADA 实时数据模型的简化结构

2.12.3　DMS 数据需求、来源和接口

SCADA/DMS 数据通过数据工程进程输入，数据工程进程包括创建图像和将对

应的点数据与图像数据相链接。现代系统中采用了集成的图形工具来保证数据一致性，该工具通过一个清单来指导用户在填充实时数据库之前完成所有必需的数据元素。许多数据（见表2.14）存在于其他的企业IT应用程序中，因此，很自然地假设数据可以通过应用程序之间的标准接口进行传输。

表2.14 企业IT系统中维护的典型数据

企业IT应用	数据
用户信息/用户关系管理系统（CIS/CRM）	用户数据 账号 电话号码 用户类型/费率类型 电量（kW·h） 用户—网络链接定位器/ID（故障投诉/OMS需要的）等
地理信息系统（GIS）	电力系统元件数据 网络参数 负荷值 连接性 地理图（电气网络/街道背景地图） 单线图（不总是进行维护）等
计算机维护管理系统/工作管理系统（CMMS/WMS）	资产维护和性能记录 制造商、类型、序列号 投运日期 分层结构归属 产品参考文档 维护需求建模 针对基于风险的维护（RBM）的网络对设备的依赖性 维护历史 计划的维护 工作顺序和作业计划 成本 维护管理等
人员管理系统（PMS）	人员记录和详细信息（员工管理所需） 现场工作人员技能/授权级别 联系方式 假期时间表 加班时间限制等

目前业内几乎没有标准的接口，即使采用新兴的标准，在实现接口时必须解决由相应应用采用的数据模型之间的差异。应用之间的数据交易频率和性能要求有所不同，例如对于从CIS向故障投诉/OMS系统提供的用户变化，24h一次的批量更

新足够了，而在相同应用内维护正确的拓扑是至关重要的，这需要从 SCADA 系统传输所有网络连接性变化的实时数据。在暴风雨情况下和具有高 AIL 的系统中，这些数据将变得过量。

最复杂的接口是 SCADA/DMS 和 GIS 系统之间的接口，因为不仅需要解决数据模型的不一致性，还需要在设计 DMS 时特别是设计数据建模程度和 GIS 内数据的填充程度时确定接口的级别。前面的讨论适用于网络应用的连接性和参数模型。除了网络数据，还有另外两个数据类型，包括以下内容：

- 图像数据（符号、着色、文本位置、测量显示等）
- SCADA 数据（点数据、数据采集系统寻址等）

电力公司的数据维护责任不仅必须针对已建立和已运行网络的主数据库，而且还需要针对更新各视图的数据更改进程。这种决定对于接口数据流的主方向以及要传送数据的频率和类型是至关重要的。在通常由旧实施方式主导的行业内已经建立了不同级别的接口，特别是 GIS，其数据库仅用于资产管理应用并且有时经过扩展会包括支持工程的应用。根据已实施的数据模型中的数据可用性，接口级别由不同 IT 系统的准确实施来决定。差异占主导地位，即使在没有完成企业级数据架构设计研究的情况下，应用程序同时由不同的独立部门实施。目前，针对上述所有问题，行业内还没有标准和导则，每个 GIS/SCADA/DMS 接口都必须使用常用的 IT 数据传输机制（CSF、ASCII、XML）进行定制。在进行定制、设置接口级别以及确定数据可用性、接口应用程序要求、重要的命名约定和元素定义之前，很少制定详细的规范。表 2.15 中给出了典型的接口级别，作为进行详细设计的基础。

表 2.15　典型的 GIS/SCADA/DMS 接口级别（汇总了各应用提供的数据以及输入与输出各应用的数据传输）

等级	描述	主要用于	由 SCADA 数据工具添加的数据	GIS/SCADA/DMS	SCADA/DMS/GIS
1	将所有需要的 SCADA 数据作为属性添加到包括 RTU 数据的资产数据中，以此增强 GIS 数据库。所有运行图表在 GIS 中显示和维护	GIS	无	SCADA 点数据、图像数据、网络参数数据、连接性	可选、设备状态变化、选定的被测量
2	维护的网络属性数据和图形显示的 GIS 数据库，包括网络 SCADA 运行所需的属性数据	用于所有网络模型数据和显示的 GIS	所有点数据、RTU 信息、点数据的链接，网络模型数据和图像链接	图像数据、包括参数数据的网络模型数据、连接性	可选、设备状态变化、选定的被测量

（续）

等级	描述	主要用于	由 SCADA 数据工具添加的数据	GIS/SCADA/DMS	SCADA/DMS/GIS
3	连接性和 GIS 本地网络属性数据[①]的 GIS 数据库	用于连接性的 GIS 和 GIS 本地网络参数数据；用于其余部分的 SCADA	所有点数据、RTU 信息、为 SCADA 运行补充的网络模型数据、运行图和图像链接	网络数据、连接性和 GIS 本地参数数据	可选、设备状态变化、选定的被测量
4	本地网络参数数据的 GIS 数据库	网络属性数据的 GIS 数据；用于其余部分的 SCADA	除 GIS 本地参数数据外，所有运行所需的数据	GIS 本地网络参数数据	可选、设备状态变化、选定的被测量
5	不带网络参数或连接性数据的 GIS，或者没有 GIS	SCADA	来自不同来源的数据	无	无

① GIS 本地数据，只是为了满足 GIS 本地应用的需求同时不涉及 SCADA/DMS 需求而输入 GIS 的数据。

因为 GIS 传输了少得多的数据，丢失的数据需要由 SCADA/DMS 的数据工程应用来补充。在负荷和用户数据没有作为网络属性存储在 GIS 数据库的情况下，负荷和用户数据需要从不同的来源处输入或获取，如采用了批量处理接口的 CIS[㊀]。上面的讨论经过了高度简化，但是可以说明，不仅各应用程序可以根据数据类型进行数据维护，而且如果要避免复杂或本地接口，数据模型也必须在两个功能开始实施时进行定义。

2.12.4 数据模型标准

通过 IEC 技术委员会（TC）57，工业界正在开发标准的数据模型和业务结构，从输电系统开始，然后扩展到配电网。工作组（WG）13（EMS）和 14（DMS）中的 IEC 61970 - 301 正在开发公共信息模型（CIM）[㊁]。整个标准的主要任务是制定一套导则或规范，以此在控制中心环境中创建插件应用程序，从而避免对来自不同供应商的不同应用程序之间的各接口进行定制。有许多工作组与该标准的开发直接或间接相关，EPRI[㊂]也通过两个重大项目（见表 2.16）对此做出了贡献。

表 2.16　各 IEC 工作组的职责

IEC TC 57 工作组	主题	EPRI UCA2	EPRI CCAPI
WG3，10，11，12	变电站	√	
WG7	控制中心	√	
WG9	配电馈线	√	
WG13	能量管理系统		√
WG14	配电管理系统		√

虽然目前标准 IEC 61970 - 301 定义了一个 CIM，该 CIM 提供了能量管理系统

㊀ 如果包含在 GIS 数据模型中，这通常也是 GIS 获取数据的来源。

㊁ IEC61970 以 EPRI 控制中心 API（CCAPI）研究项目（RP - 3654 - 1）中的概念为基础。

㊂ EPRI，美国电力科学研究院。

（EMS）信息的全面逻辑视图，但该标准是一个针对配电网进行了拓展的面向对象的基本模型。CIM是一个抽象模型，代表了包含在EMS信息模型中电力公司所有的主要对象，该模型包括了这些对象的公共类和属性以及它们之间的关系。CIM是整个EMS－API[㊀]框架的一部分，EMS－API标准的目的是促进各独立开发的EMS应用程序间的集成，这些应用程序可以位于不同供应商开发的EMS之间，也可以位于一个EMS和其他与电力系统运行相关的系统之间，如发电或配电管理。这是通过定义标准应用程序接口来实现的，由此这些应用或系统能够访问公共数据并交换信息而与内部如何表示这些信息无关。CIM规定了API的语义，该标准的其他部分规定了API的语法。

在CIM中表示的对象本质上是抽象的，并且可以用在各种各样的应用中。如前所述并按照对本书内容的重要性，CIM的用途远远超出了它在EMS中的应用。该标准应该理解为一种工具，能够在需要公共电力系统模型的任何领域中进行集成，并促进应用和系统之间的互操作性和兼容性，而与任何特定的实现无关。它提供了不同应用的不同数据结构之间的共同语言，其中各数据结构已经针对该应用的性能进行了优化。

1. CIM模型结构

CIM使用面向对象的建模技术进行定义。具体来说，CIM规范使用了统一建模语言（UML）[㊁]，UML将CIM定义为一组包。CIM中的每个包都包含一个或多个类图，以图形方式显示该包中的所有类及其关系。然后，每个类按照其属性和与其他类的关系在文本中进行定义。

CIM模型被划分为一系列的包。包只是一个用来组织模型的通用分组机制，总的来说这些包组成了整个CIM。为了方便，CIM分为下列包：

（1）电线。这个包提供了表示物理设备的模型以及它们如何相互连接的定义。它包括输电、二次输电、变电站和配电馈线设备的信息。该信息用于网络状态、状态估计、潮流、事故分析和最优潮流的应用程序，它也可以用于继电保护。

（2）SCADA。该包提供了监控和数据采集应用所使用的模型。监控支持运行人员控制设备，如打开或闭合断路器。数据采集从各种来源收集遥测数据。这个包也支持报警展示。

（3）负荷模型。该包为用户和系统负荷提供了曲线和相关曲线数据形式的模型，该信息用于负荷预测和负荷管理包。影响负荷的特殊情况也包含在这里，如季节和数据类型。

（4）电量计划。该包提供了涉及公司之间电力交换的计划和会计交易的模型，它还提供了OASIS[㊂]交易所需的信息。它包括发电的、消耗的、损耗的、传输的、

㊀ API，应用程序接口。

㊁ 对象管理组织的文件和一些出版的教科书中对UML进行了介绍。

㊂ OASIS，结构化信息标准促进组织。

售出和购买的电量，即包括用于电力交易计划、发电容量、输电、和辅助服务的信息。该信息用于电量计费、发电容量、输电和辅助服务的应用程序。

(5) 发电。发电包分为两个子包：生产和调度员培训模拟器（OTS）。

(6) 财务。该包提供了结算和计费的模型，这些类代表了参与正式或非正式协议的法律实体。

(7) 域。该包提供了所有 CIM 包和类使用的原始数据类型的定义，包括度量单位和允许值。每个数据类型包含一个数值属性和一个可选的度量单位，该度量单位被指定为一个静态变量并初始化为度量单位的文本描述。枚举的允许值在属性的文档中列出。

图 2.26 显示了上面为 CIM 定义的包及其依赖关系，图中虚线表示依赖关系，箭头从一个包指向它依赖的包。

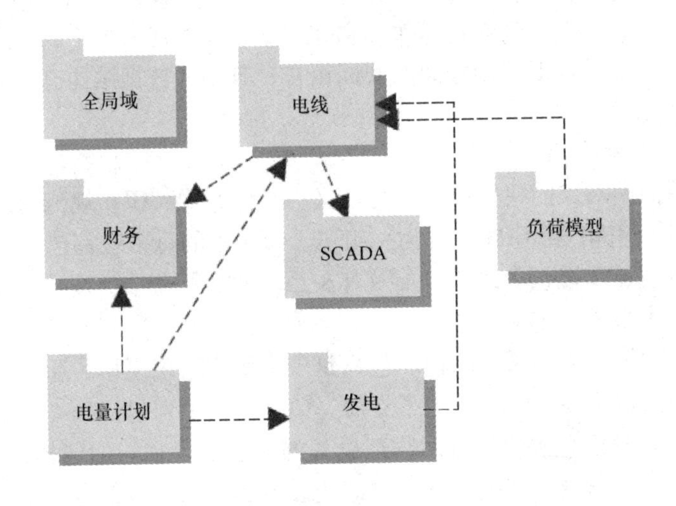

图 2.26　CIM 包关系图

2. CIM 类和关系

每个 CIM 包内是类和对象及其关系，这些关系在 CIM 类图中显示。当其他包中的类之间存在关系时，还会显示这些类来识别所有权包。

类是对在真实世界中所发现对象的描述，如变压器、开关，或需要表示为整个电力系统模型一部分的负荷。类具有属性，每种属性具有一种描述了对象特性的类型（整数、浮点、布尔等）。CIM 中的每个类都包含了描述和标识类的特定情况的属性。CIM 类以下面给出的各种方式相关联，这些方式描述了关系的结构和类型。

(1) 泛化。泛化是一般和更具体类之间的关系，更具体的类只能包含附加信息，例如变压器是特定类型的电力系统资源。泛化提供了特定的类来继承来自上面所有更一般类的属性和关系。在这些模式中，关系被描绘为从子类指向一般类的箭头。

（2）简单关联。关联是可以被分配角色的类之间的联系，在该模式中，这显示为指向更高类的开放菱形。例如，变压器和变压器绕组之间存在 Has A 关联。

（3）聚合。聚合是关联的特殊情况，聚合表示类之间的关系是某种整体与部分的关系，其中整个类“包括”或“包含”部分类，并且部分类是整个类的“部分”。部分类不像泛化中那样继承整个类。存在两种类型的聚合：复合和共享。在该模式中使用“Consist of”和“Part of”标签。

（4）复合聚合。复合聚合用来对整体—部分关系进行建模，其中复合体的复合度为1（即部分属于且只属于一个整体）。复合聚合拥有其部分（例如，拓扑节点可以是拓扑岛的成员）。

（5）共享聚合。共享聚合用来对整体—部分关系进行建模，其中复合体的复合度大于1（即部分可能是许多整体的一部分）。共享聚合是部分可以与若干聚合共享的聚合，例如，遥测类可以是多个报警组中任何一个的成员。在该模式中使用“Member of”标签。

在显示关联和聚合关系的架构中，关系可能的程度为：

- （0.. *）从无到多个
- （0..1）零或一个
- （1..1）只有一个
- （1.. *）一个或多个

这些规则如图2.27所示，图2.27展示了电线和SCADA包中的一些关系。

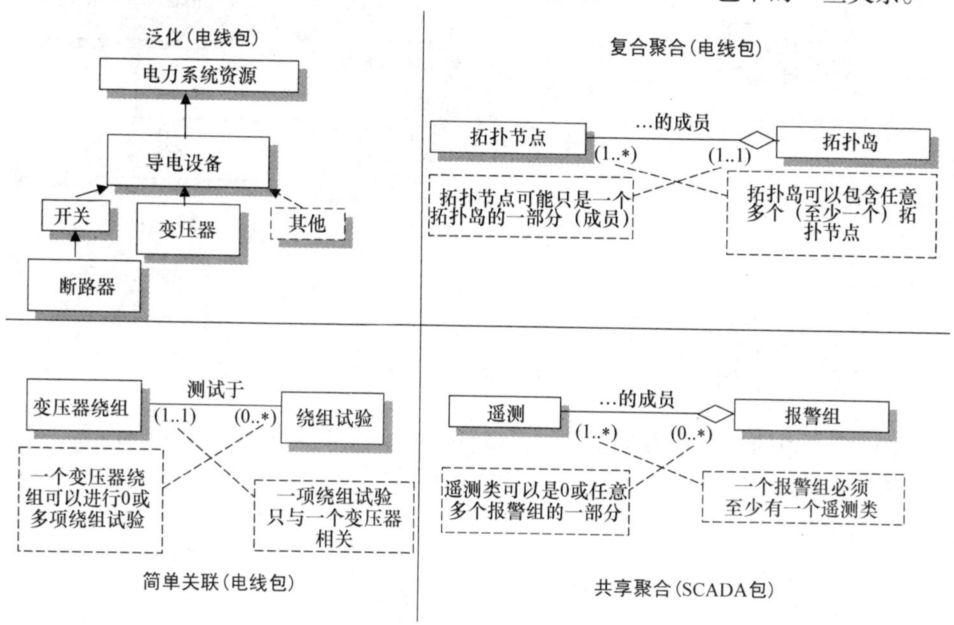

图2.27　CIM类关系的架构

3. CIM 规范

每个 CIM 类都按照属性、类型和关系进行详细说明。基于上面部分中的命名，给出的示例不仅引入连接属性，而且还引入电线包类与 SCADA 类的交叉关系包。连接性通过定义一个终端类来进行建模，该终端类为导电设备提供了零或多个（0..＊）外部连接。每个终端连接到零或一个连接节点，连接节点反过来可能是拓扑节点（母线）的成员。作为电力系统资源的子类的变电站必须具有一个或多个连接节点。关联“连接到”唯一标识了连接线各端的设备对象。通过与测量值相关的终端建立与 SCADA 包的关系，测量值可以是 0 或许多。电线包内该子集的完整模式如图 2.28 所示，该图显示了对连接性和与 SCADA 包关联的处理。

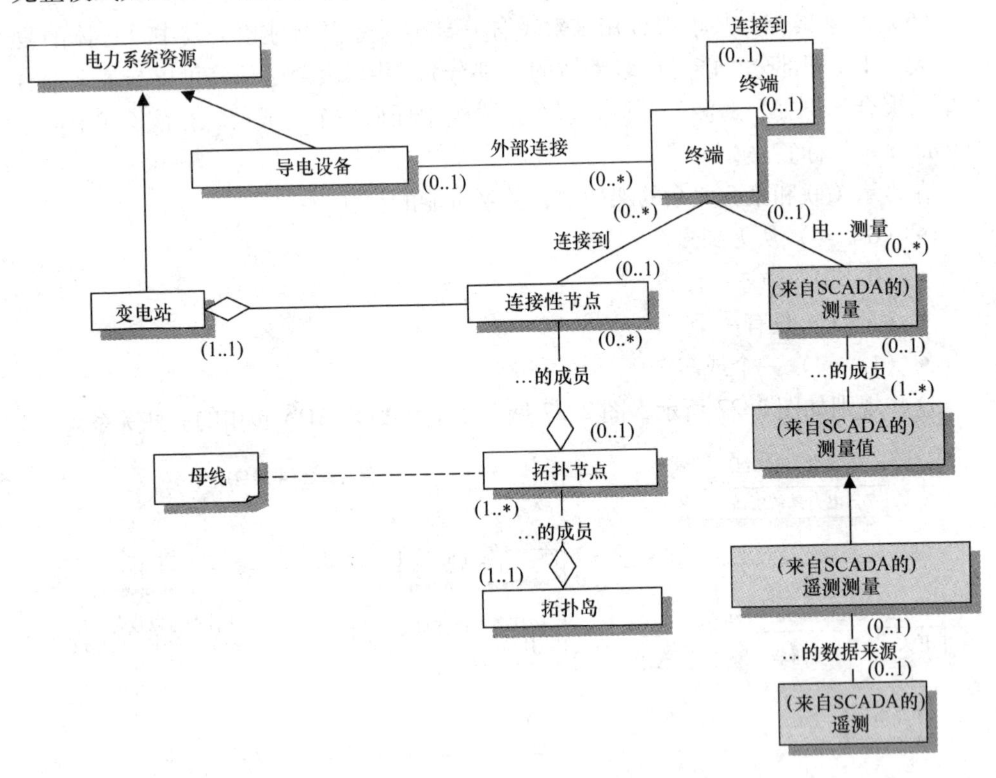

图 2.28　针对部分 CIM 电线包的类和对象关系架构

CIM 模型中的每个对象都由一组标准的属性和关系来定义，这些属性和关系对于类可以是唯一的（本地的），也可以源自整体或上级类。

关于断路器类的例子如下所示：

（1）断路器属性。

- 本地属性
    - 故障等级（安培）

- 断路器类型（油、SF_6、真空等）
- 从打开到闭合的过渡时间（s）

- 继承的属性
  - 导电设备等级
    - 终端数量
  - 电力系统资源
  - 电力系统资源的名称
  - 描述性的信息
  - 制造商
  - 序列号
  - 位置：X、Y坐标或参考坐标网
  - 规范编号（如果适用的话）
- 开关
  - 用于建模目的的真实或虚拟设备的建模标记
  - 打开或闭合状态
  - 自上次计数器复位后开关的动作计数

（2）断路器关联。

- 本机角色

  （0..＊）由（0..＊）IED 操作，断路器可以由保护继电器、RTU 等操作。

  （1..1）有（0..＊）重合序列

  - 角色继承自：
    - 导电设备

      （0..1）（0..＊）端的外部连接

      （0..＊）由（0..＊）保护继电器保护

      （1..1）有（0..＊）清除标签

- 电力系统资源

  （0..1）通过（0..＊）测量装置来测量

  （1..1）有（0..1）停电计划

  （0..＊）（0..＊）电力系统资源角色 A 的成员

  （0..＊）（0..＊）电力系统资源角色 B 的成员

  （0..＊）（0..＊）公司的成员，PSR 可能是一个或多个公司的一部分

  （0..＊）由（0..1）公司操作，PSR 一次可以由一家公司操作

  （0..＊）有一个（0..＊）切换计划，一个开关可能有一个切换计划

大多数电线包类的典型 CIM 模型结构如本章末的附录图 2A.1 所示。该例仅用于说明，不应作为配电网的综合 CIM 模型。因为更多细节已经超出了本书的范围，

建议对标准细节感兴趣的读者研究一下技术委员会和工作组的相关文献。

2.12.5 数据接口标准

WG14 的另一个目标是为 DMS 开发标准，以即插即用的方式实现纵向和横向的集成。工作组为需要企业应用集成（Enterprise Application Integration，EAI）的配电公司定义了业务活动功能。虽然这些业务部分或部门由多个 IT 应用程序支持，见表 2.17，但这种接口架构将构成最终 IEC 标准的一部分，该标准依赖接口参考模型（IRM）的定义和适应这种业务分割的通信中间件，其中 Wrapper 或公共接口将每个应用程序接到通信总线上。

表 2.17 IEC TC 57 WG14 中 DMS 集成的业务分割处理

业务功能	系统				计量和负荷管理	计费	工作管理
	SCADA/DMS	网络计算	GIS	CIS			
运行计划	X	X	X	X			X
记录和资产管理			X				
网络运行	X	X	X	X			X
维护和建设			X	X			X
网络扩张规划	X	X	X	X			X
用户问询	X		X	X	X	X	X
仪表读数和控制			X		X	X	X
外部系统	X	X	X		X	X	X

IEC 工作组在其出版物和报告中更详细地定义了上述业务活动部分。

2.13 总结

本章旨在概述构成中央控制活动的主要功能。相关内容不可能面面俱到，因为相关领域本身就需要一本书来详细介绍。DMS 的演变努力地解释了许多旧系统的配置，而大部分现有 DMS 的实时组件是在内部紧密集成的。本章对 DMS 领域不同应用的数据需求进行了解释，以强调在实施 DMS 之前需要做何种努力。与其他企业 IT 系统的外部集成是一种发展要求，有从过程效率和可以进行更好策略设置的改进信息中获得收益的潜力。在所有的企业应用程序接受和实施了标准之前，任意两个应用（例如 SCADA/GIS，SCADA/CIS）之间的接口应该在项目开始的时候、单个采购包之前定义好，以确保解决方案正确。目前，虽然标准 IT 数据传输协议很常见，但是不同应用之间的数据和数据建模不一致性决定了大多数应用的接口需要进行定制。在 EAI 中实现标准化已经得到行业的一致认可，IEC 正在为了实现 TC57 WG14 中的这种标准而努力。许多功能的集成和增值数据的使用将增强管理公司网络资产的能力。为了完整起见，这里总结了这项工作来强调集成在任何现代 DMS 实现中的作用。对这些标准感兴趣的读者可以参考更多 IEC 工作组的报告。

附录2A 综合CIM结构样本

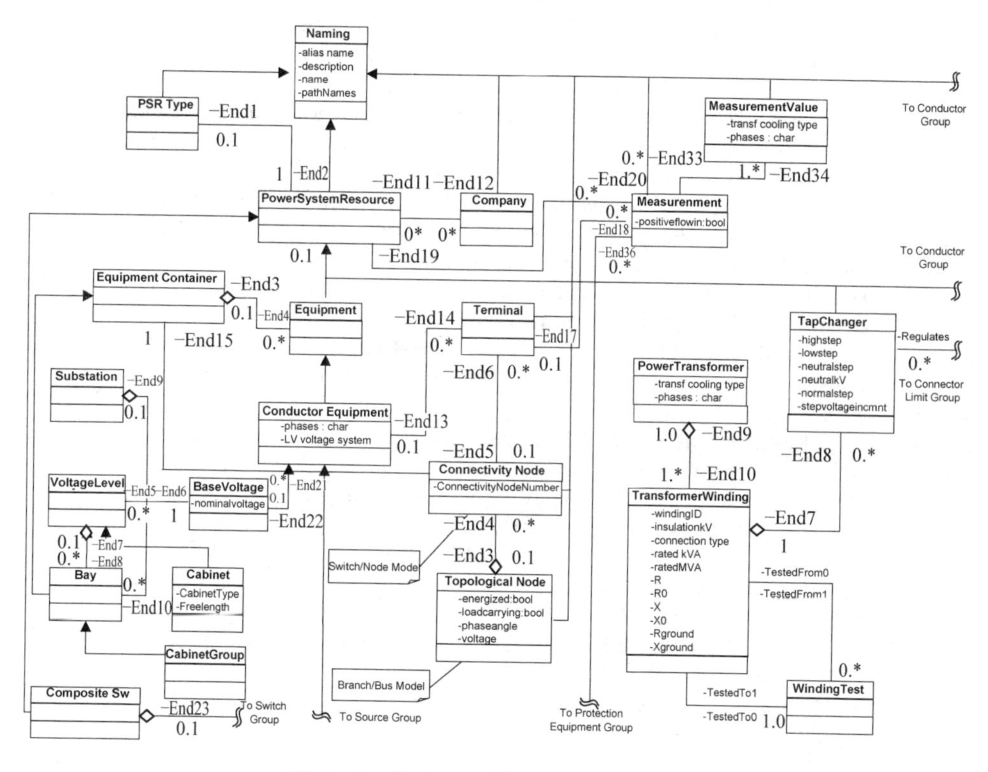

图2A.1 基于CIM原理的配电网直观图

参考文献

1. Ackerman, W.J., Obtaining and Using Information from Substations to Reduce Utility Costs, ABB Electric Utility Conference, Allentown, PA, 2000.
2. Antila, E., Improving Reliability in MV Network by Distribution Automation.
3. Apel, R., Jaborowicz, C. and Küssel, R., Fault Localization in Electrical Networks — Optimal Evaluation of the Information from the Electrical Network Protection, CIRED 2001, Amsterdam, June 18–21, 2001.
4. Apostolov, A., Distribution Substation Protection, Monitoring and Control Systems with Web Browser-Based Remote Interface, Distributech Europe, Berlin, Nov. 6–8, 2001.
5. Becker, D., Falk, H., Gillerman, J., Mauser, S., Podmore, R. and Schneberger, L., Standards-Based Approach Integrates Utility Applications, *IEEE Computer Applications in Power*, 13, 4, Oct. 2000.
6. Bird, R., Substation Automation Options, Trends and Justification, in *DA/DSM Europe Conference Proceedings, Vol. III*, Vienna, Oct. 8, 1996.
7. Cegrell, T., *Power System Control Technology*, New York: Prentice Hall, 1986.
8. ESRI and Miner & Miner, *Electric Distribution Models, ArcGIS™ Data Models*, Redlands, CA: ESRI.

9. Harris, J., Johnson, D., et al., Mobile Data for Trouble/Outage Restoration at Reliant Energy — HL&P, Distributech, Miami, Feb. 2002.
10. IEC 61970-301, Energy Management System Application Program Interface (EMS API), Part 301 Common Information Model (CIM), Working Group Draft Report.
11. Kaiser, U., Kussel, R. and Apel, R., A Network Application Package with a Centralized Topology Engine, IEEE Budapest, Aug. 29–Sep. 2, 2001.
12. Kussel, R., Chrustowski, R. and Jakorowicz, C., The Topology Engine — A New Approach to Initializing and Updating the Topology of an Electrical Network, *Proceedings of 12th PSCC,* Dresden, Germany, Aug. 19–23, 1996, pp. 598–605.
13. Lambert, E. and Wilson, R.D., Introducing the First Part of a New Standard for System Interfacing for Distribution Management Systems (DMS), CIGRE, Paris, 2002.
14. MacDonald, A., *Building a Geodatabase — GIS by ESRI™*, Redlands, CA: ESRI.
15. Nodell, D.A., Locating Distribution System Outages Using Intelligent Devices and Procedures, Distributech, San Diego, Jan. 2001.
16. Rackliffe, G.B. and Silva, R.F, Commercially Available Trouble Management Systems Based on Workstation Technology, ABB Electric Utility Conference, Raleigh, NC, 1994.
17. Robinson, G., Key Standards for Utility Enterprise Application Integration (EAI), IEC TC 57 Report, http://www.wg14.com/.
18. Schulz, N., Outage Detection and Restoration Confirmation Using a Wireless AMR System, Distributech, San Diego, Jan. 2001.
19. Skogevall, A., S.P.I.D.E.R. Basics, ABB Network Partner, Vasteras, Sweden, 1995.
20. Sumic, Z., Fuzzy Logic Based Outage Determination in Distribution Networks, Distributech, San Diego, Jan. 2001.
21. Vadell, S., Bogdon, C., et al., Building a Wireless Data Outage Management System, Distributech, Miami, Feb. 2002.
22. Varenhorst, M., Keeping the Lights On, *Utility Automation*, July/August 2000, 19–22.

第 3 章

配电系统和中压网络的设计、建造和运行

3.1 引言

不同国家的配电系统设计理念有所不同。任何国家采用的标准都取决于他们电气化引进的最初方式，或者作为开创性国家，或者是后期完成电气化的国家采用的工程来源的结果。有许多关于配电网设计和规划的出版资料[1-3]，它们涵盖了各个方面。然而，配电网设计的某些具体方面直接影响到配电自动化的有效实施，具体来说就是，网络结构及重构的灵活性和影响故障定位的接地方式。因为它们影响了配电自动化系统的选择，本章将对这两个领域进行深入研究。

本章只关注网络设计中与自动化相互作用的方面，并介绍这种相互作用的基本知识，特别是：

- 网络性能取决于网络开关设备的内容、网络的结构和自动化水平。
- 运行人员在网络上花费的时间取决于网络结构和自动化水平。
- 如果利用自动化来快速转移负荷，则可以推迟对系统的强化。
- 自动化可以对系统电压控制产生重大影响。
- 由于大多数用户停电是由中压（MV）电网引起的，电力公司倾向于首先检查这一点，但现在他们认识到关注低压（LV）电网也可以产生收益。

配电网是用来分配的网络，分配是散布某种东西，而这种东西就是电能；网络是线路互连的系统。因此，配电网是电力线路互连的系统，将电能从电源散布到多个负荷点。配电网通常运行在一个电压下，如中压或低压，并通过变压器连接不同电压等级的电网。例如，20kV 电网可以在 110/20kV 变电站处连接 110kV 电网，20kV 电网也可以使用 20/0.4kV 变压器为低压电网供电。

图 3.1 所示为一个非常简单的单馈线配电网，图中顶部是 20kV 的电源变电站母线，该母线带一条馈线。这条馈线为 11 个配电变电站供电，每个配电变电站都配有一个变压器将电压降到 400V，然后为低压网络供电。这个馈线上包含了许多不同类型的开关设备，将在后面对此进行讨论。

实际上，电网中可以有不止一条馈线接入电源母线，而且对应的网络可能相当复杂，如图 3.2 所示。

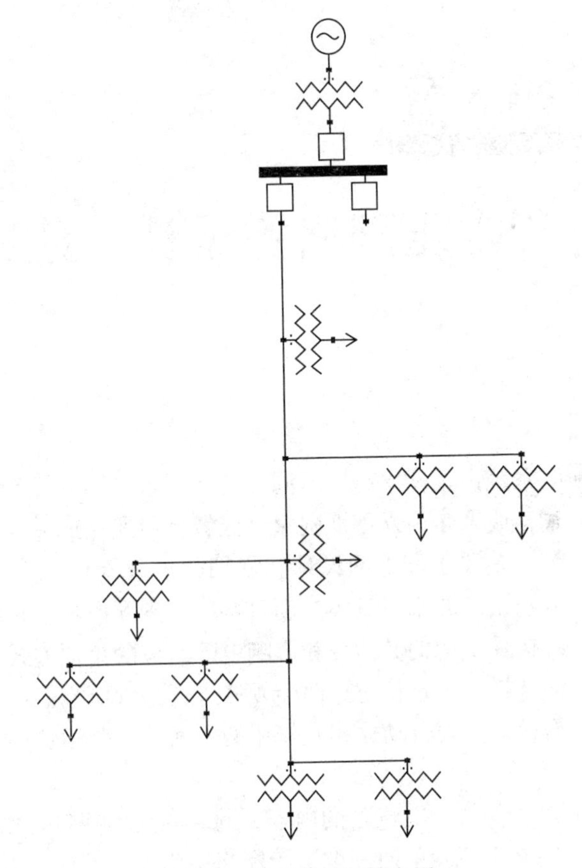

图 3.1　典型的中压配电网

该网络为德国一个小镇提供 50MVA 的电力，运行电压为 20kV。它由两台 110/20kV 变压器供电，两个电源变电站各有一台变压器，每台为电网的一部分供电，但不能并联运行。两条母线有效地为电网供电；其余的可能是以前的供电点，但没有变压器，它们现在只是作为开断点使网络运行更灵活。事实上，该网络有第三台变压器，通常保持与 110kV 系统的连接，但其 20kV 断路器保持断开，通常被称为“热备用”，在其他变压器失效时提供备用电源。

有人指出，设计一个能运行的网络很容易，但设计一个能运行良好的网络很困难，设计一个能运行非常好的网络是非常困难的。但是，由于配电网是配电公司的主要有形资产，设计尽可能好的电网以满足用户的要求具有工程和经济意义。

配电网的最优设计是一个取决于许多变量的复杂过程，有时这些变量的相关性取决于相关的电力公司。例如，谐波畸变的水平对于一家公司可能非常重要，但对于另一家公司却不重要；而变量的相关性在同一家公司的不同电网之间可能也不同。

随着时间的推移，对电网的要求及设计会发生变化。有时是终端用户的压力迫

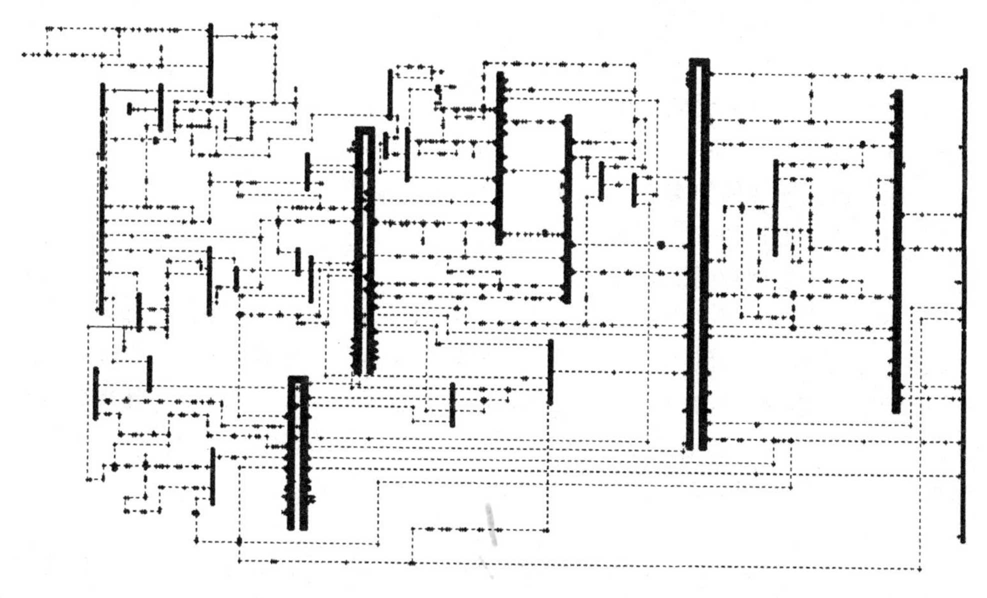

图 3.2　50WM 市政电力公司的中压馈线网络示意图

使其发生这种变化；有时在放松管制的公司中监管机构的控制效果会先于这种变化。在其他时候，是新技术的发展，例如重合闸的引入导致设计工程师重新评估现有的规则。改进的电网规划软件提高了设计的准确性，并给予设计工程师更多的选择，这初看起来是一个很大的优点，但是应该记住的是，软件是一个工具，只有在被专业的工程师使用时才能给出专业的结果。

每个国家都有关于电力网络应如何运行的地方法规，法规通常很复杂，但基本的工程要求是电网应适应其被要求的职责，并应采取正确的保护措施来防止危险操作。法规通常有电压和频率的限制，但随着越来越多的电力公司放松管制，也有用户希望在停电频率和停电持续时间方面获得的供电质量相关的法规。

3.2　配电网的设计

因为存在着许多变量，电网设计变得非常复杂，其中一些变量彼此相关，最重要的变量可能是：

（1）电压的选择。

（2）在架空和地下网络之间进行选择。

（3）配电变电站的容量。

（4）上游电网的结构。

（5）配电网所需的性能。

（6）网络的复杂性。

（7）电压控制的要求。

(8) 电流负荷的要求。

(9) 负荷增长。

(10) 系统接地方式的选择。

(11) 损耗。

(12) 电网所在的国家。

(13) 所选设计的安装成本。

(14) 建成后拥有网络的成本。

一些因素影响网络的建设成本，而其他因素影响收益成本。但是，如果在设计过程中估算了总寿命周期成本，则可以将两者合并。在这种情况下，总寿命周期成本可以定义为建设成本加上网络寿命周期内的收益成本净现值。显然，建设成本和收益成本相互依赖，电能损耗就是一个例子，其中增加的建设成本可能会将损耗降低到某一点，使增加的资本支出在经济上是合理的。

3.2.1 电压选择

在大多数情况下，网络设计工程师没有选择电网工作电压的自由。这是因为电压等级已经被标准化了。例如，11kV 是英国的额定配电电压，在大多数情况下，低压网络的工作电压通过相关国家的法律或一些其他的已有实践来确定。

为工业用户供电电压的选择更具灵活性，一般规则是负荷越大，电压越高。一些工业用户会产生影响其他用户的扰动，一般通过采用最高的适用电压来缓解。例如，单相 25kV 是用于铁路牵引供电的公共全局电压，而供电变电站通常由 115kV 或更高的电压供电。

对于二次配电网的 6.6~33kV 之间的电压选择有很多讨论。电压的选择取决于许多因素，包括电网材料的成本。在欧洲，20kV 左右的电压已经很普遍，这保证了有价格竞争力的可用硬件的充足供应，这反过来又强化了 20kV 作为二次配电电压的选择。相比之下，美国的电压范围在 13~25kV 之间。

一个黄金法则是：对于定量的功率传输，所需的电流随着电压的增加而减小。因为损耗与电流的二次方成正比，所以较长的配电线路在较高的电压下可能有更高的效率。

3.2.2 架空和地下网络

选择架空网络还是地下网络一直以来都由成本决定。一般来说，当电压升高时架空网络比地下网络便宜，一些公司估计，地下 MV 网络的成本是等效架空网络的 4~7 倍。

但还有其他因素。有一个环保组织基于美观为地下网络游说，特别是在优美的自然地域如国家公园等。此外，地下网络的可靠性更高，因为地下网络不会发生与天气有关的故障和停电。

电压和架空线的选择有时可以追溯到多年前情况不同时做出的决定。有一个涉及亚洲电网的有趣案例：在半乡村地区进行安装时负荷密度低、线路相对较长，故

选择 33kV 的架空线系统，并且可以通过柱上变压器增加新负荷；但随着时间的推移，负荷增加超过预期，出现了城市化，电力公司现在想要在城市地区建设地下电网，但其却具有 33kV 配电开关设备的变电站。虽然在最初安装时 33kV 是理想的，但已经变化的情况表明现在 20kV 将更经济。

3.2.3 配电变电站的容量

可以通过 MV/LV 配电变压器由中压电网为低压电网供电，而了解配电变压器复杂的设计过程是有工程意义的。如果考虑负荷建模的场景，那么就可以考虑不同变压器容量的影响，以及这如何影响 LV 和 MV 电网的设计。下面可以对经济性和电网性能做一些初步研究。

选择一个由 1600 个相等的 5kVA 负荷组成的模型，这些负荷按街道地图的形式分布，从而得到一个 40 ×40 的负荷矩阵。每个负荷在垂直方向上距离下一个负荷 25m，因此，网络上的总负荷为 8000kVA。图 3.3 显示了电网模型的左上角，将用它来研究各配电变电站的位置选项以及各配电变电站如何连接到 MV 电源。

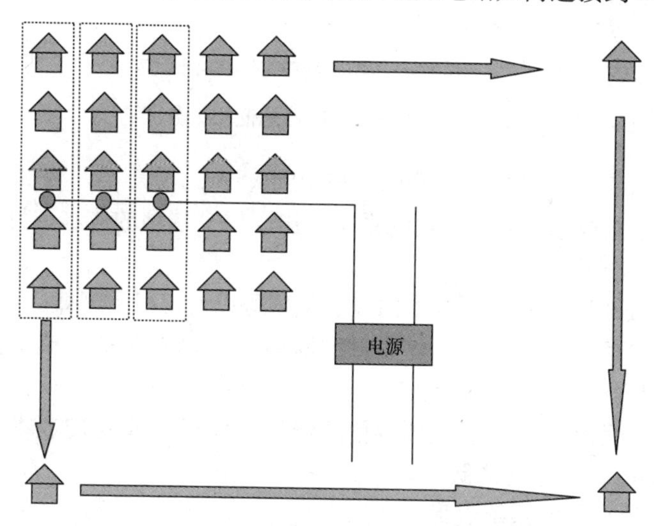

图 3.3 25kVA 变压器的低压服务区域

配电变压器可以制造成任何容量，但通常按一系列标准容量进行销售。在本例中，将从最小的容量 25kVA 开始，如果每个负荷为 5kVA，则每 5 个负荷就需要一台变压器，则可以很快算出配电变电站为 5 个负荷供电的低压导线的长度。

如果每 5 个负荷为 1 个区块，那么可以看到将有 320 个变电站，可以将它们连接到中压电源变电站，电源变电站逻辑上位于负荷矩阵的中心。如果电源变电站的每条出线可以承受 2MVA，则需要 4 条出线，可以从每条电源馈线为 80 个配电变电站供电。如果假设 MV 线路以特定方式布置，则计算所需的 MV 线路长度相对容易。假定 MV 线路、LV 线路和配电变电站的成本信息已知，就可以评估这种网络设计的成本了。

可以使用125kVA的变压器重复该过程（见图3.4），此时每个配电变电站将为25个负荷供电。LV线路更长，但MV线路更短。因为125kVA变压器的成本较高，LV和MV线路的成本不同，所以该方案的总成本不同。

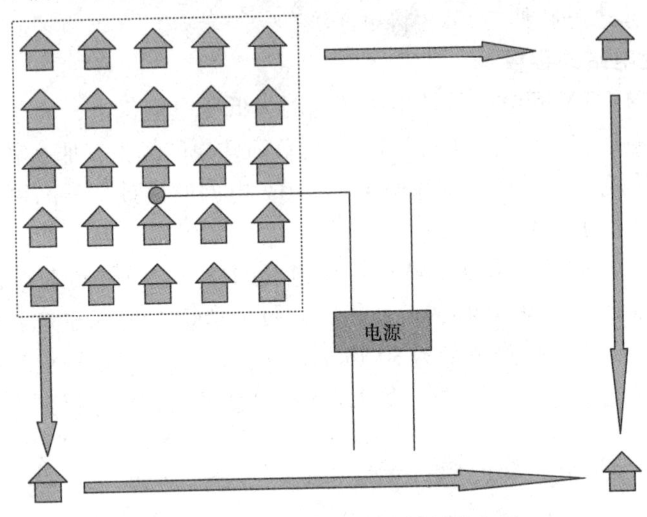

图3.4　125kVA变压器的低压服务区

同样，可以使用250kVA、500kVA和1000kVA的变压器。表3.1使用典型的预算数据，为架空线系统和地下电缆系统算出了每个选项的成本。且给出了所需的设备数量。

图3.5中为每kVA负荷的成本曲线，从中可以看出以下规律：

- 对于地下系统，随着变压器容量的增加，每kVA负荷的成本会降低到大约500kVA变压器容量对应的最低点。
- 对于架空系统，随着变压器容量的增加，每kVA负荷的成本会降低到大约200kVA变压器容量对应的最低点。
- 地下系统比架空系统更贵。

表3.1　为不同负荷密度供电的网络成本

变压器容量/(kVA)	变压器个数	中压线路长度/km	低压线路长度/km	每kVA的成本/美元	
				架空	地下
25	320	32	9.7	128	670
125	64	38.4	8.9	80	338
250	32	39.2	5.1	68	275
500	16	39.6	4.5	77	248
1000	8	52.0	3.5	79	294

网络可能是可以进行设计的最基本单元。MV线路是纯辐射状的，只将电源与每个配电变电站相连，并且没有备用电源。因此对于任何MV线路上的故障，该线

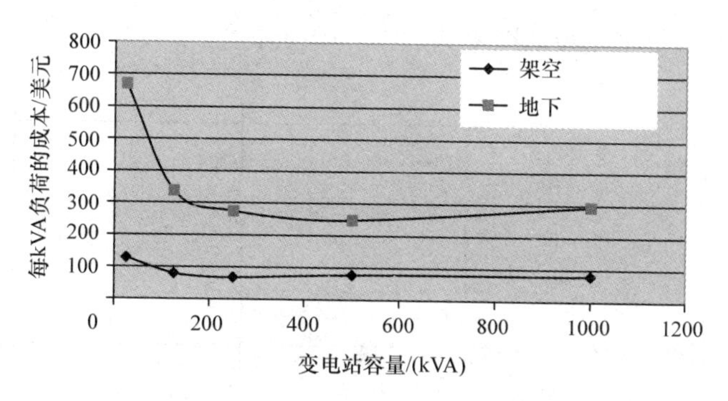

图3.5　为负荷供电的每kVA成本曲线

路上的所有用户将在维修完成前断电。每条线路上的断路器仅安装有基本的保护，而对于架空线路，重合闸对瞬时故障有所帮助。类似地，LV线路在配电变电站只有一个熔断器并且没有LV备用电源，因此对于任何低压LV的故障，该线路上的所有用户都将在维修完成前断电。现在，故障数量随着线路长度的增加而增多，因此当变压器容量增加时，LV故障数量将增多，而MV故障数量将减少。可以对每种电网设计方案如何运行做一些可靠性计算，特别是平均负荷点处经历的年停电次数和年停电时间，图3.6对此进行了总结。

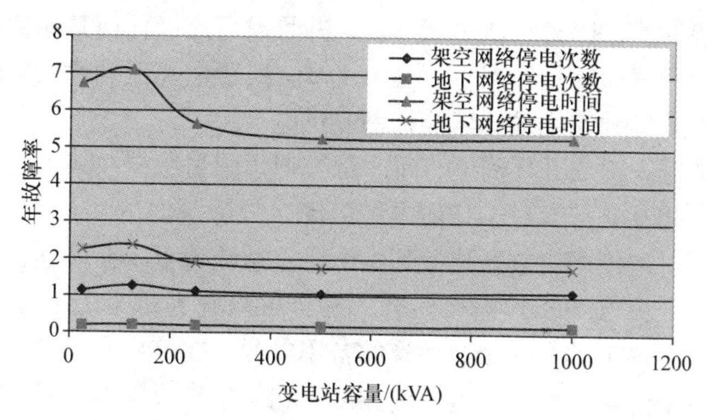

图3.6　给定电压等级下不同变电站容量的停电频率和时间

从这些曲线上可以发现一些新的规律，可以添加到上面给出的规律中：

- 架空网络的年平均停电时间比相应地下网络的年平均停电时间长。
- 架空网络的平均年度停电次数比相应地下网络的停电次数要多。
- 对于架空系统，年平均停电时间随着变压器容量的增加而减小。这种陈述可能具有误导性，因为是MV和LV线路相对长度的变化影响了停电时间。

3.2.4　接入中压网络（上游结构）

配电变电站连接到电源变电站的MV电网设计在整个电网的成本中起着很重要的作用。它在电网的运行方式中也起着很重要的作用。图3.7显示了地下系统的一些典型 MV 电网，每条馈线从图左侧的 MV 母线开始。

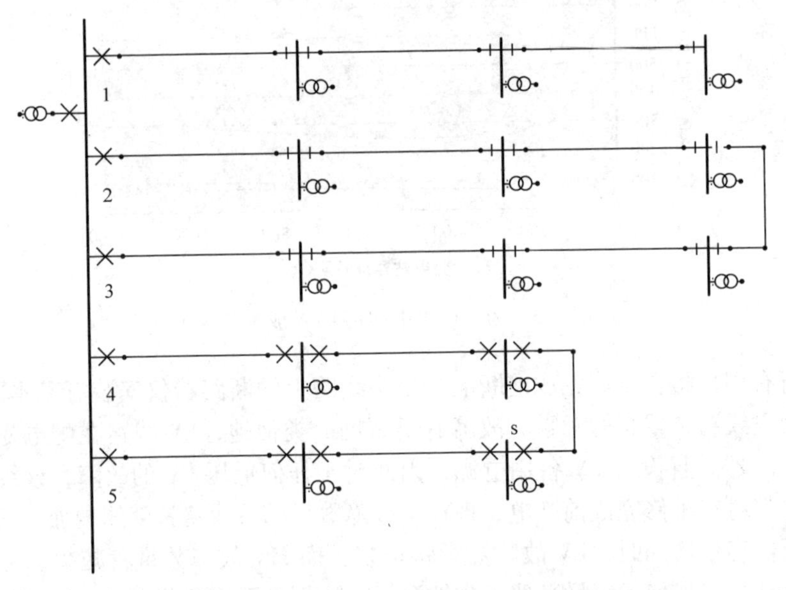

图 3.7　典型的地下 MV 网络设计，包括 T 型接线变电站

馈线 1 为辐射状，因为它从一端开始，并且没有连接任何其他的电源，该辐射状馈线上的开关装置通常是环网柜，见第 4 章。对于电缆任意一段上的故障，该故障下游的用户必须等到完成维修才能够恢复供电。

馈线 2 和馈线 3 组成开环网络，每个都类似于辐射状馈线，但是它们能够在电缆故障的情况下相互支持。对于任何电缆故障，故障下游的用户不需要等待维修，因为它们可以通过切换网络重新连接到电源。这意味着下游断开连接后，两个馈线之间的常开联络开关（NOP）需要闭合，并且可以看到每个配电变电站可以从两个方向供电，或者每个都有一个可切换的备用电源。在该例中，可切换的备用电源来自同一个电源变电站，但实际上并非如此。如果来自不同电源变电站的两条馈线在常开联络开关处相遇，仍然需要有可切换的备用电源，但备用电源来自两个不同的电源变电站。这种配置在实际中很常见。

馈线 4 和馈线 5 组成一个闭环，并且每个配电变电站都装有断路器。电缆每端的断路器都配有单元式保护方案，以便任何电缆故障都能使电缆两端的断路器跳闸。通过这种方式，对于闭环上任何位置处的单个电缆故障，任何配电变电站处的负荷都不会断开。这种布置也可以被描述成为每个配电变电站提供一个连续的备用电源，因此具有更高的可靠性。

一些电力公司在环网柜之间使用 T 型接线变电站，如图 3.8 中馈线 2 上的新加部分。

这种类型的变电站没有线上开关设备来将环网分段，只有配电变压器的本地保

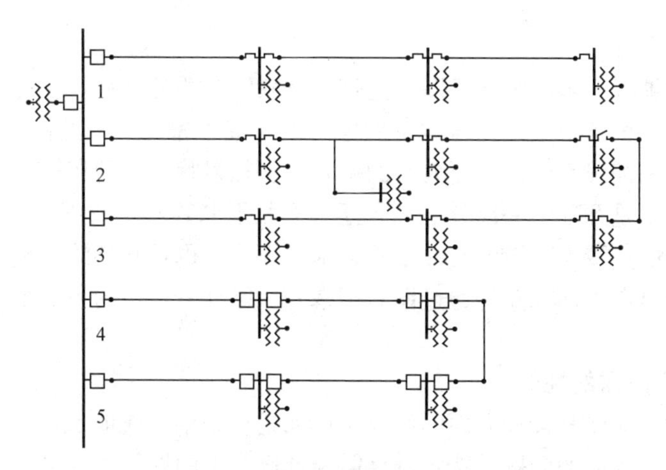

图3.8 典型的地下中压网络设计，包括T型接线变电站

护，因此价格更低。但它也有缺点，那就是当连接T型接线变电站与环网的三通电缆上发生故障时，直到T型接线变电站上的负荷完成维修才能从MV系统恢复供电。

当然，可能会有一个为该变电站的LV网络供电的可切换备用电源，该备用电源可用于该区域中的MV电缆故障；它需要在无MV开关设备节省的成本和LV网络新增的成本之间进行平衡。

图3.9是一些典型的MV架空网络布局，每个馈线的电源断路器现在都带自动重合功能。架空电网通常装有自动重合闸来处理天气引起的架空线路瞬时故障，这在第5章中有更详细的说明。馈线1也是辐射状，但是需要注意到馈线1的开关设备要少得多；事实上，只有一个线上负荷隔离开关。与地下网络相比，这降低了成

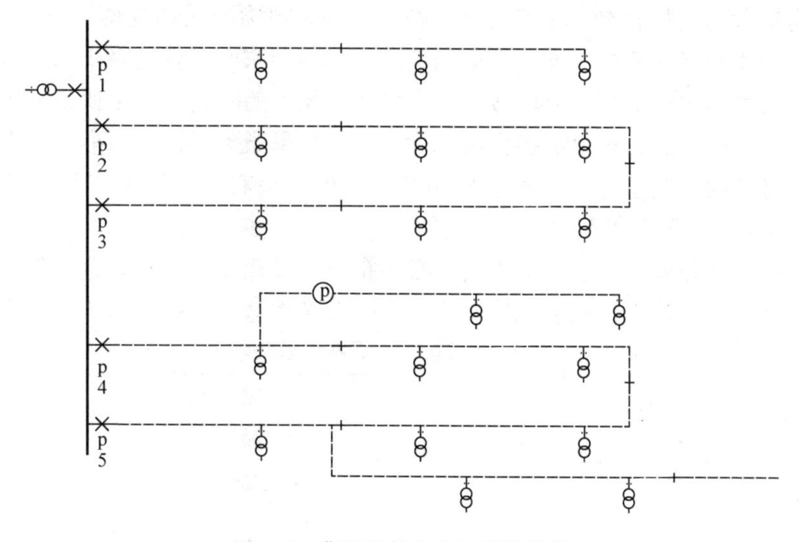

图3.9 典型的架空MV网络设计

本，但也降低了性能。

馈线2和馈线3再次画出了图右边带常开联络开关的开环。应再次注意图中减少的开关设备。由于架空线路连续备用电源的布局不常见，因此图3.9中未给出。相反，馈线4和馈线5给出了更典型的带开环和辐射状线路的布局。

馈线4除了是开环的一部分之外，还具有辐射状连接的支线。在这种情况中，支线连接主线的连接点下游装有柱上重合闸。馈线5也是开环的一部分，也连接有附加线路，但是该附加线路是通过图右侧常开联络开关连接的另一个变电站开环的一部分。

3.2.5 配电网所需的性能

配电网的性能受其设计方面的影响，比如是否是架空或地下网络，以及开关设备的相关内容。现在的问题是特定网络需要什么水平的性能，这可以分为两类，满足用户的要求和满足国家法规的要求。当然必须指出，在许多情况下立法的目的是向用户提供一定的标准，因此这两个类别往往合并在一起。

大多数电力公司已经制定了关于新电网的投资水平或对已有电网进行扩展的政策，并且这些公司经常试着考虑由这种电网供电的用户的需求。有时政策与负荷有关，因为对不同范畴内的负荷将有不同的策略——如10MVA以上的医院与有30kVA负荷的办公室可能会被区别对待。医院可能由一个MV网络的连续备用电源供电，而办公室可能由LV网络供电。这种方法有一些优点，但是当不同类型的负荷由同一网络供电时可能变得很复杂。此外这种方法假定电力公司完全了解用户的需求。那么如果用户能支付额外的成本，包括资本成本和收益成本，且电力公司足够灵活，则电力公司应该可以提供比最初认为合适的水平更高性能的服务。

后面章节讨论了用户停电成本的概念，电力公司如果代表用户做出投资决策的话，就需要考虑这些成本。除了内部准则外，许多电力公司还受国家准则的约束，有时则是法律确定的安全标准。例如在英国，一项国家要求就是对于第一次线路故障，在受故障影响的负荷处应该按最初停电用户相关的时间尺度尽快恢复供电。

此外，英国的监管规定了担保服务标准，即如果服务不符合标准，电力公司要向用户支付补偿。这些标准已经实施了多年，但效果有限（因为罚款较低且事故相对较少）（见表3.2和表3.3）。

除了担保服务标准，还有电力公司必须报告的其他性能指标。这些附加条款没有固定罚款，但监管机构在下一次价格审查时会考虑这些性能指标（见表3.4）。

表3.2 英国的故障恢复标准

受故障影响的负荷大小	恢复标准
小于1MVA	维修后恢复
1~12MVA	3小时内恢复小于1MVA的用户
大于12MVA	设计时即考虑不中断供电

表 3.3　英国的担保服务标准

服务	性能保证	罚款
熔断器	3 小时（正常情况）	每位用户 20 英镑
故障/更换	4 小时（正常时间以外）	
电网故障恢复	18 小时	每位居民用户 50 英镑； 每位非居民用户 100 英镑，随后 12 小时内每次停电再加 25 镑
停电通知	计划停电提前 2 天通知	每位居民用户 20 英镑； 每位非居民用户 40 英镑
电压投诉	7 天内预约 5 个工作日内书面答复	20 英镑 20 英镑
预约	每条协议要求的都出席	20 英镑
新/变更服务的估计生效时间	简单（无扩展）：5 天； 按要求的扩展：15 个工作日	40 英镑

表 3.4　英国典型的监管标准

性能类别	要求的性能
故障后恢复供电	3 小时内恢复 95% 的供电； 18 小时内恢复 99.5% 的供电①
电压投诉	6 个月内解决
新的电源	在 30 天内为居民用户、40 天内为非居民用户提供新电源②
书面查询	10 天内回复

① 根据地理位置，各电力公司的目标不同。

② 不需要进行扩展的地方。

3.2.6　网络复杂性因数

到目前为止，本书只研究了直馈线，但大多数真正的网络含有各种各样的 T 型接线，有时包括多个常开开关。软件是评估这些设计可靠性的唯一实用方法，但还是有必要看看有没有简单的方法来定义更复杂网络的整体效果。网络的复杂性不仅影响最终性能，而且影响工作人员的巡线时间。图 3.10 显示了 5 条比图顶部的直馈线更复杂的馈线。

随着馈线变得更加复杂，可以看到 T 型接线的数量增加，而且 T 型接头在中点前后的位置也发生了变化。假设要计算 T 型接线的数量及位置，并定义直馈线的网络复杂因数 NCF = 1。因为其他馈线更复杂，它们的 NCF 更高，假定最复杂馈线的 NCF = 3.5。然后通过应用线性回归并重新排列 5 条更复杂的馈线直到获得最佳回归拟合为止，可以发现一个经验公式为

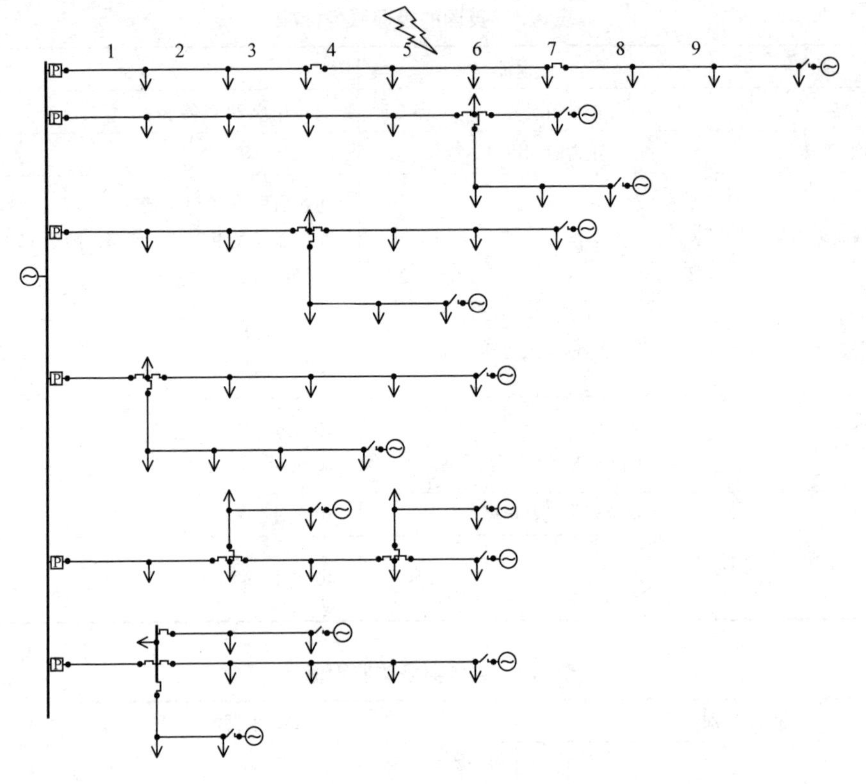

图 3.10　不同复杂程度的网络

$$NCF = 2N - 0.5 \times (N_1 + 3N_2) - 1 \tag{3.1}$$

式中，N 是馈线末端的数量（不包括电源断路器端）；N_1 是上半部分中 T 型接线的数量；N_2 是下半部分中 T 型接线的数量。见表 3.5。

表 3.5　网络复杂因数的值

网络	线路（N）终端的数量	T 型接线的数量		NCF 的值	
		前半部分（N_1）	后半部分（N_2）	根据定义	根据计算
1	1	0	0	1	1
2	2	0	1	1.5	1.5
3	2	0.5	0.5	2	2
4	2	1	0	2.5	2.5
5	3	1	1	3	3
6	3	2	0	3.5	4

式（3.1）仅仅基于馈线的地理分布，可以考虑馈线上的其他差异对其进行扩展。一种差异就是馈线上的线上开关数量，但已经发现这种开关对网络复杂因数的影响很小。应当注意，为了正确地将侧向接线看作 T 型接线，在接线中应当存在

某种形式的线上开关装置，即使如图 3. 10 所示 T 型连接点处仅有一个开关。因此，类似于基本的电网理论，不具有任何形式线上开关的侧向接线并可以用一个等效负荷代替所有负荷的，不能被视为 T 型接线。这一点在图 3. 11 中被放大，图 3. 11 显示了瑞典的一条线路，并说明了如何通过公式和馈线数据来计算 NCF。

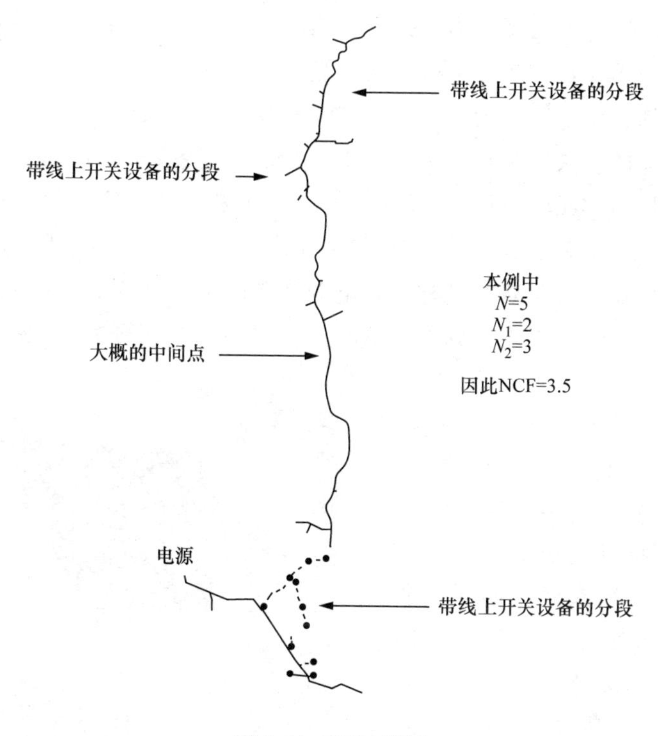

图 3. 11　NCF 算例

3. 2. 7　电压控制

由于配网馈线的电缆或架空线的阻抗，负荷电流会引起沿着馈线的电压下降。随着负荷增加，由于日（或季节性）负荷曲线的变化或者当用户施加额外负荷时，压降将相应地增加。另外，负荷的功率因数对压降具有显著影响，即功率因数越差，压降越大。但是提供给用户的电压必须保持在国家相关法律规定的限值内。例如，欧洲标准 EN 50160 要求用户电压必须在所声称电压的 ±10% 范围以内，该标准已经被纳入了欧盟各成员国的国家法律。

电力公司运行人员有 4 个主要工具来控制配电网的电压：

- 电源变压器分接头
- 配电变压器分接头
- 线上电压调节器
- 功率因数校正电容器，可投切或不可投切

1. 通过电源变压器分接头调节电压

连接 MV 母线的电源变压器电压比通常为 110/20kV。输入的 110kV 加到整个一次绕组上，在二次绕组上取二次电压。然而，绕组在一端可以有少量的额外匝数，因此通过将输入电源切换到额外的匝数上，可以与额外匝数成比例地改变电压比。这些额外的匝数就是变压器分接头且通常安装在一次绕组上，只是因为这样一来分接头开关将工作在一次绕组较低的电流下，至少对于降压变压器是这样的。类似地，分接头通常位于绕组的“接地”端，以降低分接头机械装置耐受电压。

假设变压器的一次绕组在一端具有 10 个额外分接头，并且如果选择第 5 个分接头的话，变压器的额定电压比为 110/20kV。如果分接头移动到下一个分接头电压比变化 1%，则该变压器能在 95% ~105% 之间改变其二次电压。这种分接头的选择可以在变压器没有负载并且与所有电源断开时进行（无载分接开关），也可以在变压器带电并且负载电流达到额定值时进行（有载分接开关）。这两种方法都有各自的优缺点。

有载分接开关需要可以承载和切换负荷电流的触头选择开关，通常还需要操作触头的电动装置。因此它比无载分接开关更昂贵，但是其主要优点是分接头变化期间负载不断开。有载分接开关如图 3.12 所示，通常用于电源变压器，而无载分接开关通常用于配电变压器。

图 3.12　典型的有载分接开关（由 ABB 提供）

现在，MV 变电站母线电压将根据流过变压器二次绕组的负载电流以及一次绕组输入电压的变化而变化。如果母线电压可以由适当的 VT 测量出来并输入电压控制继电器，则可以调整电动有载分接开关将母线电压控制在分接头设置的限值内，在本例中是 1% 以内。这种类型的控制方案称为自动电压调节或 AVR。

早期的 AVR 基于小的悬挂物，它可以在继电柜中上下自由移动。由重力产生的向下的力被基于系统电压的向上的力抵消。如果电压太低，则重物略微下降，即可产生电气连接来控制分接开关升高电压；反之，如果电压太高，则重物将上升，直到它操作触头来控制分接开关降低电压。长达 2min 的延时保证分接开关仅对持续的电压偏移有反应。

典型的基于微处理器的电压控制继电器如图 3.13 所示，可用于硬接线的辅助系统或变电站自动化。有载分接开关的正确动作需要用到三个基本控制：第一个是控制继电器额定的输入电压，通常为 AC 110V；第二个是带宽，在带宽外控制继电器才动作；第三个是继电器开始动作的延时。如图 3.14 所示。

在本例中，母线电压随着时间减小直到超出带宽，此时延时过程开始。如果电压在延时结束时仍处于带宽之外，调节继电器就会控制有载分接开关动作来将电压恢复到带宽内。延时被用来防止电压骤降导致的分接头动作，例如如果没有延时的话，大型电动机耗时20s起动导致的电压骤降会导致分接头动作，在电动机达到转速后分接头的反向动作会抵消前面的分接头动作。

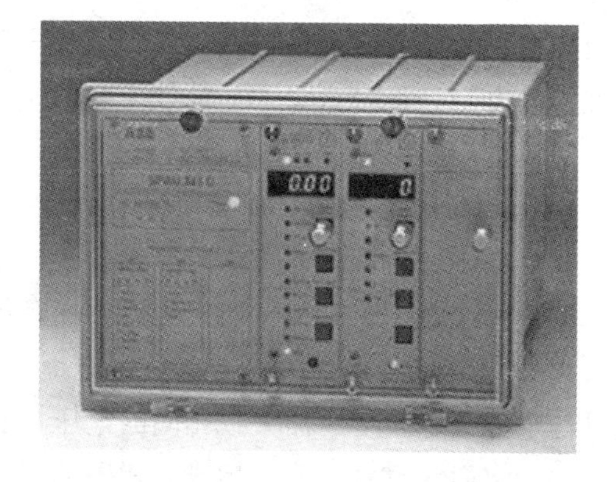

图3.13 典型的电压控制继电器

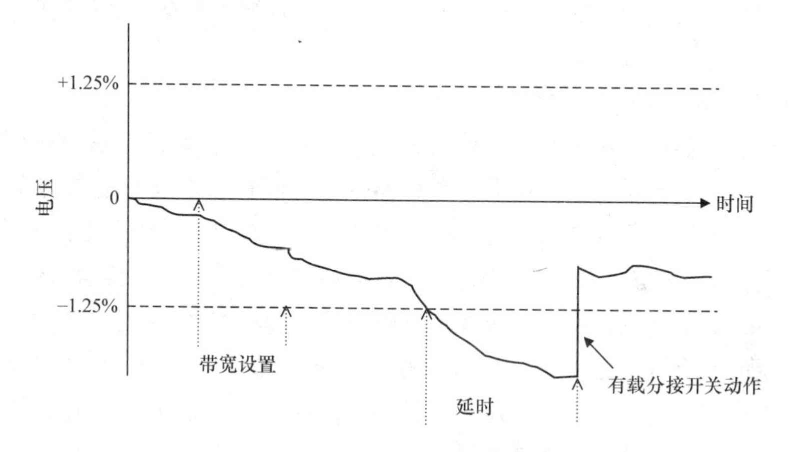

图3.14 自动电压控制的原理

这种类型的控制用于校正在MV母线处测量的电压，可以加装一种线路压降补偿系统，这种系统考虑了配电馈线上的压降，将线路阻抗输入到控制继电器。

许多电源变电站都有并联运行的变压器，每个变压器都配备有电压控制。在这种情况下，一个变压器被指定为主机，由控制继电器控制，而其他变压器是从机，总是服从主机的命令。另一个系统称为反向电抗。变压器分接头通常有一项非自动设置，用来防止配电网并联运行时从不同电源馈入环流。

2. 通过配电变压器分接头控制电压

容量最高可到1000kVA的配电变压器也可以安装分接开关，尽管这种分接头通常是无载设备。通常有5个分接头，电压比分别为 -5%、 -2.5%、额定变比、+2.5%和 +5%。这种分接开关为变压器低压侧电压提供基本的控制，低压侧负载可能随时间变化很大但低压侧有载分接开关非常昂贵。

电源变压器有载分接开关和配电变压器无载分接开关的组合能够提供合理的电

压控制。因为对电压偏差限值的要求通常只针对用户侧，因此对于用户全部在低压系统上的电网，不需要将 MV 馈线上的压降限制到合适的范围内，如 10%。可以设置配电变压器提供 5% 的升压，这意味着 MV 压降可以更高。

3. 通过线上电压调节器调节电压

线上电压调节器，也称为升压器，是一种通常用于 MV 架空线路的小型设备。它是一个额定电压比为 1:1 的变压器，配有带 5 个分接头的有载分接开关，每个分接头为 1.25%，分接开关用于在负载电流增加和减小时升高或降低电压。它可以通过与电源变电站变压器大致相同的电压控制继电器来进行控制，但是出于经济性的原因，它通常只对电网一相或多相中的电流互感器做出反应。有些 MV 电网的电源变压器没有有载分接开关，那是因为新建时负荷周期引起的电压变化并不明显。随着某些馈线上负荷的增加，出现了电压问题，一种解决方案就是在这些馈线的起始处加装线上电压调节器。

4. 通过功率因数校正电容器控制电压

多年来电容器一直用于校正低功率因数，部分是因为低功率因数的用户已经为电网提供的无功功率付费。但是因为电容器减小了随负荷增长而增大的无功功率，所以具有改善系统电压的作用。对于电容器的位置一直以来有许多不同的观点：对于低功率因数负荷，有一种观点认为校正电容器应该安装在每个负荷点处，但是这样一来电容器数量太大；由于规模经济可以以较低的成本将其替换为较少的大型电容器，相反的观点认为电容器应该安装在电源变电站母线上，这样的话更容易控制，因为电容器可以通过断路器连接到母线，并且始终在电力公司的控制之下。通过断路器连接到母线是出于保护的目的，但电容器很少进行投切。

随着远程控制开关的出现，现在有一种观点认为应该在每个馈线上安装电容器。根据常规，当提供馈线 2/3 无功需求的电容器位于馈线长度的 2/3 处时，经济性最佳。

在图 3.15 所示的网络中，A 处压降的计算结果在满负荷时为 17.5%，而在 25% 负荷时为 3.1%。因此，随着负荷一天中在该范围内变化，用户看到压降的变化范围为 14.4%。按照“三分之二”原则，在馈线上安装一个 3Mvar 的电容器，重新计算满负荷时的压降为 11.3%，25% 负荷时为 3.1%。用户看到的电压变化范围还是 14.4%，但电压实际值已经改变。

还可以做的是在重载时投入电容器，而在轻载时切出电容器。压降将在满载时的 11.3% 到低载时的 3.1% 之间变化，从中可以看出压降范围已经减小。图 3.16 做了举例说明，其中，a、b、c、d、e、f 表示用户看到的电压。

如果设置馈线远端配电变压器的无载分接开关提供 5% 的升压，则采用可投切电容时用户电压将在 6.3% ~1.9% 的范围内变化，正好在预期范围内。

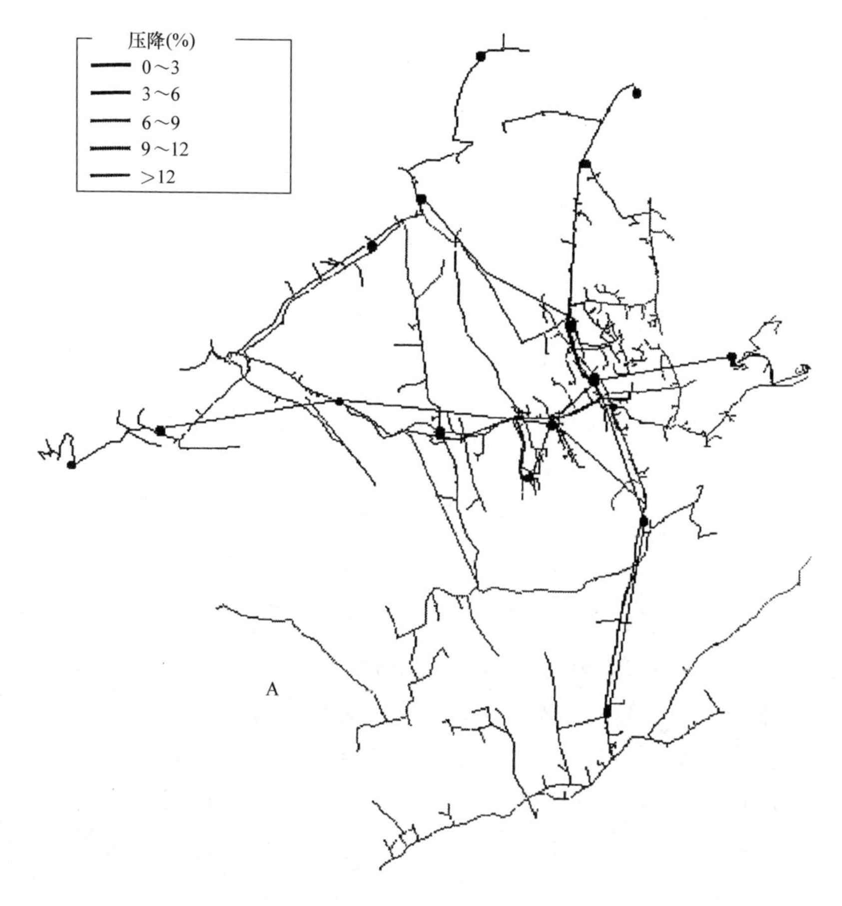

图3.15　通过电容器控制电压的应用实例

5. 加装电容器的经济效果和损耗减小

已经看到，配电系统中加装电容器在电压控制方面是有好处的，这是因为对于给定的负荷可以通过改善功率因数减小相电流，因而使电流和电压更接近同相位。这种电流的减小还对电力系统的（技术性）损耗有影响，在考虑电力系统的经济性时，考虑这些损耗的经济价值是很有用的。

最好通过一个例子来进行说明，选择与第3.2.6节中欧洲实际的电力系统相同的网络，但是为了清楚起见，原来系统中的5条馈线简化为一条。这条馈线包括58.3km的架空线路、13.4km的电缆和1049kVA的负荷，其中，架空线部分工作在20kV，部分工作在10kV，电缆工作在20kV，所有负荷的功率因数为0.9。此外，在馈线中点附近有一个只含单个变压器的20/10kV变电站，并且该变压器没有配备任何自动电压控制系统。该条馈线由含单个110/20kV变压器的110kV电源供电，变压器配有自动有载分接开关。假设负荷此时为最大值，考虑四种备选

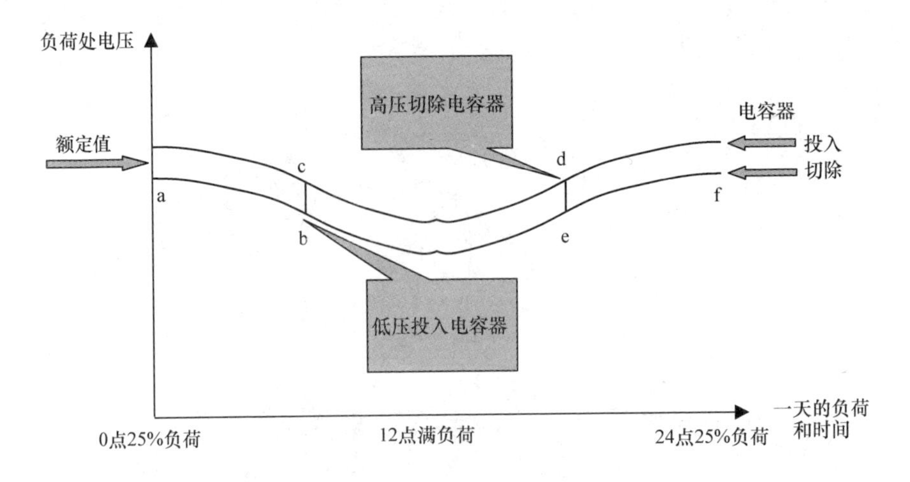

图 3.16　采用可投切电容器时的电压变化

方案：

（1）基本情况是系统不加装电容器。

（2）在电源变电站的 20kV 母线处加装 140kvar 的电容器。选择 140kvar 这一数值可以使系统功率因数由基本情况的 0.9 变为建议值 0.95，0.95 这一数值被认为适合用于优化电力公司在该变电站处的购电费率。

（3）应用 2/3 原则㊀，在馈线的 2/3 处加装一个 100kvar 的电容器。

（4）在 2/3 处加装一个 150kvar 的电容器，该值可以将电源变电站母线的功率因数提高到 0.95。

计算结果在表 3.6 中给出，部分结果显示在图 3.17 中。

表 3.6　电容值函数的损耗变化情况

	基本情况，无电容器	电源母线上加装 140kvar	2/3 处加装 100kvar	2/3 处加装 150kvar
线路损耗/kW	23.10	23.00	20.20	19.80
电缆损耗/kW	2.20	2.20	2.00	1.90
铁心损耗/kW	8.50	8.50	8.50	8.50
绕组损耗/kW	1.40	1.30	1.20	1.20
总损耗/kW	35.20	35.00	31.90	31.40
母线压降（%）	0.42	0.32	0.34	0.31
馈线末端压降（%）	9.52	9.41	8.40	7.85
母线功率因数	0.90	0.95	0.93	0.95

㊀ 2/3 原则是一种用于快速估算在电力系统馈线上安装电容器的最优值的方法。该方法建议用于补偿馈线电源端无功的电容器应该提供前面 2/3 的无功，并且应该位于馈线长度的 2/3 处。

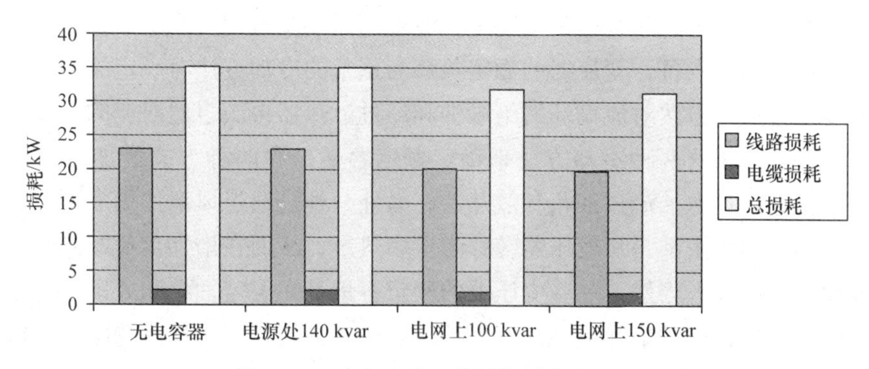

图3.17　为电容值函数的损耗变化情况

可以看到，当功率因数校正电容加装到网络而不是电源母线时，总损耗显著减少（主要因为线路损耗的减少）。本例中的损耗根据馈线的最大负荷计算，当然采用日（年）负荷曲线的话，实际节省的数值会变化，但是每种方案改变的百分比不变。这些节省的损耗对电力公司是否重要取决于电力公司如何评估损耗，但建议应该按照常规对此进行评估。

图3.18显示了压降变化的曲线，从中可以发现，由于加装了电容器，用户看到的电压变化范围减小了。

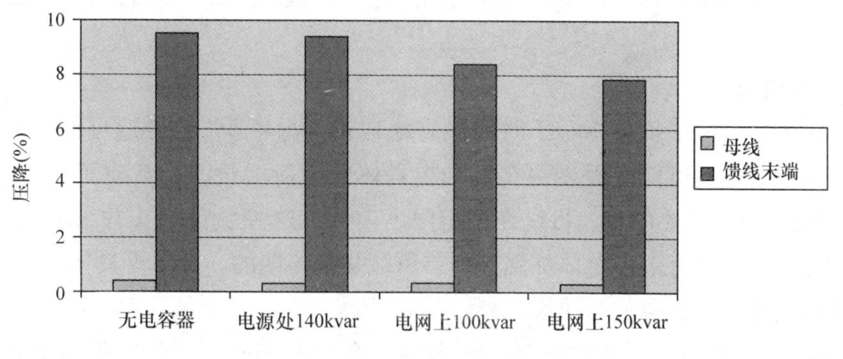

图3.18　加装不同电容时的压降范围

3.2.8　电流负荷

工厂的每部分都有可以承受的最大安全电流。例如，经过特殊设计具有XLPE绝缘的185mm^2、33kV单芯电缆呈三角形排列并且每端都接地，其在架空布设时可以承载560A，布设在地面上时可以承载450A（特定情况下），而布设在管道中可以承载400A。如果负荷高于额定值，温度的上升会降低电缆的绝缘性能并可能降低其使用寿命。由于电网负荷在日负荷和年负荷的基础上变化，许多电力公司对其电缆采用一定的过载系数，比如连续过载10%和过载20%不超过3h。过载系数的基本原理是，在电缆寿命的大部分时间里电缆电流远低于其额定电流，因此在短时间内可能是持续几天的系统异常情况下，电缆可以承受短期过载造成损坏的风险。

对于所有电气设备，变压器的额定负荷与正常的冷却方法有一定关系。典型的油浸式变压器通过自然对流循环的绝缘油和经过散热器再次自然对流的冷却空气进行冷却，并且基于这两种冷却方法来确定额定容量。有两种方式增加变压器的容量：一种是通过抽送油流过油箱和散热器；另外一种是通过风扇使更多的空气经过散热器。两者的作用都是从变压器转移走更多热量，从而在增加负荷的同时不升高变压器绕组的温度。当然，一些变压器的额定容量是在假定油泵和风扇一直运行的情况下定义的，在这种情况下还没有简单的方法来提高其容量。一些电力公司为他们的变压器定义了两个额定容量：一个是没有油泵和风扇的连续额定容量；另一个对应同时使用了油泵和风扇并且存在导致变压器绝缘加速劣化的变压器最高温度，这种情况可以使额定容量加倍。

必须非常小心确保配电系统所有设备中的潮流考虑了以下因素：

- 设备的额定容量
- 在项目寿命期间或至少在某种形式的系统加强前接入系统的负荷增长
- 所有合理的可预见的异常运行条件
- 指定的过负荷裕度

但是现在可以看到，扩展控制可以利用电厂的短期热容量在相应时间段内承受负荷的增长。

3.2.9 负荷增长

在大多数电网中负荷相对于时间稳定地增长，每年5%的增速可能并不罕见。同时，给定的电网可能会经受更突然和更具体的负荷增长，如新建工厂可能需要20MVA的电力。重要的是，可以在一定限度内预见这种负荷增长并采取适当的行动。电力公司应该有一项总体加强计划，可能是5年期的，并与更具体的两年计划进行协调，构成一项可靠的建设计划。

但随着变电站负荷的增加，在电厂连续过负荷前另一个因素将变得尤其重要。变电站的可靠容量通常基于一次线路故障后剩余的容量，即通常所称的“$N-1$”方法。

图3.19显示了两个变电站，每个配有两个变压器，变压器的连续额定容量为10MVA，紧急事故容量为11MVA。假设每个变电站的负荷为9MVA但以稳定的年增速增长。基于$N-1$准则，每个变电站的可靠容量为11MVA，在9MVA负荷下这种情况是令人满意的。但是，当负荷增加到11MVA以上时，对于一次线路故障而言变电站并不可靠，电力公司应该对变电站进行加强，可以通过安装两台更大型的变压器，也可以通过安装第三台变压器。假设每年的负荷增长促成了4年后的系统加强。

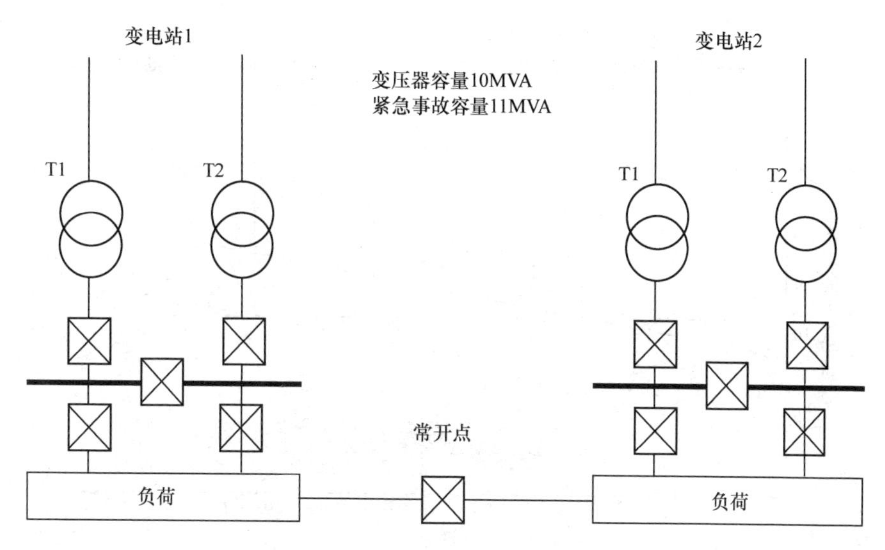

图3.19　典型的电源变电站布局

为了在故障或维修情况下提供备用电源，在变电站供电的网络上通常具有一个或多个常开联络开关，图3.19显示了位于两个变电站之间的常开联络开关。现在考虑损失变电站1中的一台变压器后，用变电站间的常开联络开关将4MVA的负荷从变电站1转移到变电站2，图3.20对此进行了说明。

从点A开始，可以看到负荷一直增长，直到B点为止，在B点负荷与变电站的可靠容量相匹配，变电站有两台11MVA的变压器。在B点，第4年加装第3台变压器是必需的选项之一；另一个选择是通过常开联络开关进行负荷转移方案，如图中B到C的连线所示。在负荷转移变得可行之后，负荷沿着C到D的直线继续增长，并且在D点变电站再次变得不可靠，在D点需要加装第3台变压器。但可以看到，负荷转移已经将第3台变压器的支出从第4年推迟到了第10年或第11年。这种支出的推迟对任何电力公司都有很大价值。

电力公司员工到电网开关处并在需要时操作开关就可以很容易地进行这种负荷转移。然而，这种方法存在严格限制，那就是第一次线路故障后继续使用的剩余线路容量决定了在发生热损坏之前必须完成负荷转移，而这通常需要2~3h。远比人工操作更好的方法是采用常开联络开关的扩展控制来进行负荷转移。

通过增加变电站的可靠容量，负荷转移允许推迟资本支出，并且相对于员工时间，通过扩展控制的负荷转移将提高转移速度并节省更多支出。延期时间可以由下式计算

$$\text{延期时间}=\frac{\text{负荷转移的容量}}{\text{年负荷增长}} \tag{3.2}$$

通过扩展控制的负荷转移可以在每天定期的基础上进一步应用。考虑两个变电

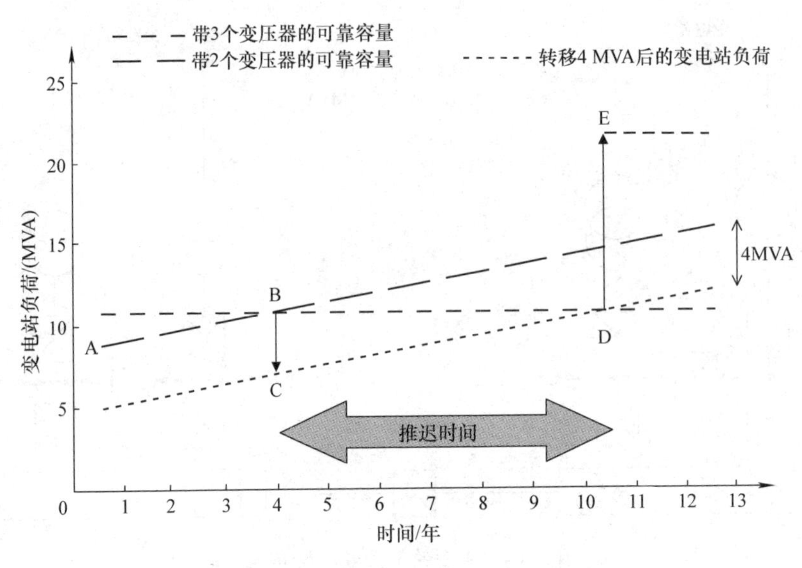

图 3.20 负荷转移引起的资本支出推迟

站，其中一个的峰值负荷在工作日的白天，而另一个的峰值负荷在晚上。这种情况可能出现在每天的工业负荷中，当工人晚上回家后工业负荷减小，而工人开始在他们的家中产生新的负荷。如果电网容量可以在早晨提供一个方向上的负荷转移，而在晚上时间提供另一个方向上的负荷转移，那么负荷转移可能就可以推迟对其中一个变电站的加强。

3.2.10 接地

配电网设计师考虑的一个基本问题是中性点的接地方式，因为它影响了许多技术和经济解决方案。基本的方法有直接接地、电阻接地、补偿接地和中性点不接地（隔离），它们也可以有限地组合起来。最重要的项目是继电保护、运行原理、设备接地和电力系统设备的选择。

在直接接地系统中，中性点（通常是电源变压器星型联结处）直接与地相连。在接地电阻率良好的情况下，这种接地方式将产生很高的接地故障电流，可以相对经济地进行检测和快速清除，但是它可能在故障点附近产生很高的跨步电压和接触电压。由于大约80%架空线故障属于暂态故障，重合闸需要跳开，然后恢复供电可以使用相对基本的保护方法。然而，使用重合闸㊀的基本原理是将原本持续的停电（例如2h）转换为暂时停电（例如30s）。这种接地方式还为中性点电压提供了直接的电压参考点。

在电阻接地系统中，中性点经过电阻接地，电阻可以是高电阻率区域中的自然接地电阻或单独的电力系统电阻器。电阻器能够将接地故障电流控制为电网运行人

㊀ 重合闸的方法在第4章中介绍。

员选定的值，并且有助于降低地面上接地电极的成本。这种接地方式也为中性点电压提供了直接的电压参考点。

在补偿系统中，中性点通过电抗器连接到地，该电抗器用来平衡或近似平衡电容电流。补偿接地广泛用于供电连续性很重要及接地环境足够好的地方，所以允许持续的接地故障。这种方式的代价是保护继电器和对电压和电流互感器的高精度要求。中性点不接地和补偿接地系统的缺点是接地故障期间的过电压，这就是这些接地方式在有大量地下电缆的配电系统或在有电机的电网中不太流行的主要原因，比如工厂。

在不接地系统中，中性点与地完全断开，故参考电压由接地的各相电容提供。随着电网容量的增加，为了清除故障和常规的电网开关操作，电网电容值和开关装置的责任也变大。在这种情况下，需要增加电抗来补偿电容电流，而电网会变成补偿网络。

对于接地方式的选择没有唯一的答案，在不同的国家和不同的电力系统中存在各种各样的方式。

3.2.11　损失的电量

损失的电量可以分为两个不同的方面，停电电量损失和损耗。损耗也被认为分为两个方面：由于配电系统本身运行产生的技术性损耗和非技术性损耗，否则称为非法取电或偷电，后者不在本书的讨论范围。

1. 停电电量损失

除非有可用的连续备用电源，否则电力系统上任何引起保护动作的故障都将导致一个或多个用户停电。第6章将描述如何用可靠性指标（如SAIFI和SAIDI）来表征这种损失，也可以根据保护动作而损失的电量来描述停电损失。一些电力公司使用每年预期的电量损失作为基准来比较不同电网方案的可靠性性能，通常也为损失的电量赋予财务价值。其他电力公司可能会向每个受影响的用户支付基于损失电量的罚款（在第8.10.1节讨论），这样一来，罚款与负荷以及停电时间成正比，许多人认为这对大型用户是一种公平的补偿方法。

有一种非常简单的计算预期电量损失的方法，用断开的负荷（以kW为单位）乘以停电时间（以h为单位）得到损失的kW·h。现在，可以根据电网每个故障的位置、操作开关设备的估计时间和估计的修复时间来估计停电时间。这些估计数据可以与历史故障事件和修正后的估计值进行比较，从而保证计算和测量的停电时间之间合理的一致性。

然而，停电负荷的计算导致了更多的问题，因为绝大多数用户的负荷随其他参数而变化。例如，大部分负荷根据关于一天中时间、星期几和一年中月份的负荷曲线而变化，每种用户类型表现出特定的负荷曲线，如图3.21所示。

图3.21使用针对居民、商业、工业和大型用户的英国标准负荷曲线数据来说明在夏季24h内负荷如何变化，图中数据已经标准化，均表示每1kW负荷的变化

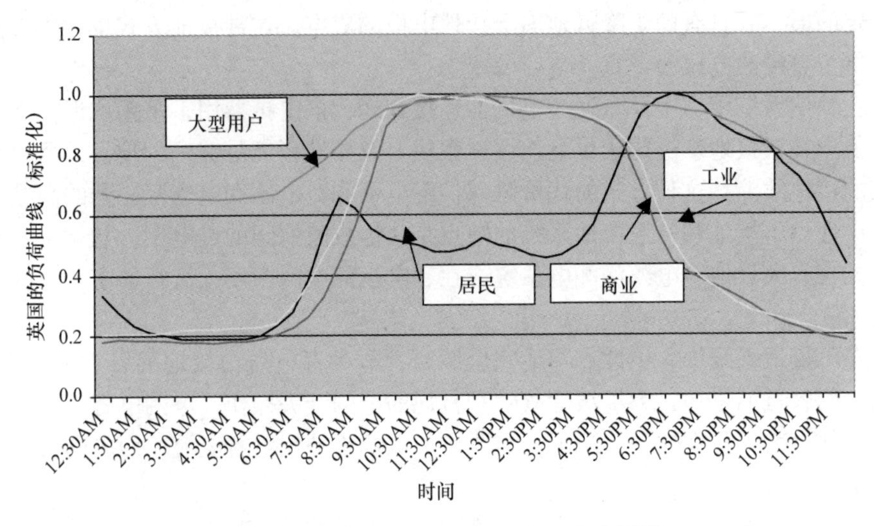

图 3.21　英国电力行业使用的标准负荷曲线

量。可以看到，居民负荷在夜间的约 0.2kW 到傍晚的 1kW 之间变化。24h 周期内负荷的平均值可以计算出来，见表 3.7。

表 3.7　针对英国标准负荷类型曲线的 24h 平均负荷值

负荷类型	最小值	最大值	平均值
居民用户	0.19	1	0.53
商业用户	0.18	1	0.51
工业用户	0.20	1	0.54
大型用户	0.65	1	0.84

为了完全准确地计算预期的电量损失，需要考虑一天中不同时间的故障以及故障持续时间（CAIDI）。例如，可以考虑居民用户在 6 点钟发生的故障，居民用户的日平均负荷曲线如图 3.22 所示。

从图 3.22 中可以看到，如果故障持续 2h，那么这段时间内的平均停电负荷约为 0.41kW，但是如果故障持续 12h，则平均负荷约为 0.6kW。因此很显然，预期的电量损失取决于故障发生时刻的负荷和故障的持续时间。

当然，通过选取故障开始时间和故障的持续时间所有可能的组合进而产生 24h 周期内的平均值，可以计算实际的电量损失。该值可以与其他计算方法得出的结果进行比较，看看哪些方法（如果有的话）给出了相近的结果。结果发现，如果取 24h 周期内的平均负荷并乘以 CAIDI，如表 3.7 中看到的，结果的差异非常小，所以在实际中可以忽略。由于 24h 周期内的平均负荷与负荷系数相同，可以使用负荷系数进行计算。

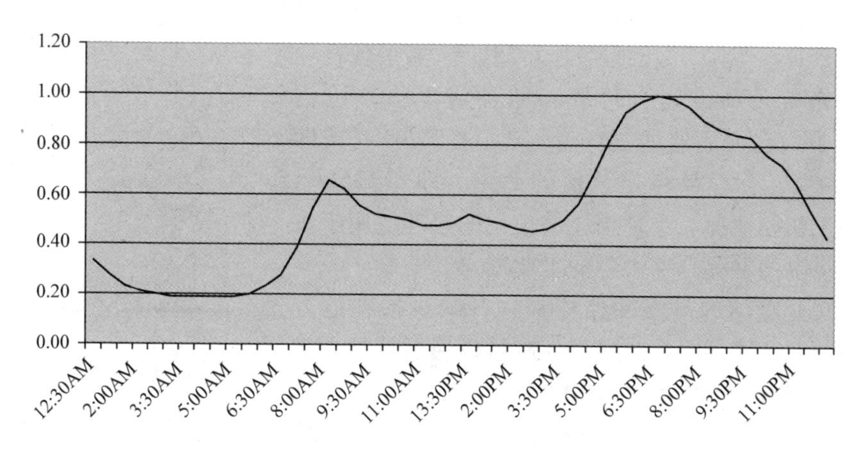

图 3.22　典型居民负荷的英国标准负荷曲线

2. 电气损耗

配电系统的损耗表示从供应商处购买的电力和出售给用户的电力之间的差额。损耗可以根据它们是技术性损耗（包括基于电阻的损耗和磁化损耗）还是非技术性损耗（来自未计量负荷的损耗，如变电站的环境控制和偷电）来进行分类。此外，许多电力公司对用于街道照明的电量按街区进行收费，而不是在每个供电点都设置一块电表。

- 铜（电阻性）耗适用于所有具有有限电阻的导体，由于负荷电流流过电阻而存在。它们与负荷电流的二次方成正比，并且受负荷电流每天和每年变化的影响。

- 磁化损耗（也称为铁耗）适用于变压器，代表磁芯运行时磁路的磁化。它们的值恒定，并且在变压器通电的整个时间内都存在。

如果负荷曲线已知，任意项目使用寿命期内电量总损耗的计算相对简单。但估计这些损耗的经济价值要更加困难，因为很难确定这么多年来的电价。不过，电力公司可以通过这种方式在购买变压器时比较不同变压器的损耗。

零技术性损耗是不可能实现的，尽管电力公司可以通过扩展控制系统监控所有的损耗来了解这些损耗发生在哪里。

配电网的设计允许它以许多不同的方式运行，例如，理论上常开联络开关（NOP）可以位于任意开关处，通过仔细选择 NOP 的位置，可以优化 NOP 每侧线路上的系统损耗。然而，由于负荷电流每天和每季度都会变化，损耗也会变化。通过扩展控制方案对负荷电流进行监控将允许电力公司改变 NOP 的位置，来匹配由负荷变化引起的损耗变化。

由于电阻损耗与电流的二次方成正比，因此在可能的情况下，线路应该平均分担负荷。图 3.23 中，T2 二次绕组中的电阻损耗与 I^2（或等于 kI^2，k 为损耗系数，

I为流过电流）成正比，而T1二次绕组中的电阻损耗为$2.25kI^2$。因此，总损耗为$3.25kI^2$。如果现在通过重新布置负荷或闭合母联断路器将电流均分为$1.25I$，则每台变压器的损耗将为$k(1.25I)^2$（或即$1.5625kI^2$），总损耗将是该值的2倍，即$3.125kI^2$，总是小于初始情况。这种损耗最小化的原理适用于多变压器供电的情况，如大型的工业用户。

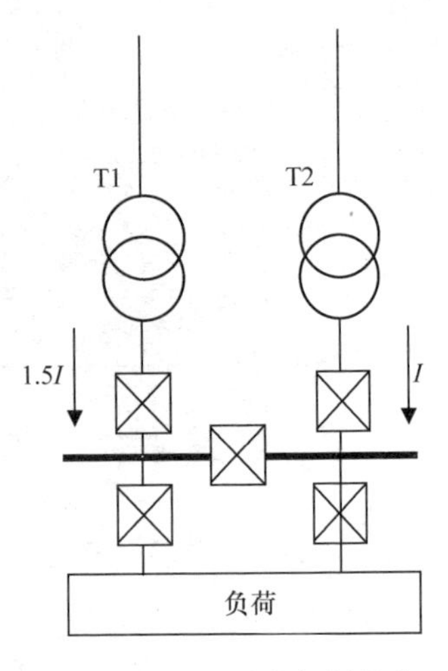

图3.23　变电站的损耗均衡

闭合变电站的母联断路器是一种减少损耗的方法，在母联断路器闭合时扩展控制可以通过这种方式促进变压器自动电压控制（AVC）的实施，可以适当考虑这种方法。如果两个变压器的AVC独立自动地运行，这种情况在变压器不并联时是可以的，那么当母联断路器闭合时分接头会有分离的趋势，即一台变压器分接头向上到达顶部，而另一台变压器分接头向下到达底部。这种分接头的不一致会产生很大的环流，从而导致母线过热和保护动作。虽然可以安排扩展控制/SCADA在分接头的位置差异多于一个或两个时发出警报，但是一般来说，对于变压器的并列运行而言独立的自动控制并不可行。不过，主从运行方式通常是可以的，因为只在主变压器上使用了一个AVC继电器，而AVC发起的任何分接头动作将使得第二台变压器的分接头自动跟随主变压器。

AVC的扩展控制可以用来选择使用哪种控制方案以及用来在控制室里直接控制分接头，以便于在MV电网的站间常开联络开关因某种原因闭合时，如作为预定的检修计划的一部分时，维持两台变电站之间的分接头平衡，从而防止在两台变电站之间产生过大的环流。

分接头的扩展控制也可以用于模拟变电站MV母线上的过电压（可能为6%），从而下调分接头进而减小变电站的负荷。如果电力公司需要，这种技术可以用来降负荷，这反过来又会影响损耗。

还可以通过MV系统电容器的扩展控制对损耗进行一定的控制，这将提高MV系统的功率因数，进而减少损耗。

3.2.12　英国和美国配电网的比较

美国的配电网被设计为四线重复接地系统运行。四线重复接地系统包括三相导线以及第四条中性线，中性线和相线一起在线路沿线多点接地。架空主馈线通常使用大型相导线（170～400mm ACSR），并且通过常开联络开关连接到一个或多个其他主配电线路。地下系统的结构变化多于架空系统，但主电缆的尺寸通常为每相255～510mm，由尺寸较小的独股线组成的同心中性线或金属带通常围绕着相导线。在每种电压等级下都有各种各样的电缆绝缘材料和厚度要求，安装成本也受所采用的地下结构类型（如混凝土管道、地下PVC管道、直埋）的很大影响。

英国的城市电网几乎总是在地下，尽管在城镇边缘有一些架空线并延伸到农村地区。按照典型英国标准构建的配电系统被设计为三线单接地系统，三线单接地系统不需要沿馈线布设中性导线，而是在电源变电站的某一点处接地。三相 MV 架空主馈线通常采用 75 ~ 90mm^2 的导线。地下系统使用尺寸稍大（如 185 或 240mm^2）的电缆，与美国系统一样有各种各样的电缆绝缘材料可供选择，这些材料对成本有着非常大的影响。此外，地下结构的类型对安装成本也有很大影响。

美国和英国一次系统之间不同的接地方式对运行和成本有很大影响。美国采用的四线重复接地线路可能会比按英国标准构建的类似架空线路具有更高的一次系统成本，因为需要沿线路布设中性线。此外，按照典型的美国标准构建的一次电压系统的中性线必须每隔一定的距离就通过接地棒接地，这可能会导致额外的成本差异。对于类似的结构类型，地下系统的差别不大，因为导线只占了总建造成本很小的一部分。

美国的一次电压系统是辐射状的，在正常运行情况下，功率从电源变电站流向负荷。三相主馈线的长度通常为 8 ~ 15 英里（约 13 ~ 24km），并沿着主要道路布设。三相和单相辐射状的分支搭接到主馈线上并且可以从主馈线处延伸几英里。一次系统尽可能是架空的，当需要在地下或者由第三方支付架空和地下系统间的成本差时，也可能是地下的。典型的电力公司惯例是 2 ~ 6 个常开联络开关接到其他线路上，以便维护和紧急事故切换。

英国典型的城市地下系统具有很多分支，每个分支终止于常开联络开关，以此为维护或故障提供可切换的备用电源。在少数特殊情况下也可以加装可切换的备用电源，特别是需要高可靠性供电的单个工业用户和医院，在这些地方，两条电缆从电源变电站母线的两侧分别供电。这要求带单元式保护的断路器，现在并不常见。

美国系统中采用的单相辐射状分支可以节约成本，因为只需要少量的一次电缆/导线。但节省的潜在成本被英国二次/低压系统更大范围的应用及必须要有接地和回流用的中性线所抵消（二次/低压系统如下所述）。地下结构比架空结构更贵，并且可能增加城市地区（倾向于使用更大比例的地下结构）英国式系统的初始成本。

美国的配电系统沿着主配电线路采用各种各样的开关（如基座式开关、线路开关、分段器等）和保护装置（如重合闸、熔断器、熔断开关等）。这些设备可以隔离故障线路，实现恢复供电以及用于维护和应急的切换。这些设备的详细讨论超出了本书的范畴，不过每一种设备都可以作为开断点以实现用户停电时间的最小化。变压器通常通过熔断器连接到一次系统，熔断器接到主线路上。线上开关以提供分段能力和开关灵活性的方式沿线路分布。

英国城市/郊区的配电系统倾向于使用含环网柜和低压配电柜的单元变电站，环网柜和低压配电柜都安装在中压/低压配电变压器上组成单个单元。环网柜提供了保护和开关功能，位于英国城市系统中几乎所有安装了变压器的地点。大多数配电变电站使用一个环网柜，包括用于变压器接线和保护的两个630A的环形开关和一个200A的T型接法分支。环形开关被设计用于故障关合（如350MVA）和切除负荷（如630A）。保护可以基于熔断器，也可以基于断路器；保护布置在所有相中，在一相断开时跳闸。环网柜开关完全联锁，以便以正确的顺序进行开关动作，例如除非相关联的环形开关断开，否则线路不能接地。过去的设计原则一直是在环网柜变电站之间安装T型接法变电站。这些T型接法变电站没有线路开关，只有一台本地变压器保护单元、一根T型接法接入环形主线路的电缆。

环网柜隔离了故障变压器（当二次网络相互交叉并由两个独立的变压器供电时，不会导致用户停电，就像在英国一些地区所做的那样），此外环网柜提供了很大的开关灵活性，因为开关位于变压器一次保护设备的两边（位于线上）。这种配置允许开关隔离故障线路或从变压器所连的任一电源恢复供电。最后，环网柜的自动化提供了比美式系统中单个开关的自动化更大的运行灵活性。

英国农村系统采用的开关设备包括电源继电器、重合闸和隔离开关，与美国几乎相同，只是英国的设备是三相联动设备。非联动的跌落式熔断器用于变压器和一些支线的本地保护；为了在雷击后快速恢复，有的电力公司不会熔断每台变压器的熔断器。农村电网上的开关设备一般不经联锁并在外部接地。

环网柜提供的开关灵活性允许通过开关动作来恢复所有用户的供电，从而允许在正常工作时间进行电缆或系统维修，进而大大节省了潜在的运行成本。美国的系统采用经过变压器的负荷分断回路弯头作为开断点，从而提供与环网柜类似的（但较慢）开关灵活性。

美国和英国式系统的用户变压器特性差别很大。美国式系统中，居民供电通常由连接到单相或三相支线的小型单相变压器（10～50kVA）提供，变压器通常为1～6个居民用户供电；大型三相变压器用于商业，并且通常变压器的容量需要经过设计来满足预期的负荷。美国电力公司通常备有大量柱上和基座式单相和三相变压器，典型的单相变压器容量包括10kVA、15kVA、25kVA、37.5kVA、50kVA和100kVA，典型的三相变压器容量包括150kVA、300kVA、500kVA、1000kVA、1500kVA、2000kVA和2500kVA。大多数情况下，用户变压器要么是柱上式的，要么是基座式的，在城市地区，变压器可能位于街道下面的地下室中。

英国的电力系统大多数场合下（居民和商业）都采用大型三相变压器，每台变压器为更多的用户供电，部分原因是采用了更高的二次电压。此外，居民和商业用户可以由相同的变压器供电，这在美国是不可能的，因为商业和居民用户所需的电压不同。英国系统中使用的大型变压器也具有用户负荷性质一致以及只需要安装较少的变压器的优点（即节约资本和维护成本）。另外，英国系统通常具有大得多的用户变压器容量标准（与美国变压器库存清单相比变压器容量等级的数目更少），这种标准化可以节省潜在的库存成本。典型的英国落地式变压器额定容量为300kVA、500kVA、750kVA和1000kVA，但根据IEC标准现在为315kVA、630kVA

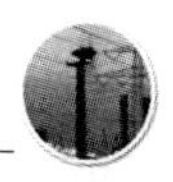

和800kVA。英国城市地区的用户变压器通常放在落地式配电变电站中，因此需要购买一片空地，通常为5m×4m。在城市中心地区，地价可能很高，因此用户变电站通常位于建筑物的地下室中。配电变电站通常由栅栏或建筑物部分或完全封闭起来。

将三相变压器接入三线制单接地系统与将单相变压器接入单相或双相支线在设备数量和困难程度方面存在着显著差异。这些差异不仅源自系统不同的电气特性，还源自不同的结构要求。在不需要三相电的情况下，单相变压器优于三相变压器，单相变压器更易于安装（在变压器一次侧需要两相或单相与中性点相连）。此外，单相变压器有更简单的磁芯和绕组设计，相比三相变压器成本更低。重复接地系统上使用的单相变压器可以只使用单个高压（MV）套管，并且可以采用较低的绝缘等级（BIL），从而进一步降低成本。

在应用中，单相变压器（如美式系统使用的）相对于三相变压器有显著的成本和劳动力优势。然而，单相变压器的优势在系统层面被抵消了，整个系统需要更多的小型单相变压器，而在英式系统中更高的二次电压允许更多用户接入单个变压器。

3.2.13　所选设计的安装成本

配电网的电气设计过程必须结合用于构建电网的组件的选择过程来进行。例如，闭环网络必须使用开关设备的单元保护式断路器，并且架空网络必须使用可连接到架空线的开关设备。因为系统总的资本成本是组件的资本成本和安装这些部件的费用之和，因此在整个设计过程中必须考虑安装成本。安装成本可能影响组件选择和整体设计的例子有

- 如果变压器可以分为多个组件（例如主绕组和冷却散热器），则会减少将大型变压器运到安装现场的费用，这是因为存在可以通过道路运输的最大重量限制。
- 由于同样的电缆盘上存储的单芯电缆比三芯电缆更长，如果使用单芯电缆，那么将多盘电缆连接成一根电缆所需的电缆接头数量更少。
- 开关柜和变压器上的电缆终端部分必须与连接开关或变压器的电缆类型相匹配。
- 变电站场地和建筑物的成本取决于选用的开关柜的尺寸，到了一定程度的话，用于紧凑开关柜的额外费用可能少于购买土地和土木作业节省的成本。
- 与变电站内的数字通信继电器一起使用的现代通信方式（如光纤）比变电站中传统的多核连接更便宜。另外，这类变电站的工厂测试可以减少现场调试和测试工作。
- 通常最好在工厂的受控环境中而非变电站施工现场将一些零件提前组装成组件。为此，一些电力公司采用了成套的变电站，这些变电站在运到现场前就已经在工厂制造完成了。

3.2.14 电网建成后的拥有成本

从关于损耗的章节中了解到，可以通过计算项目寿命周期内收益成本的现值来估计收益成本的价值。因此，应该考虑收益成本以及资本成本和安装成本，主要的收益成本包括（重要性与顺序无关）：

- 技术性和非技术性损耗的价值
- 日常切换计划中的人工成本，包括主要的维修和施工工作
- 电厂和设备的维护成本
- 非日常切换计划的人工成本，特别是故障后的切换
- 故障和第三方损坏后的维修成本
- 由于故障和其他计划外停电造成的缺供电量损失
- 供电性能低于要求限值的罚款，有时支付给用户，有时支付给政府主管部门
- 在供电质量不可接受的情况下，不再为脱离电力公司的用户供电的缺供电量成本。当考虑所有3个成本时，可以得出寿命周期成本为

寿命周期成本 = 资本成本 + 安装成本 + 收益成本的现值

然后，可以将寿命周期成本最小化来提供总体上最经济的解决方案，而且还可以研究自动化程度影响寿命周期成本的方式。将在后面章节讲到，自动化程度会影响上述收益成本。

3.3 低压配电网

对于许多用户来说，低压（LV）配电网是供电链中的最后一环，因为它连接了配电变电站和用户。因大多数用户停电是由中压（MV）网络引起的，电力公司一直倾向于首先检查MV网络，但现在已经认识到LV网络的扩展控制可带来收益。与MV网络一样，LV网络可以是地下的、架空的或混合的。然而，MV网络中电缆或架空线的路径并不总是关键，因为它们的功能仅仅是变电站之间的互连，LV线路通常沿着连接的用户所在的街道布设。

取决于需要供电的负荷，LV配电网可以是单相或三相的。如果有单相负荷（通常高达10kVA），必须有一条中性回流导线，通常将配电变压器二次绕组的某点接地来提供。用户可以通过不同于中性线的单独导线（单独的中性线和接地线，或SNE）或一条导线（合二为一的中性线和接地线，或CNE）来接地。因此，三相低压电网通常是四线制（CNE系统）或五线制的（SNE系统）。

3.3.1 地下低压配电网

地下网络通常连接到三相落地式配电变压器，其额定值通常在300～1000kVA之间，并给多达500个用户供电。典型的电网结构如图3.24所示。

图3.24显示了一个LV地下电缆环网，该环网为两个落地式配电变电站供电，每个变电站配有一个环网柜，一个变电站配有一面四路LV配电板，另一个配有一面双路LV配电板。

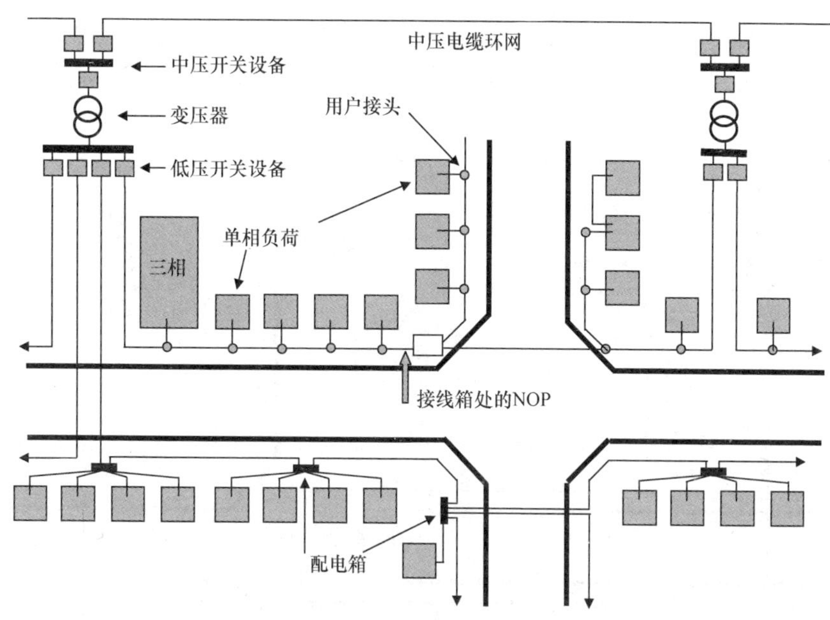

图 3.24　典型的地下 LV 电网（欧洲的惯例）

LV 系统的顶部显示了一个系统，其用户电缆连接到 LV 配电柜以连接各负荷。可以看到，右侧变电站附近的一个负荷通过环路连接下一个负荷。图中还标出了地下接线箱，其中一组接线作为两个变电站之间的常开联络点保持打开状态。

图 3.24 的下部显示了路面安装的小型配电箱将每个负荷连接到了配电柜。虽然在图中未画出，但每个配电箱中都可能包含一个常开联络点。

3.3.2　架空低压配电网

架空网络通常连接到柱上配电变压器，其额定值通常在 50～100kVA 之间，每个变压器为 10～30 个用户供电。图 3.25 显示了架空低压配电网的一些连接方式。

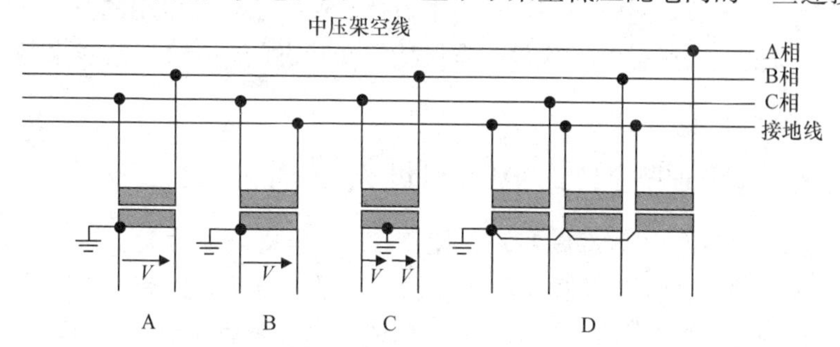

图 3.25　配电变压器的接地方式

这种类型的变电站在欧洲的农村网络和美国的城市架空网络中很常见，它通过辐射状电网为用户供电，通常不与相邻的网络进行互联。典型的网络如图 3.26 所示。

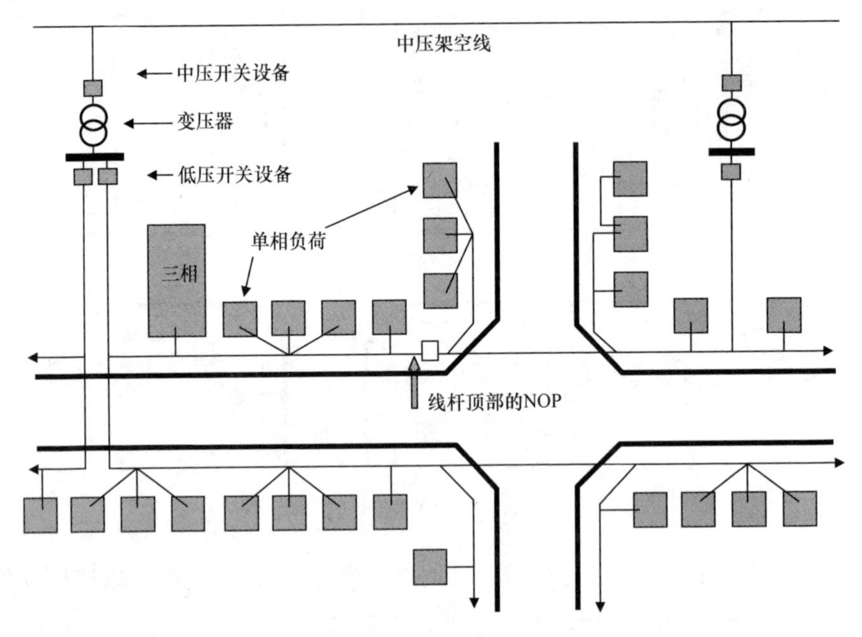

图 3.26　典型的架空低压网络（欧洲和美国的惯例）

图 3.26 显示了一种 MV 架空环网，该环网为两个柱上配电变电站供电，每个变电站配有本地中压开关设备，一个变电站装有双路 LV 配电板，另一个配有单路 LV 配电板。

该图显示出靠近右侧变电站的一条架空线连接到了 LV 架空配电柜以连接各负荷，可以看出一个负荷通过环路连接下个负荷。接入三相配电柜的供电线路通常为三个单相负荷供电。通过电杆顶部一直保持打开状态的一组 LV 断线来制造两个变电站间的常开联络点。

3.4　低压网络和配电变电站的开关设备

变压器的 MV 和 LV 侧都需要开关设备。MV 开关设备为变压器提供保护和断开功能，LV 开关设备为变压器提供过载保护以及断开变压器和 LV 网络之间连接的功能。对于落地式变电站，如果动作仅影响一台变压器的话，MV 开关设备通常是变电站自身内部的落地式开关熔断器或断路器。对于柱上变电站，开关设备可以是安装在变电站处的跌落式熔断器，它在动作时仅影响一台变压器；也可以位于远程站点来控制几台变电站。后一种情况的动作将影响所有的下游变电站。MV 开关设备将在第 4 章中进行讨论。

配电变电站的 LV 开关设备可分为基于熔断器和基于断路器的开关设备，每类设备具有以下优点，见表 3.8。

表 3.8　LV 应用中熔断器和断路器的比较

参数	基于熔断器	基于断路器
限流动作	有	无
故障动作后	更换新元件	闭合断路器
触头的预期寿命	在熔断器熔断后更换时重新计算	取决于故障级别，但在全故障级别下可能会限制动作次数。如果超过此次数，会有风险
预期的故障电流	通常高达 80kA	可以达到 80kA，但取决于所选的断路器设计
通过扩展控制进行打开和闭合的能力	只有结合开关熔断器时可以	通常采用电动执行机构
远程动作指示	适用于某些类型的熔断器元件	通常适用于断路器的辅助触头

图 3.27 是相同范畴的元件组成的两个不同的 LV 配电箱。左侧配电箱有一条来自母线（这里不可见）中心的变压器进线和 6 条 400A 的熔断式隔离开关出线，而右侧配电箱只有两个熔断式隔离开关出线，每个开关的额定电流为 160A。如图所示，这种特殊的系统可以安装在落地式变电站的机柜中或墙面上。对于落地式安装来说，可以将整个 LV 配电箱直接安装到配电变压器上，从而简化安装过程。这里展示的熔断式隔离开关采用广泛使用的 IEC/DIN 型熔断器 NH。与其他许多产品一样，如果这种 LV 开关设备安装在替代熔断式隔离开关的特殊转接板上，那么这种 LV 开关可以使用断路器。

a) 落地式

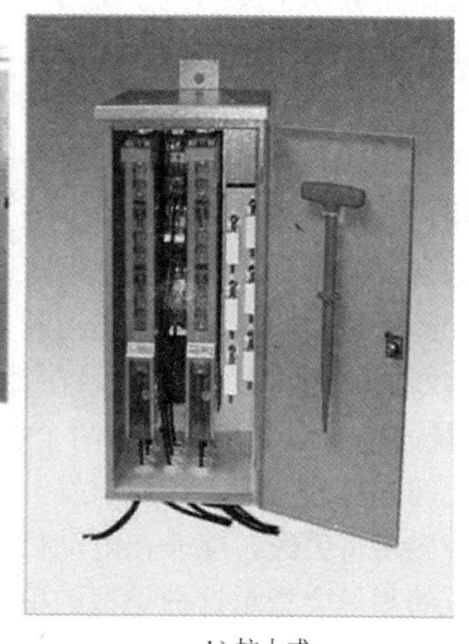

b) 柱上式

图 3.27　用于落地式和柱上式变电站的 Fastline 型 LV 配电箱（由 ABB 提供）

3.5 低压网络和配电变电站的扩展控制

一直以来，对LV配电开关设备的控制和监测非常少，因为电力公司一直集中力量改进MV网络的性能，如果像美国那样LV网络只为很少的用户供电，那么对LV网络进行控制几乎没有什么实际价值。不过，在LV电网较大的情况下，对LV开关设备进行某种形式的控制可能是有利的，并通常作为MV开关设备控制的辅助。LV网络可能需要以下控制功能：

（1）开关设备的远程操作。开关设备的远程操作用来控制负荷或者跳闸后重合闸，需要开关设备上有某种形式的电动执行机构。远程操作通常适用于断路器，但不适用于隔离开关。在配电变电站的RTU处，每个开关设备的远程操作需要两个数字输出通道（一个用于合闸操作，一个用于分闸操作）。

（2）开关设备的远程指示。开关设备的远程指示可以监测开关设备的状态。对于配有一组辅助触头的断路器，这没有问题，但是熔断器的远程指示可能更困难。这是因为熔断器可以具有两种不同类型的本地指示：一种是使用可视化的指示器，如在熔断器内部的圆盘，如果熔断器断裂则圆盘改变颜色；另一种是使用外部指示器的本地指示，如当熔断器断裂时可以移动2～3mm的长杆。在后一种情况下，可以为熔断器配备小型微动开关来提供辅助指示，并在开关设备通过电动装置跳闸时打开开关的其他极。不过，可以测量熔断器两侧的电压，通过电压差来显示熔断器已断裂。该方法可以采用变电站RTU的模拟输入，也可以采用集成设备的形式，就像ABB的OFM熔断器监视器那样。熔断器已断裂的指示可以馈送到变电站RTU上的数字输入中，或者据此进行全相跳闸。熔断器的远程指示只是需要一个到变电站RTU的数字输入通道，而如果用户想用“不相信”指示来显示断路器没有正确断开或闭合的话，而断路器则需要两个数字输入通道。

（3）LV系统的电压测量。LV配电系统扩展控制的进一步应用是用变电站RTU的模拟输入来测量LV系统电压。模拟输入的数量可以根据用户需求而变化，一些用户通常只测量母线电压，而其他用户可能想测量更多。

如果要测量三个相间或相电压，还可以得出另一个有趣的应用。假设变电站中压侧上的保护由非联动的三个熔断器组成，也就是说，如果一个熔断器断开，另外两个熔断器不断开，除非它们在足够的电流下各自独立地断开。在这种情况下，LV系统的电压会变得异常，两个相电压变为其额定值的1/2，这可能损坏相与中性点之间连接的负荷，进而引发针对电力公司的索赔。此外，在三相电动机中建立的旋转磁场将丢失，除非在电动机处提供断相保护，否则电动机可能损坏。因为三相电压的测量会指示这种类型的单熔断器断开，所以可以使电力公司意识到问题并进行校正。

（4）LV配电系统的自动切换。另一个选择是应用基于断路器的LV配电开关，以此向需要高供电可靠性的用户提供可切换的备用电源。在这种情况下，在用户负

荷点采用两条LV线路，一个通过常开断路器保持常开状态，如果另一个电源由于某些原因失效，则可以通过打开该电源的断路器并闭合常开断路器恢复用户的供电。

3.6　总结

本章描述了配电系统最重要的设计特征，主要是与扩展控制相互作用的特性，现在可以使用这些内容来更详细地考虑扩展控制的应用。

参考文献

1. Lakervi, E. and Holmes, E.J., Electric Distribution Network Design, in *IEE Power Engineering Series*, London: Peter Peregrinus Ltd., 1989.
2. Willis, H.L., *Distribution Planning Reference Book*.
3. Uwaifo, S.O., *Electric Power Distribution Planning and Development, The Nigerian Experience*, Lagos State, Nigeria: Hanon Publishers Limited, 1998.

第4章

配电系统的硬件

配电系统由一次设备和二次设备组成，一次设备用于传输电能，二次设备用于对一次设备的保护与控制，一、二次设备的结合产生了第一章所讲到的自动化就绪设备。本章将从一次开关开始更加详细地介绍一、二次设备的选择。

4.1 开关设备简介

开关设备是一个通用术语，包括开关设备以及这种带相关互联和附件的开关设备组合。通常在配电系统中使用的开关设备有以下几种：

（1）断路器。是一种能够关合、承载和开断正常回路条件下的电流、并在规定的时间内关合、承载和开断特定异常回路条件下（如短路）的电流的开关设备。

（2）开关。是一种能够关合、承载和开断特定过负荷运行条件下的电流，并在规定的时间内承载特定异常回路条件下（如短路）的电流的设备。因此，开关并不用于开断故障电流，虽然开关通常有一定的故障关合能力。

（3）带熔断器开关。是一种开关，开关中一个组合单元中的一极或多极之间串联一个熔断器，因此，正常电流由开关进行开断，而大的故障电流由熔断器的熔断进行开断。一个熔断器的熔断经过设置可以实现三相开关的跳闸，从而确保三相负荷的分断。

（4）重合器。是装有继电器的断路器，可以实现多种模式的跳闸和重合。重合器通常装在架空线路上。

（5）隔离开关。是一种机械开关装置，可以在打开位置提供一定的隔离距离。当开断或关合的电流可以被忽略时，隔离开关可以用于开断或闭合电路。需要注意的是，隔离开关在开断容性电流时是不可靠的，即使小于1A的容性电流也可能对一些型号的隔离开关造成损坏。尽管隔离开关能够承载正常的负荷电流，也能在规定的时间内承载异常条件下的电流（如短路），但隔离开关不能关合和开断短路电流。

自动分段器是为了能在重合闸的无电流时间内动作而装有继电器或其他智能装置的隔离开关。

负荷隔离开关是隔离开关和开关的组合，它有两个主要用途：切断某一工作点

的电源并在工作点创建一个安全的工作环境。

一次开关设备的工作任务根据以下方面来确定：①电流开断能力；②电流关合能力；③额定电流；④动作时间；⑤电压等级。表4.1对此进行了总结。

表4.1　开关设备的类型、能力和动作时间

类型	开断故障电流	关合故障电流	开断额定电流	关合额定电流	动作时间
断路器	√	√	√	√	单次开断，快速
带熔断器开关	√	√	√	√	
重合器	√	√	√	√	多次开断、快速
开关		√	√	√	
隔离开关					慢，无负荷开断时
自动分段器			√	√	快速
负荷隔离开关		√	√	√	

在非自动化（远程控制）系统中，断路器、重合闸和自动分段器都有集成的执行机构，执行机构由一个适当的二次装置操作，而其余的开关设备都是人工操作的。二次装置有以下形式：①断路器和重合闸等故障分断设备的保护继电器；②用于自动分段器脉冲计数的简易智能电子装置。这些具有各种功能和输入/输出能力的装置与一次开关设备集成在一起，提供了用于自动化的通信接口和逻辑，从而成为自动化就绪设备。

熄弧方法

一次设备取决于熄弧方法，电流越大，对高效熄弧方法的依赖性越强。早期在绝缘油或空气中熄弧的断流方法被用在带特殊灭弧室的低压场合，以此将电弧拉长到超过导电距离并将电压保持在特定水平。安装会占据大量空间，空间成本越来越高，所以从减少绝缘油开始采用新的熄弧方法。在这种情况下，电弧被限制在一个小空间内，电弧形成时通过一系列隔板建立灭弧压力来实现灭弧。由于潜在的火灾隐患、高昂的维护成本和操作开关时所需的大量电能，绝缘油很快失宠[1]。目前开关主要使用3种基本的灭弧方法：

（1）空气灭弧。空气断路器，尽管工作电压高达15kV，但通常都已经被少油断路器所取代，后者又被六氟化硫（SF_6）断路器取代。空气断路器在电流过零时熄弧，通过产生高于电源电压的电弧电压来保证触头间隙可以承受系统恢复电压。这是通过迫使电弧穿过有很多路径的灭弧槽进而影响等离子体的冷却和拉长电弧来实现的。最简单的空气灭弧装置不贵，仅限于在无负荷的地方用于电流分断工作，如室内开关柜和室外柱上设备的隔离开关。操作是手动的，但是当动作速度不重要时也可以进行电动操作。

（2）六氟化硫灭弧。SF_6既作为灭弧介质，又作为绝缘介质。它已被证明可以很有效地减小室内金属开关柜的占地面积并得到了广泛应用。作为一种灭弧介质，

SF_6 又使得更小型的断路器被制造出来。作为灭弧和绝缘的首选介质，SF_6 环网柜（RMU）现在已经取代了油开关。

在室外应用中，它已经被用于能在所有极端天气下进行操作的高可靠性封闭式柱上开关，并且很少需要维护。大多数设计中，开关打开时触头之间的距离足以提供一个公认的断开点，在过去这只能通过空气开关才能实现。

如图 4.1 所示，SF_6 灭弧室必须密封并且无污染。任何泄漏都必须被检测到，因为气压的下降会降低灭弧能力。由于 SF_6 是一种温室气体，其电弧副产物是致癌的，所以尽管泄漏的可能性很小，但这仍然是环保组织所关心的问题。在一些电力公司的供电区域，由于环境原因，不允许有户外 SF_6 开关柜。

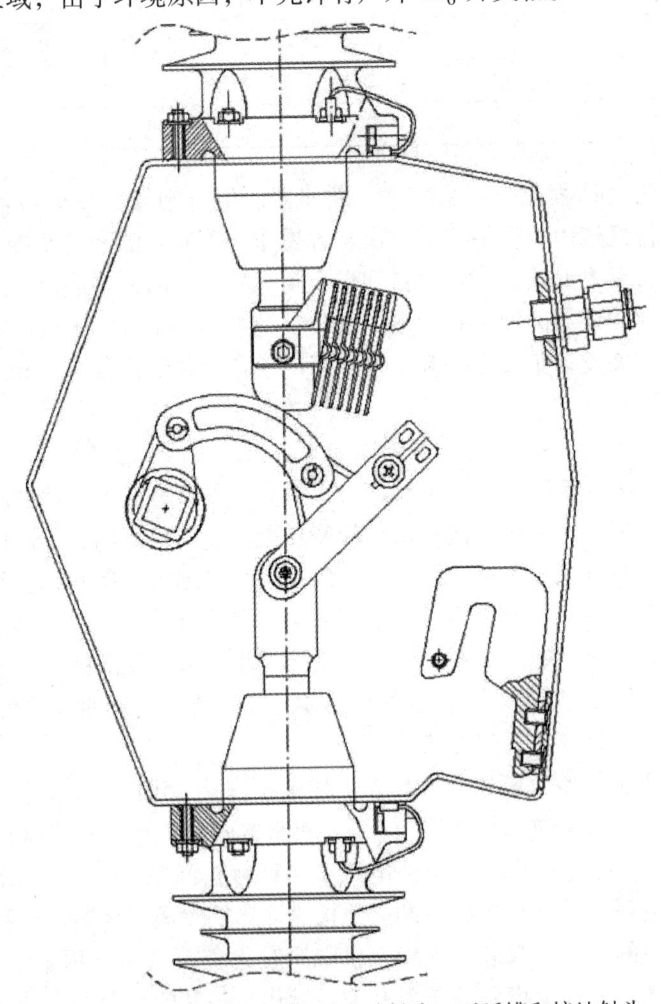

图 4.1　密封的三工位 SF_6 开关横截图（显示有动触头、灭弧槽和接地触头，由 ABB 提供）

（3）真空灭弧。自 20 世纪 50 年代末以来，真空断路器一直在商业中使用。真空断路器最显著的优点是极高的开关速度、几乎免维护和长使用寿命。今天，高

性价比的真空断路器涵盖了600V～38kV的应用范围，可以开断数百安到80kA的电流。真空断路器由于其更长的机械寿命和最小的机械磨损，具有最高的可靠性。密封触头不会降低绝缘介质的介电性能。图4.2显示了一个典型的真空断路器的示意图，真空断路器有时被称为真空瓶。两个断流触头安装在真空密封的外壳中，外壳通常由陶瓷或玻璃制成。根据额定电压，外壳可以由1个或2个陶瓷圆筒（⑥）组成。弹性金属波纹管（⑨）提供动导电杆（②）在真空内做机械运动的路径。

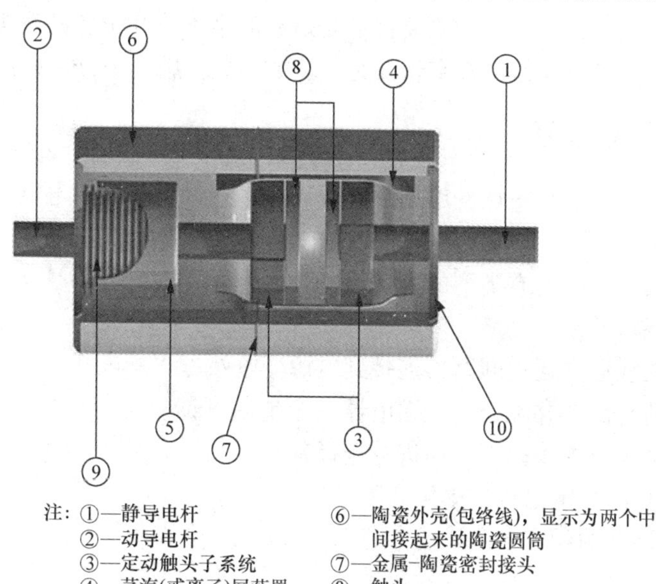

注：①—静导电杆
②—动导电杆
③—定动触头子系统
④—蒸汽(或离子)屏蔽罩
⑤—波纹管保护壳
⑥—陶瓷外壳(包络线)，显示为两个中间接起来的陶瓷圆筒
⑦—金属-陶瓷密封接头
⑧—触头
⑨—金属波纹管
⑩—金属静端盖板

图4.2 典型的真空断路器

触头被不锈钢、铜或铁镍制成的屏蔽罩（④）包围以保护陶瓷内部免受电弧金属蒸气的影响，并保持开关两端之间的介电质完整性。两个陶瓷圆筒（⑥）之间的密封接头金属环（⑦）用作密封件和对屏蔽罩（④）的支撑。触头通常由两个组件构成：铜元件（③）提供控制电弧的机械强度和工具；特殊的无氧高导电性（OFHC）铜用来制造真空断路器。为了实现更高的开断电流等级，触头子系统（③）可以具有特殊的几何形状，以此在灭弧阶段产生磁场来控制电弧，并在电流过零时协助灭弧。触头（⑧）表面由一些特别设计的材料制成，如CuCr（铜铬）、CuBi（铜铋）或AgWC（银碳化钨），以优化开关性能、触头寿命和开断等级等。

在闭合时，电流在动静触头之间自由流动，当在电流下动触头与静触头分开时，会产生电弧，电弧从触头表面蒸发出少量的金属。通常，电弧电压仅有几伏，与电流大小无关。因此，电弧的能量非常小（电弧电压、电弧电流和时间的乘积），这使得真空断路器结构紧凑并具有较长的使用寿命。当电源频率的电流趋于零时，电弧产物（等离子）由于周围的真空迅速扩散。触头间介电强度的恢复非常快，典型的断路器在几微秒内恢复其全部介电强度。同样重要的是，在大多数情况下，即使触头在电流为零的瞬间还没有完全打开，电流也可以在真空中被断开，对于小于1mm 的部分间隙，也能断开电流。这使得真空断路器成为一种快速装置，灭弧时间只受机械驱动的限制。由于触头很轻，真空断路器所需要的机械驱动能量比其他开关要低。真空断路器触头的短行程、运动部件的低惯量和小功率要求很适合应用磁力驱动装置。

综上所述，真空灭弧技术的主要优点是最小的维护量和很长的触头寿命，超过了10000 次机械或负荷动作。真空现在是大多数 MV 应用中的首选灭弧技术。

4.2 一次开关设备

一次开关设备部署在一次变电站（HV/MV），在这里二次输电电压转换为配电变电站（MV/LV）⊖和架空线路的 MV 配电电压。本节涵盖了应用于变电站和地下电缆网络及与其相关的所有类型的开关设备及集合。

4.2.1 变电站断路器

中压配电馈线通常通过断路器连接到电源变电站母线。该断路器的主要目的是长时间承载负荷电流，并配合保护继电器安全地断开馈线上可能发生的任何故障。变电站断路器至少应根据以下方面进行选择：

- 连续运行的额定电流，单位 A
- 短时间运行的额定电流，通常为 1s 或 3s，单位 A
- 峰值关合电流，单位 kA
- 开断电流，单位 kA
- 对地和开关断开时的工频耐受电压，单位 kV
- 对地和开关断开时的雷电冲击耐受电压，单位 kV

图 4. 3a 中，两条 115kV 架空进线的末端分别连接一台 115/20kV 变压器。每台变压器的二次侧通过断路器与母线相连，以此为配电馈线供电并将母线分成两个部分。这种布置可以通过类似图 4. 3b 所示的配电柜来实现。

断路器也可以限制停电范围。例如，图 4. 3 中馈线出线上的故障将被馈线断路器清除，从而将故障限制在故障馈线上。如果没有馈线断路器，变压器断路器就必须清除故障，但它也会切断对正常馈线上用户的供电。同样，右侧母线上发生的故障将由右侧的变压器断路器和母线分段断路器来清除，因此不会造成左侧母线的停电。

当发生故障时，断路器不会自己跳开，但可以布置合适的保护继电器来检测故障并启动断路器的自动跳闸。地下馈线断路器发现的故障通常是过流和接地故障，这些故障可以通过架空馈线的灵敏型接地故障进行补充。有的监管机构允许电力公

⊖ 用于描述配电网络的术语在欧洲和北美系统中各不相同。在北美，对应于欧洲的变电站序列被称为配电变电站（HV/MV）、配电变压器（MV/LV）。欧洲的配电变电站则不然。

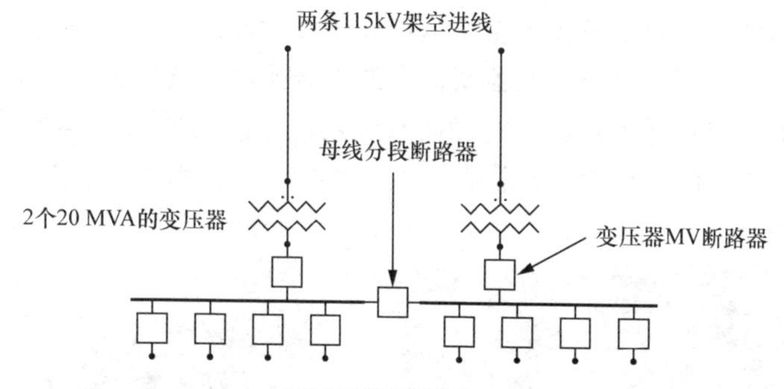

a) 典型的HV/MV变电站

b) 典型的MV配电柜

图 4.3　典型的变电站和 MV 配电柜

司的 MV 电网不接地或通过消弧线圈接地，这种情况下接地故障保护将被方向性接地故障保护所取代㊀。保护继电器过去是独立元件，每项功能都有一个继电器，但是现在数字继电器通过编程可以适应大多数（如果不是全部）所需的功能。无论是在断路器的就地位置还是在使用 SCADA 的远程站点，断路器也都可以通过人工启动进行跳闸。

过去，断路器通常采用多油的设计，这种多油断路器需要在一定的年限或一定的故障清除次数之后进行维护，因此需要从电力系统中断开。许多断路器都设计安装在可以从供电位置移动到断开位置的轮式小车上，图 4.4 显示了一台可以向下拉动然后水平拉出来断开连接的小车。手车有一些操作优点，特别是可以容易更换故障断路器，并且可以使用整套的开关设备很容易地实现送出线路的接地。

在 20 世纪 70 年代，考虑到断路器本身相对昂贵，为了使真空断路器的价格具

㊀ 见第 5 章，保护与控制。

有竞争力，制造商开始寻求开关设备的其他经济性设计，其中之一就是引入非隔离式真空断路器。这是因为真空断路器所需要的维修比油断路器更少，但是固定式真空断路器不具备抽出式断路器具有的隔离开关功能，故需要一个单独的隔离开关。另外，对制造商声称的真空瓶寿命存在一些不信任，这导致了基于非油开关的隔离型设备的短暂回归。

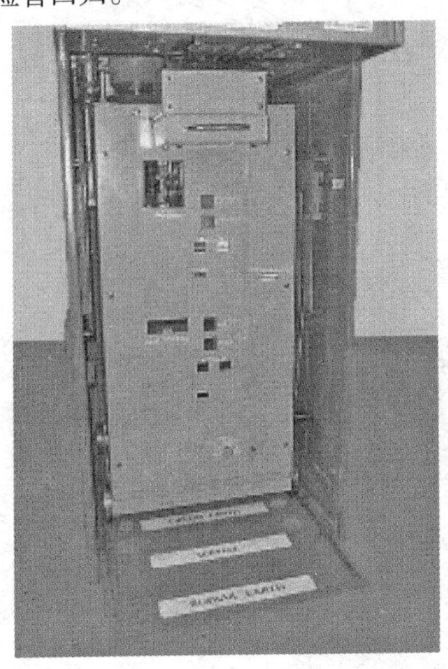

图 4.4　手车上的改进型真空断路器

现在大多数制造商都提供一次变电站的非隔离式开关设备，典型例子如图 4.5 所示。

近年来，MV 开关设备已经可以承受因设备内部绝缘失效造成的内部电弧。大多数设计都使用了压力释放系统，由此内部电弧导致的爆炸性超高气压通过某种形式的通风设备安全地排放到外部。尽管已被证明运作良好，但这通常意味着变电站建筑必须包含减压系统。

对于配电变电站，测试表明，使用吊装的一体式玻璃钢（GRP）屋顶可以有效地排放内部的电弧产物。因为在变电站的墙壁和屋顶之间的连接处通风，所以高度足以消除附近人员的风险。

图 4.5　现代一次变电站开关设备

控制压力释放的替代方法是防止内部电弧发展到高于初始放电电压。与限流熔断器在第一个电流峰值之前的工作方式大致相同，可以通过在很短的时间内将导线与地短路来消除导线与地之间的电弧故障。使导线短路会降低故障相电压，从而熄灭电弧，并进行常规保护的跳闸。虽然保护可能需要大约100m的距离来进行操作，但小型真空断路器可以作为消弧器消除大约5m长的电弧。

为了获得快速的动作速度，灭弧器必须由开关设备内检测电弧光的光学传感器来进行控制。如果开关柜透光，那么传感器应与电流互感器（CT）联锁，以此来确认在灭弧器动作前有故障电流。如果没有这种预防措施，相机闪光灯可能会使整个变电站跳闸。

存在许多种开关设备的设计，其中现有的隔离式油断路器和小车可以更换为由真空或SF_6断路器组成的类似小车。

4.2.2　变电站隔离开关

在需要安全的工作条件时电力系统中用到了隔离开关。根据物理结构，隔离开关还可以提供开关、变压器或线路之类的设备与系统断开连接的可视化指示。

如图4.6所示，一次变电站可以在变压器的输入侧安装开关设备。开关设备可以是断路器或者隔离开关，这取决于保护的要求。一些电力公司不使用开关设备，而是将电缆或架空进线直接连接到变压器。这类隔离开关可以是单断口型、双断口型、垂直断口型或受电弓型。

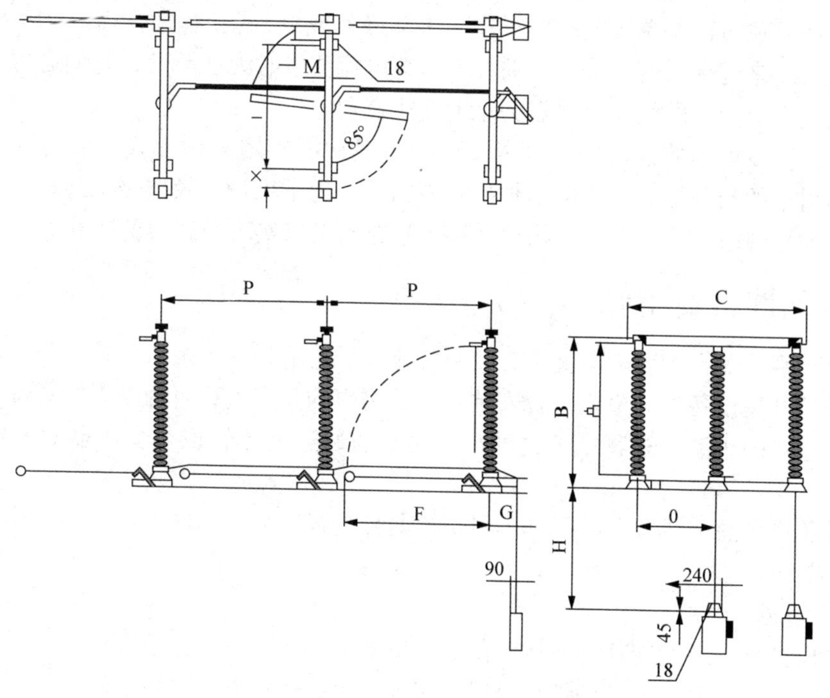

图4.6　带接地开关的三柱水平旋转式隔离开关

图 4.6　带接地开关的三柱水平旋转式隔离开关（续）

隔离开关可以是单极或双极操作、手动操作或电机驱动，而由 SCADA 控制的隔离开关越来越受欢迎。隔离开关在有负荷电流流过时无法断开，它们通常可以关合到充电电流很小的线路上或者为小型变压器通电。

在一次变电站的输出侧（通常 20kV），通常需要用某种形式的隔离开关，就像之前讨论的断路器。对于完全抽出式断路器，为了维护以及线路主接地后立即在连接的 MV 网络上安全工作，物理性移走断路器足以实现断路器的断开。

4.3　落地式变电站

该类别涵盖了 MV 电网上所有类型落地式变电站和开关站的开关设备。这些变电站中的开关设备作为室内装置安装在建筑物内的基座上或者为全天候紧凑型变电站特殊建造的小型建筑物中，这种小型建筑物通过整体管道与变压器紧密耦合在一起。

开关设备总成具有可扩展和不可扩展两种配置，最简单的不可扩展配置为环网柜（RMU）。

4.3.1　环网柜

供电链上最后的变换环节通常是通过地面或柱上配电变电站进行的中压到低压的变换。来自一次变电站的馈线可以连接若干落地式配电变电站或若干柱上配电变电站，亦或二者相结合，馈线可以设计为完全的辐射状或开环。

无论哪种情况，落地式变压器都需要通过保护装置（通常是断路器或开关熔断器）连接到馈线（见图4.7）。现在，如果馈线发生故障，电源断路器将跳闸，故障馈线和馈线上连接的所有负荷都会断开。如果故障的位置已知，那么，如果馈线上有多个分段开关，就可以断开故障区段而恢复正常区段的供电。在辐射状馈线上，任何故障区段下游的负荷都不能恢复供电，但在开环馈线上，任何故障区段外的负荷可以通过常开联络点处的备用电源恢复供电。因此在配电站处，馈线的分段开关可以添加到本地变压器保护中，形成三路切换系统。这通常称作环网柜，因为环网是开环馈线的另一个术语。

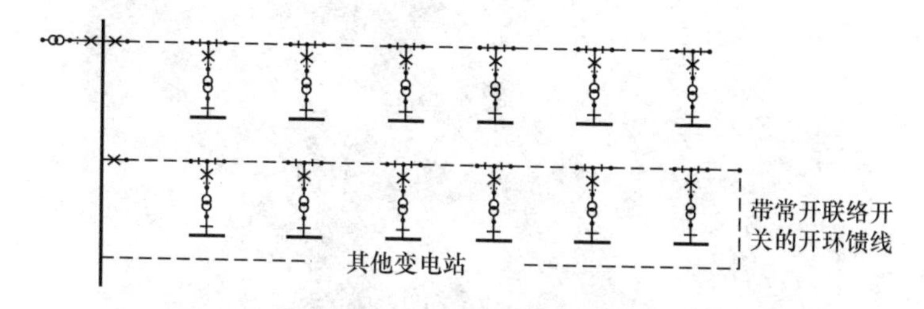

图4.7 地下配电网络设计

图4.8所示的特定环网柜编码为CCF，因为作为一个3路单元，它包括3个开关装置：

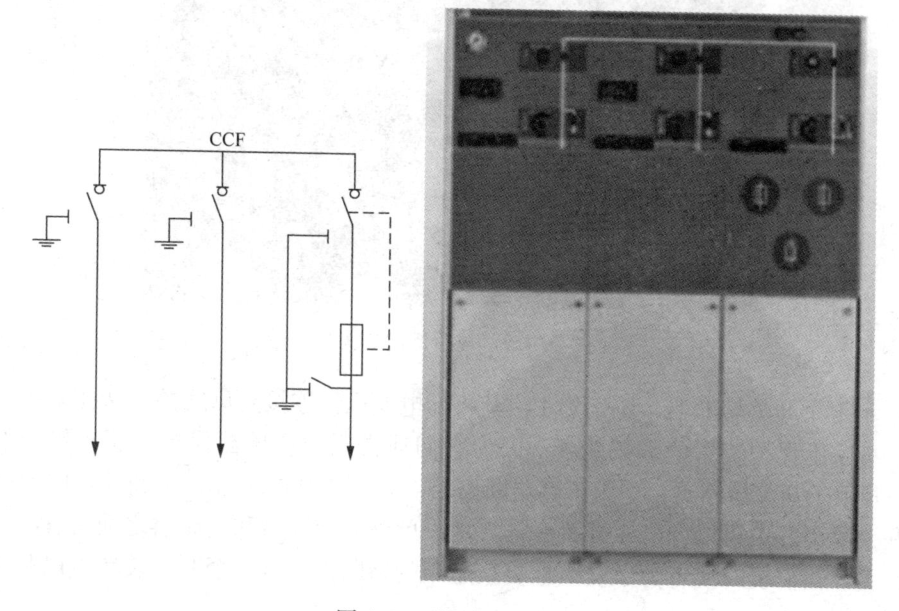

图4.8 环网柜型CCF

• 2个电缆开关，编码为C，每个开关有3个操作位置。正常工作位置通常称为“闭合”或“接通”或“1”，在该位置电缆连接到母线上。下一个位置通常称为“打开”或“断开”或“0”，在该位置电缆没有连接任何导线，而且如果开关内含有隔离开关，则电缆与所有带电导线断开。最后的位置通常称为“已接地”或“接地”，在该位置电缆连接到地，在电缆上进行作业前通常需要将电缆接地。图 4.9 中的两个电缆开关都显示在“打开”位置。

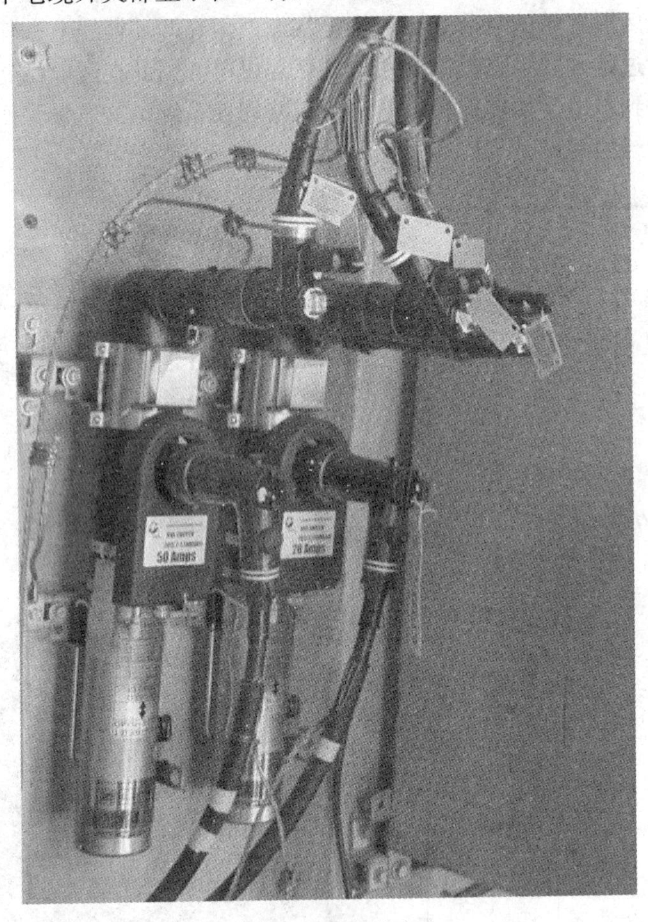

图 4.9　可拆卸的弯头

• 1 个开关熔断器，编码为 F，其将配电变压器连接到母线并为变压器提供保护。事实上保护装置的编码为 T，因为它们通常用于变压器保护。还有更细的分类，F 用于开关熔断器；V 用于真空断路器。在图 4.9 的顶部，熔断器与隔离开关串联，隔离开关可以像电缆开关一样接地。此外，熔断器和变压器之间还有一个接地开关。当需要时或者为了安全地更换熔断的熔断器，这两个开关装置可以断开变压器。

环网柜也可以用断路器代替开关熔断器，用于变压器的 T 型接法。通常，这种断路器的额定电流为 200A，对变压器或直接连接的负荷而言已经足够大。有的网络设计工程师要求三路环网柜配备 1 个 630A 的断路器用作中压电缆环网的一部

分，但这对200A的断路器而言是不可能的。这种情况下需要的是1个三面板的环网柜型CFV，该环网柜有1个电缆开关（用于进线）、1个用于本地变压器保护的开关熔断器和1个630A的出线断路器。

分段开关通常是带电操作的，故障关合和负荷分断开关由一个同时操动全部三相的公共机构来驱动。但情况并非总是如此，如许多电力公司采用负荷分断弯头实现隔离开关的功能。

大多数现代的中压开关设备在电缆连接区域使用标准的套管。一些用户使用热收缩或类似的连接方式将MV电缆连接到套管上，一旦连接就不能在非大修的情况下将其分解。但是，其他用户使用定制的弯头将MV电缆连接到套管上，在一定情况下则可以断开它。图4.9显示了一个典型的弯头。

该弯头是一个负荷分断弯头，也就是说，它可以用来关合和分断小电流。但是，许多弯头是不可带电插拔的，这意味着只有当套管和弯头与所有电源断开时弯头才能与套管连接或断开。

重要的一点是，如果设计得当，可拆卸弯头可以为运行人员提供与更常规的隔离开关相同的功能。事实上，可拆卸弯头可以被描述为一种单相手动操作的慢隔离开关。

标准套管的主要优点是它允许产品互换。通用的标准是IEEE 386－1995，上面的弯头就是按照上面的标准构建的并要求600A的额定负荷。另一项通用标准是IEEE 386－1986，它适用于200A不可带电插拔的弯头。IEEE 386－1995也适用于200A的负荷分断弯头，这种弯头可用来在线投切高达200A的负荷。

4.3.2 基座式开关设备

北美地下系统中使用的基座式设备是采用了可拆卸弯头的环网柜，可拆卸弯头可以是不可带电插拔型的，也可以是负荷分断型的。最简单的环网柜可能包括两组三相不可带电插拔弯头，一组连接电缆进线，一组连接电缆出线。图4.10显示了一个典型的现代化单元，包括一个室外使用的钢制机柜，该机柜包含中压母线和连接本地配电变压器的接线。

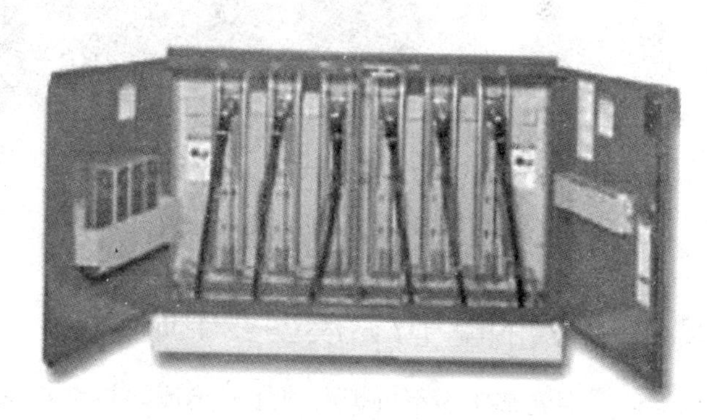

图4.10 基座式配电变电站

基座式变电站可以非常容易地升级安装负荷分断弯头，从而提供高达200A的开断能力。它们也可以通过升级而提供基于熔断器的熔断能力（见图4.11），但它们不再具有断开故障电缆的能力。它们还可以升级安装完整的开关或断路器，如果电力公司需要，也可以对其进行远程控制。基座式开关设备中的故障关合开关如图4.12所示。

图 4.11　带熔断器的基座式变电站

图 4.12　基座式开关设备中的故障关合开关

4.4　更大的配电/紧凑型变电站

环网柜通常作为不可扩展的开关总成，也就是说，一旦投入运行就不能扩展。大部分新型环网柜中，开关都安装在一个充满 SF_6 的密闭外壳中并受设计的最大开关数量限制（通常是 5 个）。在制造之前，必须指定开关的数量，有些制造商的设计提供了扩展母线连接器，允许环网柜进行连接。此外，因为这只能在制造期间进行，故如果需要提供扩展功能，必须提前指定，这些措施对于将环网柜成本降到最低是必要的。

一般来说，已经有了更大型的开关总成，可以用前文讲到的代码来描述所有可能的配置。另一种组合可能是 CCFF，这是一个带两个电缆开关和两个熔断式变压器保护的四面板开关柜；类似地，CCCF 是一个带 3 个电缆开关和 1 个变压器保护

的四面板开关柜。典型的编码配置如图4.13所示，其中，C是电缆开关；F是开关熔断器；V是真空断路器（额定值为200A或630A）；D是直接连到母线。在这些应用中，D显示带有整体接地开关，但可以省略。

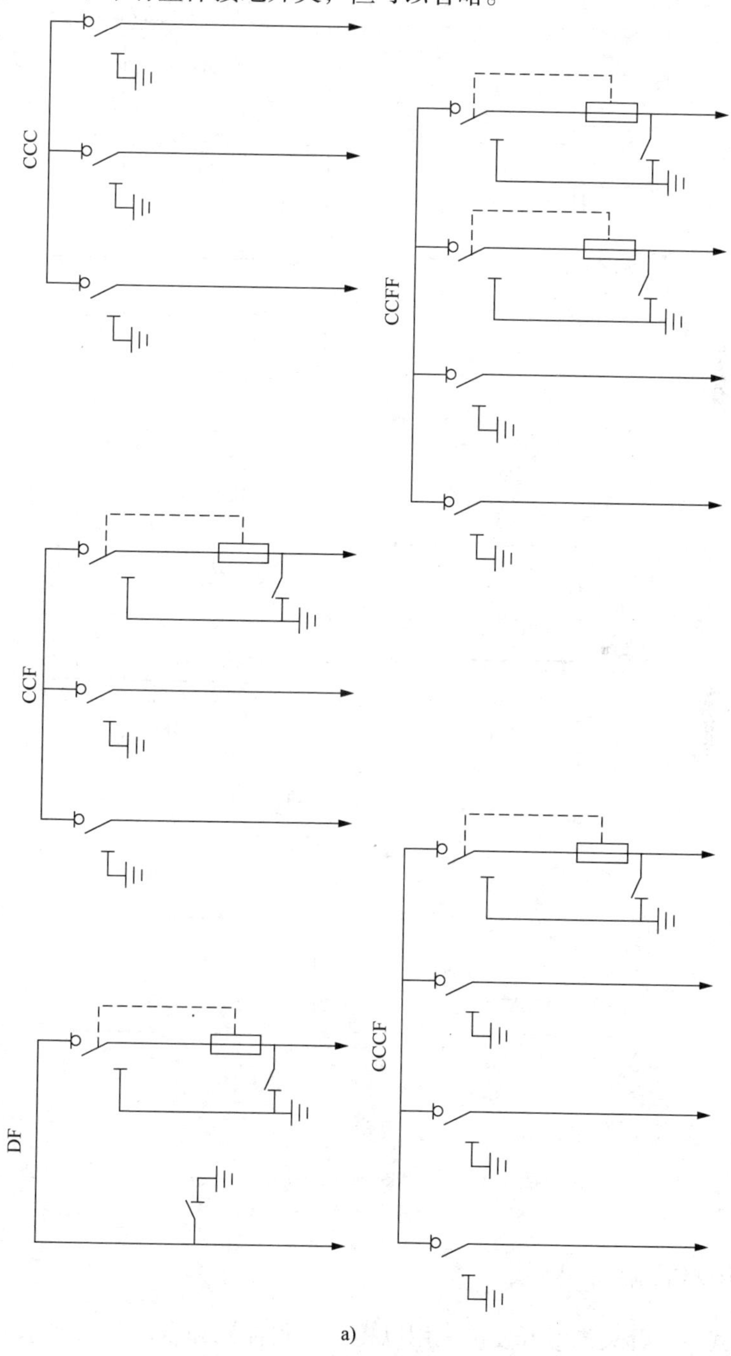

图4.13 典型的中压开关组合

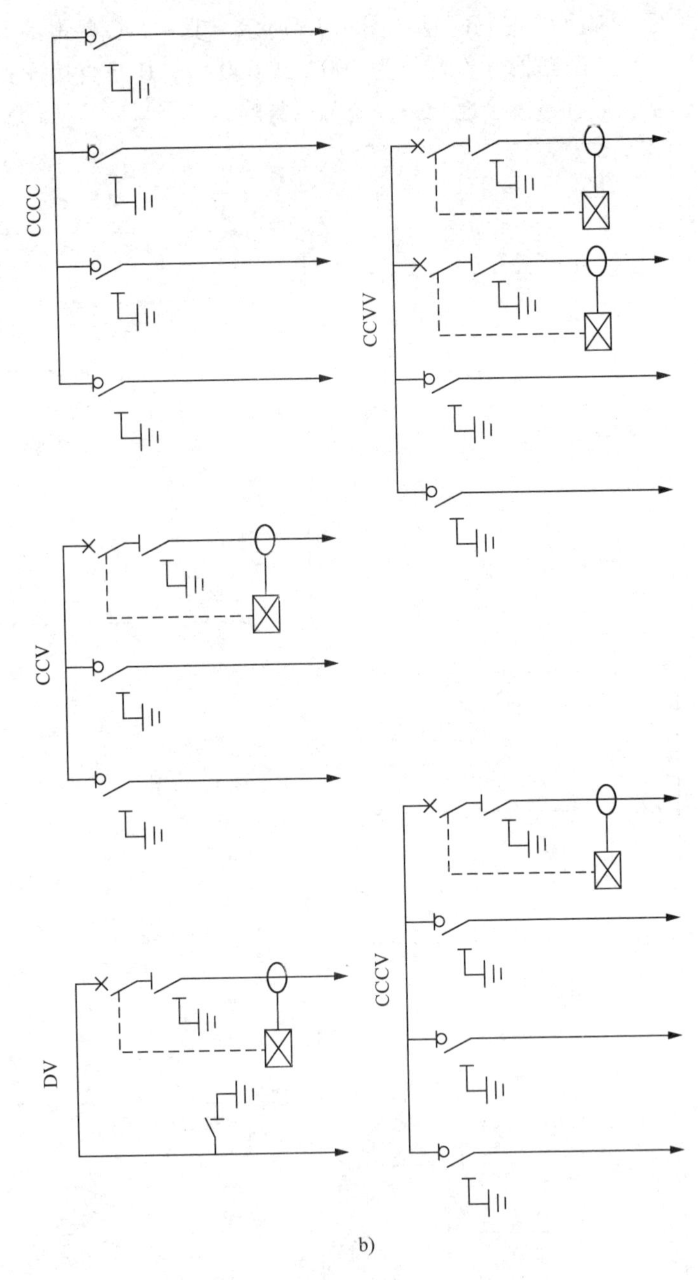

图 4.13　典型的中压开关组合（续）

4.5　封闭式柱上开关

封闭式柱上开关已经开发出来用以提高远程控制和自动化所要求的开关性能。远程控制的广泛应用已经表明，传统的空气绝缘开关在恶劣的环境条件下可能不可

靠，如极端结冰的气候（见图4.14），或被污染和类似沙漠的粗糙大气环境。

图4.14 架空的用户变电站（变压器和一个位于电杆顶部结冰的断路器）

如图4.15所示，开关运动部件封装在一个不锈钢的密封外壳中，里面充满 SF_6 气体，SF_6 气体用作绝缘和灭弧介质。开关设备的设计可以采用带低压开关闭锁装置的温度补偿型气体密度计，以确保检测到任何泄漏并确保安全操作。这些开关没有绝缘油并可以免维护，因此具有很长的使用寿命。虽然可以用挂钩进行手动操作，但大多数开关都采用远程控制。操作机构由人工操作并依赖运行人员，通过减速电机分合机构进行快合和快分。电动执行机构安装在开关水平面上并直接连接到开关传动杆，或者安装在靠近地面的杆上控制柜中。后一种情况下，执行机构通过刚性机械传动杆连接到开关。电动机构专门为满足自动化要求而开发，可在不带电的情况下动作，打开时间大约为0.5s。

开关位置指示器与主开关传动杆刚性连接，以满足标准IEC 129 A2（1996）和NFC－64－140（1990）的要求。通过集成到开关套管中的传感器或通过外部安装在套管周围的CT和单个杆上电压互感器（VT）来提供故障定位所需的测量值。

图 4.15　ABB 典型的 24kV SF_6 气体绝缘柱上开关型 NXA（电机驱动的机械操作杆）

4.6　柱上重合器

根据欧洲（三相平衡）和北美（单相不平衡）电网设计的不同要求，柱上重合器有两种基本配置：北美系统倾向于考虑分相动作，即使作为一个三相重合器装置一起动作，而欧洲的系统设计仅考虑三相同时动作；北美的重合器通常有 3 个独立的电极，而欧洲的重合器则是单罐式设计。独立电极的设计能应用于两种类型的系统，因此它们在欧洲的被接受度也越来越高。

4.6.1　单罐式设计

西屋电气和 Reyrolle 等公司在 20 世纪 60 年代早期在配电网中引入了单罐式重合器，这些装置将 3 个断路器安装在一个密封的钢制容器中。最初的重合器依靠油进行绝缘和熄弧，控制机构采用公差较大的液压方式，因此造成协调配合困难。真空灭弧和 SF_6 的优势使得绝缘油重合器很快就被淘汰了，现在所有制造商都提供单罐式设计并在充满 SF_6 气体的密封不锈钢容器中灭弧，如图 4.16 所示。在具有三

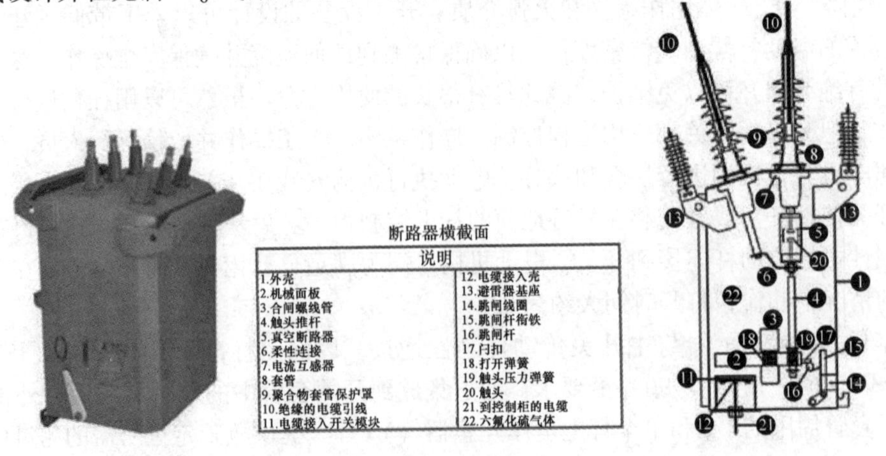

图 4.16　NULEC N 系列单罐自动重合器

相需要同时动作的欧洲式电网的国家中，单罐式重合器最受欢迎。

4.6.2 单支柱式设计

真空断路器的应用使得单支柱式设计成为可能，它可以将断路器在电极绝缘材料（环脂环氧、聚氨酯或硅树脂）中封装成形。图4.17中的三相支柱式重合器安装在一个金属盒上，金属盒里有永磁执行机构、位置信号灯和钩杆操作装置，这种柱式重合器不需要使用气体或者绝缘油。有的重合器将单个传感器安装在一个独立的绝缘子上，然后将绝缘子安装在重合器的安装导轨上，这种方法具有一定的模块性。

图4.17 两家主要生产商提供的固体绝缘三相支柱式重合器

图4.18所示的支柱式重合器显示了真空断路器的安装位置和操作机构的外壳，支柱式重合器就装在外壳上。大多数重合器封装了集成的电流传感器，一些制造商还将电容分压器包含其中。

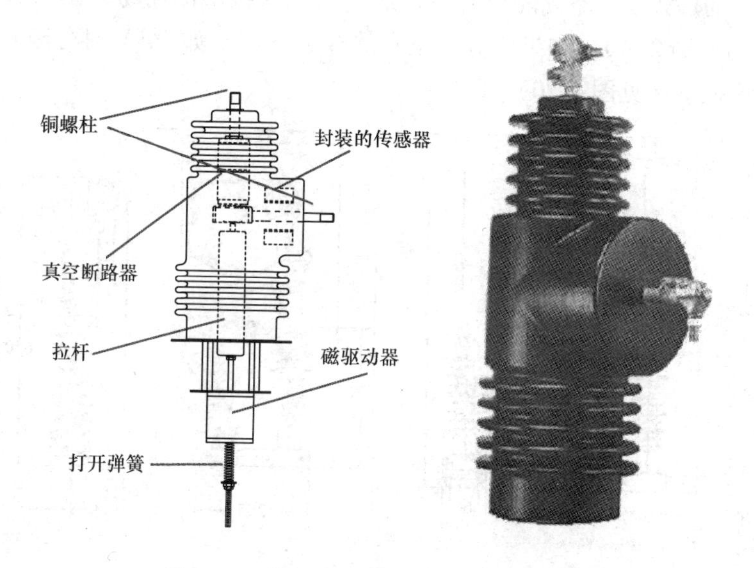

图4.18 单个单支柱式真空断路器示例

如果3个独立断路器的机械结构在每个阶段都是独立的，那么它们可以单独进行控制，从而为单相网络提供更大的保护灵活性，进而提高可靠性。例如，如果3个支柱式断路器间隔120°动作，就可以改善电容器投切时产生的过电压。所有的重合闸都由电杆底部控制柜内专门的继电保护设备来控制。

4.7 柱上隔离开关与负荷隔离开关

在架空配电网络中，最常用的开关装置是空气隔离开关。这些开关包括两个绝缘子支柱：一个支撑定触头，另一个通过旋转来移动闸刀。工业上最常用的两种配置方式是垂直式和水平式（见图4.19），图中显示了操作杆和灭弧室（Hubbell Power System Inc. AR型，15kV 900 A连续/开断额定值）。开关配置方式的选择取决于导线的间距和几何分布，垂直式最常用的原因是，只要开关上方没有其他导线，各相的间距是固定的；而水平式则需要增加在开关位置附近的导线水平间距。

图4.19 典型的水平式负荷隔离开关

传统上，所有隔离开关都是通过钩杆、电杆底部的控制杆（上锁的）或控制柜（上锁的）内的机械结构进行手动操作的。这些开关可以通过加装电动执行机构和IED进行远程控制。

最简单的形式是，空气隔离开关仅通过与触头接触的简易刀闸来分断小电流（如24kV时分断25A）。如果要分断正常的开关电流（如24kV时分断630A），需要额外的灭弧室（见图4.20）。

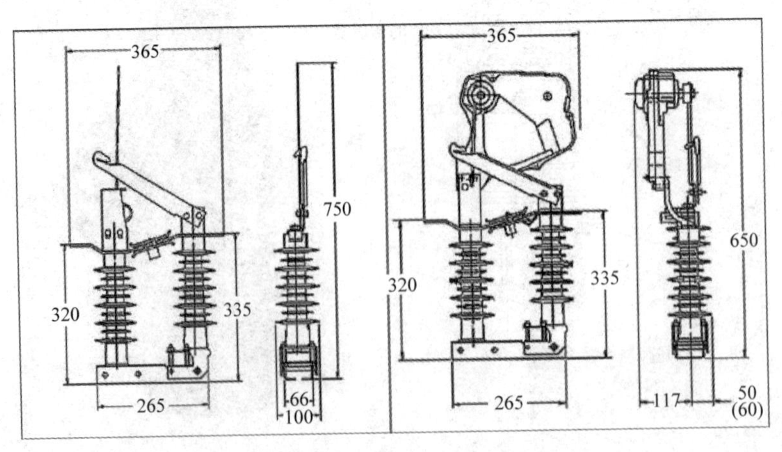

图4.20 ABB的空气绝缘柱上24kV负荷隔离开关

注：带有垂直动作刀闸及开断簧片的NPS 24 B1型隔离开关和带有用于分断负荷电流的灭弧室的NPS 24 B1 - K4型隔离开关

4.8 操作和执行机构

开关设备通过触头的机械运动从断开到闭合，反之亦然。大多数开关设备可以由操作人员进行操作。操作机构分为四大类：

- 依赖人工，其中触头的位置仅取决于操作手柄的位置，动触头的速度仅取决于操作手柄的移动速度。这类机构对于柱上开关设备很常见，曾经对于地面开关设备也很常见。虽然价格不高，但它有一个主要缺点，即如果它接近故障点，将会承受很大的斥力，能否成功闭合开关取决于操作人员的技术和体力。如果不能快速和果断地闭合开关，可能会导致电气故障。

- 不依赖人工，触头的位置取决于开关操作人员对机械弹簧施加的能量。操作手柄对弹簧供能，如果存储的能量足够大，触头就会迅速运动，从而克服导致电气故障的斥力。这类机制适用于大多数地面开关装置。

- 螺线管装置，通过强大的螺线管直接操作开关设备，通常与不依赖人工的弹簧机构一起使用。这类机构主要用于大型变电站的断路器，在配电开关设备上并不常见。

- 电动储能弹簧，通过电动机来代替手动操作手柄为弹簧供能，弹簧储存的能量足够大时释放，或者通过电气释放装置来释放。

4.8.1 电动执行结构

扩展控制的配电开关设备最常用的操作方法是使用电动储能弹簧，它可以作为一次开关设备的一部分，也可以在需要扩展控制时加装。虽然一次开关设备的执行机构通常由原始开关设备的制造商提供，但任何合适的制造商都可以提供这种附加设备。

图 4.21 显示了通过加装电动执行机构将手动开关变为电动装置的结构。照片显示了 MV 环网柜上的两个开关，左侧的开关通过插入操作手柄与弹簧机构接合而进行手动操作，左边可以看到显示开关位置的指示窗口。

图 4.21 MV 环网柜的执行机构（由 W. Lucy Switchgear Ltd. 提供）

通过加装执行机构，右侧开关可以进行远程操作，如果需要也可以在左侧开关上加装执行机构。电机装在深色外壳内，通过蜗轮驱动水平传动轴，水平传动轴又通过一个小型转接板连接到弹簧机构上。

电机由本地直流电源供电，并通过本地远程终端或本地电气按钮进行控制。在水平传动装置的外部可以看到两个辅助限位开关，用于指示开关设备主触头的位置，并在开关完成动作时停止执行机构。虽然对于辅助开关来说，理想的情况可能是指示开关设备的触头而不是执行机构，但是如果这样的话，则需要付出更高的成本，因为需要打开开关设备才能接触主触头的传动轴。这样的话，就不能为带电开关设备加装简单的执行机构，因此使用外部辅助触头的做法已被广泛接受。可以看到，如果需要的话，可以断开整个执行机构的驱动器。

许多制造商使用压缩气体来储能，代替存储在弹簧中的机械能，这在柱上开关设备中更常见。它的优点是价格相对便宜，但缺点是气瓶需要进行充气或由有资质的人员进行更换。

4.8.2 磁力执行机构

传统的储能机构依赖更复杂的机械设计，其中包含了更多的零部件和更不可靠的机械连接。与之相比，磁力执行机构要简单很多，磁力执行机构（见图 4.22）由永磁体、移动电枢和线圈组成，它比传统的储能机构和基于螺线管的设计简单许多。磁力执行机构只有一个运动部件，运动部件的减少大大增加了设备的可靠性也降低了维护成本。磁力执行机构几乎是免维护的，可以进行数千次动作而无需维护。强磁体钕铁硼（NdFeB）提供重合闸保持在闭合位置所需的力量。

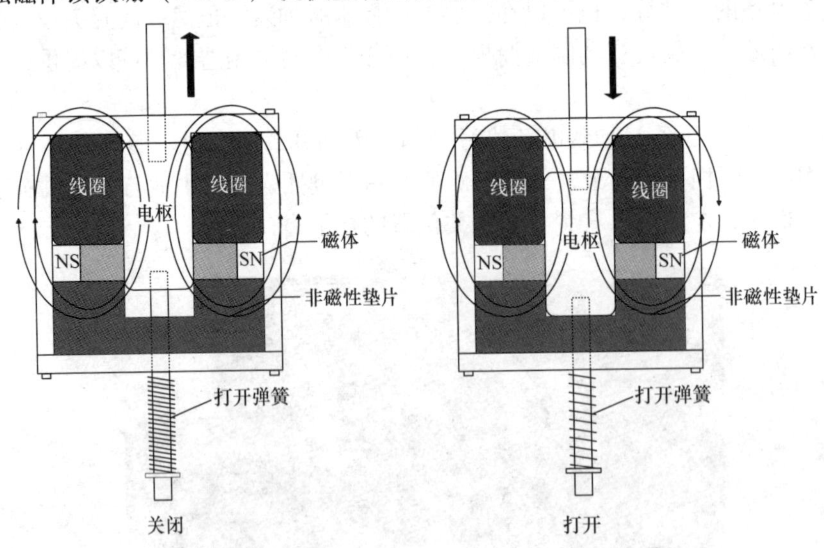

图 4.22　磁力执行机构的工作原理

磁力执行机构是一种双稳态装置，这意味着它不需要能量就可以保持在打开或闭合位置，但它确实需要能量来改变状态。当收到打开或闭合命令后，电流脉冲激

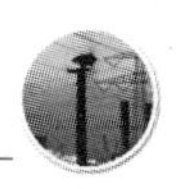

励线圈一段很短的时间才能完成所需的运动。

当线圈通入方向正确的电流时，产生的磁通与永磁体产生的磁通相互作用，将电枢驱动到闭合位置（压缩打开弹簧）。闭合后，线圈断电，电枢通过永磁体产生的磁通保持不动。在闭合位置，电枢抵靠在磁力执行机构的顶板，形成磁通的低磁阻通路。几百磅的自锁力由永磁体单独提供，磁体本身安装在金属环上，防止电枢组件前后移动时与电枢接触而造成损坏。线圈不必要通电。

当线圈瞬间通入极性相反的电流时，产生的磁通与永磁体产生的磁通方向相反，暂时抵消了电枢和顶板之间的吸力。这时，打开弹簧将电枢从顶板移开，随着间隙增大，吸力迅速下降，打开弹簧将电枢驱动到打开位置并在线圈断电的情况下保持电枢不动。非磁性垫片通过在磁通回路中插入气隙，防止与闭合位置相同的磁力将电枢锁定到底板。磁力执行机构的设计相对简单，从而具有与它驱动的真空断路器相同等级的免维护性。

4.9　电流和电压测量装置

电流和电压互感器（CT 和 VT）是将一次侧大电流和高电压转换为能被智能电子保护和控制设备（IEDs）接受水平的关键部件。尽管传统上具有磁芯的仪用互感器被认为是提供这种功能的标准设备，但是体积更小、成本更低、没有磁饱和特性的新型传感设备正在作为替代方案被应用。

MV 开关设备设计的长期趋势是尺寸更小，这与传统电流和电压互感器对空间的要求是不一致的，这些传统的互感器占用了开关柜的大量空间。传感器的体积是传统仪表互感器的 1/3，因此与传统开关设备相比，开关柜的体积可以减少 55%（见图 4.23）。

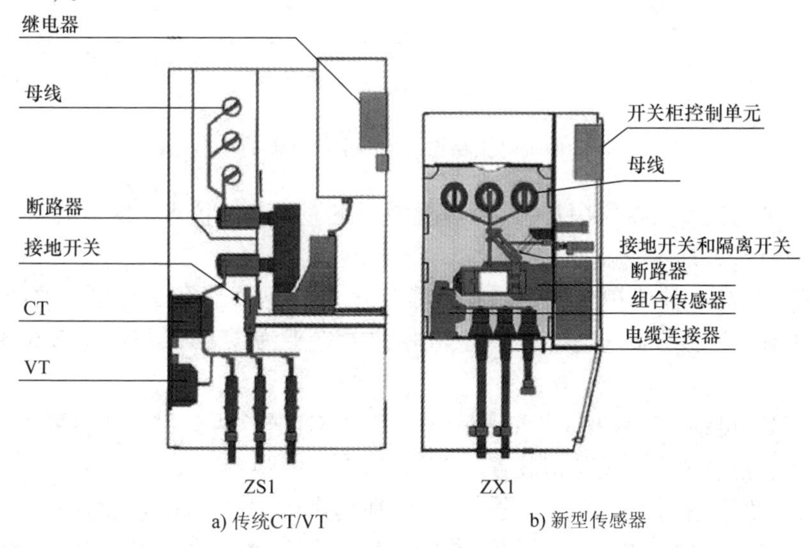

图 4.23　传统和新型传感器的开关柜尺寸对比

户外架空设备的趋势也是体积更小、重量更轻并带有测量功能。这种紧凑性趋势需要更容易集成在开关支柱结构内的传感器。但这些新型设备的低功率输出使得传统 CT 仍然是户外柱上设备的首选。

如果需要进行计量，选择常规的 CT 和 VT 时要求事先确定负荷电流及其未来趋势、额定电压、二次负荷和精度等级。实际上，各种不同的组合意味着仪用互感器是按需生产的，并且不可能使开关柜之后的参数化生产标准化。常规的仪用互感器不能满足缩短可配置的标准化开关设备交付时间的发展趋势，尤其对室内设备而言更是这样。

新型传感技术使得采用一个传感器（见图 4.24）就可以覆盖非常宽的线性范围成为可能，电流的线性范围通常是 40 ~ 1250A，额定电压的线性范围通常是 7.2 ~ 24kV。表 4.2 给出了传统 CT/VT 和新型传感器的简单对比。

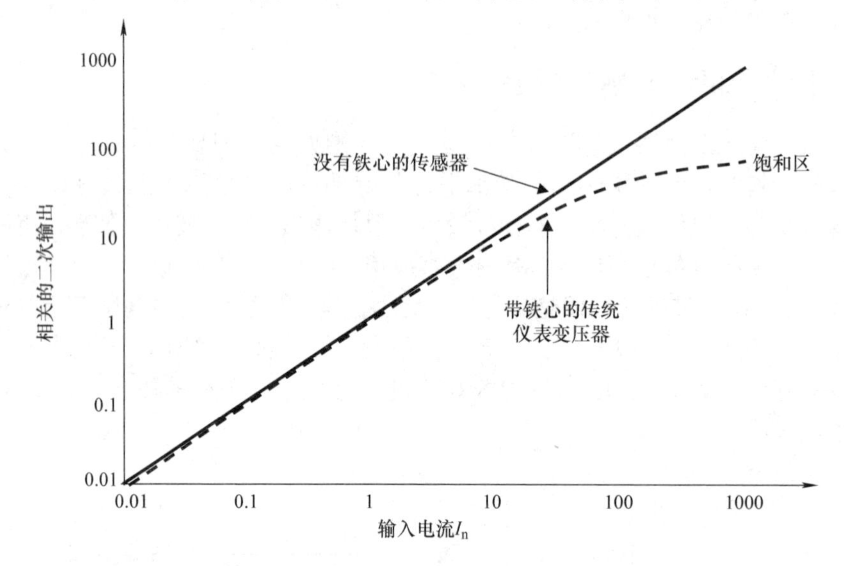

图 4.24　传统电流互感器与新型传感器的输出比较

国际电工词汇表将仪用互感器定义为连接测量设备、仪表、继电器和其他类似设备的变压器。具体地说：

（1）CT 是一种仪用变压器，在正常使用条件下，二次电流与一次电流成正比，在正确的连接方式下一、二次电流相位差近乎为零。CT 根据 IEC 60044 第 1 部分进行定义。

（2）CT 可细分为保护 CT 和测量 CT。保护 CT 连接保护继电器，测量 CT 连接指示设备、集成仪表以及类似装置。

（3）VT 也是一种仪用变压器，在正常使用条件下，二次电压与一次电压成正比，在正确的连接方式下一、二次电压相位差近乎为零。VT 根据 IEC 60044 第 2 部分进行定义。

（4）仪用互感器会给定一个负载值，即给定功率因数下二次电路的阻抗（单位Ω）。但是按照惯例，负载通常表示为指定功率因数和额定二次电流下的视在功率（VA）。最重要的是，将仪用互感器连接的负载维持在特定的负载范围内。

表4.2　传统CT/VT与现代传感器技术的比较

属性	常规设备	传感器
信号	1～5A（CT）	150mV（CT）
	100:$\sqrt{3}$（V，VT）	2:$\sqrt{3}$（V，VT）
二次负载	1～50VA	>4MΩ
准确度	测量值0.2%～1.0%保护5%～10%	多目标（1%）
		保护
动态量程	$40I_a$（CT）	无限的
	$1.9U_a$（VT）	
线性特征	非线性的	线性的
饱和	信号畸变	无
铁磁谐振	毁灭性的（VT）	无
温度依赖性	无影响	补偿的
电磁兼容性	无影响	被屏蔽
二次侧短路	毁灭性的（VT）	无害
二次侧开路	毁灭性的（CT）	无害
重量	40kg（CT+VT）	8kg（$I+U$）
寿命周期成本	高	低
覆盖运行范围的设备种类	多种	2种

4.9.1　电磁式电流互感器

图4.25给出了一个电磁式（绕线式）电流互感器的近似等效电路，其中X_m和R_m分别为励磁阻抗和铁心损耗；Z_L为二次绕组的阻抗；n^2Z_H为归算到二次侧的一次绕组阻抗；Z_B为负载的阻抗（通常是保护继电器）。

不幸的是，由于磁路中的环流，电磁式CT的输出并不完全与输入电流成正比，因此在幅值和相位方面都会出现一些偏差。查看等效电路，可以发现，磁路两端的电压（X_m与R_m并联）与二次电流成正比。随后，当一次电流和二次电流增大时，磁化电流增大到磁心饱和时会产生很大

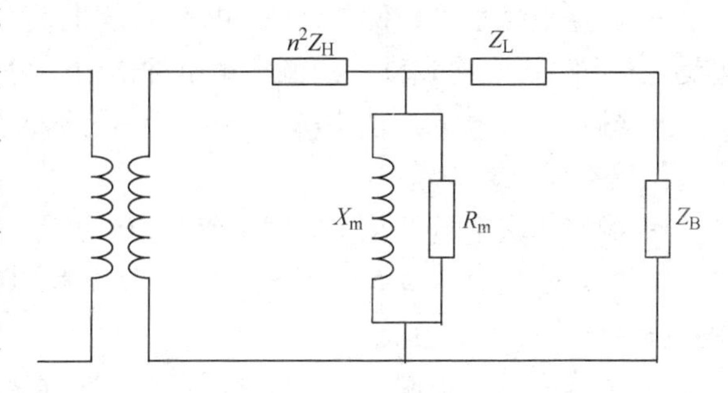

图4.25　电磁式CT的等效电路

的误差，这在图 4.26 中有详细说明。

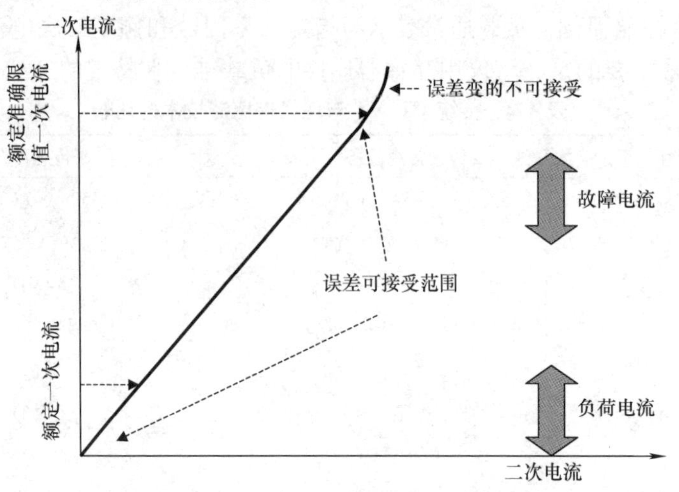

图 4.26　电磁式 CT 的非线性曲线

可以从图 4.26 看到用于测量和用于保护的 CT 之间的主要差别：

测量用 CT 需要测量电路中的负荷电流，其大小可能约为 400A，并且接近一次电流的额定值，额定电流通常为 630A。在这个范围内，CT 必须像用户所要求的一样精确，但是在负荷电流的范围之外，其精度并不重要。

相反，虽然额定一次电流可能仍然是 630A，但保护用 CT 需要在特定系统上可能出现的数千安的故障电流范围内工作。保护用 CT 只要可以检测到故障并引起保护动作，并不需要像计算用户计费电量的测量用 CT 那样准确。图 4.26 还显示，保护用 CT 可能被要求在保护动作的短时间内承载远超其一次额定值的电流，这被定义为准确限值系数

$$\text{准确限值系数} = \frac{\text{额定准确限值一次电流}}{\text{额定一次电流}} \tag{4.1}$$

国际标准中定义了两类 CT 来区分这些差别，即测量用 CT 的 M 类和保护用 CT 的 P 类，CT 技术参数中最重要的参数包括以下几项：

- 额定绝缘水平，例如，在 24kV 系统上运行的 CT 应具有 50kV 的额定工频耐受电压和 95kV 或 125kV 的额定雷电冲击耐受电压（峰值）。
- 额定一次电流，从 10A、15A、20A、30A、50A 和 75A 的优先值和它们的十进位倍数或小数中选择。
- 额定二次电流，从 1A、2A 或 5A 中选择，但优先值为 5A。
- 额定输出，从 2.5A、5A、10A、15A 和 30VA 的标准值中选择，特定应用中选择大于 30VA 的值。
- 准确级，保护用 CT 和测量用 CT 的准确级是不同的。保护用 CT 的标准准确级为 5P 和 10P，而用于测量用 CT 的标准准确级为 0.1、0.2、0.5、1、3 和 5，

这在表4.3和表4.4中有更详细的说明。

- 准确限值系数，从5、10、15、20和30中选择，但仅适用于保护用CT。

表4.3　保护用CT的误差限值

准确度等级	在一次额定电流下的电流误差（%）	在一次额定电流下的相位差	一次额定准确限值电流下的复合误差（%）
5P	±1	±60	5
10P	±3	—	10

表4.4　测量用CT的误差限值

准确度等级	在额定电流百分数下的电流误差（比率）				在额定电流百分数下的相位差（分）			
	5%	20%	100%	120%	5%	20%	100%	120%
0.1	0.40	0.20	0.10	0.10	15	8	5	5
0.2	0.75	0.35	0.20	0.20	30	15	10	10
0.5	1.50	0.75	0.50	0.50	90	45	30	30
1.0	3.00	1.50	1.00	1.00	180	90	60	60
	50%		120%					
3.0	3		3		不适用			
5.0	5		5					

因此，CT的制造商铭牌通常标注“400/5 Class 5P，15VA”，这表示着它是保护用CT，额定一次电流为400A，额定二次电流为5A（因此电流比为80:1），额定输出为15VA，误差如表4.3中的定义所示。

4.9.2　电磁式VT

使用电磁式VT的目的是由二次绕组提供某些更低的电压等级，如110V，并且尽可能地与一次电压成比例。在配电系统中，大多数VT是感性的。从配电系统扩展控制的角度来看，VT的技术参数相对简单。

- 额定一次电压：要与VT连接的系统相匹配，但理想情况下VT应连接符合IEC 60038的标准IEC电压。
- 额定二次电压：可能为100V、110V（欧洲），或115V、120V（美国）
- 额定绝缘水平：与CT的要求相同
- 额定输出：滞后功率因数为0.8时，在10VA、25VA、50VA、100VA、200VA和500VA的优先值中选择。对于三相VT，额定输出应该是每相的额定输出。

4.10　仪用互感器的扩展控制

仪用互感器在扩展控制中的主要功能是提供电压和电流的模拟测量信号，这些信号还可以用来推导更多的数据，如有功功率（kW和kW·h）、无功功率（kvar和kvar·h）、电压不平衡度和功率因数。

测量电流的 CT 取决于所需的测量精度。例如，如果用户需要测量电流精度在 0.4% 以内，则需要 0.5 级的测量用 CT，见表 4.4。在新的开关设备上进行测量时，最好从一开始就使用正确的 CT。但有些情况下，用户只需要知道大概的电流等级，配电变电站中可能就是这种情况。例如，150～160A 之间的不同可能并不重要，重要的是 CT 和所连接设备的精度与允许的误差相匹配。

一些电网运营商可能希望使用现有的保护 CT 来测量电流，例如，测量断路器和重合闸的电流。如果安装额外的测量用 CT 需要拆开气体密封的（SF_6）开关设备或拆除柱上开关设备，那么使用现有的 CT 可以节省大量的费用。但是，需要注意的是，最终的测量精度不可能高于 CT 产生的误差。10P 级的保护用 CT 可能足以驱动保护继电器，但 3% 的误差可能会使得电流测量值超出可接受的限值。当然，由测量用 CT 来驱动保护继电器将会导致 CT 饱和，并可能导致保护不能正常工作。

使用连接电缆将 CT（无论是现有的还是新的）连接到扩展控制下的远程终端设备时必须格外小心。如果电缆长度太长，则电缆和检测设备共同组成的负载可能会超过 CT 的额定负载。一种可能的解决方案是在开关柜层面使用传感器，并通过 RS－485、RS－232、光纤电缆或类似设备将传感器的输出传回 IED。

应该指出的是，除了提供电压测量之外，VT 可以用作 IED 柜的电源。如果是这种情况的话，可以用电池充电器的故障作为电源失效的数字指示。

根据适用于特定变电站的故障指示器（FPI）类型，可以用本节中介绍的仪用互感器代替 FPI 传感器。

如果 CT 的二次侧开路且一次侧有电流，则 CT 二次侧上会出现高于额定值的电压。该电压可能高得足以破坏电气绝缘并对生命造成威胁，因此，在 CT 二次侧工作时最重要的是确保 CT 二次侧没有开路或者断开一次电流。

4.11 电流和电压传感器

CT 和 VT 磁心的非线性特性会限制测量的范围和精度。传感器技术的引入使得一个传感器就可以提供高精度和集成了测量和保护的更大使用范围。

4.11.1 电流传感器

1912 年提出的罗氏线圈（RC）能够实现这样的改进。RC 是均匀缠绕的线圈，线圈没有磁心，最简单的形状是环形空心线圈。为了获得想要的精度和稳定性，RC 线圈必须缠绕得非常精确。流过线圈的电流产生的电压 e 由式（4.2）近似给出

$$e=\mu_0 NA\frac{\mathrm{d}I}{\mathrm{d}t}=H\frac{\mathrm{d}I}{\mathrm{d}t} \tag{4.2}$$

式中，μ_0 为自由空间的磁导率；N 为匝数密度（匝数/m）；A 为单匝面积（m^2）；H 为线圈灵敏度（Vs/A）。

无磁心的 RC 设计消除了饱和非线性的影响，并可以用 MHz 的带宽隔离地测量电流。在大多数方面，RC 方法无需测量直流电流情况下理想的传感器。它的主

要缺点是输出值与电流的时间导数成正比，必须进行积分。数字积分器的使用解决了早期模拟积分器的不足。

RC 的整体精度接近 0.5%，前提是要将温度变化、装配误差和其他相位的影响（串扰）等这些主要误差来源最小化。

通过采用特殊材料和补偿方法可以降低温度依赖性；通过正确的机械安装或者在大多数情况下将传感器集成到套管组件中，可以将装配误差最小化；正确的传感器设计可以将串扰最小化。铁心 CT 的相位差随电流变化并在欠励或过励时变差，与之不同，传感器测量的相位准确度很高。设计在 50Hz 下运行的 RC 的频率响应在几 Hz 到 100kHz 的范围内都是足够的。在对安装环境进行设计和测试时必须考虑 EMC 对 RC 传感器运行的影响，因为几 mV/A 的 50Hz 信号就会影响来自 RC 的低电平信号。

4.11.2　电阻分压器

电阻分压器（见图 4.27）用于 MV 开关设备的电压测量，是一种不产生也不受铁磁谐振影响的小型轻量级设备，它甚至可以测量谐振情况下的相对地电压。电阻分压器的结构必须能够承受所有正常和异常（故障）电压，这对分压器提出了很高的要求，要求分压器的电阻必须非常高。在高阻抗情况下，杂散电容的处理非常重要。

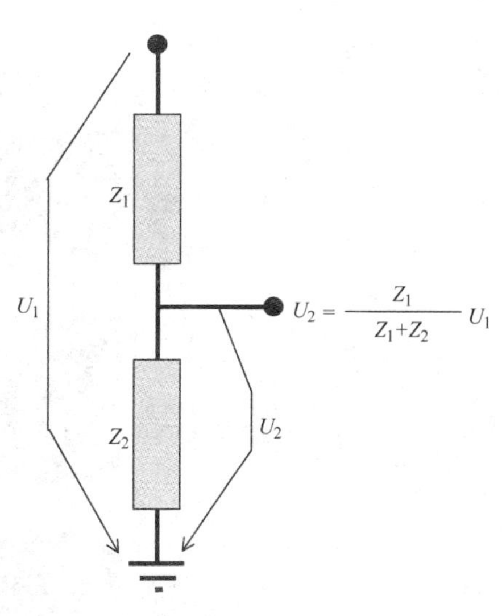

图 4.27　分压器的原理

电阻分压器的精度取决于电阻的精度（分压比），误差的主要来源是电阻温度系数、电阻电压系数、电阻漂移（与电压、温度有关）、寄生电容和相邻相的影响（串扰）。

通常，通过温度补偿、选择电阻材料（对于长期精度至关重要）和最小化杂散电容，可以实现 ±0.5% 的精度并实现 ±0.2% 的收益标准。由于电阻分压器的高阻抗，频率响应不如 RC 电流传感器那样宽，但仍然可以测量高达几 kHz 的频率。

由于输出电平仅 1V，因此电阻分压器应采用与 RC 传感器相同的防 EMC 干扰措施。

4.11.3　组合传感器和传感器封装

传感器的封装对于实现高可靠性、尺寸最小化、标准化和高精度至关重要。传感器安装在金属开关柜中，连接母线或输入电缆。这种配置既可用于新设备，也可用来改装新技术传感器。

第二种配置是将传感器集成到标准套管基座（DIN 47636 – ASL – 36 – 400 的

400A）内，从而进一步减少物理元件的数量，因为对于裸导线连接，外绝缘罩可以直接安装在套管上。后一种配置用于环网柜和户外开关设备，因为它允许通过电缆进行连接或采用户外套管附件，但只能选择其中的一种。

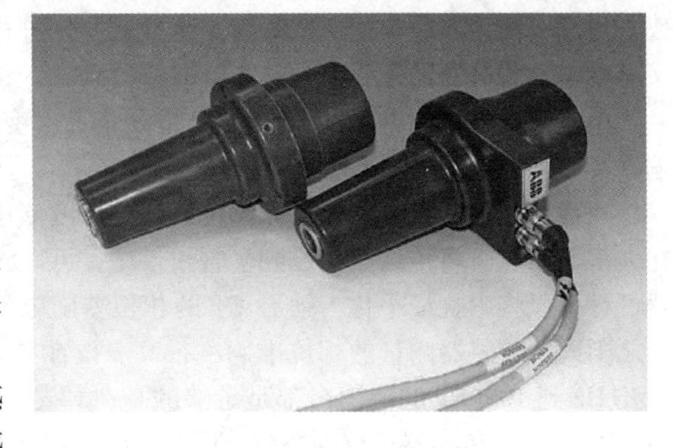

图 4.28　传统的开关设备套管与带有组合传感器的套管对比

最终的封装是将电流传感器和电阻分压器作为组合传感器集成在一个模具中，为大多数保护和监测提供低成本的、全面的传感器解决方案（见图 4.28）。用于配电开关设备的传感器实物如图 4.29 所示。

a) 各种电流传感器

b) 母线槽式电流和电压组合传感器

c) 块状电流和电压组合传感器

d) 用于户外柱上开关设备的套管式

图 4.29　满足配电开关设备大部分传感和测量需求的传感器家族

参 考 文 献

1. Uwaifo, S.O., *Electric Power Distribution Planning and Development, The Nigerian Experience*, Lagos State, Nigeria: Hanon Publishers Limited, 1998.

第5章

保护和控制

5.1 引言

配电系统的大部分电气故障都会产生很大的能量释放，如果不能从网络中切除故障的话，这种能量释放会造成设备损坏和可能的人身伤害。当保护系统检测到这样的故障后，断路器会动作来断开故障部分，因此，在任何电力系统中保护都是一项极端重要的操作。在被要求动作的时候保护必须要动作，否则故障会一直存在并造成额外的停电或损坏。同样，在不被要求动作时保护绝对不能动作，否则会造成正常线路不必要的断电。

故障可能发生于多相网络中的两相或多相之间，也可能发生于单相或多相与大地之间。故障相电流的大小主要决定于电源阻抗和电源到故障点之间的阻抗。接地故障电流的大小主要取决于系统的接地方式。当中性点接地阻抗增大时，接地故障电流会变小从而更难以检测，然而，高阻抗接地方式对于系统运行人员而言也有其他优势。因此，为了满足这些不同的需求而产生了各式各样的保护。

无论何时发生故障，系统所有者都需要知道故障在哪，以便恢复对系统正常部分的供电并修复故障部件。故障指示器（Fault Passage Indicator，FPI）是一种安装在配电网中适当位置以向网络所有者指示该点是否有故障电流流过的装置。这些装置可以帮助网络所有者确定故障的位置。

尽管保护继电器通常比 FPI 更复杂，但它们技术相似，并且都对配电自动化意义重大，因此可以放在一起学习。

5.2 采用继电器的保护

线路过电流保护的基本方法是，在线路上安装电流互感器（Current Transformer，CT）并将其与线路电流成正比的二次电流馈入继电器。当线路电流超过整定值时，继电器会经过由自身特性决定的一段延时后触发相关的断路器。

由过电流保护的基本原理发展出了一种阶段式过流保护系统，这是一种选择性保护。正确应用继电器需要了解在电网各部分流动的故障电流信息，但大规模的检测一般并不可行，所以必须进行系统分析。设置继电器时需要的数据如下：

- 显示了保护继电器类型、位置、等级以及相关电流互感器的电力系统单线图。

- 所有馈线、变压器和发电机的阻抗，单位为Ω或以百分比或标幺值的形式给出，以此计算流过各保护装置短路电流的最大值和最小值。
- 流过各保护装置的最大峰值负荷电流。
- 显示故障电流衰减速率的衰减曲线。
- 电流互感器的性能曲线。

继电器的整定需要首先确定最大故障水平下的最短动作时间，然后再校验最小故障情况下的运行是否符合要求。通常可取的做法是画出继电器和其他相关保护装置如熔断器的特性曲线。

正确的继电器配合基本原则大致如下：

- 无论何时，尽可能选择运行特性相同的继电器串联。
- 保证离电源最远处的继电器整定值小于等于其后继电器的整定值，也就是说，前方继电器动作所需的一次电流总是小于或等于后方继电器动作所需的一次电流。

能够实现继电器配合的方法可以分为三种：基于时间、基于过电流或同时基于时间和过电流。这三种方法都是为了做出正确的判别，也就是说，每个继电器必须选择并隔离故障区段，同时使系统其他部分不受干扰。

5.2.1 基于时间的判别

该方法中，控制断路器的每个继电器都设定了合适的时间间隔，以确保离故障点最近的断路器最先断开。为了说明其原理，图5.1给出了一个简单的辐射状配电系统。

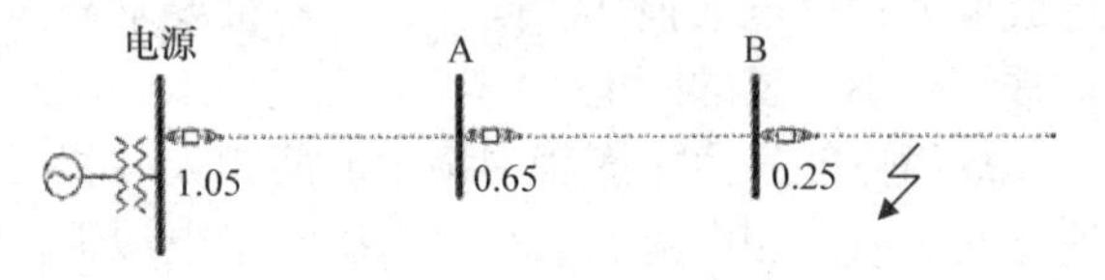

图5.1 基于时间的判别

断路器保护位于电源和A、B处，即位于每段线路的馈入端。每一个保护单元包含一个定时限过流继电器，其中的电流敏感元件动作后会启动延时元件。一旦电流元件的整定值低于故障电流值，这个元件就无法发挥判别的作用。

因此，继电器有时也被称为“独立定时限继电器”，因为它的动作时间实际上与过电流水平无关。所以说，正是延时元件提供了判别的方法。设定B处继电器的保护时限为允许熔断器在变压器二次侧故障时熔断的最短延时，一般来说，0.25s的延时足够了。对于图5.1中的故障，B处的继电器会在0.25s后动作，B处的断路器随后会在电源和A处继电器动作之前切除故障。这种判别方法的主要缺点是，当故障发生在离电源最近的区段时，故障程度最高，达到MVA级别，而此时故障切除时间却最长。

5.2.2 基于电流的判别

基于电流的判别方法依据电流随故障位置变化的原理，这是因为故障点和电源间的阻抗值不同。因此，设定控制各断路器的继电器按递减的电流值动作，这样一来只有离故障最近的继电器才会触发断路器。

这种方法的缺点是，相邻两个保护继电器之间需要有足够长的电缆或架空线才

能保证两个继电器间的故障电流有明显差异。

5.2.3　基于时间和电流的判别

鉴于以上两种判别方法的局限性，发展了反时限特性。采用该特性后，动作时间与故障电流大小成反比，实际的特性同时是时间与电流的函数。

图5.2所示为现代继电器中基于不同标准的反时限曲线，如IEC标准（标准反

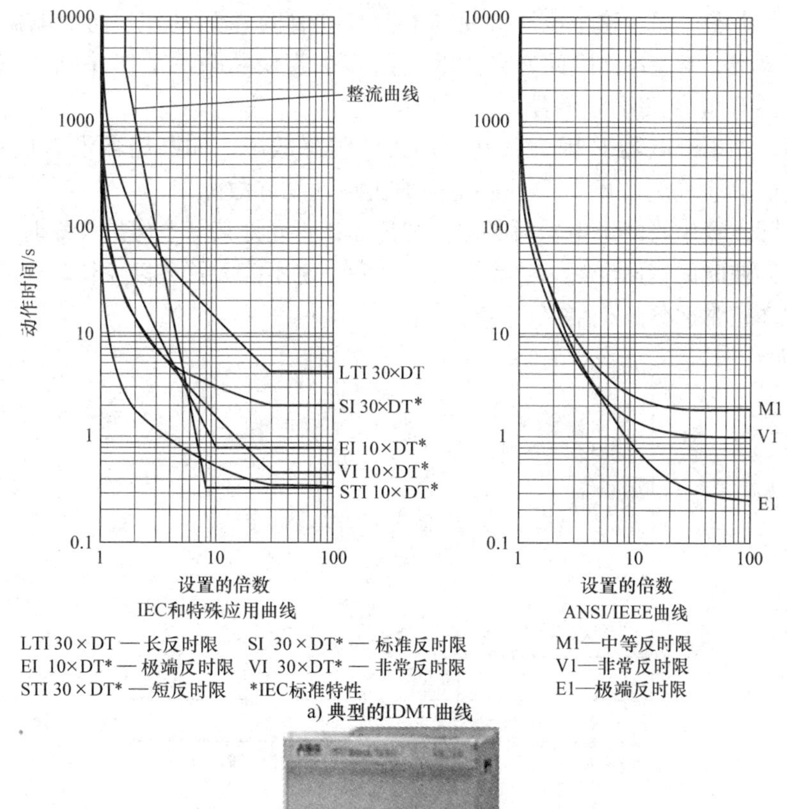

a) 典型的IDMT曲线

b) 典型的前面板

图5.2　典型的IDMT曲线和前面板

时限、极端反时限、非常反时限）、ANSI 标准（中等反时限、非常反时限、极端反时限）或其他标准。图 5.2b 展示了一种典型的过电流和接地故障继电器的前面板。除了极端反时限和整流器曲线，所有特性在 30X 以上时都是定时限的。

图 5.3 中，变电站 A、B 和 C 处的三个断路器都带有反时限保护特性，如图中所示，故障电流随着故障到电源距离的增加而减小，假设 F1 点发生故障时的故障电流为 I_f。由图可知，这个电流会使继电器 C 在时间 t_1 后动作，而继电器 B 会在时间 t_2 后动作，$t_2>t_1$。因此，只要继电器 C 确实使断路器动作并成功切除了故障，继电器 B 就会在 t_1 时重置。

但是，如果继电器 C 因为某些原因无法清除故障，如断路器没有成功打开，那么继电器 B 会作为继电器 C 的后备保护在 t_2 时切除故障。

在实际设置串联的继电器时必须仔细计算，要允许某一个保护失效时仍然能切除故障，即使时间稍微滞后。这个滞后的时间一定不能太长，以免长时间流通的故障电流损坏正常部分。

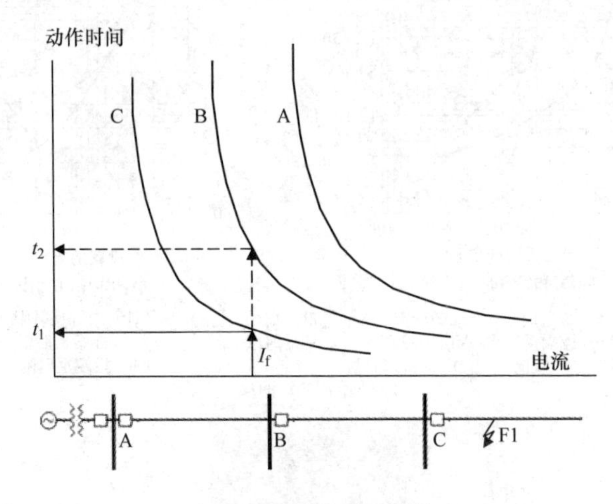

图 5.3　根据时间分段

5.3　灵敏接地故障和瞬时保护方案

5.2 节介绍了反时限特性，通过分析反时限曲线可知，动作时间随着电流增加而减小。在图 5.4 中，这些曲线也存在着一个继电器不会动作的最小电流 $I_{MIN\ OP}$。故障电流的大小取决于很多因素，但对于接地故障而言，故障点的接地电阻是一个重要因素，当电阻增大时，接地故障电流减小。因此，存在一个电阻值，当接地电阻大于该值时保护继电器将不会动作，这种情况可能发生在接地电阻较高的架空网络单相接地故障中。这种故障可能是因为架空导线断落到地面上，如果附近有人或动物的话，这种情况非常危险。

灵敏接地故障保护（Sensitive Earth Fault，SEF）的特征是需要较小的接地故

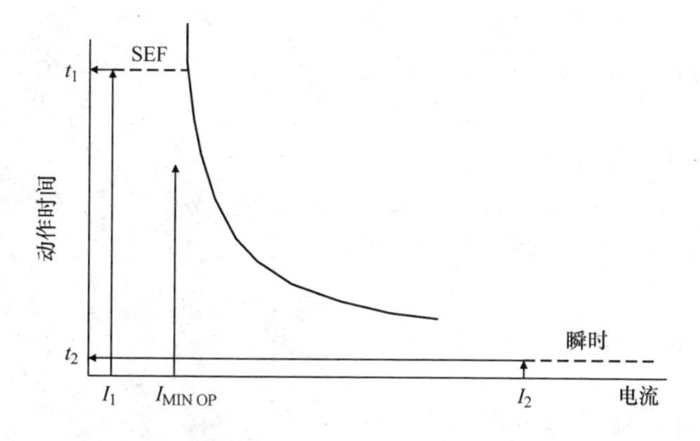

图5.4　灵敏接地故障保护

障电流流过较长的时间。这个电流可能只有10A，但却需要在SEF触发前连续流过t_1时间，t_1一般是30s。SEF是一种极其有用的保护方法，并且经常需要通过SCADA进行指示。

然而，当两条馈线通过闭合常开联络开关并联在一起时，如果并联线路的动作时间超过例子所示的30s，每条馈线上的SEF可能会误动作。因此，SEF应该通过SCADA来进行控制，因为SEF上的操作通常与地面上的导线有关，这种情况下运行人员可能会因为各种原因靠近接地的导线，所以此时绝对禁止通过重合闸重合故障线路。

一种与SEF相似但方式相反的处理方法是，产生高故障电流的故障是极度危险的，因此应该在尽可能短的时间内切除。这是通过瞬时保护实现的，即电流一旦达到很高的整定值I_2就瞬时（无延时）跳闸，这种方案也被称为HiSet。

5.4　采用熔断器的保护

熔断器是电力系统中最早使用的保护装置。它包含的金属元件可以持续地承载额定负荷电流并在某一大电流通过时熔断，以此阻止流过更高的电流。

配电网中使用的熔断器可以分为落地式和柱上式。落地式熔断器经常装在铁壳开关柜里来保护本地的落地式变压器，它们的额定电流最大约为160A。针对架空网络的柱上熔断器可以保护本地变压器，也可以安装在支线始端来防止支线上的故障影响熔断器上游的用户，柱上熔断器的额定电流最大约为40A。

图5.5所示为一种典型的中压熔断器，其外壳是一个陶瓷绝缘套管，套管两端是作为触点的金属帽。在金属帽与内层间充当电气连接的是一系列并联的银线，这样布置是为了让每条并联路径流过相同的电流。这些银线很脆弱，因此由内部结构支撑，而且绝缘套管内充满了石英砂。

在许多配电系统中，特别是在欧洲，配电变压器是三相△/Y联结的。为配电变压器供电的MV系统的单相熔断器动作会使配电变压器两个低压相的电压降为一半，这会损害连接的工厂用户，并且在一些国家中会威胁到电力公司的经济效益。而在使用三个单相变压器的美国情况类似：如果中压系统的中性点接地，那么高压侧丢失的一相会导致对应二次绕组的电压降为0；如果中性点不接地，高压侧丢失的一相会导致低压侧一相的电压降为0，而其他两相的电压也会降低。

一种解决方法就是在中压熔断器中安装一个小型内置的炸药包，炸药包随着熔断器一起动作并在熔断器一端发射出一个小型撞针。撞针可以触发组合型开关熔断器的开关，从而对其他相断电；撞针的另一个用途是驱动某种形式的机械式指示器来显示熔断器已经动作。

图5.6所示为一个MV熔断器典型的时间与电流运行特性。

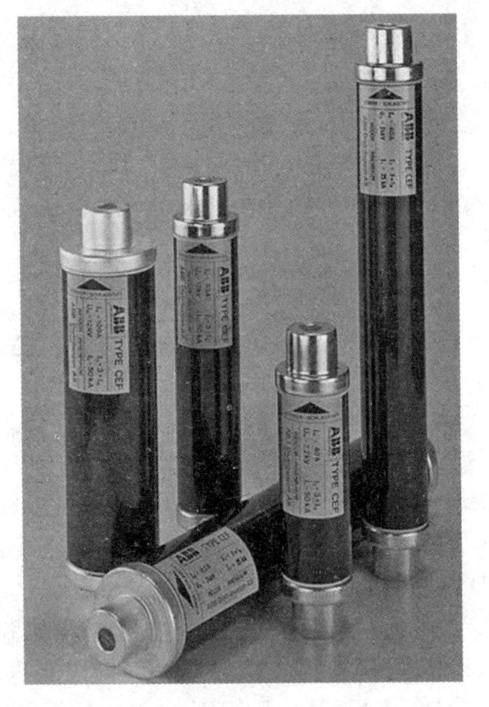

图5.5　MV熔断器

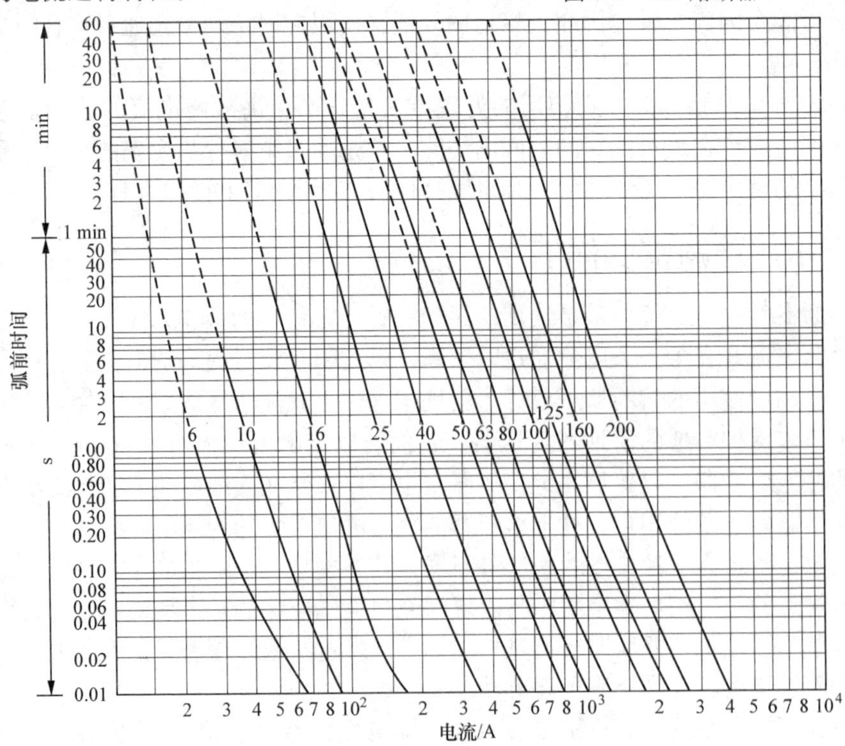

图5.6　MV熔断器运行特性

熔断器体积小、成本低，但缺点是每次动作后必须更换。通过合适的设计并采用不同的金属和填充材料，熔断器可以实现不同的时间－电流运行特性，从而和其他熔断器或保护装置一起完成判别。

现代熔断器一个未被普遍承认的主要特征是在一个周期内对高故障电流的快速动作能力。因此，故障电流可以在达到最大预期值之前就被熔断器切除掉，这种附加功能称作限流（见图5.7）。对于更低的电流，清除故障的动作时间长达数秒。

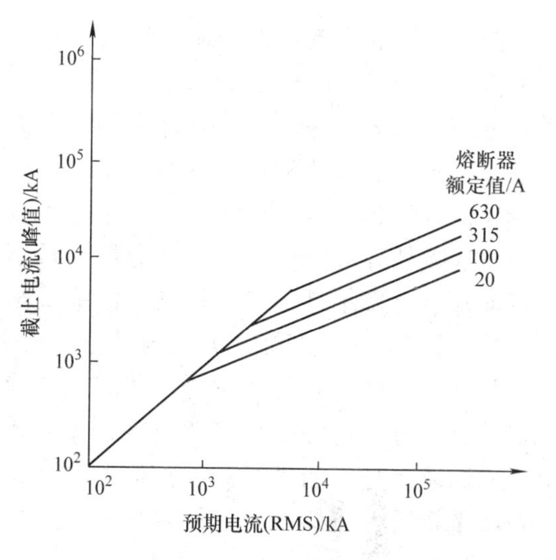

图5.7 熔断器的限流特性

举例来说，当一个预期峰值为10000A的电流通过100A的熔断器时，实际能达到的电流峰值仅为1200A，厂商利用这种限流特性生产了一种用于MV系统的限流装置——故障限流器。如果在由两个变压器供电的MV配电柜母线上安装这种故障限流器，每条母线上安装一个，那么每条母线的故障水平会比两个变压器单独供电时更低，这是因为发生故障时故障限流器会立即打开，在故障电流升高至预期水平之前限制从各变压器流入的故障电流。一些电力公司和工业用户经常将这种装置与并联运行的发电设备一起使用，以此缓解提高系统开关设备故障等级的需求。

相比之下，柱上熔断器没有那么复杂却同样很有用，其绝缘套管内的熔断器是裸露的。当需要更换熔断器时，用长绝缘杆将绝缘套管移到地面上，将新熔断器装入管内。再将其放回柱上，把组件下端放到下触头上（见图5.8）。利用长绝缘杆将组件向上旋转直到组件卡入上触头，机械压力会将组件固定住。

图5.8 典型的柱上熔断器

如果熔断器熔断，机械压力会随着熔断器熔断而消失，绝缘棒会从顶部脱落到垂直位置，表示已经动作了。这种指示方式使得它得名“跌落喷射式熔断器”，简写为DOEF。

针对多重自动重合闸下游动作的自动分段器已经在第4章中进行了介绍。有趣的是，DOEF经过改进也可以作为开关型自动分段器的替代品。

图5.9所示的改进型中，绝缘套管和熔断器被替换为一个带径向安装的CT管状导体。CT检测流过的故障电流并与管状导体内的小型处理器相连，当故障电流达到熔断的整定值时，处理器引爆导体顶部的小型药包造成导体棒向下脱落，从而将故障部分分段。每次自动分段器重新投入运行前都要更换小型药包，在某些跌落式熔断器的设计中，熔断器直接被替换为自动分段元件。

图5.9　跌落式自动分段器

与开关型自动分段器相比，跌落式的优势是相对便宜，而且它可以直接替换跌落喷射式熔断器。它的缺点是不能进行远程控制和监测，而且在每次重新投入前都需要运行人员去现场更换小型药包。

5.5　直接接地/经电阻接地网络的接地故障和过电流保护

为了能够测量网络中各相的电流，每一相都需要一个CT。通常，一个CT连接继电器三相输入中的一相，如果是单相继电器则一个CT连接一个继电器。这种方案与接地故障方案不同，可以测量过电流，接地故障方案还应当可以在至少一相的接地故障电流超出过电流保护整定值时执行过电流方案。

接地故障可以通过不同的CT布置方式进行检测，其中一种常见的方案如图5.10所示，因为接地电流是三相电流的向量和，图中接地故障继电器会检测三相CT电流的不对称性并判断是否是接地故障。另一种方法是去掉三个过电流继电器并短接各继电器的输入端，这与将三个角形联结的CT接入接地故障继电器的效果是相同的。

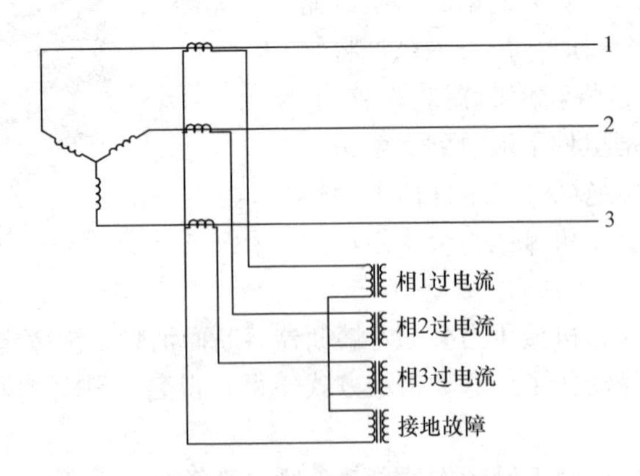

图5.10　过电流与接地故障保护方案中的CT接线

另一种测量接地故障电流的方法是用一个CT围绕全部三相导线。对于三相架空线路来说，这意味着一个能围绕三相导线且与中压绝缘的CT，这显然是不切实际的。而对于地下电缆网络来说，仅安装一个零序CT是可行的，如图5.11所示。

图5.11中显示了一个中压开关柜上的电缆终端盒。在三相电缆套管的中部，接地故障电流流向远处的电缆护套。在A处，单个CT围绕着三根线芯，可以检测到接地故障电流并触发保护。将CT移到电缆盒外的B处时，相导线的电流和电缆中的回流将会相互抵消，使得CT检测不到任何信息。此时，采用一根外部接地回流导线并将其穿过CT，这样CT就可以检测到接地故障电流并相应地触发保护。过去不使用接地回流导线时，经常发生保护和FPI误动。

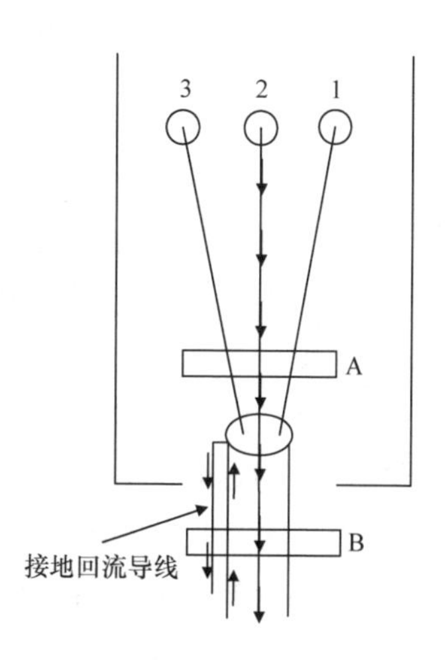

图5.11　使用剩余CT（B处）的零序CT接线

5.6　补偿网络中的接地故障

如果一个正常三相配电网的中性点经大小为L的电感接地，那么通过改变电感值，可以对系统进行调谐。当感抗和容抗相等时，就会发生谐振，感抗和容抗都是指在系统频率50Hz或60Hz下的测量值。

三个线路对地电容是并联的（见图5.12），发生谐振时$\omega L = 1/3\omega C$，相3的单相接地故障会导致三相电压围绕接地相旋转。本例中，相1和相2的电压会上升为原来的$\sqrt{3}$倍而中性点电压会上升为正常的相电压。这会产生两个重要后果：

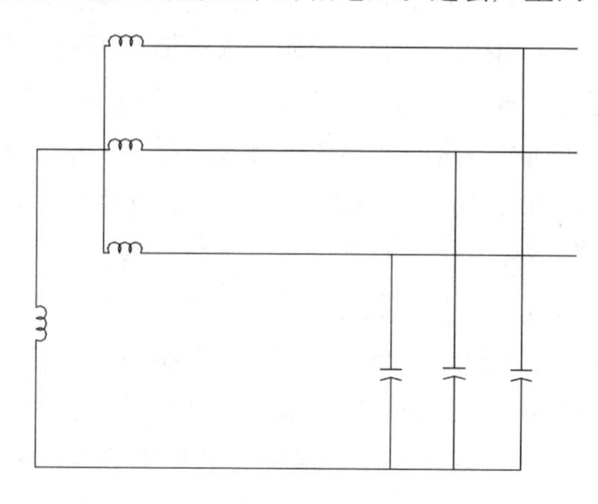

图5.12　电容和电感元件

- 中性点处的零序电压表明存在接地故障。
- 非故障相的绝缘压力上升为原来的$\sqrt{3}$倍。

这种情况不要求线路立即跳开，因为在一定条件下线路是稳定的。这种稳定条件就是相 1 和相 2 的容性电流（因电压变为$\sqrt{3}$倍而变大）与电感的感性电流（由加在线圈上的相对地电压产生）的矢量和等于零。因此有 $\omega L = 1/3\omega C$，这与正常情况下谐振的表达式是相同的，意味着如果在系统正常情况下补偿线圈调谐（见图 5.13）到与系统电容匹配，那么在单相接地故障情况下系统也是正确调谐的。假设电感的耐热时间为 2 小时，那么系统就可以在永久故障情况下安全地维持运行 2 小时。并且，因为接地故障电流为 0，瞬时故障会在第一个电压过零点时自动熄灭，这种系统被称作彼得逊线圈系统（以发明者的名字命名）或补偿系统。

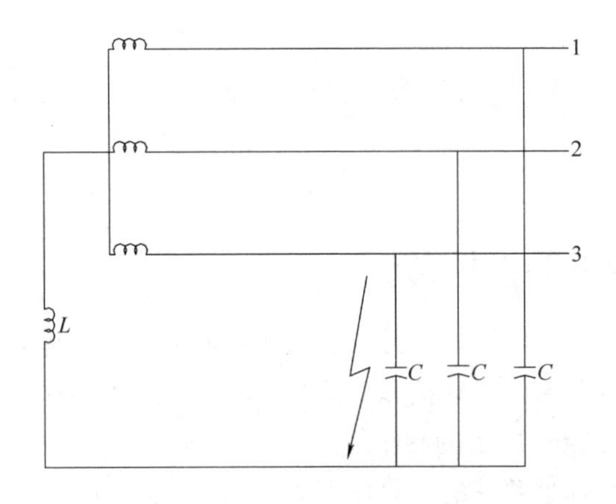

图 5.13　补偿网络中的接地故障

因为线圈上的电压会上升为相电压，系统会检测并向控制人员发出报警，所以电力公司会发现发生了单相接地故障。然而，这种情况不能一直持续，因为地面上有架空线（对公众可能有危害），也不能超过线圈的耐热时间，特别在一些国家，当地的监管法规要求必须在一定时间内切除接地故障，一般至多 10s。

如果电源变电站有 10 条馈线，那么像这样一个很简单的系统发生故障后，电力公司将无法确定哪条馈线发生了故障以及哪条馈线需要进行修复。以前的做法是依次打开再闭合各条馈线直到打开某条馈线后故障报警消失，故障就在那条馈线上。这种做法意味着许多用户需要断电，即使时间很短，这种情况现在已经越来越不被接受。在这种情况下电力公司可以采取以下两种措施：

- 第一种就是把故障状态变为现有保护容易检测到的状态。假设在线圈上并联一条电阻与常开开关串联的支路，当开关闭合时，电阻中将流过假定为 500A 的接地故障电流。在中性点电压警报发出 10s 后，可以很容易地自动闭合串联开关，

从而产生500A的接地故障电流。因此，任何永久接地故障都可以在10s后被自动切除。

• 第二种就是安装能检测接地故障并能在电力公司要求的时间内切除故障馈线的保护装置。

在经消弧线圈接地的系统上实际应用接地故障保护之前，很有必要了解系统故障条件下的电流分布情况。根据该信息，可以确定应该使用哪种继电器并确保正确地设置和连接继电器。

在图5.14中，辐射状网络的每条馈线都装有一个接地故障继电器，每个继电器连接一个剩余CT。当C相的接地故障使得正常相的电压上升为$\sqrt{3}$倍时，正常相的容性充电电流也相应地上升。同时，由于C相没有电压，所以C相不可能有充电电流，正常馈线的剩余继电器可以在其馈线上检测到这种充电电流的不对称性（即$\boldsymbol{I}_{a1}$和$\boldsymbol{I}_{b1}$的矢量和）。

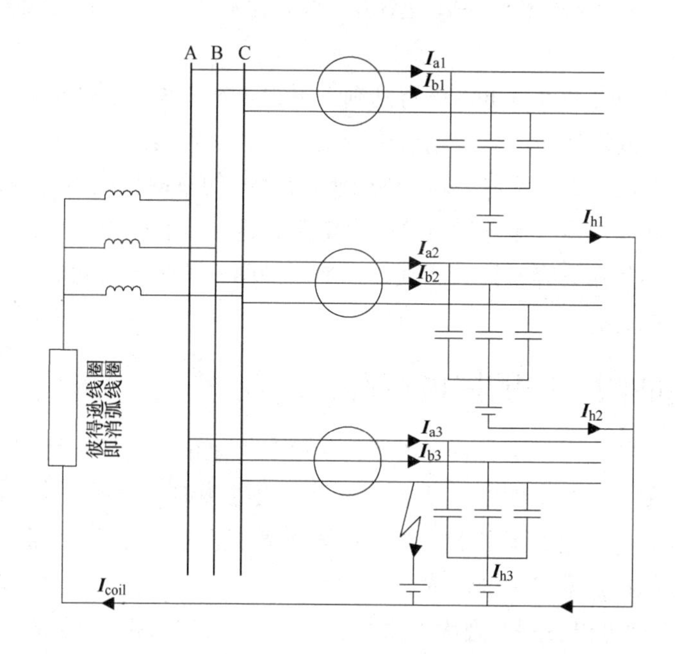

图5.14 经消弧线圈接地系统中的接地故障

图5.15所示为馈线3发生接地故障后两条正常馈线的矢量图。$\boldsymbol{V}_{ca}$和$\boldsymbol{V}_{cb}$为合成电压，$\boldsymbol{V}_0$为相电压，也即零序电压。$\boldsymbol{I}_a$是a相充电电流，其相位超前$\boldsymbol{V}_{ca}$ 90°。$\boldsymbol{I}_b$是b相充电电流，其相位超前于$\boldsymbol{V}_{cb}$ 90°。

正常馈线的剩余CT会记录图中$\boldsymbol{I}_a$和$\boldsymbol{I}_b$的矢量和$\boldsymbol{I}_r$，由图5.15可知，$\boldsymbol{I}_r$超前零序电压90°。然而，实际中线圈回路和馈线上都存在电阻，馈线上的电阻意味着正常相充电电流超前零序电压的相位略小于90°，相应地，线圈回路的电阻意味着线圈电流滞后零序电压的相位略小于90°。

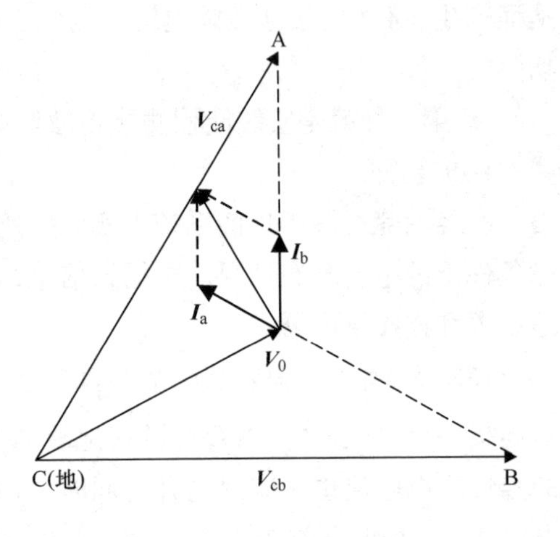

图5.15　电流的矢量和

由于线圈电流是故障电流与三条线路中剩余两个正常相合成充电电流的矢量和，而故障线路的CT检测到的剩余电流是故障电流与故障线路的两个正常相合成充电电流的矢量和，所以故障线路CT检测到的剩余电流是线圈电流减去两条正常线路中正常相的合成充电电流。因此，剩余CT电流超前零序电压90°，并且与正常相的剩余CT电流幅值差不多，所以这种无方向性的连接方式无法判别正常与故障线路。

但是加入方向性元件就可以进行判别，因为正常馈线的剩余电流位于特性曲线的不动作区，而故障馈线的剩余电流位于动作区。换句话说，正常和故障馈线剩余电流间的相位差使得动作临界线位于两个电流之间的方向性继电器得以发挥作用。在实际系统中常在接地线圈旁边并联一个电阻，这主要有两个作用：一是增加接地故障电流的大小使其更容易被检测到；二是增加两种剩余电流间的相位差，以便有助于选择性保护的应用。

5.7　不接地网络中的接地故障

已经知道在特定系统中安装和设置保护继电器之前，了解接地故障下的电流分布情况是十分重要的。中性点不直接接地系统发生接地故障后不会产生故障电流，只会造成系统充电电流的不平衡，这与补偿网络中的情况类似。因此，电流分布也与经线圈接地的补偿网络中的情况类似。

在图5.16中可以看到，因为C相电压为0，所以C相没有充电电流，正常馈线的剩余继电器可以在其馈线上检测到这种充电电流的不平衡性（即$\boldsymbol{I}_{a1}$和$\boldsymbol{I}_{b1}$的矢量和）。然而，故障馈线的剩余继电器能检测到一个方向上的充电电流不平衡（即$\boldsymbol{I}_{a3}$和$\boldsymbol{I}_{b3}$的矢量和），在相反的方向上则是$\boldsymbol{I}_{h1}$、$\boldsymbol{I}_{h2}$、$\boldsymbol{I}_{h3}$的矢量和。$\boldsymbol{I}_{h3}$同时出现在剩余继电器的两侧从而被抵消，这意味着流过故障馈线CT的电流仅是系统其他部分的充电电流（本例中为$\boldsymbol{I}_{h1}$和$\boldsymbol{I}_{h2}$），但与正常馈线对应电流的方向相反。

因此，在正常馈线上剩余CT可以检测到流出电源的电流，而在故障馈线上剩余CT可以通过特征角为-90°的方向继电器检测到流向电源的电流。

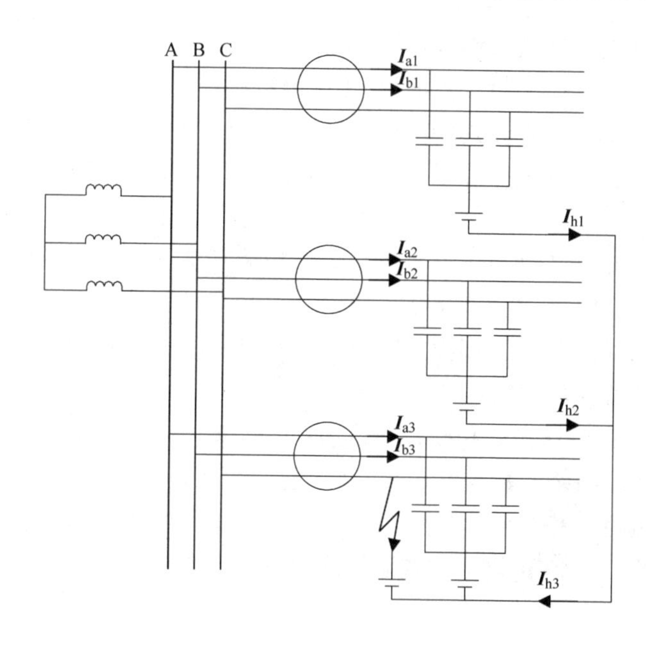

图 5.16　不接地网络的接地故障

5.8　一种用于补偿网络和不接地网络的接地故障继电器

图 5.17 所示是一种用于补偿网络或不接地网络接地保护的微处理器型继电器——REJ527。因为它的特征角可以为 0 或 −90°，这种继电器既可以用于补偿网络也可以用于不接地网络。

在 1MRS750616 − MUM 中可以找到这种继电器的全部细节，而本节主要关注其在补偿网络或不接地网络中的运行。

该继电器采用零序电压作为输入，主要基于两个目的：

- 作为方向性计算的参考电压。
- 作为解锁功能来确认继电器检测的零序电流源自接地故障而不是 CT 误差。

继电器 REJ527 的方向性接地故障电流单元包括两种接地故障电流阶段，低设定阶段（$I_0>0$）和高设定阶段（$I_0 \gg 0$），两个阶段都可以设置为方向性或非方向性。对于方向性阶段，有两种不同的运行特性：

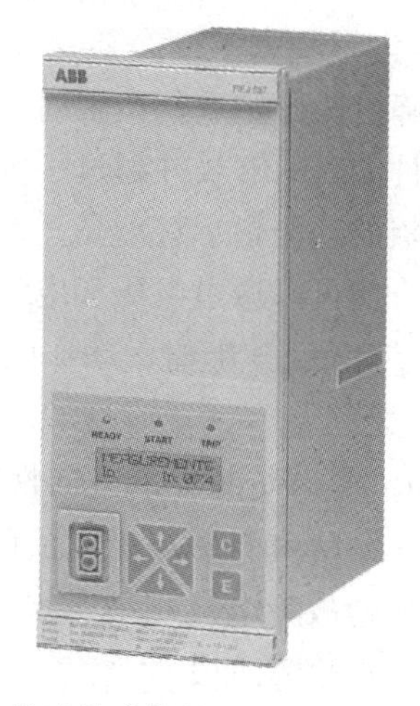

图 5.17　接地故障保护继电器（由 ABB 提供）

- 带基本角的方向性接地故障特性。
- 带 sinφ 或 cosφ 特性的方向性接地故障特性。

带基本角的方向性接地故障单元的运行是建立在测量接地故障电流 I_0、零序电压 U_0和计算电压电流间相位 φ 的基础上。同时满足以下三个条件时开始接地故障阶段：

- 接地故障电流 I_0超过了设定的故障阶段启动值。接地故障单元有两个接地故障电流阶段（$I_0>0$）和（$I_0\gg0$）。
- 零序电压 U_0超过了设定的启动值。故障单元有一个同时适用于解锁模式下两个阶段的启动值（$U_{0b}>0$）。
- 电压电流间的相角 φ 位于动作区内：$\varphi\pm\Delta\varphi$。

中性点不接地网络的基本角 $\varphi=-90°$，而对于经消弧线圈接地的网络，无论是否带有并联电阻，基本角都是 0°（见图 5.18）。动作区可以选为 $\Delta\varphi=\pm80°$或 $\Delta\varphi=\pm88°$，都有一个 40°宽的可选动作区。

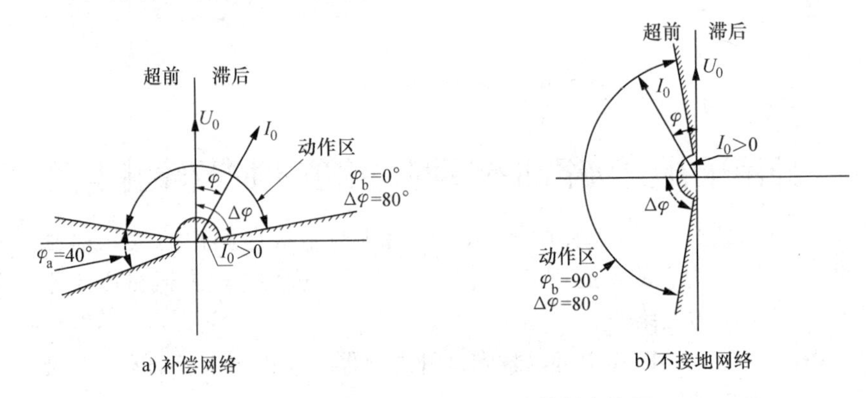

图 5.18　补偿网络和不接地网络的相角图

当故障阶段开始后，产生启动信号，同时前面板显示指示已开始。如果满足以上三个条件的时间够长并超过了设定的动作时间，已开始阶段就会发出跳闸信号，同时前面板的动作指示灯点亮。即使保护阶段重置，红色的动作指示灯仍会亮着。故障点的方向可以通过电压和电流间的相角来判断，基本角 φ 可以设置在 0°~90°之间。当基本角 $\varphi=0°$时，动作区的负象限可以增大 φ_a，更大的动作区 φ 可以设置在 0°~90°之间。

带 sinφ 或 cosφ 特性的方向性接地故障单元的运行是建立在测量接地故障电流 I_0、零序电压 U_0和计算电压电流间相角 φ 的基础上的。计算出相角的正弦和余弦值后再与接地故障电流相乘，得到方向性接地故障电流 I_φ。同时满足以下三个条件时开始接地故障阶段：

- 方向性接地故障电流 I_φ超过了设定的故障阶段启动值。接地故障单元有两

个接地故障电流阶段（$I_0>0$）和（$I_0\gg0$）。

- 零序电压 U_0 超过了设定的启动值。故障单元有一个同时适用于解锁模式下两个阶段的启动值（$U_{0b}>0$）。
- 电压电流间的相角 φ 处于相角校正系数为 2°~7°的动作区内。

当接地故障阶段开始后，产生启动信号，同时前面板显示指示已开始。如以上提到的三个条件的时间足够长并超过设定的动作时间，已开始阶段就会发出跳闸信号，同时前面板的动作指示灯点亮。即使保护阶段重置，红色的动作指示灯仍会亮着。故障点的方向通过电压电流间的相位来判断。方向性接地故障特性 $\sin\varphi$ 对应灵敏角为 -90°的接地故障保护，$\cos\varphi$ 对应灵敏角为 0°的接地故障保护。

图 5.19 显示了 $\sin\varphi$ 和 $\cos\varphi$ 的运行特性。对于方向性接地故障阶段，动作方向是正向还是反向可以独立进行选择；方向性阶段也可以按照无方向性保护阶段单独进行配置。

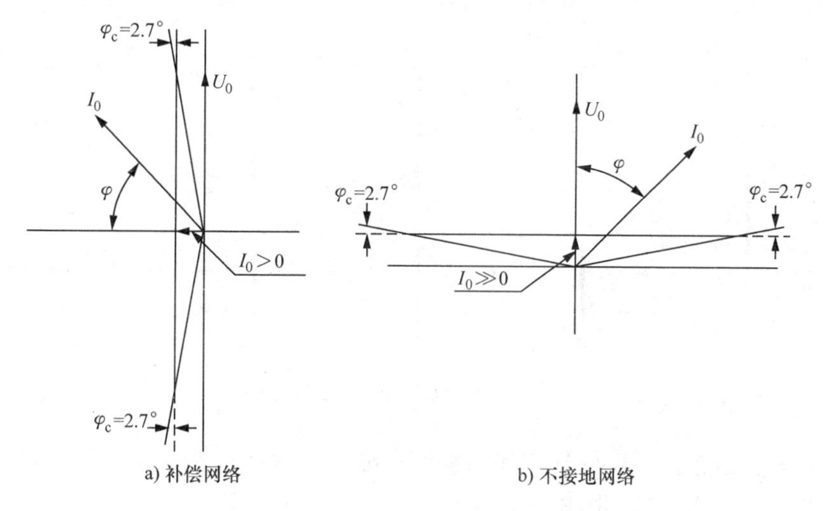

图 5.19　补偿网络和不接地网络的正、余弦运行特性

当接地故障电流超过低设定阶段（$I_0>0$）的起始电流时，接地故障单元经过大约 70ms 的预设延时后发出开始信号，经过规定的定时限操作或反时限操作后，接地故障单元动作。以同样的方式，当接地故障电流超出了高设定阶段（$I_0\gg0$）的起始电流后，接地故障单元经过 60ms 的预设延时后发出开始信号，经过设定的动作时间后，接地故障单元动作。

可以赋予接地故障单元的低设定阶段定时限或反时限最小时间（IDMT）特性，当选定 IDMT 特性后，可以得到六个时间-电流曲线组，其中四个符合 IEC60255 和 BS142 标准，称为正常反时限、非常反时限、极端反时限和长反时限；另外的两条反时限曲线称为 RI 曲线和 RD 曲线。当高设定阶段开始后低设定阶段的反时限功能被禁用，这种情况下，动作时间由高设定阶段决定。如果不需要的话，可以在动

作中完全移除高设定阶段。

5.9 故障指示器

无论一个配电网设计、建造、运行得多么好，出现个别故障都是无法避免的，原因可能是年久失修、天气情况或是第三方引起的电网意外事故。在许多网络中，故障意味着用户停电或电网性能受影响。无论故障发生在哪里、是何种类型，维修之前都需要先定位故障。本节将说明如何确定各种类型配电网中的故障区段，无论电网是手动控制还是远程控制的。

5.9.1 手动控制的配电网对故障指示器的需求

图5.20所示的中压（20kV）网络中，电源变电站的单相变压器连接了一条地下馈线。该馈线由断路器A控制并与另外7个变电站依次相连，每个变电站有两个电缆开关与一个开关熔断器来保护配电变压器，其中两个开关为常开联络开关（NOP）。

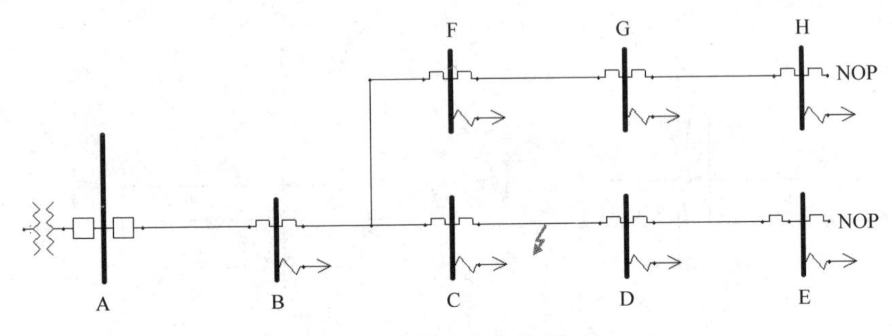

图5.20 故障定位的原理

对于发生在变电站C与D之间的电缆故障，断路器A将跳闸，整条馈线将断开，所有连接的用户都会断电。

一些用户可以通过切换操作来恢复供电，而另一些却只能等故障修复。显然馈线上的正常区段应该恢复供电，但问题是哪些是正常区段以及如何确定正常区段。

当断路器跳开并且没有故障位置的指示时，电力公司有一系列方法来确定故障区段。

1. 切换法

电力公司可以打开一个网络开关并重合电源断路器。如果断路器不会再立即断开，那么切换操作已经断开了故障区段。首先打开哪里的开关取决于电网结构和恢复供电的需要，比如，城市的商业中心需要尽快恢复供电。能够断开长线路或高故障率区段的开关要首先打开，因为故障更可能位于这些开关的下游线路上。

本例中，可以先打开变电站F处的出线开关并重合电源断路器，显然电源断路器会立即跳开。通过陆续打开和闭合选定的开关并观察电源断路器是否跳开，可

以确定故障的位置。在图5.20中，变电站A、B、C、F、G、H处的用户可以通过电源断路器A恢复供电，而变电站D和E处的用户可以通过闭合E处的常开联络开关来恢复供电。但这种方法有以下缺点：

- 电力公司要对故障重新通电至少一次，这可能会造成对故障点的进一步损坏，包括对附近的人造成伤害。
- 断路器仍然需要数次清除故障电流，特别是老式的油断路器会受到固定的故障清除次数的限制，之后断路器需要退出运行进行维护。
- 所有用户都会断电，但一些用户还会经历故障切换期间断路器重合带来的二次断电。对一些用户而言，第二次断电和第一次断电一样令人讨厌。
- 每次断路器跳开时，都会引起全网电压的下降，这会给一些敏感设备带来不利影响。

许多电力公司已经不允许对永久性故障故意重新通电，或者正在努力减少这种做法，所以切换法现在不再被普遍接受。

这种定位故障的方法可以在中点第一次断开，从而实现在最短时间内恢复用户供电的优化平衡。或者第一次切换可以优先考虑为特别重要的用户尽早恢复供电。

2. 开关测试法

这种方法与切换法十分相似，只不过在每次打开开关后，会通过一个如15kV的绝缘测试仪来检测开关下游的线路，从而确定该线路是否含有故障。当确认该线路没有故障后便会重合该线路的开关。这种方法不会再对故障重新供电，但花费的时间比切换法更长。在多出来的时间里，所有用户都无法供电，但好处是不需要对故障重新通电。

5.9.2　什么是故障指示器

故障指示器（FPI）是一种安装在配电系统某些节点上来指示是否有故障电流通过的装置。因此，它需要能够分辨出故障电流和与正常馈线相关的负荷电流，同时它也拥有多种向运行人员显示运行情况的方法。最简单和常见的设计是简易的接地故障指示器，它能检测零序（接地故障）电流是否超过某一限定值（如50A），当该电流持续超过某一时间时（如50ms），它会降下一个继电器标志或者点亮一个红色LED灯来表明故障电流已经流过这个位置。当然，一个对称的三线或四线制MV系统中，50A的负荷电流不会产生零序电流，从而也不会引起故障指示器动作。接地故障指示器也可以由一个带分裂铁芯的零序CT来驱动，这种CT更适合地下电缆，同时也更便宜。

通过故障指示器来检测相间故障也是可行的，这需要通过CT来检测相电流。电缆的末端区域是安装CT的合适位置，除非电缆是架空安装并且有充足的物理空间，否则安装CT将是一项昂贵的工程。一些电力公司喜欢将接地故障指示和相间故障指示结合起来，这在技术上是可行的，但在经济性上却没有吸引力，因为电缆系统中绝大多数相间故障是由接地故障引起的，因此，可以由更便宜的接地故障指示器来检测。

通过减少运行人员巡线寻找故障位置的时间，故障指示器帮助电力公司更快地恢复供电。节省的运行人员时间带来的经济效益可以被量化，这在第 8 章中有所讨论。

假设有两个故障指示器安装在变电站 B 和 F，如图 5.21 所示。对于发生在变电站 C 和 D 之间的同一故障，电源断路器将断开，故障电流将流过变电站 B 和 C，导致 B 处的故障指示器（FPI）动作。

当运行人员来到现场时，首先要检查两个 FPI 来查看故障电流经过了哪里。B 处的 FPI 表明故障不在 AB 段，在变电站 B，运行人员可以打开朝变电站 C 方向的开关，并通过重合断路器恢复对变电站 B 的供电。

变电站 F 处的 FPI 告诉运行人员故障不在 F 到 H 的区段。在变电站 F，运行人员可以打开朝向 B 和 C 的开关，并通过闭合变电站 H 处的常开联络开关恢复对变电站 F 至 H 的供电。

至此，虽没有对故障进行重合便恢复了一些供电，但是还有一些供电没有恢复。在仅有这两个 FPI 的情况下，很显然，想要恢复剩余的供电，必须用到切换法或开关测试法。

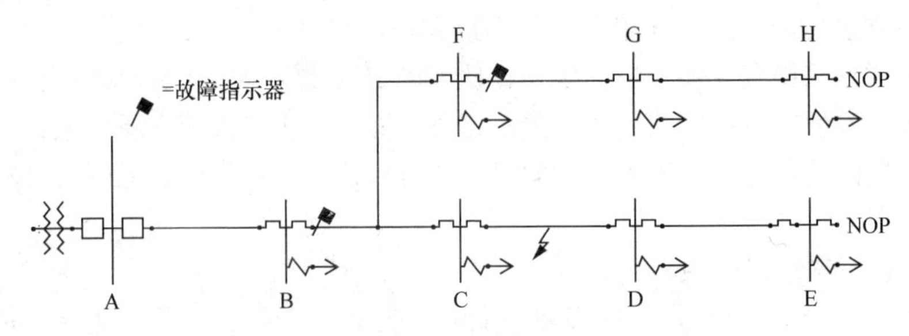

图 5.21　通过故障指示器进行故障定位

另一种方法通过测量故障清除前的实际故障电流来确定故障的大概位置。随着故障点离电源距离的增加，阻抗变大，故障水平及故障电流都会下降。如果对网络中每一区段的故障水平都进行精确的计算，再与测量电流进行比较，那么就可以得出到故障点的距离。这种方法有三个缺点：

（1）故障阻抗会带来很大的误差，尽管通过修正可以减小这种影响。

（2）现今系统的精确度不足以分辨故障发生在故障分断开关的哪一侧。例如，假设测量结果表明故障发生在线路的 1780m 处且不准确度为 3%，即故障位于 1727 ~ 1833m 之间，而故障分断开关位于 1800m 处。如此一来，运行人员便不能确定打开这个开关是否有用。

（3）大部分线路尤其是架空线路都有许多 T 型接法线路，取决于考虑了哪些 T 型接法线路，故障的实际距离只是沿着不同路径中的一条。这种情况会造成电力公司的误解。然而，这种故障测算方法却能提供极其有用的信息，即引导维修人员找到故障的大概位置。

故障指示器还可以进一步分为三类：

（1）独立式设备：由技术人员对指示器进行本地读取。

（2）通信式设备：通信系统通常也是扩展控制系统的一部分，控制人员通过某些通信系统远程读取指示信息。

（3）便携式设备：对于一些长架空线十分有用，尤其当线路中固定安装的故障指示器之间距离很远时，可以通过便携式设备将包含故障的长线路分成一系列小段。

5.9.3 采用扩展控制或自动化的配电网对故障指示器的需求

假设图5.22所示的配电网中加装了一些自动化装置，这意味着在变电站B、F、H、E处加装的开关执行机构和远程终端单元（RTU）将与电源断路器一起发挥作用。这样就可以通过SCADA分站来远程操作开关。

对于发生在变电站C和D之间的相同故障，控制人员可以像手动切换操作人员所做的那样来恢复供电。

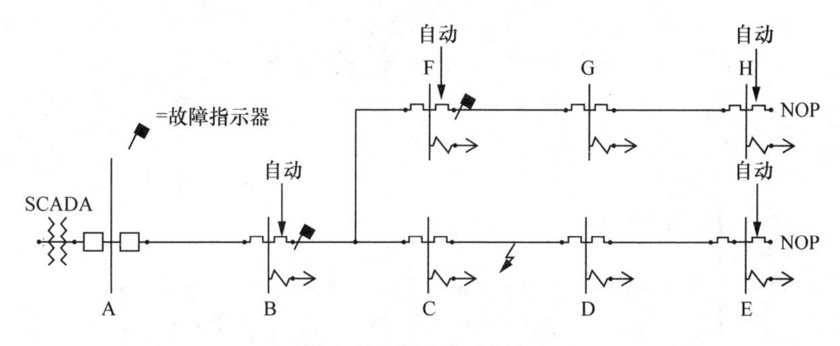

图5.22 FPI和SCADA

这种方案的优点是开关操作比手动方案更快，因为开关操作人员在启动开关之前无需花时间到现场去。但是控制人员仍然需要知道故障的位置，这可以通过将故障指示器（FPI）的辅助触头连接到变电站远程终端单元的数字输入端来实现，远程终端单元可以把FPI的状态传送给控制人员。FPI在给出远程指示信息的同时，仍然会给出本地指示信息。

5.9.4 闭环网络中使用的故障指示器

上面考虑的配电网全是辐射状网络或开环网络，意味着网络只有一个电源为网络中的所有负荷供电。有的配电网有更多的电源，这种配电网就是闭环网络。

图5.23所示为一个由两个电源供电的闭环网络，这种方式比开环更加安全可靠。如果所有的开关设备只能分断负荷电流，那么对于图中所示的故障，两个电源变电站的出线断路器都将跳开而所有负荷都会断电。

通过使用断路器，可以仅使故障两侧的断路器跳开。对于图 5.23 所示故障，断路器 CBa 和 CBb 都会跳开，因此只有变电站 3 处的负荷断电，其他负荷的供电不受影响。断路器 CBa 断开电源 A 流出的故障电流，而断路器 CBb 断开电源 B 流出的故障电流，每个电源的潮流由电源流向故障点。

一般来说，故障指示器不具有方向性，也就是，它们只指示故障电流通过却不指示电流的方向。当上述故障发生时，电网运行人员会发现两个断路器跳开，并且每个变电站的 FPI 都会动作。变电站 6、4、3 处的 FPI 动作是因为来自电源 B 的故障电流，而变电站 1、2 处的 FPI 动作则是因为来自电源 A 的故障电流。运行人员知道故障位于变电站 2 和 4 之间，但不知道故障位于变电站 3 的哪一侧，因为采用非方向性指示的问题是无法判断导致变电站 3 处的 FPI 动作的故障电流来自哪个电源。但是，如果变电站 3 处的 FPI 具有方向性，运行人员就可以看出故障电流来自电源 B，因此就能判断故障位于变电站 2 和 3 之间。运行人员知道故障的准确位置后就可以采取针对性的开关措施。

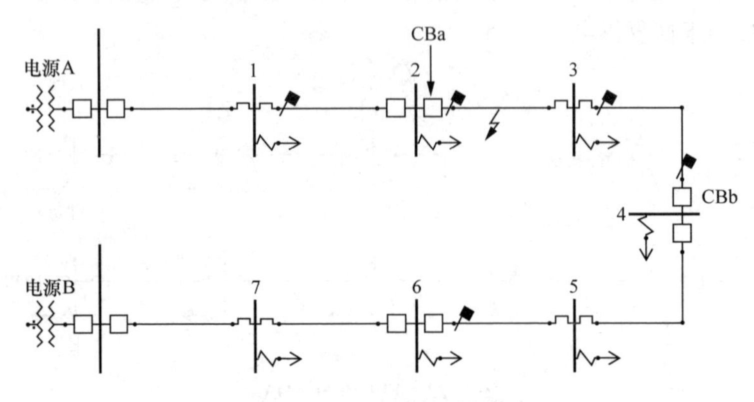

图 5.23　FPIs 及闭环网络

因此，方向性 FPI 对闭环网络是不可或缺的，只有少数合适的装置可用，它们可以指示故障位于 FPI 所处位置的上游还是下游方向。与方向性保护继电器同时需要电压和电流源一样，方向性 FPI 也同时需要电压和电流源。对于一个地下指示器来说，电流源可以是接地的或相电流互感器，电压源可以是开关设备上的绕线式电压互感器或其他新型方案，需要注意的是，来自本地配电网的低压电源一般是不够的。

闭环网络一般用于地下网络，目前很少用于架空系统。但是无论用户是接入地下还是架空供电网络，公众都期望电力公司为所有用户提供通用的安全标准，所以闭环可能成为未来架空网络的主要特征。许多生产商也正在发展用于闭环架空网络的故障指示器。

5.9.5　方向性故障指示器的其他应用

方向性故障指示器也可以在辐射状配电网络（开环网络）中发挥作用。如图 5.22 中所示的故障，指示器 F 由于没有故障电流通过而不会动作，但如果该 FPI 是方向性的，那么根据它的设计和网络运行情况，即可以指示出故障来自上游。这对于网络运行人员可能是有用的。

当第二个电源如嵌入式发电机接入 MV 配电网时，方向性 FPI 也可以发挥作用。这种情况与上面提到的闭环网络很类似，发电机会导致非方向性 FPI 动作，从而为网络运行人员发出正确但有误导性的信息。在嵌入式发电系统中，FPI 的动作方式很大程度上取决于发电机的接地方式。

5.10　故障指示器与配电网导线的连接

除非通过某些方式进行限制，否则 MV 配电网的故障电流可能高达 20kA，直接测量这种等级的电流是不实际的。因此，所有已知的故障指示器（FPI）都通过电流产生的磁场来测量电流。

5.10.1　采用电流互感器的连接方式

图 5.24 所示为一个星形接地网络，该网络有三个单相 CT 和一个环绕三根导线的零序 CT。这种配置对于地下电缆网络（将 CT 改装放入现有电缆盒可能有些复杂）是可行的，但对于非绝缘的架空系统则是不实际的。相间故障只有在每一相都装上单相 CT 才能被检测到，而接地故障可以通过零序 CT 或按剩余形式接线的单相 CT 进行检测。

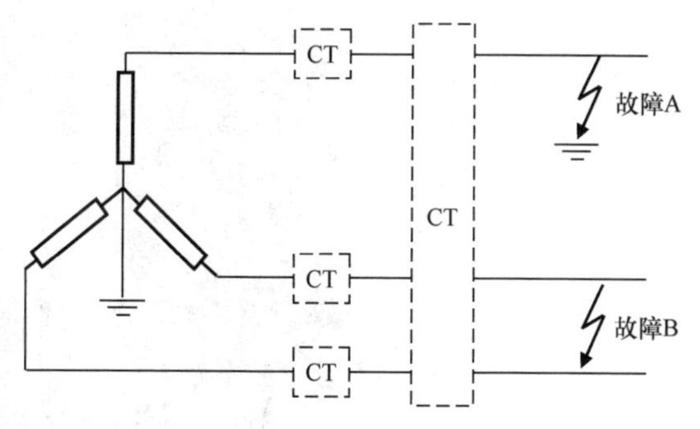

图 5.24　CT 连接方式

图 5.25 所示为 3 个 CT 的剩余接线方式，该方式通过三个装置（FPI－1、FPI－2、FPI－3）指示相间故障，通过 FPI－E 指示单相接地故障。

在这种连接方式中，可以将 FPI－2 短路并移走，因为它并不能带来与其成本相符的收益。

针对相间故障或两相和单相接地故障，可以使用多个单独的检测装置（3 个或 4 个以上），或者以更经济的方式只使用一个多输入的装置。

5.10.2　地下网络中采用 CT 的连接方式

图 5.26 中的 FPI 可以用在电缆终端盒中，三个传感器可以分别安装在三根电缆单芯上来检测接地故障和相间故障。

上面用到的 CT 安装在电缆终端盒里，但是有时候难以实现，如终端盒里的空

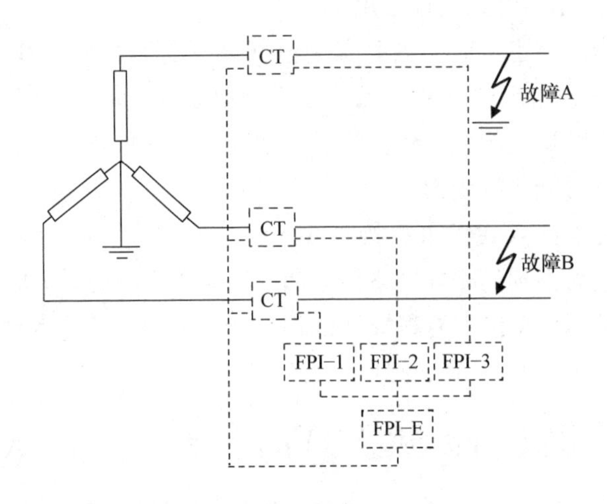

图 5.25　剩余接线方式

图 5.26　典型的 CT 接线

间不够或是已经被占满了。这种情况下，可以利用外部 CT 来指示接地故障，但是必须要保证通过电缆接地端（如电缆护套）回流的接地故障电流不穿过 CT，如图 5.27 所示。

5.10.3　架空网络中采用 CT 的连接方式

架空线上的相间故障和接地故障可以通过常规 CT 按照与地下电缆系统相同的方式进行检测，但主要的差异是架空系统的大部分是非绝缘的。因此，CT 要么对线电压绝缘（这样会增加成本），要么与其他已有的绝缘设备相配合。

图 5.28 所示为一种典型的柱上负荷隔离开关。A 处非绝缘导线上的 CT 需要的一次绝缘水平约为线电压。然而，B 处围绕绝缘子的薄 CT（如最大为 50mm）的

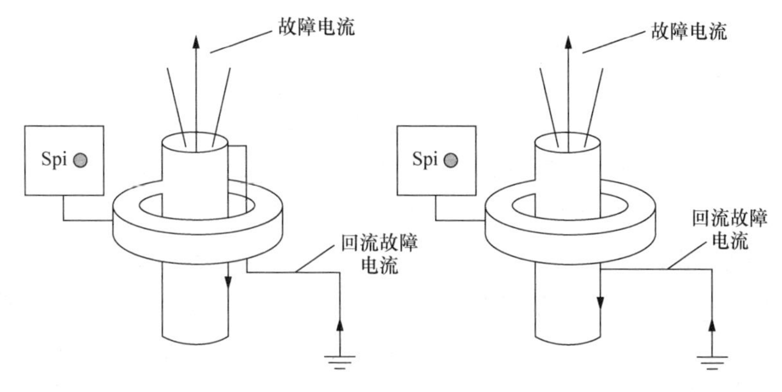

图 5.27 外部 CT 的接线方式

电势根据沿着绝缘子的电压梯度而定，因此基本上与大地同电势。如果采用这种方法，绝缘子在最初设计时必须要考虑 CT 引起的电压分布变化。

从实际的角度来看，无论对于架空网络还是地下网络，出于安全原因，安装 CT 时一般需要断电。如果电缆盒是空气绝缘的并且有充足的空间容纳 CT，那么将 CT 安装到电缆盒里要简单得多。

图 5.28 柱上开关柜的 CT 接线

5.10.4 架空网络中无 CT 的连接方式（临近）

还有很多不用常规 CT 可以测量与电流相关磁场的方法：

第一种方式也称作直接连接，FPI 通过一个绝缘杆直接夹到裸露的架空导线上。图 5.29 所示为一种典型的 FPI，它通过一个闪光的氙气管来指示故障电流的

图 5.29 用于直接接线的 FPI

通过。这种连接方式经济性好，但是因为整个指示器的电势为架空导线的电势，连接到 RTU 的指示器辅助触头涉及中压绝缘。

传统 CT 通常在距离导线几厘米的地方检测电流产生的磁场，这个磁场随着距离的增加而减弱。通过一些敏感设备，可以在一些更方便的位置来检测变弱的磁场。比如，如果检测器可以位于带电未绝缘导线的安全距离之外，那么就可以在线路带电时进行安装，但是需要权衡这种技术带来的收益和增加的成本。

在称为“临近连接”的方式中，检测器装在架空线的支撑杆上，大约位于导线下面 3m。图 5.30 所示是一种集成了故障检测和本地指示的典型设备，本地指示器是一个闪光氙气管。同直接连接相比，它更容易提供通过 RTU 和通信系统进行远程指示的辅助触头，这种触头与同一电杆或下一电杆上的 RTU 相连。

图 5.30　用于临近连接的 FPI

一些故障指示器需要测量电压，可以作为故障指示的一部分如方向性故障指示，也可以作为一种在系统电压恢复时知道指示器可以重置的方法。对于地下系统，中压电网的电压通常从独立的电压互感器或本地配电变压器处获得。

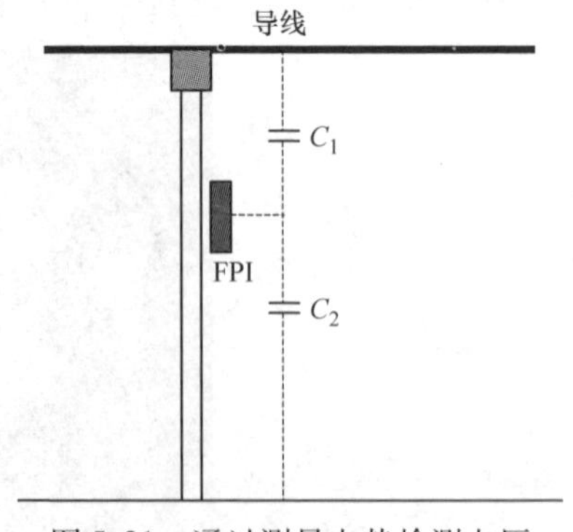

图 5.31　通过测量电势检测电压

对于架空系统，电压可以另外通过对地电容推导得出。图 5.31 中，采用临近连接的故障指示器安装在带电架空导线的支撑杆上。架空导线和故障指示器之间的电容为 C_1，故障指示器和地之间的电容为 C_2。指示器的电压可以通过测量电势来确定，因此，指示器可以用来判断电压是否存在。

5.11　配电系统接地及故障指示

因为配电网中的故障可以是相与相之间的故障即相间故障，也可以是一相与地间的故障，即接地故障，所以故障指示器需要能够检测相间故障或接地故障，或者二者都要检测。多相与地之间的故障可以被视为相间故障和接地故障的组合，这种情况稍微复杂，因为故障指示与那些用于保护的故障检测不太一样。

故障指示器想要动作，某些系统条件必须要发生变化，从而可以被故障指示器检测为故障。在一些情况下这很容易实现，而且相关的指示器也很便宜，但情况并不总是这样。无论指示器是通过电流互感器还是临近的检测器连接到电力系统，相间故障的检测都很简单。这是因为电力系统的相间故障电流主要由电力系统的电源阻抗控制。举例来说，为 MV 配电网供电的变压器容量大概为 10MVA，它提供的相间故障电流很容易被检测到。

接地故障电流的检测取决于流过多大的接地故障电流，流过的电流越大，FPI 就可以越简单越便宜。接地故障电流主要取决于中压系统的接地方式，主要分为两类：第一种被称作"有效接地"，通常接地故障电流很大；第二种被称作"非有效接地"，其接地故障电流很小。

有效接地系统的中性点接地方式有直接接地、经电阻接地、经电抗接地。直接接地系统的接地故障电流只与电源阻抗有关，如 5kA；经电阻（电抗）接地方式则在接地回路中加入一个已知阻抗，根据加入阻抗的大小来限制接地故障电流的大小，如 1kA。

在非有效接地系统中，中性点是对地绝缘的或者经过一个平衡电网容性电流的电抗接地，这个电抗通常被称作补偿线圈或消弧线圈。当非有效接地系统发生接地故障后，没有很大的接地故障电流流过，仅仅是容性电流有些变化。虽然断开故障元件的要求不像有效接地系统那样高，但此时检测接地故障很困难。

英国的大部分配电网是有效接地的，但一些架空网络采用了补偿线圈接地，中性点不接地系统极其少见。在其他国家，补偿接地在架空和地下系统中都很常见。在一些补偿系统中，补偿线圈还会并联电阻来提供额外的电流，这个电阻可以一直投入，也可以通过开关在需要时投入。如果这个电阻一直投入，它的作用是提供一个小的有功电流，可能为 10A，10A 的有功电流也可以驱动一个足够灵敏的故障指示器，使变电站方向性接地故障的保护动作。

电阻也可以在需要时通过开关投入运行。这种形式通常用于补偿电抗恰好能够补偿系统电容的补偿系统，这样发生单相接地故障时系统条件的改变不足于使保护动作断开故障，如此一来，用户就不会因为常见的故障而断电。但是许多监管机构要求系统在这种状态下只能运行一定的时间如 30 分钟，快到 30 分钟时，电阻可以投入从而产生足够大的接地故障电流，进而通过保护快速切除受影响的馈线。这种故障电流一般为 1kA，可以驱动许多类型的故障指示器。

5.11.1 稳态故障情况下的检测

在有效接地系统中，故障电流随着 50Hz 或 60Hz 的系统频率而增加，并一直保持流动直至被断路器切除，断路器的时间尺度为 50~500ms。线路中的电流由负荷电流上升为故障电流，故障电流一旦开始流动，一般保持不变。如果故障电流超过了设定的指示器阈值，指示器便会显示发现了故障。然而线路中的负荷电流也会随着用户投切负荷而发生变化，这些负荷间的变化不像故障电流上升地那样迅速，因此检测电流的上升速率可以用来提高指示器的灵敏度。另一个相似的方法是寻求线路电流在短时间内上升到初始值的两倍。

所以，检测稳态情况的故障指示器必须能够在故障发生到断路器切除故障的时间段内检测给定阈值的故障电流或给定上升速率的故障电流。对于接地故障检测来说，典型值为 100ms 的时间段对应 30~50A 的阈值。

5.11.2 暂态故障情况下的检测

在非有效接地系统中，接地故障电流的情况与有效接地系统很不一样。对于单相接地故障，如果线圈的感性补偿电流恰好抵消电网的容性电流，那么常见的保护是无法动作的，同样传统手段也无法检测出故障电流。然而，在不接地或补偿接地系统中，接地故障的初始暂态很重要，它有两个特征：首先它们可能会扰乱常规的继电保护，因此需要为继电保护安装谐波滤波器；其次它也提供了一种跳开故障线路、驱动故障指示器的有效方法。

图 5.32 中线路与单相变压器相连，变压器经补偿线圈接地。在正常情况下，电网电压围着电压三角形的中心旋转。每个相间电容由相间电压充电，每个相对地电容由相对地电压充电。

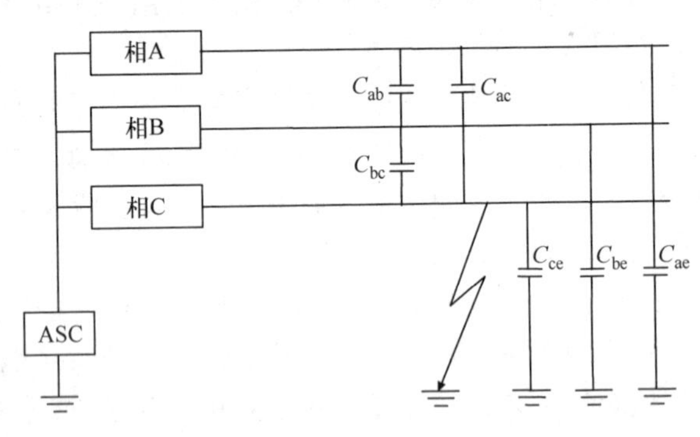

图 5.32 补偿网络中的检测

假设 C 相发生了接地故障，那么在不接地网络或补偿网络中，断路器不会因为单相接地故障而动作，故障带来的变化是电网电压围绕 C 相旋转而不是电压三角形的中心，相间电容两端的电压没有变化。但由于 C 相接地，电容 C_{ce}上的电压由相电压降为 0，电容因为故障而放电产生暂态电压与电流，称为“放电暂态”。同时电容 C_{ae}和 C_{be}上的电压由相电压升为线电压，即电压升高了 73%，也产生暂态电压与电流，称为“充电暂态”。

通过检测这些暂态就可以指示补偿或不接地网络中发生了接地故障。结合电容分压器来检测瞬态电压的变化，就可以指示出接地故障的方向。

5.11.3 灵敏型接地故障指示

配电网中的大多数保护都具有图5.33所示的典型的反时限特性。例如，如果继电器的电流为I_1，它会在T_1时间后动作，T_1一般为200ms。如果电流低于I_2，继电器将不会动作。然而，在许多农村架空网络中，故障可能发生在故障电流很小的区域，这种情况可能是非绝缘导线断开并恰好落到接地电阻很高的地面上，如岩石。

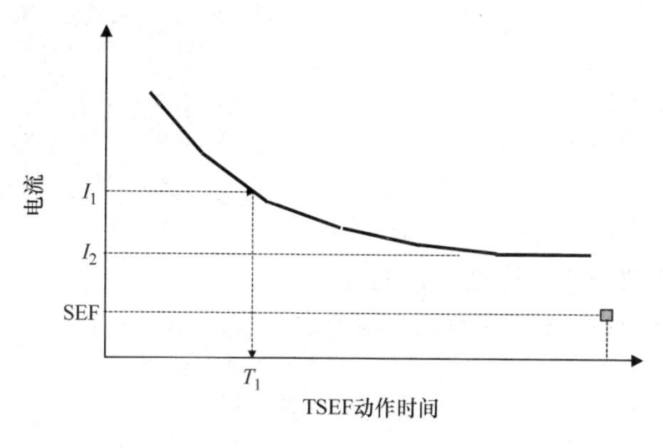

图5.33 SEF的指示

在5.2节中看到工程师可以通过灵敏接地故障保护来检测这种故障，它可以检测电流较小（如10A）而持续时间相对较长（例如20s）的故障电流。当故障被灵敏接地故障保护切除而电网运行人员要求故障指示器显示故障电流流向哪里时，就需要带有灵敏接地故障装置的故障指示器，有很多带灵敏接地故障的指示器可供选择。

5.12 自动重合闸与故障指示器

故障指示器在概念上与继电保护十分相似，主要区别是继电保护驱动断路器，而FPI仅仅提供某种形式的指示。继电保护技术参数包含更多可调的设置，技术参数通常更高，因而价格更昂贵。因此用来切除故障的断路器都可以显示出故障电流通过了保护设备，这与FPI的功能相似。通常，断路器不会安装FPI，然而瞬时故障一般通过重合断路器来清除，对于运行人员的好处便是知道发生了瞬时故障，故障已经被成功切除并且恢复了供电。如果重合断路器无法提供瞬时故障的具体数目，那么就可以在重合闸处安装FPI。另外，在网络中的重要位置如主要支线的始端安装FPI对于指示瞬时故障是很有用的。

5.13 相间故障和接地故障之间的指示选择

同时使用两个装置，可以提高检测所有故障的可能性；而同时使用三个装置，所有故障都可以被记录到。但许多运行人员将三个指示器分散开来，不是集中在一个位置而是在三个位置分别布置一个指示器，并声称这种方式具有更高的整体性价比。

图 5.34　Fisher Pierce 1514 型 FPI

因为许多电网运行人员限制了允许流过的接地故障电流，所以接地故障指示器可能需要足够灵敏才能检测这么小的电流，常见的指示器最低能检测 50A 的电流。另一方面，典型的过流故障指示器可能被设定工作在 1000A，因为限制相间故障水平并不常见。如果运行人员使用导线上安装的单相装置，如图 5.34 所示的 Fisher Pierce 1514 型 FPI，那么应该能够同时检测该相的过流故障和接地故障，只要指示器的最小动作电流低于限定的实际接地故障电流。

5.14　故障指示器的重置

故障指示器（FPI）的正确动作是为了显示故障电流通过了电网中的某点，并在运行人员发现指示器动作前保持指示不变。因此 FPI 必须保持一定时间的指示状态直到再次重置，重置应该在一段时间之后（通常是 1 个小时），一般认为运行人员在该段时间内可以看到指示信息。但是，如果运行人员在更短的时间内读完信息，那就应该尽快重置，通常按重置按钮或移动磁铁之类的操作就可以完成 FPI 的本地重置。其余的指示器可以通过线电压的恢复进行重置，特别是采用临近连接的架空线指示器。为了自动化而连接 RTU 的指示器一般可以通过在输入端施加电压来进行重置，这个电压由 RTU 的数字输出进行控制。

5.15　故障指示器的配合

一般的接地故障指示器会在持续 50ms 的 50A 零序电流作用下动作，如果假设指示器所在的电网可以保证在所有接地故障情况下[㊀]都会产生这样的故障电流，那么可以肯定每个指示器都会动作并显示故障是否在指示器所负责的区域。故障位置只能通过观察哪个指示器已动作来确定。离电源最远的指示器可以指示出故障区段的始端，但假设的前提是每个指示器都正确动作，并且没有动作的指示器不动作是因为它没有检测到故障电流流过，而不是因为在故障时刻指示器不能正常工作。与其他电力系统元件一样，一定要注意定期检测 FPI 以保证在需要

㊀ 必须注意要包括所有想得到的接地故障阻抗。

时可以正确动作。

在各电力系统中，故障电流随着与电源距离的增加而减小。因为故障指示器的设置可以不同于上述例子，所以不同设置的装置可以用在故障电流足以引起保护正确动作的任意位置。

在撰写本书的同时，至少有一家生产商可以提供这样的指示器：指示器的特征曲线类似于保护继电器的时滞曲线，而不是在检测期间超出电流阈值就动作。目的是与串联断路器的继电保护器通过配合确保对于给定故障只有正确的断路器会断开这一方式相同，线路上的一系列 FPI 也需要配合来确保只有离故障最近的 FPI 动作。这种方式的好处是，当指示器与 RTU 一起作为扩展控制的一部分时，RTU 可以报告自己位于离故障最近的配电变电站而不用考虑上游指示器的动作情况。中央逻辑单元在考虑所有可用数据后作出正确决策，对于取决于中央逻辑单元的扩展控制方案，指示器带来的综合效益很有限。但是，对只基于装有 RTU 的变电站本地逻辑的扩展控制方案，这种方式的好处是不必检查上游指示器的状态，可以直接操作。

5.16　选择故障指示器

假设指示器需要带有辅助输出触头才能与远程控制 RTU 的数字输入相连，那么指示器的选择取决于四个主要问题：

- 配电网是辐射状（开环）还是闭环的？
- 系统中性点接地方式是什么？
- 指示器是用在架空系统还是地下系统？
- 需要哪种类型的指示器？接地故障、相间故障还是二者都有？

对于有效接地的开环系统，有很多种能够指示接地故障或相间故障或以上两者的 FPI 可供选择。一些指示器适合架空线路，而另一些则适合地下网络；有的指示器通过电流互感器检测故障电流，有的直接安装在导线上，而有的离导线一两米远依靠变化的电磁场进行检测。装置的输出可以是某种形式的可视化指示，例如，闪光的氙气管或 LED，而其他指示器带有适合连接远程控制 RTU 数字输入的辅助触头。

尽管适用于闭环地下网络的故障指示器现在只有一种，但是因为闭环网络相关的可靠性对一些运营商而言越来越重要，几家生产商正在研发这样的产品。

适用于中性点补偿接地网络的 FPI 现在很有限，只有两家生产商，一家的产品适用地下系统，另一家的产品适用于架空系统。

5.17　智能电子设备

配置远程控制/自动化开关的最终元件是控制和保护装置，业界一般采用“智能电子设备”（Intelligent Electronic Device，IED）一词作为统称。它包括简单的远程终端单元[㊀]、不带控制和通信功能的传统保护继电器以及带完整通信接口的继电器。

5.17.1　远程终端单元

远程终端单元（RTU）是一种允许本地进程与主机或中央控制系统进行通信的装置。RTU 的尺寸和复杂程度随功能的不同变化非常大，用在配电网和大型一次变电站中的大型 RTU 可以看作 SCADA 系统的一部分，这些装置通常拥有超过 100 个输入输出端。RTU 的尺寸、复杂度和成本与以下因素直接相关：

- 需要采集数据的种类和数量（输入/输出端数量）。
- 需要控制的装置的不同种类及数量。
- 需要处理的本地数据的数量及复杂程度。

配电网中采用的 RTU 需要成本尽可能的低，并且功能只需与配电网的应用相适应。除了尺寸大小，所有的 RTU 在本质上是一样的即存储数据的能力。单项数据（通常是测量数据）的存储实现了获取和处理数据的基本功能；进一步这些数据可以随时传送给主机，与采集时间无关。数据存储也允许反方向的数据传输，即从主机到本地进程。数据排队使得 RTU 可以按照非同步方式从本地进程和主机采集数据，从而带来了更大的灵活性。通过运用排队过程中的缓冲机制，可以在短时间内采集大量的数值变化。采集到的信息可以通过多种方式进行处理，从而产生了高级程度不同的智能 RTU。RTU 的基本任务如下：

- 从功率传输过程中获取不同类型的数据。
- 积累、打包数据并将数据转换为能传回主机的形式。
- 编译并输出从主机获得的指令。
- 本地滤波、计算和处理的性能，以允许具体功能在本地运行。

许多 RTU 执行的数据采集和数据处理是主机分配给 RTU 的基本 SCADA 功能，这种主机到本地进程的具体功能分配提升了中央控制系统的性能。在配电自动化中，这种分派尤其重要，因为需要控制的装置急剧增加，配电站外的扩展控制加重了中央系统的负担，尽管每个装置的 I/O 端口很少。当更多本地进程采用分派后，特别是对那些控制装置很多并且分布很远的远程控制而言，从主机上下载新的进程设置会变得很方便。这种能力是主机与分机之间通信协议及其实现的一项功能，本地事件的时间戳和本地时间与主机的同步对于大型变电站的 RTU 来说是先决条件。但对于小型 RTU 来说这仅是一个增加成本的额外选项，这种情况下时间戳会给主

㊀ 虽然遥控行业常用 RTU 表示联系了测量、状态输入和控制输出的电气装置，但配电行业中常用“配电终端单元”（DTU）来表示不同于输电变电站中大型 RTU 的小型装置。在欧洲一些地方，配电变电站指的是紧凑型变电站。

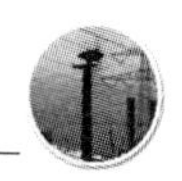

机造成负担，因为它需要对所有本地位置定期轮询，或者需要增加单独的外部广播型时间戳。

一次开关柜控制所需的 RTU 需要体积最小及功能最少，它们可以安装在室内开关柜的控制隔间或者室外杆塔基座的控制室内，后一种安装方式要求 RTU 能够经受严峻的温度考验（-40～+70℃）。通常，这类应用需要一个集成电源来管理电池充电，还需要一个集成的调制解调器来直接连接通信媒介。一次变电站外采用基本远程控制的馈线开关的 RTU 必须要有足够多的 I/O 接口来监视、控制开关并对开关和控制柜进行健康检查。不同开关型号所对应的规格和要求在表 5.1 中举例给出。

表 5.1　用于三类典型自动设备的 RTU I/O 数量

RTU 项目	基本的空气隔离开关	带 FPI 和接地开关的气体绝缘封闭开关	带 FPI 和测量的气体绝缘封闭开关	带 FPI 的环网柜型 CCF（两个远程控制开关）
数字输入				
状态				
打开	√	√	√	√√
闭合	√	√	√	√√
本地-远程	√	√	√	√
接地开关位置		√		
指示器（FPI）		√	√	√
报警				
门打开	√	√	√	√
电动机 MCB	√	√	√	√
电池失效	√	√	√	√
气压过低		√	√	√
小计	6	9	8	10
数字输出				
控制				
打开	√	√	√	√√
闭合	√	√	√	√√
FPI 重置		√	√	√
小计	2	3	3	5
模拟输入				
相电流			√√√	
相电压			√√√	
小计	0	0	6	0
总 I/O 数目				
数字输入	6	9	8	10
数字输出	2	3	3	5
模拟输出			6	

通常，小型 RTU 至少需要配备一块 I/O 板、一块电池充电板、一些用于集中站控的 RS232 接口、一个本地显示控制单元和一个集成调制解调器。I/O 板 16 个数字（二进制）输入和 8 个数字输出的等级分别为 24V、0.2A 和 220V、0.5A，这种最低配置可以满足大多数远程控制装置的低端要求。加入测量装置时需要谨慎考虑，因为典型模拟输入板的输入水平为毫安级别，在没有转换器的情况下并不适合直接连接 CT。综合传感器的输入还需要接口电子装置来处理来自如补偿线圈等传感器的信号。

可编程序逻辑控制器（PLC）㊀经常作为一种基本的 IED 用于 RTU，特别是执行自动分断所要求的基本逻辑而不必进行通信时。PLC 是为了实现工业过程自动化而开发的，其重点是测量数据并以非常低的设备成本投入对数据执行逻辑操作来完成控制动作。两种装置的根本区别在于存储并向主机传送数据的能力，然而微处理器技术的持续发展正在消除这种差别。

5.17.2 保护智能电子设备

保护智能电子设备（IED）允许本地开关设备在清除故障时自动动作，这是清除

表 5.2 一种典型重合闸控制器的特征及规格

数字输入		数字输出	
打开状态	√	打开开关设备	√
闭合状态	√	闭合开关设备	√
选定本地控制	√	本地控制	√
重合闸闭锁	√	重合闸闭锁	√
接地故障闭锁	√	接地故障闭锁	√
保护闭锁	√	灵敏接地故障闭锁	√
后备保护	√	保护闭锁	√
电池检测报警	√	系统正常指示灯	√
重置	√	电池正常指示灯	√
门打开报警	√	禁用加热器	√
小计	10	小计	10
相电流（I_a，I_b，I_c）	√√√	接地故障指示（方向性）	√
中性点电流（I_n）	√	短路指示	√
相电压（V_a，V_b，V_c）	√√√	$I>$非方向性	√
温度	可选	$I>$方向性	√
电池电压	√	$I_0>$非方向性	√
线电压	√√√	$I_0>$方向性	√
零序电压	√	$I_\Delta>$相不平衡	√
总有功功率	√	RTD 输入	√
总无功功率	√	事件记录	√
总视在功率	√	示波器	√
小计	15	小计	10

㊀ 术语 PLC 有两个常见含义：①可编程序逻辑控制器 PLC 是一种工业部门采用的低成本电子装置，大量用于过程控制中的本地控制，现在正在被电力行业所采用；②PLC 指电力行业采用的电力线载波通信，用于向下级输电和配电线路收发信息的通信系统。

故障时将电力系统的损耗降到最小的根本，并且它们主要用在一次变电站来控制馈线断路器。传统上，在变电站内安装 RTU 来采集状态数据并控制站内所有的断路器就可以实现变电站的远程控制。如果保护继电器上带有辅助触头，那么特定保护元件的动作信息也可以进行通信。通过安装线路断路器或重合闸，同样的保护逻辑可以用来对馈线上的故障清除进行拓展，从而获得更好的故障清除选择性。远程控制的趋势要求开关设备同时具备 RTU 和通信功能，因此为了生产通信型保护继电器，在一个设备内集成了保护和 RTU 功能。馈线自动化中最常用的通信继电器就是重合闸控制器。它集成远程控制、过流保护、灵敏接地保护、重合闸逻辑、电池充电和通信调制解调器于一体。表 5.2 中描述了一种典型重合闸控制器的特征及规格。

通信继电器/控制器通常封装在一个外壳内，外壳上有用于本地操作的按钮及用来选择菜单、设定参数的箭头按钮，如图 5.35 所示。少量的 LED 显示屏则显示主要设置的状态，这样可以避免控制柜中的不必要接线。

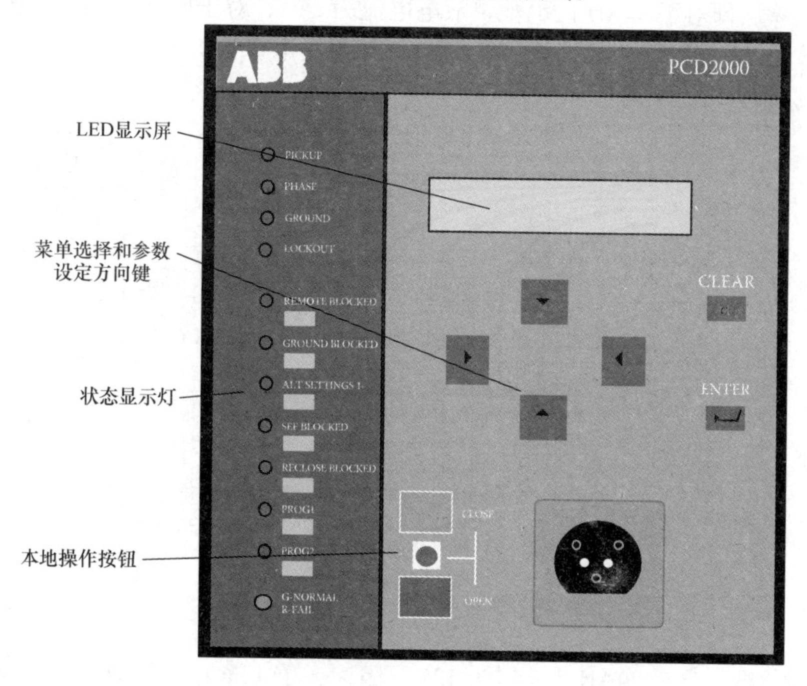

图 5.35 一种现代重合闸控制器的主面板，显示了人机界面和状态显示

5.18 扩展控制的电源

因为大多数用于扩展控制的电子控制设备以直流形式运行，所以需要某种形式

的直流电源。如果控制设备只在 MV 电力系统通电时才运行，那么一个简单的 AC/DC 电源就够了。但控制设备一般需要在故障后仍能运行，即 MV 系统断电后仍能运行，在这种情况下需要电池作为唯一的能量来源。大多数通信和控制设备会在直流系统中心安装一块免维护的密封铅酸电池，这种系统的设计取决于四个主要因素：

- 电池的容量。
- 额定电压。
- 电池部分放电后仍能继续运行的最低电压。
- 规定的使用寿命。

电池的容量是由持续供电的负荷电流（A）与该负荷电流下供电时间（H）的乘积来定义的，一般是按照每个电池单元 1.75V 的最小电压和 20h 的放电率来计算的。图 5.36 是一种典型密封铅酸电池的放电特性，该图适用于该产品系列的所有容量。每条曲线都表示了放电一定时间后所能提供的电压。1C 曲线适用于电池额定放电率，即对于 24AH 的电池，放电电流为 24A；对于同样的 24AH 电池，如果放电率为 72A 就适用 3C 曲线（3 ×24）；如果放电率为 1.2A（0.05 ×24）则适用 0.05C 曲线。

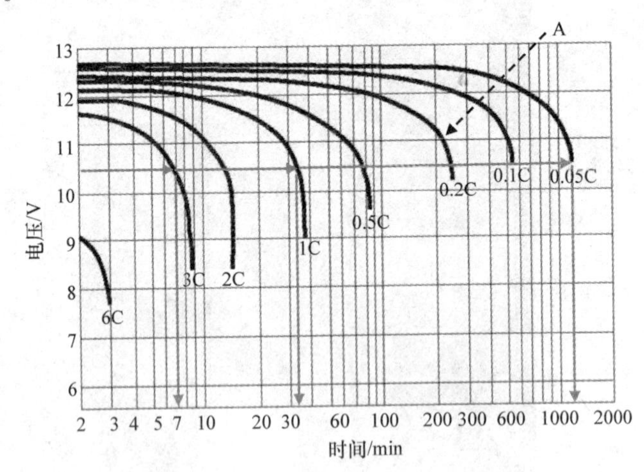

图 5.36　典型密封铅酸电池的放电特性

假设电池容量为 24AH，电压为 12V，因为一个 12V 电池包含六个串联单元，假设每个单元的最低可接受电压为 1.75V，那么电池的最低可接受电压为 10.5V。这样就可以根据该电池的曲线得出一些推论：

- 当电池运行在 3C 曲线时，即 72A 时，7min 后就会降到最低可接受电压 10.5V。供电量为 72A ×7H/60 =8.4AH。
- 当电池运行在 1C 曲线时，即 24A 时，35min 后降到最低可接受电压 10.5V，供电量为 24A ×35H/60 =14AH。

- 当电池运行在 0.05C 曲线时，即 1.2A 时，1200min 或 20h 后降到最低可接受电压 10.5V，供电量为 1.2A ×20H =24AH。

由此可以看到，负荷电流越高，实际供应的电量越少，反之亦然。制造商会推荐说这种特殊设计的电池有长达 10 年的使用寿命；便宜的电池可能有 5 年的使用寿命，但是 5 年后到变电站更换电池的费用可能会抵消长使用寿命电池的额外成本。电池使用寿命还随着温度而变化，在 25℃条件下使用寿命长达 10 年的电池在 50℃下可能只有 2 年使用寿命。

为了能在没有充电电源时供电，电池需要在有充电电源时不断充电。对于由本地配电网充电的电池来说，电力公司通常规定充电电源的停电时间最长为 6h 或 24h，因此电池要在这段时间内为所有的负荷供电。有的电力公司利用太阳能板给电池充电，但是必须要注意只有在阳光充足时才能有效充电。由于电池充电电压随着温度变化，所以推荐采用温度补偿式充电。

电池的容量也受到周围温度的影响。图 5.37 所示为典型电池容量的温度效应。

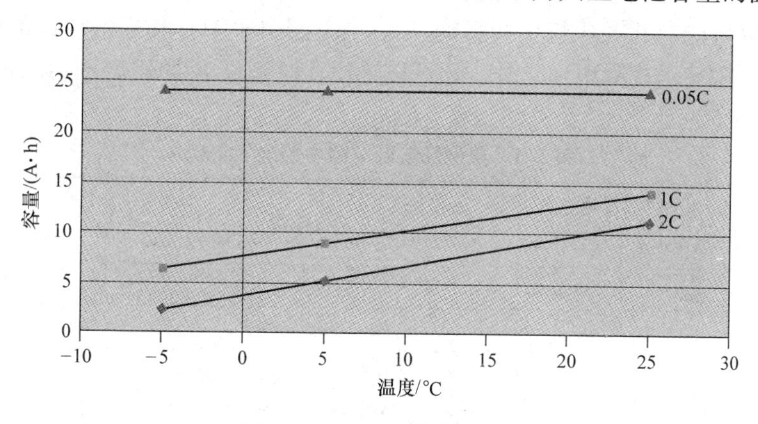

图 5.37　电池容量的温度效应

由图 5.37 可以看出，随着温度上升，电池的容量也上升，前提是电池的充电率足够大。电池的充电器应该具备至少两项报警功能：充电电源丢失（或主电源丢失报警）和电池电压过低（或最低可接受电压）。虽然不常见，但变电站电池可能会引起高内部阻抗故障，比如，尽管空载电压正常，但一旦加上负荷后输出电压就会崩溃。通过在被控条件下采用高负荷电流并监控电池电压可以检测到这类故障。在较冷的国家，控制柜中有电加热器，可以提供充足的负荷来检测这种故障。

对于类似紧急照明的负荷，计算电池容量相对简单。举例来说，如果一个 15 A 的照明负荷需要运行 4h，并且最低可接受电压为 11V，那么根据图 5.36 中的“A”点可知，一个运行在 0.2C 曲线的电池就足够了。而如果 0.2C 对应 15A，那么 1C 就对应于 15 ×5A，意味着需要一个 75AH 的电池。

与此形成对比的是，变电站控制设备的电池选型是非常复杂的。一般方法是选取一个特定的容量，检查其在各种不同情况下的表现并权衡容量不足的风险与经济性。

考虑如表 5.3 所示配电变电站中的负荷，并考虑仅通过电池为其供电 6h（360min）。

- 对于一起运行的 RTU 和全部通信设备而言，平均负荷为 535mA，这对于一个 12A 的电池相当于 0.05C 的放电曲线，由图可知，0.05C 可以维持 1200min，远远超过 360min 的要求。
- 如果线路中包含加热器，那么负荷电流将是 2.535A，这等效为 0.2C 的放电曲线，由图 5.36 可知，降到最低可接受电压 10.5V 的时间大约为 250min。
- 现在看一下如果使用 30A 的开关执行机构，这等效为 2.5C 的放电曲线，仅仅在 10min 后就会降到最低可接受电压。因为开关执行机构在第一个小时内仅需要动作 40s，所以认为这是可以接受的。但是，最后一个小时内可能用于恢复供电的两次操作可能就无法接受了，因为它们可能会使电池电压降到 10.5V 以下。这样的电压下降可能对开关执行机构影响不大，但会影响 RTU 和通信设备的运行。解决办法除了用一个更大电池之外，还可以选择在电池供电期间停止使用控制柜中的加热器。

表 5.3　典型配电变电站中的电气负荷

	24V 时的负荷电流		运行特点	平均电流
	静止状态	运行状态		
RTU	NA	35mA	连续运行	35mA
通信装置	100mA	5A	每 1min 内运行 5s	500mA
开关执行机构	0	30A	第一小时内运行 4 次，每次 10s； 最后一小时内运行 2 次，每次 10s	
加热器	0	2A	连续运行	2A

5.19　自动化就绪开关设备——FA 组成单元

从第 1 章可知，需要一次设备和二次设备结合组成一种自动化就绪开关设备（ARD），这可以通过许多种方式来实现：

- 对现有开关设备进行改造，加装执行机构和单独的控制柜。对于环网柜，安装外部执行机构有时是不可行的或不明智的，因为环网柜的物理设计不允许进行机械操作。对于柱上开关设备，加装带有执行机构的控制柜是可行的而且划算，前提是开关任务不能超出原有的运行规范。含有执行机构和 IED 的完整控制柜（见图 5.38）可以从许多生产商那里获得，尤其是那些专营无线电通信的生产商。这些生产商将 RTU 和无线电通信功能集成于同一个 IED 内。执行机构则有三种形式：电动旋转式、电动直线式和气动活塞式。

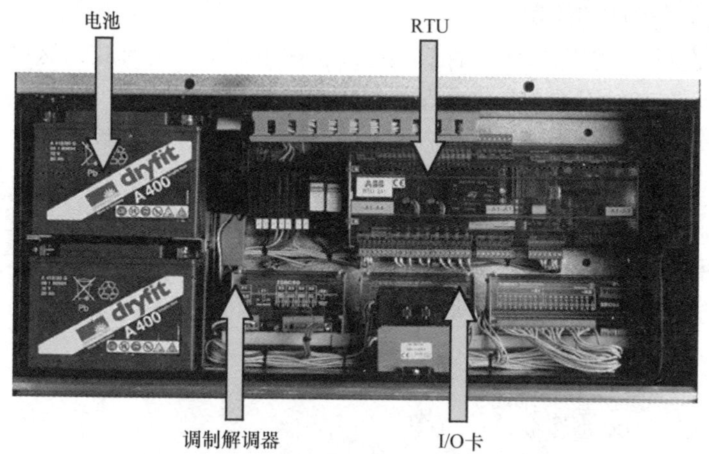

a) 安装在环网柜中的控制盒

b) 柱上控制柜及其中的气动直线执行机构

图 5.38 典型自动化就绪设备的控制盒及控制柜

• 对于新的安装，最好考虑从生产商处直接选择智能开关设备，其中的控制设备已经物理集成在一个单元内，像环网柜那样或者作为一个单独的柱上控制柜。无论何种情况，开关设备集成了执行机构、IED、电源和选定的通信设备（无线电、光纤、PSTN、GSM、DLC 等），并且都已经在指定协议下经过了测试。

这种创建 FA 组成单元并执行一系列控制系统要求的标准功能的概念将在下节中讨论，同样，组成单元中各个接口的重要性也将在下节中讨论。经验表明同一标准的产品更容易生产和使用，但是也可以从各个生产商处采集不同元件来组装成一个功能齐备的 IED。正因如此，有的供应商喜欢组成单元的方式，这些由子部件打包组成的单元在交付终端用户之前都经过了全面测试。

组成单元可以定义为一组元件（见图 5.39），每个元件都经过独立测试并能正常运行，这些元件再组合成一个整体，这个整体也经过测试并能正常运行。同样，单个组成单元也可以与其他单个组成单元一起测试，以保证它们能够正确地协同工作。通过这种方式，可以将一系列经过测试保证第一次[⊖]就能协同工作的组成单元集合在一起，实现一种复杂的扩展控制方案。

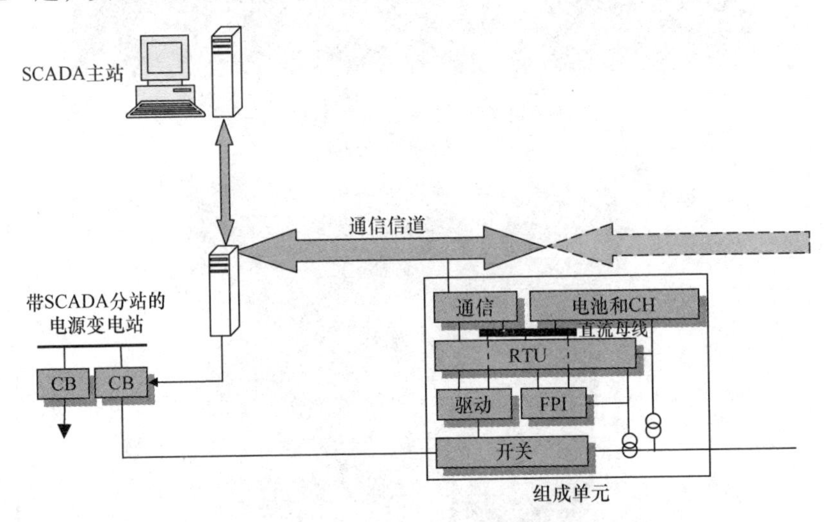

图 5.39　一种典型组成单元的结构

组成单元中用到的各种组件已经在本书的相关章节中有所介绍，现在看一下组成单元是如何构建的。经验表明组件之间的接口需要作为组成单元的一部分进行测试，例如，通信信道能够处理 RTU 使用的通信协议是十分关键的，后面还将对接口进行更细致的介绍。

扩展控制中最常见的组成单元是开关设备组成单元，它可以用来控制一个开关设备。图 5.39 所示为开关设备的通用框图，其中每一个组件都有许多种选择方案。

5.19.1　开关的选择

开关是主要的开关设备，运行在中压 11kV、13.8kV、24kV 等，也是扩展控制的主要控制对象。因此，开关可以是隔离开关、负荷隔离开关、断路器或重合闸断路器。

5.19.2　驱动（执行机构）的选择

驱动是指对开关进行电气操作的方法，最常见的驱动方法有直接传动电机盘

⊖　准备程度的概念在第 1 章中进行了讨论。

簧、电气释放预压缩的电机盘簧、螺线管或电磁执行机构。

5.19.3　RTU 的选择

RTU 是组成单元的中心，它通常配有简单的数字输入和数字输出，有时也配有用来测量模拟量的模拟输入。典型的 RTU 有 8 个数字输入端（DI）、8 个数字输出端（DO），有时也配有 6 个模拟输入端。

5.19.4　CT/VT 的选择

将 CT 包含进组成单元的主要原因有 4 个：操作保护继电器、测量负荷电流、指示故障电流通过、执行自动分段逻辑。CT 可以基于传统的电磁、Rogowsk 线圈技术或未来技术如光学装置。当然，CT 和 RTU 的连接方式很大程度上取决于 CT 采用的技术。

在配网电压下，加装 VT 的原因有 6 个：操作保护继电器的方向元件、用于 FPI 的方向元件、指示系统电压的中断、测量系统电压、执行自动分段逻辑以及根据 VT 的等级提供组成单元电池的充电电源。

5.19.5　通信系统的选择

组成单元法的目的之一是实现最大的灵活性，而互换通信设备的能力就很好地说明了这种原则。例如，电力公司会在不同地点采用不同的通信方式，可以向准备好的控制柜中加装通信设备，这无疑会给供电公司带来最大的规模效益。

5.19.6　FPI 的选择

FPI 是组成单元中最重要的元件，因为它将指示故障区段的位置。FPI 可以指示接地故障或相间故障，后者通常也包括接地故障。如前所述，一个零序 CT 足以指示接地故障，它可以安装在电缆终端区域，或者如果接地回路合适，也可以安装在电缆护套外面。与之不同，为了指示相间故障（过流故障），通常需要三个独立的 CT。

并不总是需要使用一个独立的 FPI，因为保护 RTU 中的保护继电器可以检测故障电流，经过设置还可以为 SCADA 系统提供故障指示。

5.19.7　电池的选择

电池及其充电器对组成单元极其重要，因为它们在连接的配电系统停电时为组成单元提供直流电，关于电池的选型已经在 5.18 节中进行过讨论。

5.19.8　组成单元中的接口

前面提到，在设计组成单元时，需要考虑组件之间的接口。并不是所有组件都与其他组件相连，但由图 5.39 可以看出哪些组件间的接口很重要。表 5.4 给出了每两个组件之间的接口，为了便于参考，每个数字表示一个接口，例如 RTU 与 CT 之间的接口是数字 10。也可以看到开关与通信设备、RTU、CT、VT、驱动之间的接口。

现在，可以看到开关设备组成单元是由控制单元和开关设备这两个子单元组合而成的。在表 5.4 中，轻度阴影区域表示大多数控制单元需要的组件；通过加装中度阴影部分的组件，最基本的控制单元可以转换为带测试功能的控制单元；最深阴影区域的组件是所有组成单元都需要的。深入研究这 19 个接口可以确定成功集成一个组成单元的最重要因素（见表 5.5）。

表 5.4　组成单元中接口的组合

	通信装置	电池	RTU	FPI	CT	VT	驱动	开关
通信装置	无	1	2	无	无	无	无	3
电池	1	无	4	5	6	7	8	无
RTU	2	4	无	9	10	11	12	13
FPI	无	5	9	无	14	15	无	无
CT	无	6	10	14	无	16	无	17
VT	无	7	11	15	16	无	无	18
驱动	无	8	12	无	无	无	无	19
开关	3	无	13	无	17	18	19	无

表 5.5　组成单元接口的协调

接口号码	接口双方		接口位置需要的协调
1	电池	通信装置	电池的电压和容量要匹配通信设备，最好不用 DC/DC 变换器
2	RTU	通信装置	确认 RTU 协议能够被通信装置执行； 检查 RTU 和通信装置间的电气连接（RS232，RS485 等）
3	开关	通信装置	如果将电力线载波作为通信方法，需要在开关的电气元件上放置耦合装置，可能在电缆终端盒内
4	RTU	电池	电池的电压和容量必须匹配 RTU
5	FPI	电池	如果 FPI 需要辅助电源，那么电池的电压和容量必须匹配 FPI
6	CT	电池	有的电流传感器需要辅助电源，所以要确认电池的电压和容量合适
7	VT	电池	VT 的输出必须匹配电池充电器
8	驱动	电池	电池的电压和容量要匹配开关驱动，最好不用 DC/DC 变换器
9	FPI	RTU	检查电气连接，可能是 RTU 上的串联连接或电压自由触点；如果 FPI 需要重置指令，检查 RTU 的数字输出
10	CT	RTU	对于电流传感器，检查与 RTU 的电气连接，例如 4～20mA 回路；对于低载电流传感器，确认有足够输出驱动 RTU 的模拟输入；对于绕线式 CT，确认 CT 一次回路流过故障电流时 RTU 输入端有反应
11	VT	RTU	确认 VT 输出对应 RTU 的模拟输入范围；对于低载电压传感器，确认有足够输出驱动 RTU 的模拟输入
12	驱动	RTU	确保 RTU 控制输出触头足够驱动机械元件；如果采用 $n-1$ 控制，确认继电器的干扰要求

（续）

接口号码	接口双方		接口位置需要的协调
13	RTU	开关	确认开关的人工操作不会影响RTU对开关的控制，反之亦然。确保主开关设备辅助开关的电参数与RTU的数字输入相匹配
14	CT	FPI	确认CT输出和FPI输入之间的兼容性。接地故障FPI可以同零序CT或三个CT协同工作，过流FPI需要考虑每相的CT
15	VT	FPI	在系统电压恢复时，FPI可能需要VT作为一种重置机制。如果FPI是方向性的话也需要VT
16	CT	VT	只对组合的电压电流传感器适用
17	CT	开关	CT需要放置在开关的电气部分
18	VT	开关	VT需要放置在开关的电气部分
19	开关	驱动	任何型号的驱动都是在断开和闭合两种状态间切换开关，建议提前做可行性检测

5.20　组成单元举例

已经看到有很多种组成单元的设计方案，进而有很多种不同的组成单元。表5.6所示为基本的组成单元，但必须根据选择的通信系统和通信协议进行补充。

从表5.6中可以看出，有5类组成单元是电力公司最常购买的，见表5.4中阴影所示。

表5.6　组成单元举例

开关类型	架空网络		地下网络	
	无测量功能	有测量功能	无测量功能	有测量功能
隔离开关/分段开关	是	是	是	是
带有本地逻辑的隔离开关/分段开关	是	是	否	否
断路器	是	是	是	是
重合闸	是	是	否	否

- 地下系统带FPI、没有测量功能的分段开关
- 架空系统带FPI、没有测量功能的分段开关
- 地下系统带FPI和测量功能的分段开关
- 架空系统带FPI和测量功能的分段开关
- 架空系统保护用重合闸

常见的基本控制单元（仅有数字输入和数字输出）可以操作落地式开关而组成地下系统带FPI、不带测量功能的分段开关，也可以操作柱上开关而组成架空系统带FPI、不带测量功能的分段开关。但是，这种配置仍然需要一个CT（或其他

电流传感器）来驱动 FPI，尽管 CT 不与 RTU 相连。类似的，电压指示装置也需要在电压丢失时为 RTU 提供数字输入。电压输入可以来自为电池充电的 VT。同样地，带测量功能的控制单元可以和落地式开关一起组成地下系统带 FPI 和测量功能的分段开关，也可以和柱上开关一起组成架空系统带 FPI 和测量功能的分段开关。

5.21 组成单元的典型输入和输出

5.21.1 分段开关（无测量功能，见图 5.40）

典型的数字输入有：

- 本地控制选定
- 开关打开
- 开关闭合
- 接地 FPI 动作
- 相间 FPI 动作
- 充电电源丢失
- 温度过高
- 开关设备气压过低

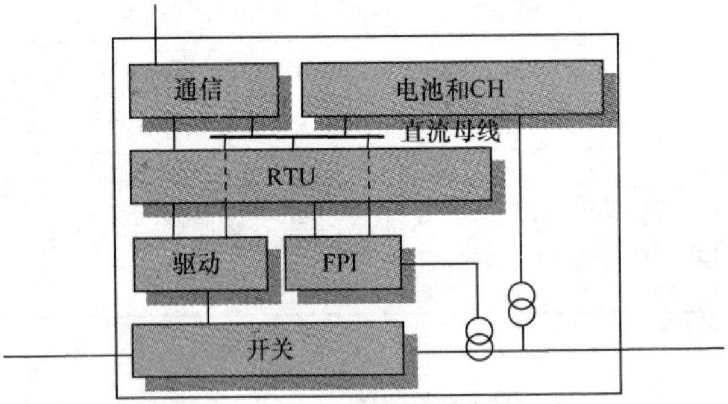

图 5.40 组成单元（无测量功能）典型的 I/O 结构图

典型的数字输出有：

- 开关打开
- 开关闭合
- 重置 FPI

5.21.2 分段开关（有测量功能，见图 5.41）

典型的数字输入有：

- 本地控制选定
- 开关打开
- 开关闭合
- 接地 FPI 动作
- 相间 FPI 动作
- 充电电源丢失
- 温度过高
- 开关设备气压过低

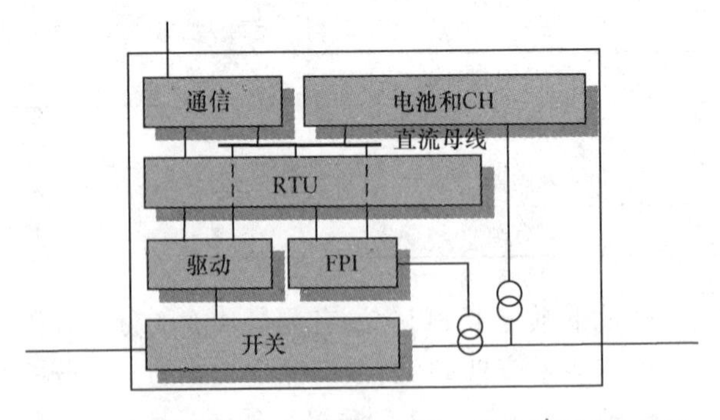

图 5.41 组成单元（有测量功能）典型的 I/O 结构图

典型的数字输出有：

- 开关打开
- 开关闭合
- 重置 FPI

典型的模拟输入有：

- 相 1 的电流

- 相 2 的电流
- 相 3 的电流
- 线电压

5.21.3　架空系统中的保护用重合闸

典型的数字输入有：

- 本地控制选定
- 重合闸打开
- 重合闸闭合
- 保护跳开接地故障
- 保护跳开过电流
- 保护跳开 SEF
- 重合闸闭锁
- 热线工作设置
- SEF 停止服务
- 充电电源丢失
- 温度过高
- 重合闸气压过低

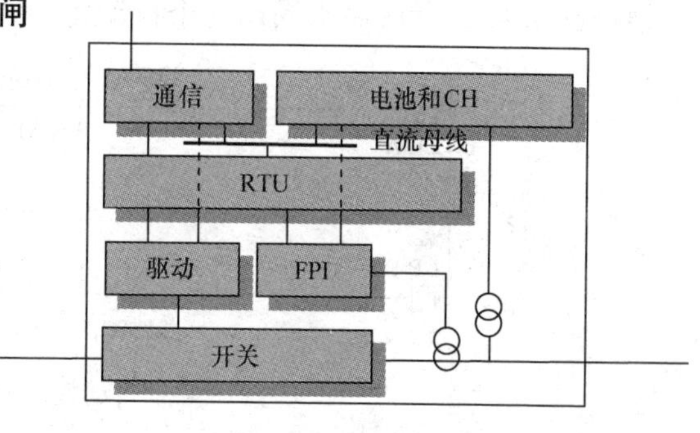

图 5.42　重合闸组成单元典型的 I/O 结构图

典型的数字输出有：

- 重合闸打开
- 重合闸闭合
- 设置热线工作
- 设置 SEF 停止服务
- 重置功能闭锁

典型的模拟输入有：

- 相 1 的电流
- 相 2 的电流
- 相 3 的电流
- 线电压

5.22　控制单元及其改进

已经了解了控制单元是整个配电变电站或馈线设备组成单元的子单元。这在现有配电变电站采用扩展控制时即进行改装时是非常有用的。这是因为很多情况下电力公司的开关设备相对较新，所以只能采用无需更换开关设备的扩展控制。如果开关设备已经安装了驱动（APD）或者可以采购一个，比如用合理的价格从原设备生产商处采购，则可以通过加装控制单元对开关设备进行改装。尽管电力公司有许多开关需要加装控制柜，但为了实现规模效应，显然应该使选择的控制单元种类最小化。围绕本节所讲的概念可以发展一种自动化改装策略。

5.23 控制逻辑

根据图5.43，考虑用来操作一个自动化系统的控制逻辑。

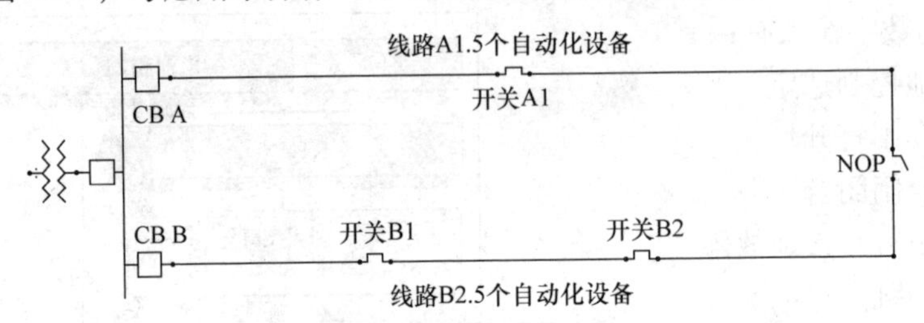

图5.43 自动控制的线路

图中有两条线路，线路A有1.5个自动化设备（因为NOP位于两条线路之间，对每条线路视为半个开关），线路B有2.5个自动化设备。看一下自动化设备是否有本地FPI以及这些设备是否采用远程控制或本地控制。这给出了需要检查的8个选项，见表5.7，但也需要考虑自动多重重合闸和自动分段开关的组合这一特殊情况。

表5.7 考虑的方案

方案	自动化装置	本地FPI	开关控制系统
1	1.5（线路A）	是	远程
2	2.5（线路B）	是	远程
3	1.5（线路A）	否	远程
4	2.5（线路B）	否	远程
5	1.5（线路A）	是	本地
6	2.5（线路B）	是	本地
7	1.5（线路A）	否	本地
8	2.5（线路B）	否	本地

自动控制方案可以是许可式的，也可以是主动式的。许可式方案会确认故障发生并给控制人员推荐操作方案，在开关动作之前邀请控制人员接受这个推荐方案。与之不同，主动控制方案会执行这个开关动作方案，然后告知控制人员动作已经完成。

5.23.1 方案1：线路A有1.5个开关自动化、FPI和开关远程控制

如果断路器A打开，需要的操作是：

- 确认断路器A因保护动作而打开
- 注意对于装有自动重合闸的架空系统，一般假设自动重合闸已经闭锁，以

此确认故障为永久性故障

- 确认故障不是灵敏接地故障，因为这意味着开关设备已经损坏
- 检查开关 A1 处的 FPI
- 如果 FPI 没有动作，那么故障位于断路器 A 和开关 A1 之间，应该打开开关 A1、闭合 NOP
- 如果 FPI 动作了，那么故障位于开关 A1 和 NOP 之间，应该打开开关 A1、闭合断路器 A

这些开关操作可以用图 5.44 中的逻辑框图表示。

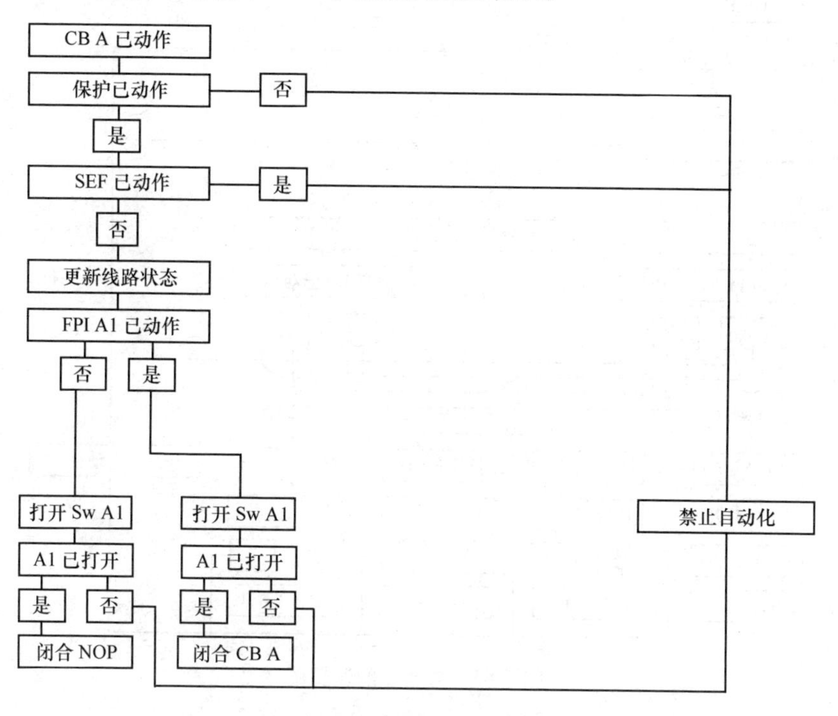

图 5.44　方案 1 的逻辑图

5.23.2　方案 2：线路 B 有 2.5 个开关自动化、FPI 和开关远程控制

如果断路器 B 打开，需要的操作是：

- 检查断路器 B 是否因保护动作而打开
- 注意对于带有自动重合闸的架空系统，一般假设自动重合闸已经闭锁，以此确认故障为永久性故障
- 确认故障不是灵敏接地故障，因为这意味着开关设备已经损坏
- 检查开关 B1 和 B2 处的 FPI
- 如果 B1 和 B2 处的 FPI 没有动作，那么故障位于断路器 B 和开关 B1 之间，应该打开开关 B1、闭合 NOP

• 如果B1处的FPI动作但B2处的FPI没有动作，那么故障位于开关B1和B2之间，应该打开开关B1、闭合断路器B、打开开关B2、闭合NOP

• 如果B1和B2处的FPI都动作了，那么故障位于开关B2和NOP之间，应该打开开关B2、闭合断路器B

• 如果B1处的FPI没有动作但B2处的FPI动作了，应该认为这可能是误动，并且禁止自动逻辑

这些开关操作可以用图5.45中的逻辑图表示。

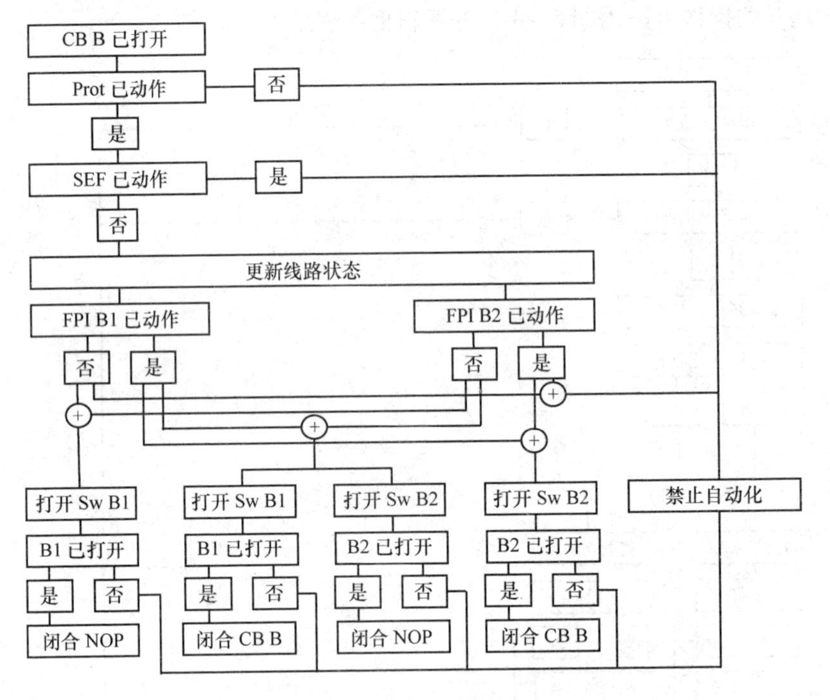

图5.45　方案2的逻辑图

5.23.3　方案3和方案4：没有FPI

开关的控制逻辑可以由图5.42和图5.43推导得出，只有一个例外。如果没有FPI的话，只能通过某种形式的测试确定故障位置，测试需要时间。这种测试可能会在打开一个或多个开关断开故障区段后，通过闭合断路器来重新对线路通电，但是这常常会引发对故障的重新供电。正是因为这种不利的操作，才会推荐带FPI的开关控制方案。

5.23.4　方案5和方案7：只有本地控制

对于这两种方案，开关A1不能通过通信链接受自动化控制器的控制，只能由本地控制器中的控制逻辑进行控制。本地逻辑通常基于输入侧电压的检测，这种情况下需要的操作是：

• 检查断路器A是否因保护动作而打开

- 注意对于带自动重合闸的架空系统，一般假设重合闸已经闭锁，以此确认故障为永久故障
- 因为输入侧电压的突然消失，开关 A1 处的本地逻辑打开 A1
- 如果断路器 A 的保护跳开不是因为灵敏接地故障，那么断路器 A 会在 1min 后闭合，在这段时间内假设开关 A1 已经成功打开
- 开关 A1 的本地控制器因为输入侧电压恢复而认为故障可能位于 A1 和 NOP 之间，但是这种指示不可靠
- 开关 A1 因此闭合
- 如果 A1 重合在故障上，那么断路器 A 会立即跳开，导致 A1 本地控制器处的电压第二次消失，本地控制器命令 A1 打开，但这次是锁定在打开位置
- 因此，已经为故障重新供电 1 次
- 1min 后断路器 A 闭合
- 为了应对开关 A1 和断路器 A 之间的故障，在 NOP 的 A1 方向安装一个电压检测器
- 在断路器 A 第一次跳开引起电压消失后，NOP 的本地逻辑会在 3min 后闭合 NOP
- 如果故障位于断路器 A 和开关 A1 之间且 A1 已经正确打开，那么 NOP 的闭合将恢复 NOP 与 A1 之间的供电
- 如果故障位于开关 A1 和 NOP 之间，那么 NOP 的闭合会对故障二次供电，并导致断路器 B 跳开，从而影响线路 B 上的负荷
- NOP 处电压的第二次消失会导致 NOP 打开并锁定在打开位置
- 断路器 B 会在 1min 后闭合

这种本地控制逻辑的优势是不需要通信信道，从而在成本上有吸引力。但是因为它会为故障重新供电至少 1 次，出于方案 3 和 4 相同的原因，建议采用带通信的远程控制。

5.23.5 方案 6 和方案 8：只有本地控制

如果对带 2.5 个设备的线路 B 采用不带通信的本地控制器，操作策略类似但是要复杂一些。

5.23.6 特殊情况：多重重合闸和自动分段开关

架空系统的一个主要特征是经常发生瞬时故障，例如，电线上的一只鸟会导致断路器跳开。然而，一旦这种瞬时故障被清除，线路就可以安全地恢复供电。所以断路器都会在短时间后自动重合。

图 5.46 所示为自动重合闸的控制逻辑。当故障发生时，重合闸打开并经过 5s 的死区时间后重合。如果故障是瞬时的，那么线路会恢复供电并且不会有进一步动作；但是如果故障仍然存在，重合闸会二次跳开并第二次经过死区时间后再次重合。如果经过第二次重合后故障仍然存在，那么重合闸会跳开并闭锁。因为重合闸

可以连续快速地动作多次，所以也被称作多重自动重合闸。

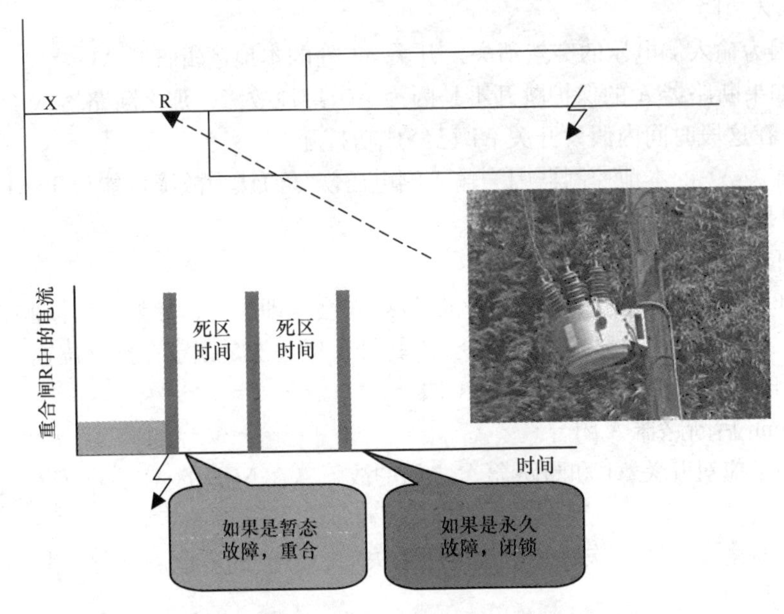

图 5.46　瞬时故障和自动重合闸

因为一些架空系统的复杂性，电力公司想要通过加装更多的重合闸来改善系统性能，但是这会带来保护判别问题，所以自动分段器最近得到越来越多的应用。自动分段器装有本地控制逻辑来检测多重重合闸跳开引起的故障电流突增，打开并锁定永久故障，其工作原理如图 5.47 所示。

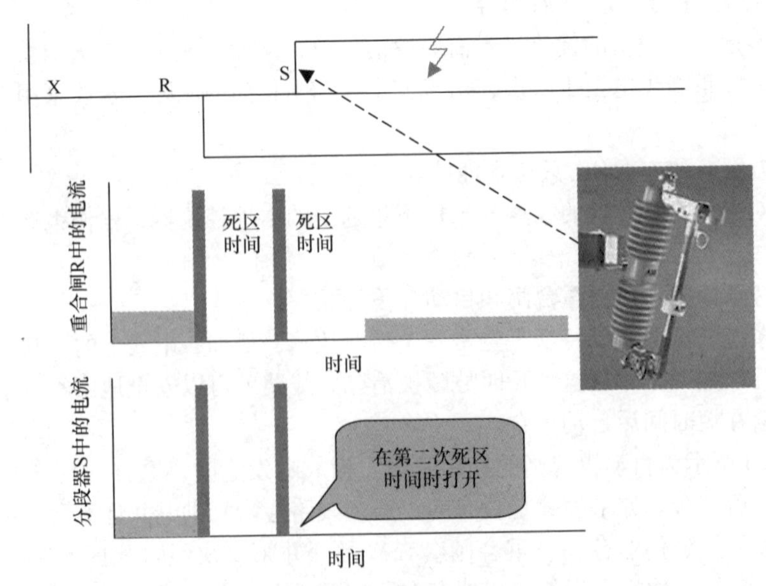

图 5.47　多重自动重合闸和自动分段器的应用

对于图5.47所示的永久性故障，自动分段器S会发现故障电流并记录故障电流的第一次突增，故障电流会由多重重合闸的第一次跳开进行清除。当重合闸进行第一次重合时，故障电流的第二次突增会流过自动分段器并被控制逻辑记录。一旦第二次故障电流停止，意味着重合闸打开，那些没有故障清除能力的开关可以安全打开了，那么控制逻辑就会控制自动分段器打开。之后重合闸将第二次重合，恢复正常区段的供电，而自动分段器已经在重合闸的第二个死区期间隔离了故障。

图5.47中所示的自动分段器为爆炸跌落式，并装有围绕本体的CT来检测故障电流。另外，自动分段器可以基于任何带有电动执行机构的开关设备，如柱上负荷隔离开关等。

第6章

配电系统的性能

6.1　配电网的故障

6.1.1　故障类型

为了了解保护、故障指示器和控制系统如何应用于配电网，有必要更详细地研究下故障的机理。从最基本的来说，电力系统的大多数故障是由电气绝缘的部分或完全失效引起的，这会导致电流的增大。最常见的故障类型如图6.1所示，故障可以发生在相和地之间，这种情况下为接地故障；它也可以发生在两相之间，这种情况下为相间故障。也存在组合故障，如三相电缆的故障可能是两相接地，而另一相正常工作。发生故障之后的绝缘值可以在0到几百欧姆间，这可能给保护系统设计和故障定位带来麻烦。即使电力公司已经确定了哪段线路发生了故障，现场人员仍需要在维修开始前查明故障的确切位置，而高阻故障并不总是容易定位。闪络故障在这里很有趣，因为导致故障发生的电压低于正常系统电压但高于测试设备的电压。当线路通电时，绝缘失效且线路跳闸；但是当施加测试设备电压时，却没有故障发生。

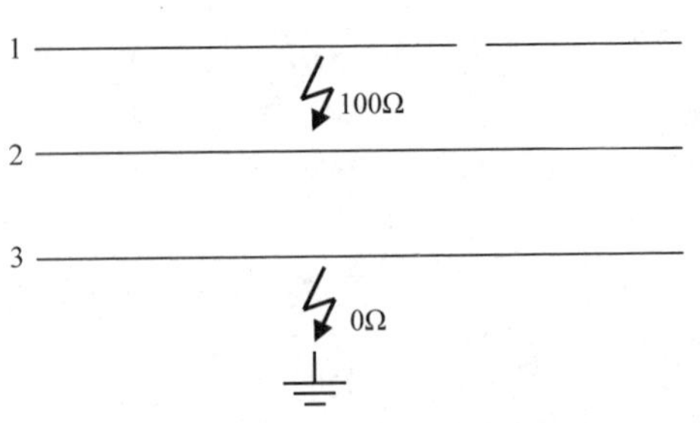

注：相1开路故障；相1与相2间故障，100Ω；相3接地故障，100Ω

图6.1　故障类型示例

然而，故障也可以定义为组件不能承载设计时的负荷电流，这种情况下串联开路也作为一种故障。

开路故障的例子有：

- 电缆接头套圈中的电缆被外力拉出，但没有电弧产生。
- 故障能量释放烧掉了一段相导线。
- 失效的架空线路导线，但它不会导致电气故障，通常是一段断开的跨接线。

故障还可以分为三种其他的类别，即自清除、瞬时和永久故障，具体见下。

1. 自清除故障

在表6.1中做了进一步解释，其特征是没有任何保护装置成功动作，有一些典型例子：

（1）开路故障，例如，失效的架空跨接线。

（2）发展性故障，其中存在短时放电，短时放电具有局部加热故障点、干燥水分然后清除发展性故障的作用。这种类型的故障在地下电缆中更常见，但也可能发生在架空线路绝缘子上。保护没有动作的原因是保护继电器动作之前放电就停止了。放电可能再次开始，有时在上一次放电后的几分钟内，有时在几个月后。

（3）自熄弧故障，故障时产生电弧，但是电弧很小以至于可以在大气中熄灭。电弧将在电流第一个过零点处熄灭，并且如果恢复电压小于去游离过程的电压强度，则电弧将不再重燃。决定自熄弧故障发生与否的主要因素是电流和恢复电压的大小。在直接接地或电阻接地的网络中不会发生自熄弧故障，但在补偿接地和不接地电网中，可能会发生高达30A或40A的自熄弧故障。

2. 瞬时故障（或非损坏性故障）

瞬时故障的特征是保护装置成功动作，但是可以不用大修而恢复供电，典型例子有：

（1）因为架空线的绝缘是基于空气的，所以一旦断路器或其他保护装置已经跳闸且空气已经去电离，线路就可以恢复供电。因此没有必要对线路进行维修，可以在短暂的时间后（通常是1～30s）恢复供电。典型的例子有接触架空裸线的树枝、坐在柱上变压器接地外壳上而又碰到了裸露的MV进线的松鼠或者雷击产生的后续电弧。跳闸和重合闸可以在断路器上进行，从而保护由电源变电站供电的整个架空线，在这种情况下，这条线路上的所有用户都将断电。然而，许多电力公司使用了一种重合闸，这种重合闸是一种配备了基于本地信息的自身保护和自动重合顺序的断路器。由于自动重合闸体积小而且相对便宜，电力公司常常在一条馈线上使用几个自动重合闸，与电源断路器一起。这意味着只有跳开的重合闸下游的用户才会断电。

（2）发展性故障，放电时间足够长使得保护系统能够动作，但流过的故障电流使由水引起的故障点得到充分的干燥，从而恢复线路。

3. 永久故障（或损坏性故障）

永久故障的特征是保护装置成功动作，但只有在故障点维修后才能恢复供电。

在全世界电力公司的中压架空网络中，大约80%的故障是瞬时的，80%的故障[1]仅涉及单相接地，从中可以得出以下经验：

- 64%的故障是瞬时的并涉及单相接地。
- 16%的故障是瞬时的并涉及到多相接地。
- 16%的故障是永久性的并涉及单相接地。
- 4%的故障是永久性的并涉及到多相接地。

图 6.2　典型的中压重合闸断路器（由 S&C 电气提供）

确定这种事故是否需要维修的一个主要因素是保护装置和断路器熄弧的速度。例如，电弧持续3s 的绝缘子闪络会导致很严重的烧伤，以至于可能需要更换绝缘子，但是如果电弧被更快清除，那么绝缘子可以再次使用。如果发生快速停电，跳闸的断路器可能在短时间（例如5s）后重合使负荷在短暂停电后恢复供电，这称作重合闸，并被电力公司广泛地用于架空网络。

这些装置有着不同的名称，如重合闸或自动重合闸，但实际上它们在国际标准化机构中没有官方命名。在第 4 章中已有详细的描述，图 6.2 给出一种典型的现代开关设备，该设备安装在一根带横臂的木杆上。

6.1.2　故障的影响

故障影响配电系统的方式取决于故障的类型和可用的保护，而这些又取决于配电系统的类型。下面表6.1 总结了各种故障下的保护动作，表6.2 总结了相应的影响。

表 6.1　不同类型故障的保护动作

<table>
<tr><th colspan="3" rowspan="2">故障类型</th><th colspan="3">中性点接地类型</th></tr>
<tr><th>直接/电阻</th><th>补偿①</th><th>不接地</th></tr>
<tr><td rowspan="3">自动清除</td><td>开路</td><td>仅一相</td><td colspan="3">过电流和接地故障时保护不动作，但失去电压时可以被 SCADA 发现</td></tr>
<tr><td>发展性</td><td>相间故障
接地故障</td><td colspan="3">没有保护动作，因为故障在保护动作之前被清除</td></tr>
<tr><td>自熄弧</td><td>相间故障
接地故障</td><td colspan="2">不会发生</td><td>最大 40A 的电弧电流可以自清除，否则保护动作</td></tr>
<tr><td rowspan="4">瞬时</td><td rowspan="2">空气绝缘</td><td>相间故障</td><td colspan="3">可以使用重合闸</td></tr>
<tr><td>接地故障</td><td colspan="2">可以使用重合闸</td><td>具有方向 EF 保护的重合闸可以动作，但需求并不迫切</td></tr>
<tr><td rowspan="2">发展性</td><td>相间故障</td><td colspan="2" rowspan="2"></td><td>可以用重合闸</td></tr>
<tr><td>接地故障</td><td>可以用具有方向 EF 保护的重合闸，但需求可能并不迫切</td></tr>
<tr><td rowspan="2">永久</td><td rowspan="2"></td><td>相间故障</td><td colspan="3">过电流保护必须动作</td></tr>
<tr><td>接地故障</td><td colspan="2">接地故障保护必须动作</td><td>方向接地故障保护必须动作，但需求可能并不迫切</td></tr>
</table>

① 也称为消弧线圈接地或谐振接地。

表6.2　不同类型故障的影响

<table>
<tr><th colspan="3" rowspan="2">故障类型</th><th colspan="3">中性点接地类型</th></tr>
<tr><th>直接/电阻</th><th>补偿①</th><th>不接地</th></tr>
<tr><td rowspan="3">自动清除</td><td>开路</td><td>仅一相</td><td colspan="3">一些低压用户将只有一半电压①</td></tr>
<tr><td>发展性</td><td>相间故障
接地故障</td><td colspan="3">不停电，电压可能下降</td></tr>
<tr><td>自熄灭</td><td>相间故障
接地故障</td><td colspan="3">不停电，电压可能下降</td></tr>
<tr><td rowspan="4">瞬时</td><td rowspan="2">空气绝缘</td><td>相间故障</td><td colspan="3">重合闸确保停电时间尽可能短</td></tr>
<tr><td>接地故障</td><td rowspan="3">重合闸确保停电时间尽可能短</td><td colspan="2">可以避免停电</td></tr>
<tr><td rowspan="2">发展性</td><td>相间故障</td><td colspan="2">重合闸确保停电时间尽可能短</td></tr>
<tr><td>接地故障</td><td colspan="2">可以避免停电</td></tr>
<tr><td rowspan="2">永久</td><td rowspan="2"></td><td>相间故障</td><td colspan="3">所有用户停电</td></tr>
<tr><td>接地故障</td><td>所有用户停电</td><td colspan="2">可以避免停电</td></tr>
</table>

① 对于三相配电变压器的缺相，一些低压侧的用户将经历不规则的电压。对于三角星形联结的变压器（很常见的连接方式），两个低压相的电压将降低，而另一相将具有正常电压。对于星形联结的变压器，两个低压相的电压将降低，而另一相电压为零。

6.1.3　瞬时故障、重合闸和补偿网络

除非当地法规要求，从技术角度看，补偿网络中的单相接地故障不需要保护动作。添加单个重合闸将意味着该重合闸下游的用户将在瞬时相间故障时经历短暂停电（在重合闸的动作顺序期间）。这些故障通常占故障的16%，而在这类网络上安装重合闸常常不能证明是合理的。但添加第二个重合闸有两个效果：

（1）第二个自动重合闸之外的瞬时相间故障不会造成该重合闸上游的用户短暂停电，因此这些用户的供电有所改善。

（2）因为重合闸可以清除永久故障，所以第二重合闸下游的任何永久相间故障将使重合闸跳闸，而该重合闸上游的用户将不会断电，只是在故障被清除时电压会降低。

如果重合闸用于直接（和电阻）接地网络，或者当地法规要求必须对补偿或不接地网络上的接地故障进行跳闸，重合闸带来的收益将显著增加。然而，尽管有很多类型的重合闸，但是包含了重合闸的保护不包括在补偿或不接地系统通常需要的方向接地故障方案，如图6.3所示。表6.3显示了每种情况下瞬时或永久故障对用户的影响。

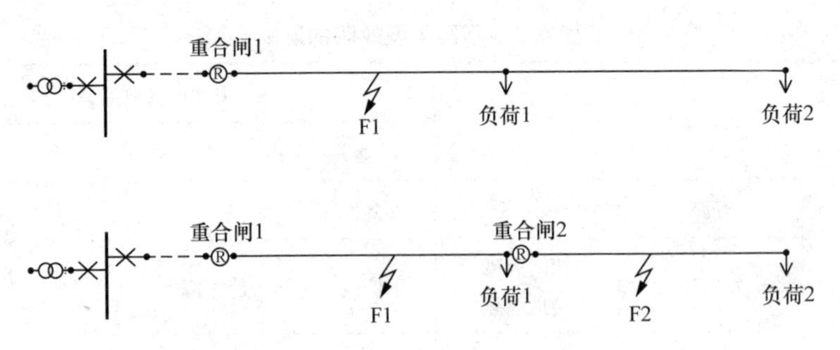

图 6.3　带重合闸的 MV 网络

表 6.3　故障对用户的影响

故障情况		负荷 1 处的用户	负荷 2 处的用户
位置 1 发生故障（有一个重合闸）	接地故障，瞬时	仅在自动重合期间停电	仅在自动重合期间停电
	接地故障，永久	持续停电	持续停电
	相间故障，瞬时	仅在自动重合期间停电	仅在自动重合期间停电
	相间故障，永久	持续停电	持续停电
位置 1 发生故障（有两个重合闸）	接地故障，瞬时	仅在自动重合期间停电	仅在自动重合期间停电
	接地故障，永久	持续停电	持续停电
	相间故障，瞬时	仅在自动重合期间停电	仅在自动重合期间停电
	相间故障，永久	持续停电	持续停电
位置 2 发生故障（有两个重合闸）	接地故障，瞬时	*仅电压下降*	仅在自动重合期间停电
	接地故障，永久	*仅电压下降*	持续停电
	相间故障，瞬时	*仅电压下降*	仅在自动重合期间停电
	相间故障，永久	*仅电压下降*	持续停电

添加第二个自动重合闸的好处如表 6.3 中斜体所示，从中可以得出一个有趣的规律，这将在第 6.3 节中展开并深入。电力公司可以在补偿/不接地方案和具有重合闸的直接接地方案之间进行选择，他们的主要区别是：

- 补偿/未接地方案（允许单相接地故障在系统中保持一段时间）允许在大约 64% 的故障下连续供电。单个重合闸仅对瞬时相间故障有好处，如果可以有合适的方向保护，多个重合闸可以对网络进行分段并使停电区域更小。
- 直接或电阻接地方案，如果与单个重合闸一起使用，可将瞬时接地故障看作重合闸动作期间的短暂停电。多个重合闸则可以对网络进行分段并使停电区域更小。

图6.4总结了不同方案之间的差异，并指明了从一个方案到另一个方案需要做的改变为

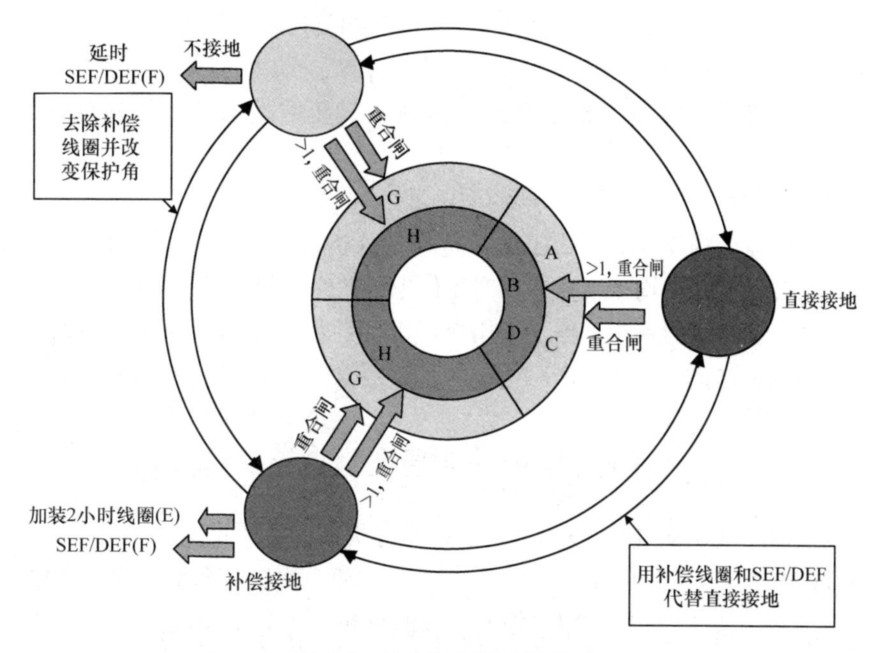

图6.4　重合闸和接地的关系

- 将一个重合闸添加到直接接地系统（A）中可以减小瞬时故障的影响。
- 将多个重合闸添加到直接接地系统（B）中可以减少受瞬时故障影响的用户数量。
- 将一个重合闸添加到直接接地系统（C）中可以减小永久故障的影响。
- 将多个重合闸添加到直接接地系统（D）中可以减少受永久故障影响的用户数量。
- 向现有消弧线圈中添加（通常）2小时的定值（E）可消除永久单相接地故障的影响，从而消除由此引起的瞬时停电。
- 通过延时反时限跳闸或灵敏型接地故障保护向方向接地故障保护中添加最多0.6s的延时（F），可以消除与补偿或不接地网络相关的瞬时单相接地故障的影响，从而消除了这种故障引起的瞬时停电。
- 将一个重合闸（G）添加到补偿网络中可减小瞬时相间故障的影响。
- 将多个重合闸（H）添加到补偿网络中可减少受永久相间故障影响的用户数量。

6.2　配电系统性能和基本的可靠性计算

配电网的可靠性量化现在已经演变为一组被整个行业认可的可靠性指标，这并不是说，电力公司在内部制定具体的业务目标时没有发展自己的衡量标准。关注经IEEE 定义的公认的指标，并讨论如何通过它们来评估和比较不同配电网络和自动化策略的性能㊀。这些指标表示电网在停电频率和停电持续时间方面的年平均表现，它们根据用户数量和供电量进行加权平均计算，可以在全系统或用户的基础上进行呈现。该指标可应用于整个系统或区域，只要数据与计算指标的区域一致即可。

6.2.1 系统指标

系统平均停电持续时间（SAIDI）㊁是指在分析期间（通常是每年）每个电力公司用户所有停电的平均持续时间。对于停电的每个阶段，计算停电的用户数量与相应的停电持续时间的乘积，称之为用户停电分钟数（用户 - 分钟）。对于审查期间的故障总数，总的用户停电分钟数加起来再除以评估系统或区域供电的用户总数。

$$\mathrm{SAIDI}=\frac{\text{所有用户停电持续时间的总和}^{㊂}}{\text{系统的用户总数}}\ \text{（在分析期间）}$$

系统平均停电频率指标（SAIFI）是指在分析期间每个电力公司用户的平均停电（持续的）次数。简单来说，就是每年的用户停电次数除以系统的用户数。

$$\mathrm{SAIFI}=\frac{\text{所有用户停电次数的总和}}{\text{系统的用户数}}\ \text{（在分析期间）}$$

瞬时平均停电频率指标（MAIFI）是指系统中每个用户瞬时停电的平均次数。通常，瞬时停电时间低于指定的持续停电时间并单独计算。在监管环境下，持续停电的临界值由监管者设置，是用于计算基于持续停电的停电次数的关键尺度，会产生罚款。

$$\mathrm{MAIFI}=\frac{\text{所有用户瞬时停电次数的总和}}{\text{系统的用户数}}\ \text{（在分析期间）}$$

用户总停电持续时间指数（CAIDI）是指在分析期内经历至少一次停电的用户的平均停电持续时间。

$$\mathrm{CAIDI}=\frac{\text{所有用户停电持续时间之和}}{\text{经历至少一次停电的用户数}}\ \text{（在分析期间）}$$

这些就是用于计算自动化对电网性能的改善程度并确定相关经济收益的指标。

6.2.2 电网可靠性指标的计算

计算配电网可靠性指标的数学方法相对简单，但除了非常小的网络之外，任何

㊀ 可靠性理论在专门针对该主题的相关文献中有更多细节介绍，需要深入了解的话可以参照这些文献。

㊁ 与用户停电分钟数的数值相同，用户停电分钟数在业界广泛用在开始网络性能评估的时候。

㊂ 持续时间算在内的停电是针对持续的停电，必须大于一个指定的持续时间，以此区分瞬时与持续停电。

电网的数据量意味着软件计算是唯一可行的方法。但重要的是，电力公司应该理解计算原理，因为能够检查软件计算结果是否与工程师的经验和他们的快速计算结果大体一致将是很明智的。使用软件进行计算的主要优点是可以很容易地研究网络变化的影响，如对选择的电网开关应用扩展控制。

为了说明手动计算的工作原理，根据图6.5设计了一个网络模型。可以看出，每条线路的负荷是相同的，因此每条线路的结果比较都将显示出加装了电源重合闸、可切换的备用电源和中点重合闸的效果：

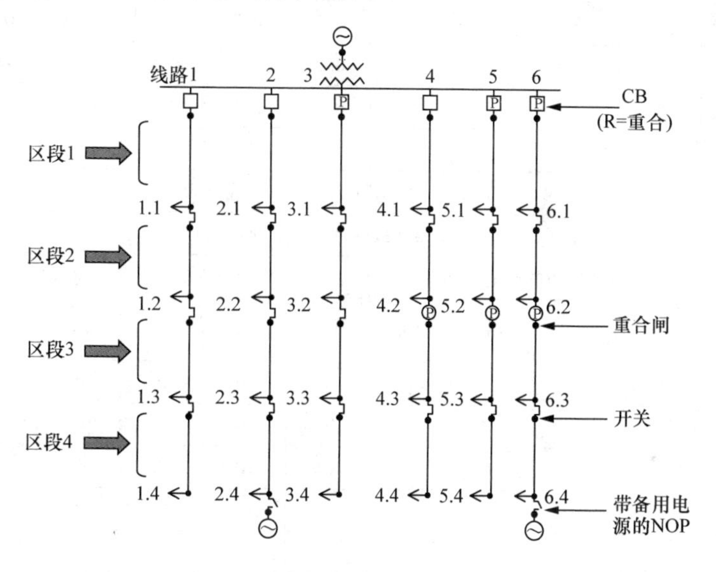

图6.5　模型网络的线路图

- 每条线路由4段架空线组成，每段长0.5英里，永久故障发生率为0.2个故障/年/英里，瞬时故障发生率为0.6个故障/年/英里。网络上的线路总长度为12英里。
- 每条线路包括四个负荷点，每个负荷点有100个用户，每个负荷点的标识如图所示。
- 开关设备由线路隔离开关组成，对于某些线路，重合闸代替了隔离开关。一些线路装有电源重合闸断路器，一些配有可切换的备用电源。
- 除了用于保护动作的断路器，所有开关设备的切换时间为1h。
- 除架空线路外，所有其他设备的故障率为零。架空线永久故障的修复时间为5h。

切换算法假定在可能的情况下首先完成下游的恢复（通过常开联络开关连接到备用电源），下游的恢复时间为1h。之后，进行上游的恢复，上游的恢复时间为2h。5h的修复时间包括所有切换操作以及物理性修复。手工计算的原理见表6.4，对线路 6 采用手工计算。

表 6.4 计算表格

	A	B	C	D	E	F	G	H	I	J	K	L
1	计算永久故障率为 0.1 的 SAIDI											
2	负荷点和用户		区段内故障的恢复时间/h				区段内故障导致的年停电小时数					用户乘以 SAIDI
			1st	2nd	3rd	4th	1st	2nd	3rd	4th	SAIDI	
3	6.1	100	5	1	0	0	0.5	0.1	0	0	0.6	60
4	6.2	100	2	5	0	0	0.2	0.5	0	0	0.7	70
5	6.3	100	2	2	5	1	0.2	0.2	0.5	0.1	1.0	100
6	6.4	100	2	2	2	5	0.2	0.2	0.2	0.5	1.1	110
7	总计	400										340
8	由此平均 SAIDI 为 340/400 或 0.85											
9	计算永久故障率为 0.1 的 SAIFI											
10	负荷点和用户		区段内故障的恢复时间/h				区段内故障的年持续停电次数					用户乘以 SAIFI
			1st	2nd	3rd	4th	1st	2nd	3rd	4th	SAIDI	
11	6.1	100					10	10	0	0	0.2	20
12	6.2	100					10	10	0	0	0.2	20
13	6.3	100					10	10	10	10	0.4	40
14	6.4	100					10	10	10	10	0.4	40
15	总计	400										120
16	由此平均 SAIFI = 120/400 或 0.3											
17	计算瞬时故障率为 0.3 的 MAIFI											
18	负荷点和用户		区段内故障的恢复时间/h				区段内故障的年瞬时停电次数					用户乘以 MAIFI
			1st	2nd	3rd	4th	1st	2nd	3rd	4th	SAIDI	
19	6.1	100					30	30	0	0	0.6	60
20	6.2	100					30	30	0	0	0.6	60
21	6.3	100					30	30	30	30	1.2	120
22	6.4	100					30	30	30	30	1.2	120
23	总计	400										360
24	由此平均 MAIFI = 360/400 或 0.9											

6.2.3 持续停电时间（SAIDI）的计算（参见表 6.4）

对于每个负荷点，电子表格可以计算网络每段线路上的故障造成的年恢复时间。如单元格 C3 所示，第一段中的故障将使负荷 6.1 停电，维修时间为 5h。因为

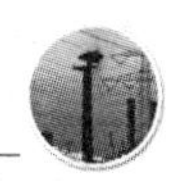

第一段的永久故障率为0.2个故障/年/英里且长度为0.5英里，所以它每年将经历0.1个故障（第1行）。因此，由于负荷6.1因第一段中的故障导致的年停电时间为0.5h，由C3和第1行的0.1相乘得出，计算结果在G3中。

单元格C3、D4、E5和F6中的故障恢复时间被设置为5h。单元格C4、C5、C6、D5、D6和E6为上游用户负荷点的切换恢复时间，设为2h。下游的恢复时间设为1h，但是由于负荷6.2处的保护断路器，负荷6.1不会因第三和第四段中的故障而出现停电。因此，单元格E3、E4、F3和F4中的恢复时间被设置为零（因为对于这两个段中的故障，负荷6.1和6.2没有恢复时间）。以相同的方式计算单元格H3，I3和J3。

因此，负荷6.1总的年停电时间为单元格G3到J3之和，结果输入K3。

然后，以相同的方式计算负荷6.2、6.3和6.4的年停电小时数。

为了计算四个负荷的平均年停电时间，即SAIDI，需要按每个负荷点的用户数对各负荷停电时间进行加权。加权在单元格L3中完成，L3是单元格K3和B3的乘积，单位是用户小时（CHR）。总用户小时数是单元格L3到L6的总和，结果输入L7，然后将其除以单元格B7中馈线上的用户总数，就得出了第8行中馈线的SAIDI。

6.2.4　持续停电频率（SAIFI）的计算（参见表6.4）

对于每个负荷点，电子表格可以计算网络每段线路上的故障造成的持续停电次数，如第一段线路上的故障将使负荷点6.1处的用户每年经历10次持续停电。这是因为第一段每年将经历0.1个持续性故障（原因如上），而这适用于该负荷点的100位用户，结果如单元格G11所示。

以相同的方式计算单元格H11、I11和J11，但是由于在负荷6.2处的断路器，负荷6.1不会因第三和第四段中的故障而出现停电，因此单元格I11和J11设为零。

故负荷6.1总的持续停电次数是单元格G11到J11的总和。不过，这是针对负荷点6.1处的所有100个用户，为了得到每个用户的持续停电次数，必须将单元格G11到J11的停电次数总和除以用户数量，结果输入单元格K11。

为了计算四个负荷的平均持续次数，即SAIFI，需要按每个负荷点的用户数对各持续停电次数进行加权，加权在单元格L11中完成，L11是单元格K11与B11的乘积。总的持续停电次数是单元格L11到L14的总和，结果输入L15，然后将其除以单元格B15中馈线上的用户总数，就得出了第16行中馈线的SAIFI。

6.2.5　瞬时停电频率（MAIFI）的计算（参见表6.4）

对于每个负荷点，电子表格可以计算网络每段线路上的故障造成的年瞬时停电次数。例如，第一段线路上的故障将使负荷点6.1处的用户每年经历30次瞬时停电，这是因为第一段每年将经历0.3个瞬时故障（原因如上），而这适用于该负荷点处的100个用户。结果如单元格G19所示。

以相同的方式计算单元格H19、I19和J19，但是由于在负荷6.2处的重合闸断路器，负荷6.1不会因第三和第四段上的故障而出现停电。因此，单元格I19和J19设为零。

因此，负荷6.1总的瞬时停电次数是单元格G19到J19的总和，不过这是针对负荷点6.1处的所有100个用户，为了得到每个用户的瞬时停电次数，必须将单元格G19到J19的停电次数总和除以用户数量，结果输入单元格K19。

为了计算4个负荷的平均瞬时停电次数（即MAIFI），需要按每个负荷点的用户数对各瞬时停电次数进行加权，加权在单元格L19中进行，L19是单元格K19与B19的乘积。总的瞬时停电次数是单元格L19到L22的总和，结果输入L23，然后将其除以单元格B23中馈线上的用户总数，就得出了第24行中馈线的MAIFI。

6.2.6 计算结果的总结

按电子表格中的步骤，可以计算各负荷点和各线路作为一个整体的可靠性指标，结果见表6.5。

表6.5 计算结果的总结

线路	负荷点	用户	可靠性性能		
			MAIF	SAIFI	SAIDI
1	1.1	100	0	1.6	3.2
1	1.2	100	0	1.6	4.8
1	1.3	100	0	1.6	6.4
1	1.4	100	0	1.3	8.0
线路总计	NA	400	0	1.6	5.6
2	2.1	100	0	1.6	3.2
2	2.2	100	0	1.6	3.6
2	2.3	100	0	1.6	4.0
2	2.4	100	0	1.6	4.4
线路总计	NA	400	0	1.6	3.8
3	3.1	100	1.2	0.4	0.8
3	3.2	100	1.2	0.4	1.2
3	3.3	100	1.2	0.4	1.6
3	3.4	100	1.2	0.4	2.0
线路总计	NA	400	1.2	0.4	1.4

（续）

线路	负荷点	用户	可靠性性能		
			MAIF	SAIFI	SAIDI
4	4.1	100	0	0.8	2.4
4	4.2	100	0	0.8	4.0
4	4.3	100	0.6	1.0	4.6
4	4.4	100	0.6	1.0	5.0
线路总计	NA	400	0.3	0.9	4.0
5	5.1	100	0.3	0.2	0.6
5	5.2	100	0.6	0.2	1.0
5	5.3	100	1.2	0.4	1.6
5	5.4	100	1.2	0.4	2.0
线路总计	NA	400	0.9	0.3	1.3
6	5.1	100	0.6	0.2	0.6
6	5.2	100	0.6	0.2	0.7
6	5.3	100	1.2	0.4	1.1
6	5.4	100	1.2	0.4	1.0
线路总计	NA	400	0.9	0.3	0.85

基本线路1上的用户，有每年5.6小时的SAIDI，尽管是在馈线首端（3.2小时）的最好情况和馈线末端（8小时）的最差情况之间波动。SAIFI的值不随馈线变化，而且因为没有重合闸功能，MAIFI的值为零。可以看出，对于寻求一定供电可靠性的用户，它们在馈线上的位置很重要。

现在来看看线路2，添加了一个可切换的备用电源，可以看出用户越接近常开联络点，就越能减小SAIDI值。SAIDI还沿着线路发生变化，但供电最糟糕用户的SAIDI现在减少到了4.4小时。

线路3在电源断路器处增加了重合闸，这样做的效果就是瞬时故障被清除并重合闸。由于对于瞬时和永久故障，馈线1中的非重合断路器都将跳闸并保持断开状态，所以重合闸这一功能允许将瞬时故障变为瞬时停电，如表中MAIFI变为正值所示，而持续故障停电次数减少。注意，由于故障总数保持不变，馈线3的MAIFI和SAIFI之和等于馈线1的SAIFI。

通过比较线路1和线路4的结果来检查中点重合闸的效果，其中重合闸（4.1和4.2）上游用户的SAIFI减小了。这是因为重合闸清除了它保护范围外的所有故障，从而使4.1和4.2不受这些故障的影响。对于重合闸保护范围以外的用户，可以发现MAIFI和SAIFI之和仍为1.6。

线路5综合了馈线3和馈线4的附加设备，中点重合闸上游的用户现在有了瞬时停电，但是与馈线4相比，中点重合闸下游用户的瞬时故障更多，永久故障更少。这是因为电源重合闸的动作阻止了中点重合闸上游的瞬时故障发展成为永久故障。

线路6综合了馈线2和馈线5的附加设备，以达到这个数量的硬件可以获得的最佳性能。馈线负荷点之间的SAIDI仍然有差异，但是与其他方案相比，SAIDI的变化范围减小了。需要注意，如果颠倒假定的切换顺序而在下游恢复之前恢复上游供电，则用户负荷点之间的SAIDI将发生变化。因此，寻求以特定可靠性供电的用户必须与电力公司商讨故障恢复的顺序。

6.2.7 计算扩展控制的影响

向配电网的开关添加扩展控制意味着电网切换时间将从运行人员到达一个站点或一群站点并且执行切换任务所需的时间（如1小时或2小时），减小到调度工程师命令开关动作所需的时间（如10分钟）。除了调度工程师外，开关设备还可以通过某种形式的预编程控制方案来进行控制，从而可以在没有任何直接人为干预的情况下控制整个电网，在这种情况下，切换时间将由控制逻辑决定。

重新检查例子中的线路6：单元格D3显示故障恢复时间为1h，该时间为假定行进到现场、在变电站6.1处打开开关并且闭合常开联络开关所需的时间。如果通过扩展控制在10min内完成以上操作，那么单元格D3中的值将变成10min或0.167h。同样，如果调度工程师可以通过扩展控制在15min（0.25h）内执行上游恢复，那么将把单元格C4、C5、C6、D5、D6和E6中的2h替换为0.25h。电子表格将计算扩展控制的影响，结果表明，年停电时间和SAIDI都将得到改善。

查看表格可以发现，故障恢复时间不影响永久停电频率和瞬时停电频率。在这种情况下，明智的做法是回想起瞬时停电是由瞬时故障引起的停电并由重合闸断路器动作来清除。实际的停电时间取决于重合顺序，但通常在高速自动重合闸的1s到变电站断路器的1min范围内变化。现在，电力公司及其监管者定义瞬时停电为任何持续小于一定时间（如5min）的停电。非常重要的是，如果扩展控制可以在小于瞬时停电所定义的时限内执行操作，则扩展控制将增加瞬时停电的次数，当然，瞬时停电次数的增加是由持续停电次数相应的减少来进行平衡的。

当使用软件计算电网指标时，最重要的是按电力公司的要求在软件中协调区分瞬时和持续停电。

6.2.8 网络复杂性因数函数的指标

在第3章中定义了网络复杂性因数（NCF），现在可以使用适当的软件来计算每条馈线的可靠性指标，并绘制指标与NCF的关系。图6.6显示了年SAIDI，最上面曲线显示了没有扩展控制的情况，其他三条线分别显示了：

- 曲线“电源断路器”表示向线路始端的断路器添加扩展控制，提供了从控制室闭合断路器的便利性，无需工作人员前往电源变电站操作断路器。
- 曲线“电源断路器和NOP”表示除了电源断路器，还为每个常开联络点添加了扩展控制。

• 曲线“所有开关”表示除了电源断路器和常开联络点，还为线路上的每个线路开关添加了扩展控制。

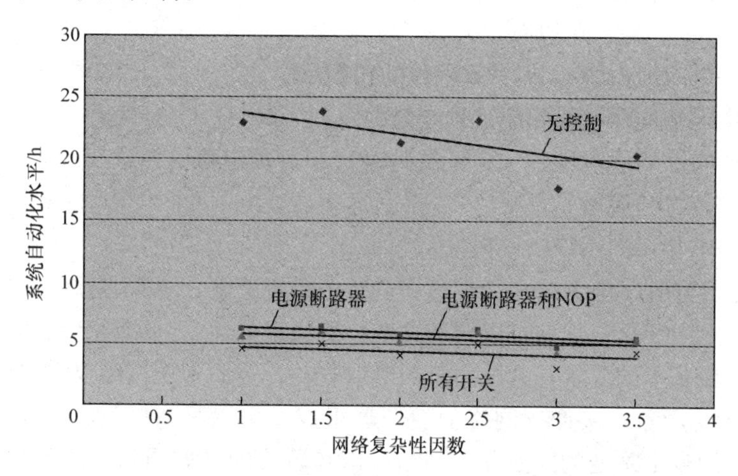

图6.6 关于网络复杂性和自动化水平的性能指标

可以看到随着网络变得更加复杂，SAIDI有所改善，这是因为更复杂的网络具有更多可用的备用电源。因此与不太复杂的馈线相比，可以通过故障后的切换恢复更多区段的供电。

图6.6还显示出通过向电源断路器添加重合闸可以大大改善SAIDI，这种改善是因为在SAIDI和SAIFI的计算中除去了瞬时故障，不过MAIFI的值会增加。通过添加扩展控制获得的改善在图6.6中看起来很小，但这种改善对馈线上的用户而言非常重要。

该图还展示了针对扩展控制的另一种思路，即有电源自动重合闸的复杂线路或所有线路开关（包括常开开关）都有扩展控制的更简单线路都可以实现SAIDI=5。这种思路非常重要，因为它为电力公司在电网设计方面提供了一个额外的维度，这一维度只有在引入扩展控制后才可用。

6.2.9 在没有自动化情况下改善性能

第6.2.2节中讨论的模型使用了相对较短的架空线，实际中架空线可以比这长得多，一般长达35km，如果将模型线路长度调整为35km，会发现年平均停电时间从0.85h增加到大约20h，平均年停电次数从0.3增加到10。这只是因为故障数量将随着线路长度的增加而成比例地增加。

架空线比地下电缆具有更多的故障已经成为普遍接受的事实，这是因为裸导线比地下电缆更容易被直接接触和发生天气导致的故障，并且有时还与架空线架设更便宜这一事实有关。可以在可靠性方面进行取舍，但几乎没有电力公司或用户认为每年20h和10次停电的供电质量是可以接受的。基于这一原因，大多数电力公司都为其配电网的性能设定了目标，而这些目标受以下一个或多个因素的影响：

- 故障和维修的运行成本
- 对于放松管制的地点，监管机构的要求和未达标后的处罚。这些将在第 9 章中有更详细的讨论，可以总结为
- 因停电而损失的每 kW · h 电量的罚款
- 如果年平均停电时间超过预定值的罚款
- 如果年平均停电计数（持续或瞬时）超过预定值的罚款
- 用户停电的成本
- 与停电相关的用户收入损失

它们已经导致了电力公司代表用户进行的投资决策，尽管必须强调这些因素现在正在迅速发生变化，现在可以调查这些投资决策如何受电网设计的影响。

配电网最基本的要求是为电力公司赚取收益，为此中压网络仅需要由输电的电缆（或架空线）和连接低压网络的变压器组成。可以只有一种形式的线路保护，即一个在电源变电站处的断路器。网络可以是单线的，如图 6.7 左侧的线路所示，但是由于电网已经以更复杂的方式发展，右侧线路可能更具代表性，因此暂且用右侧线路作为模型。

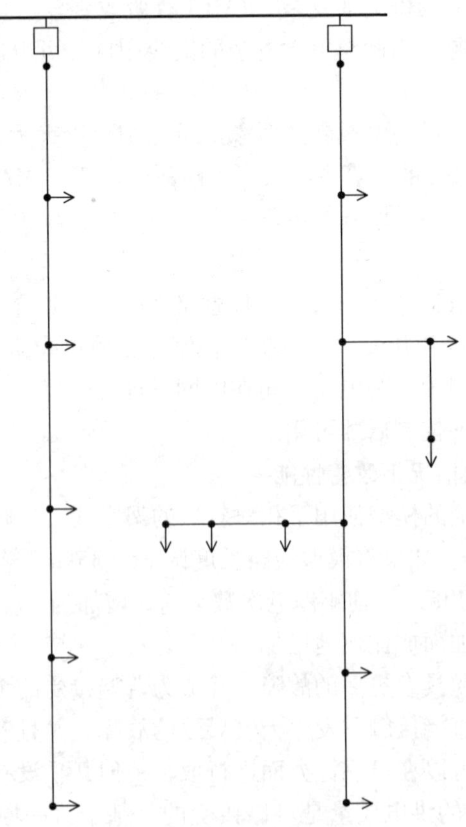

图 6.7　简单的馈线配置

虽然这条模型线路可以为电力公司赚取利润，但是由于以下几个原因而有些不切实际：

- 故障后用户停电时间过长。例如，由于左侧支线上任何地方的故障都不能与主线路隔离，所以在维修之前所有用户都将停电。对于电缆，停电时间可能是 12h。
- 由于只能在电源断路器处断开带电线路，因此在进行施工和维护工作时必须断开所有用户供电，除非可以进行带电作业。
- 在这种多端网络上定位故障可能是非常复杂和耗时的，并且将延长用户的停电时间。
- 取决于绕组的配置，配电变压器二次绕组上的故障可能不会被电源断路器清除，从而产生危险，需要某种形式的本地保护。
- 架空网络中的瞬时故障将导致电源断路器跳闸，中断所有用户的供电直到断路器由变电站的工作人员重新闭合。正如将在第 7 章关于配电自动化逻辑中看到的那样，瞬时故障通过断电可以清除，但如果断路器加装了自动重合闸，就可以在短时间内完全恢复供电。

所以有了一个安装成本低（但运行成本高）的网络，但它的性能不是很好，即用户不必要的停电次数太多、停电时间太长。因此，大多数电力公司不会像该例这样设计和运行这么简单的网络，他们考虑资本成本和收入成本的总和并代表用户决定可能需要的更高性能，因此会对电网进行额外的投资来实现这些目标。

“可靠性”一词反映了用户所经历的所有停电事故，可能是由于以下部分或全部原因引起：

- 维护和施工停电（通常与受影响的用户事先说好）
- 发电故障
- 输电网故障
- 二次输电网故障
- 中压或低压（配电）网络故障

电网的性能主要取决于线路长度、开关装置的类型和内容、保护策略[⊖]、备用电源的获取和控制策略方面如何进行设计。这些都会影响故障发生时电网的运行方式，也可以影响故障发生的数量和类型。

如可以使用地下电缆代替架空线路，因为前者通常故障率更低；此外，可以通过预防性的维护（如：修剪树木）来降低架空线的故障率。还可以加强对架空线的支撑，或者用绝缘导线代替裸导线；高的电缆故障率可能表示电缆处于其使用寿命的末期需要更换。可以对开关装置和变压器进行诊断性测量并根据需要进行翻新，如在不更换母线的情况下更换隔离式断路器的运动部件。

⊖ 第 5 章，保护和控制。

发生故障时，系统中性点的接地类型在防止停电方面发挥着非常重要的作用。中性点绝缘系统并不常见，但单相接地故障通常不会导致保护动作。类似地，经消弧线圈接地的系统经过设置可以在单相接地故障后不引起停电。现在将通过在不同位置添加不同类型的线路开关设备来研究提高可靠性水平的方法，这些设备都被视为设计工具，除了最后一个工具以外其他都是手动或保护操作的设备。最后一个工具考虑向设备中添加远程控制功能，这将为自动化复杂性特定阶段的后期开发做准备，自动化复杂性将会被用作标准解决方案[㊀]。表 6.6 给出了设计工具及其对地下和架空网络的适用性。

表 6.6　架空和地下网络的设计方法描述

可用的设计方法	设计方法适用于		
	架空	地下	混合
添加手动分段开关	是	是	是
添加手动切换的备用电源	是	是	是
添加自动线上保护	是	是	是
添加连续的备用电源	是	是	是
添加带本地自动控制的电源自动重合闸	是	否	对架空部分
添加带本地自动控制的线上自动重合闸	是	否	对架空部分
添加带本地自动控制的自动分段器[①]	是	否	对架空部分
为开关装置添加扩展控制	是	是	是

① 自动分段器可以基于隔离开关或对喷射式跌落熔断器的改进，二者都具有本地自动控制功能。已在第 4 章中对此进行描述。

6.3　提高地下网络的可靠性

6.3.1　设计方法 1：添加手动分段开关

为了提高模型线路的性能（图 6.8），可以添加一些可以打开的开关来将网络分段。如果开关 1 下游的支线发生故障，电源断路器将跳闸，断开所有电源。但是如果开关 1 可以打开，比如说在 1 小时内，尽管这条支线上的用户在维修时仍然会停电，但其他所有用户可以恢复供电，因为打开的开关将故障与网络剩余部分隔离。

可以这样说，对于开关下游的故障而言，这个开关的添加提高了开关上游用户的网络性能。对于这些上游用户，已将停电时间从维修时间如 12h 改为切换时间如 1h。类似的讨论同样适用于开关 4，也可以按相同的方式考虑开关 2，因为对于开关 2 下游的故障，上游用户可以在开关打开后恢复供电。

㊀ 第 5 章，自动化逻辑。

6.3.2　设计方法2：添加手动切换的备用电源

仔细看图6.8可以发现，开关2可以发挥更大的作用。假设故障发生在电源断路器和开关2之间的主线路上，可以打开开关2来断开故障，但是不能闭合电源断路器，因为故障仍然存在。但是该图显示，通过常开联络开关存在一个可用的备用电源，如虚线所示。一旦开关2打开，则常开联络开关可以闭合，从而为常开联络开关和开关2之间的用户供电。

可以这样说，对于开关2下游的故障而言，添加的这个开关提高了开关上游用户的电网性能。当与常开联络开关一起使用时，对于开关2上游的故障而言，开关2的添加提高了开关下游用户的网络性能。对于这些下游的用户，已将停电时间从维修时间（如12h）改为切换时间（如1h）。

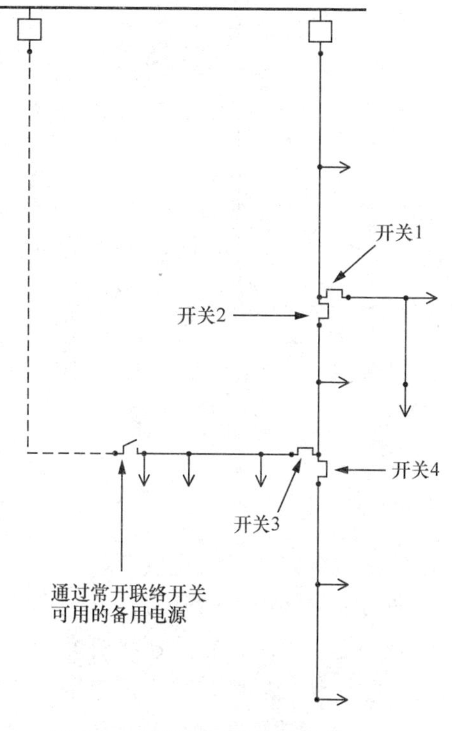

图6.8　带分段开关的模型线路

通过添加常开联络开关和备用电源，网络从辐射状变为开环。可切换的备用电源并不总是可以恢复电网正常部分的供电，例如，我们已经看到，对于紧邻电源的故障，由于故障仍然在线路上，不能通过备用电源来恢复开关2上方支线的供电。如果开关安装在紧临开关1的上游主线路上，则可以断开故障部分，恢复支线的供电。

基于这个原因，可以说为了断开每一段故障线路，需要在线路各段的每端都有一个断开点。故障线路段上的用户在维修时间内停电，但是正常线路段上的其他用户可以在开关切换时间后恢复供电。断开点越多，每个线路分段上的用户越少，因此故障维修时断电的用户越少。

地下（电缆）网络通常使用开关熔断器或与靠近配电变压器的断路器在变压器故障时提供保护。这种变压器故障很少发生，但是如果没有保护，故障要么使电源断路器跳闸断开所有电源，要么如前所述因为故障条件而不能跳闸。这样的网络通常包含环网中的本地开关设备。这里讨论的网络如图6.9所示。

这里所示的本地开关设备为环网柜，包括环上的两个开关和变压器的本地保护。可以看出，除一个位置以外，其他任何位置的故障都可以被断开，并可以通过开关切换正常电源或可切换的备用电源来恢复所有用户的供电。唯一的例外是T型接法的变电站，如果故障发生在该变电站任一侧的环网柜之间，则通常需要对该

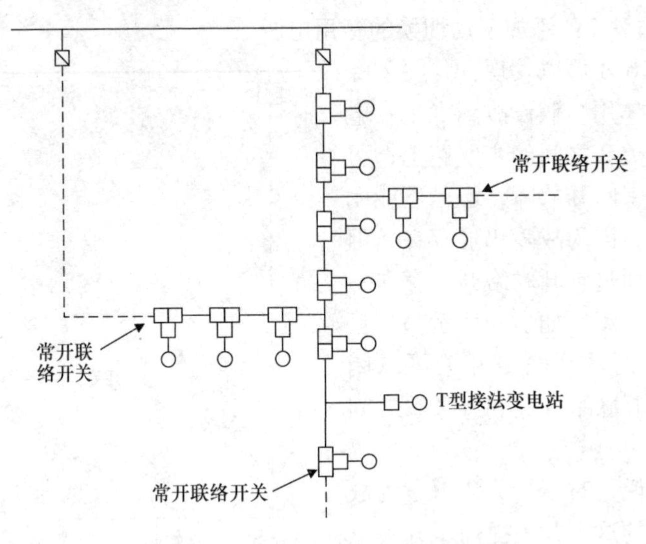

图 6.9　带附加连接点的模型线路

变电站进行维修才能恢复供电。

通过在网络中添加开关，已经看到了如何将用户的停电持续时间从维修时间减少到开关切换时间，后面还将研究开关设备的扩展控制如何更好地改善停电时间。需要注意，开关切换时间必须包括三个主要组成部分：

（1）确定故障实际位置所需的时间。这取决于故障定位技术，包括故障指示，后者在第 5 章中有更详细的讨论。我们将看到扩展控制如何减少故障定位时间的影响。

（2）到达断开故障区段的开关设备所需的时间。对于较长的和那些拥堵的网络，出行速度缓慢，这个时间可能是几个小时。我们将看到扩展控制如何减少出行时间的影响。

（3）实际操作开关所需的时间。这个时间对于正常运行和全额定状态的开关设备通常只有一两分钟。但是对于不是全额定状态或没有投入运行的开关设备，实际的开关时间通常为 1h。

6.3.3　设计方法 3：添加自动线路保护

采用这种设计方法，可以用断路器代替第三个变电站的一个环网开关，如图 6.10 所示。重要的是，当断路器用于保护本地变压器时，它的负荷额定值只需要匹配变压器，许多这样的断路器额定值为 100A 或 200A。但是如果位于环网上，断路器的额定值需要匹配环上的其他开关设备，通常为 630A。

如果该附加的断路器下游发生故障并且假设该保护能正确判别故障，则该故障将由该附加（线上）断路器清除，电源断路器和线上断路器之间的用户不会受到影响。因此可以说，添加线上断路器将提高上游用户的性能，使其免受下游故障的影响。

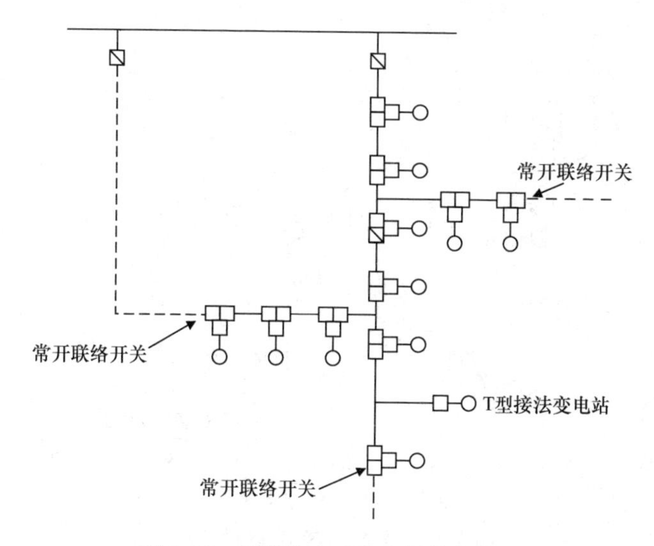

图 6.10 带附加自动线上保护的模型

这类似于添加分段开关的改善方案，但有一个主要的区别：对于分段开关，当电源断路器跳开时，开关和电源之间的用户将断电，只有当开关打开且电源断路器闭合时才能恢复供电。断电时间取决于切换时间，可能需要 1 小时，但是采用线上断路器的话，这些用户根本不会断电。因此，线上断路器完全消除了上游用户切换时间内的断电，确切地说，这些用户在故障清除期间经历了电压降低，这种电压降低是由故障电流通过系统阻抗而引起的，但是所有由电源母线供电的用户都将经历相同的电压降低。添加一个或多个线上断路器能保护上游用户不受下游故障的影响，但是不能保护下游用户不受上游故障的影响（尽管使用备用电源可以得到改进）。

6.3.4 设计方法 4：添加连续备用电源

对于图 6.11 所示的故障，断路器 B 将跳闸以清除故障，并且 B 下游的所有用户将断电。馈线 A 上的用户不受影响。但是如果在常开联络开关闭合的情况下操作网络（即备用电源变成连续备用电源），则对于相同的故障，两个电源断路器都将跳闸。

因此，闭合常开点会降低线路 A 上的用户供电质量，因为在常开点打开时，它们不会受到线路 B（模型线路）上故障的影响。因此，线路闭环运行会使情况恶化，除非添加一些带适当保护的线上断路器。

最简单的连续备用电源如图 6.12 所示。有两个线路为单个负荷供电，并且四个断路器都闭合，这类网络通常称为闭环网络。

图 6.12 所示网络最大的优点是，任一条线路上发生故障，则该线路每端的保护跳闸，而第二条线路持续地对负荷供电。两个线路必须都能够承载用户的全部负荷，并且通常两条线路都需要单元式保护。

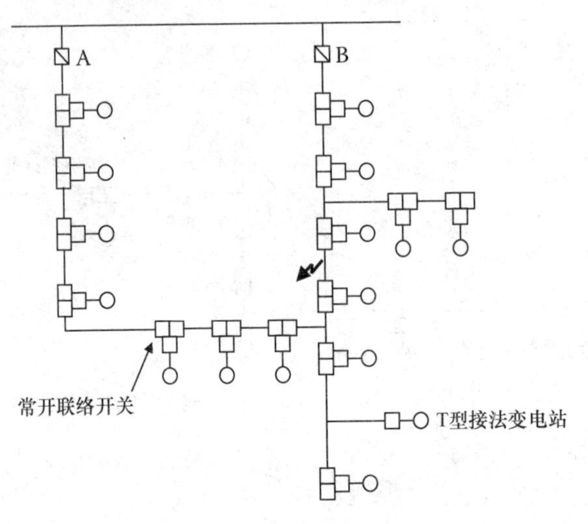

图 6.11　带连续备用电源的模型

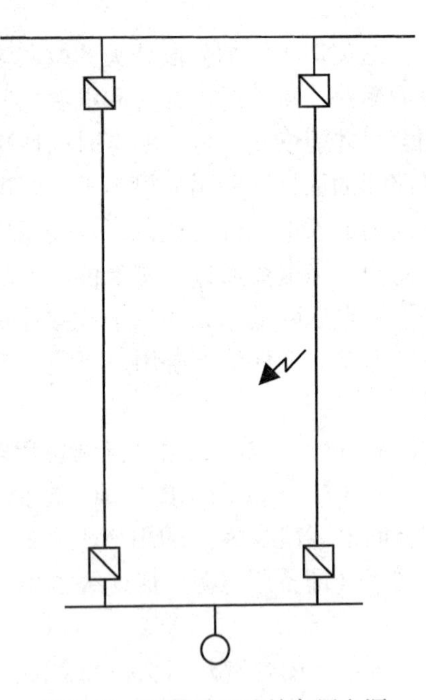

图 6.12　最简单的连续备用电源

图 6.12 所示方案的缺点是第二条线路的成本和单元式保护的成本和复杂性，尽管对于这种简单方案，如果采用单元式保护的话可以采用时间配合和方向保护来节省线路端之间通信信道的成本。然而，这种类型的供电对于重要负荷（如工业用户和医院）来说很常见，其中电力公司的附加成本由对用户的附加收益来平衡。

考虑采用了闭环和断路器的实际配电网，由图 6.13 可以看出，F1 处的故障将由电源断路器 A 和断路器 CB1 来清除，不涉及其他用户。按照类似的逻辑，可以看到其他三个位置的故障将由保护区域各端的保护来清除。但如果更详细地考虑 F1，可以发现如果不使用单元式保护，那么 CB2、CB3 和电源断路器 B 有必要进行配合来判别故障。

除非可以接受很长的保护动作时间，否则采用常规保护难以实现这种水平的判别，一般来说只有单元式保护适用于闭环网络。通信线路通常是引示线（私有或租用），但也可以考虑其他线路。

尽管资本和收入成本会增加，但闭环网络与其他方案相比具有一些显著的优点：故障区段会立即断开、正常区段的用户不会断电。由图 6.13 可见，由于只有有限的线上断路器，故障的自动断开如 F1，将使电源断路器 A 和线路断路器 CB1

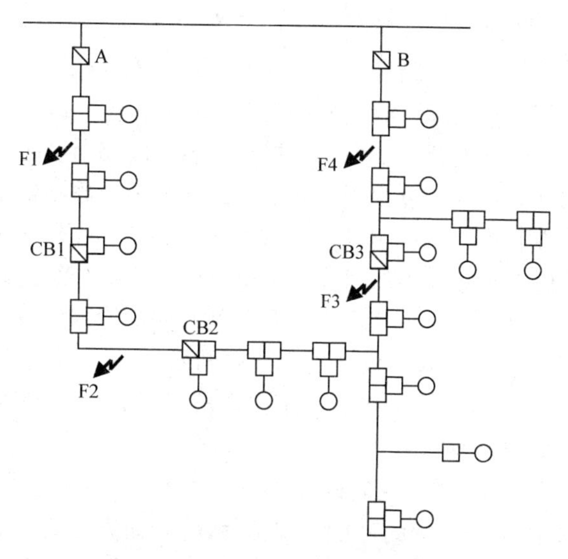

图6.13　带单元式保护的模型线路

之间的线路断开。现在，故障位于第一和第二配电变电站之间，下列操作是完全可行的：

- 打开故障电缆两端的环网柜开关
- 通过闭合电源断路器重新给第一个配电变电站通电
- 通过闭合线上断路器CB1重新给第二和第三个配电变电站通电

故障指示器（FPI）可以用来确定哪个区段含有故障，然而大多数FPI在无方向的基础上动作，理论上故障电流仅从一个点流出，至少在辐射状或开环网络上是这样。采用闭环网络，故障电流将从两端流出，因此FPI需要能够显示故障电流流向了哪个方向。

值得一提的是，随着分布式发电成为现实，电力公司可能被迫运行这类网络，因为网络不是无源网络，需要进行有源双向运行。

6.4　提高架空网络的可靠性（设计方法5～方法7）

有两种主要类型的MV架空网络：城市架空和农村架空网络。城市设计通常适用于中小城镇，有时甚至也适用于大城市，并在美国得到了很好的应用。它的负荷密度高，每隔50m或100m可能就有一个柱上变压器。相比之下，农村网络多位于村庄和更空旷的乡村，它的负荷密度低，可能每2km就有一个柱上变压器。

目前所考虑的架空网络和地下网络的性能之间存在一个关键差异：架空网络可能发生临时故障（瞬时故障），即一旦故障由保护动作清除，且故障电弧被移除并经过一段短暂时间后电离气体在故障位置消散，线路就可以安全地重新通电，无需任何修理。大约80%的架空线故障是瞬时的，这对电力公司来说是一个主要问题，因为在保护动作后，线路直到切换时间（通常为1h）之后才能恢复供电。

然而，如果瞬时故障由断路器清除，并且断路器配有能够在短时间内自动重合断路器的自动闭合装置，则瞬时故障的影响从1h停电减少到短暂停电。重合闸断路器可以是装有重合闸继电器和电动操作机构的电源断路器，也可以是安装在网络上某个关键点的独立、集成的重合闸。如果相同的故障由熔断器来清除，熔断器只能在更换熔断的元件后才能重新闭合，通常在1h之后，而用户会持续断电。重合闸断路器、自动分段器和熔断器的操作在第4章中已有更详细的说明。

因此，架空网络上的用户可能由于两个非常不同的原因而经历瞬时停电：

- 瞬时故障后的自动重合，仅适用于架空网络。
- 永久故障与正常区段断开之后，正常区段通过扩展控制进行恢复供电的切换，适用于地下网络和架空网络。

由于架空系统和地下系统之间的相似性，可以采用与地下系统相同的方法（方法1至4）来提高架空系统的性能（见表6.7）。而方法5（添加电源自动重合闸）、方法6（添加线上自动重合闸）和方法7（添加自动分段器）是适用于架空网络的不同方法。应当注意，地下系统发生瞬时故障是极不寻常的，因此地下系统不采用自动重合闸。可以通过一个例子来说明这三种方法的效果。考虑图6.14所示的网络，它显示了六条从变电站送出的不同线路。

表6.7　架空线路性能的改善

	线路1	线路2	线路3	线路4	线路5	线路6
SAIDI	18	10.5	4.5	9.5	9.00	9.00
SAIFI	4	4.0	2.25	1.0	0.75	0.75
MAIFI	0	0	0.75	3.0	2.25	3.25

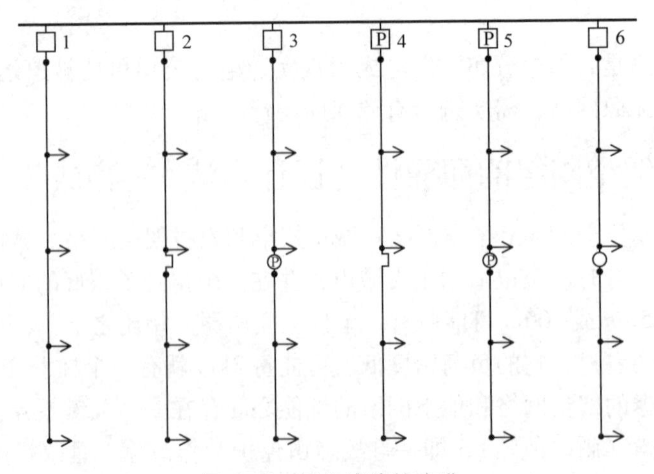

图6.14　架空线路的改进

每条线路包括10km的架空线和四个变电站，每个变电站接有100个用户：

- 线路1没有线上开关设备。
- 线路2在中点有一个线上开关。
- 线路3在中点有一个柱上重合闸。
- 线路4有带自动重合闸的电源断路器，并在中点有一个线上开关。
- 线路5有带自动重合闸的电源断路器，并在中点有一个柱上重合闸。
- 线路6有带自动重合闸的电源断路器，并在中点有一个自动分段器。

假设架空线的瞬时故障率为每年每公里0.3个故障，永久故障率为每年每公里0.1个故障。切换时间为2h，修复时间为12h。同时假设自动重合闸和自动分段器的动作时间小于瞬时和持续停电之间的报告差异。

分析表6.7中的性能统计数据，从中可以发现：

- 将添加的分段开关从线路1移到线路2降低了SAIDI，因为对于开关下游的故障，在开关断开隔离故障后上游用户可以在2h的切换时间后恢复供电，而不是经过修复故障的12h（如果它不能与正常区段断开的所需时间）。
- 通过比较线路5和线路6的结果可以发现，与自动重合闸相比，自动分段器增加了瞬时停电的平均次数。这是因为重合闸清除了自身外的所有故障，而自动分段器在其计数周期期间使自动分段器与电源断路器重合闸之间的用户经历了一次瞬时停电。自动分段器有两种基本形式：基于自动化就绪开关（甚至可以是缩减版的自动重合闸）和基于跌落式喷射熔断器。两种形式都有相同的功能，但后者不能在动作后自动重置和闭合，它的优点是资本成本通常比前者低得多。

6.5　通过自动化提高性能

判断控制网络性能好坏的因素之一是切换时间，或者人到达变电站打开或闭合一个开关设备所花的时间。在示例中采用了1h的切换时间，为出行时间和开关操作时间之和。对于许多类型（不是全部）的开关设备，操作时间可能只有45s，即操作者打开检修门、移除挂锁并通过拉动杠杆或按压按钮来操作开关的时间。开关触头移动的实际时间大约为300ms。

但是这类开关设备并不总是最便宜的，因此许多电力公司使用更便宜的、不带电操作的开关设备，其实际操作时间比45s长得多。在操作这类开关设备之前，操作者必须证明它不带电，然后才能安全地工作。如果开关设备带有可拆卸的弯头，则可能需要15min拆开弯头并将其放在待命位置。切换也更加复杂，因为开关设备需要在其他某个位置才能变得不带电，而这些位置必须安装有断电的开关。

大多数制造商现在把电机驱动（或电动执行机构）作为其MV开关设备的标准选项。当它装有远程终端单元和通信信道时，就可以被称为扩展控制（否则称为远程控制），也就是说它可以从远处进行控制。

图6.15还显示了故障指示器如何与远程终端单元集成以给出故障电流通过的

远程指示。

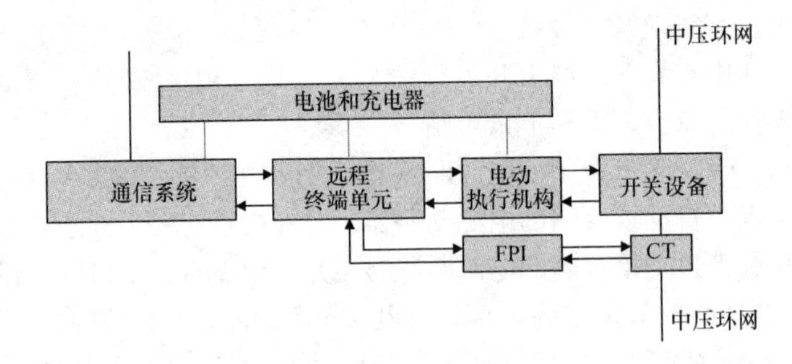

图 6.15　远程控制开关的组件

这类开关扩展控制的效果是切换时间急剧减少。执行机构可能需要几秒钟来加速，而开关触点仍将在大约 300ms 后动作，但是扩展控制主要节省的是开关操作者不需要访问变电站来操作开关设备，即出行时间变为零。因此，扩展控制对切换时间的影响是将其从 1h 减少到 1min 或 2min，这实际上取决于调度控制器的工作量和通信信道发送控制命令所需的时间。所以，在 1h 切换时间中被断电的用户现在可以仅断电 2min，这是一个非常巨大的改进。即当线路发生故障时，所有运行在保护装置下游的用户都将断电；那些有 2min 恢复时间的人仍然会断电，但他们的断电时间减少了。大多数电力公司将瞬时停电和持续停电之间的临界点定义为 3min 或 5min。如果扩展控制切换时间小于该时间，则采用扩展控制后，原来被归为持续停电的停电将变为瞬时停电。对于没有瞬时故障的线路，即地下线路，应用扩展控制后的瞬时停电和持续停电之和与应用扩展控制之前的数量相同。

6.6　通过综合设计方法 1 ~ 方法 4 和方法 8 改进地下线路

设计方法 1 ~ 方法 4 和方法 8 的计算结果，见表 6.8。

表 6.8　线路性能改善的方法组合

控制级别	性能参数	地下网络类型				
		基本	分段器	开环	开环和断路器	闭环
无	瞬时停电	0.00	0.00	0.00	0.00	0.00
	持续停电	0.73	0.93	0.94	0.71	0.52
	总停电数	0.73	0.93	0.94	0.71	0.52
	持续时间	10.51	7.39	5.25	4.96	4.39
部分	瞬时停电	0.00	0.22	0.22	0.00	0.00
	持续停电	0.73	0.71	0.71	0.71	0.52
	总停电数	0.73	0.93	0.94	0.71	0.52
	持续时间	10.51	7.18	4.65	4.53	4.39

（续）

控制级别	性能参数	地下网络类型				
		基本	分段器	开环	开环和断路器	闭环
全面	瞬时停电	0.00	0.43	0.44	0.22	0.30
	持续停电	0.73	0.50	0.50	0.49	0.21
	总停电数	0.73	0.93	0.94	0.71	0.52
	持续时间	10.51	6.97	4.31	4.24	4.10

- “基本”栏显示了除电源断路器外没有其他开关设备的最基本网络的计算结果。因为扩展控制只应用于线路上的分段开关（而该网络上并没有分段开关），所以性能没有因为添加了扩展控制而改进。
- “分段器”栏显示了在每个变电站添加环网型开关设备的结果，即环上每个负荷点有两个开关。
- “开环”栏显示了向带分段器的网络添加一个常开电源的结果。
- “开环+断路器”栏显示了向开环网络添加一个断路器的结果。
- “闭环”栏显示了向开环网络添加四个断路器的结果。
- “部分控制”对应的四行适用于对某些分段开关和电源断路器添加了扩展控制。
- “全面控制”对应的四行适用于向所有分段开关和电源断路器添加了扩展控制。

计算结果在图6.16中画出，可以得出一些有趣的结论：

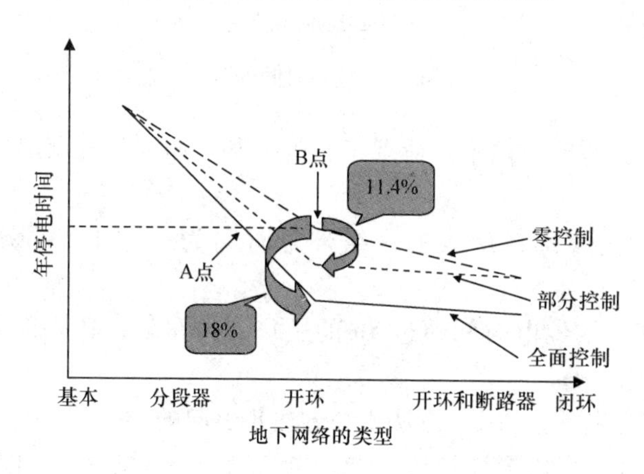

图6.16 对基本线路进行不同改进造成的停电时间变化

- 随着分段器和可切换的备用电源添加到基本网络中，年平均停电时间迅速得到改善。
- 对于给定的年平均停电时间，扩展控制的添加增加了额外的维度，对于虚线所示的性能，可以采用带自动化的分段网络（点A），或者采用没有自动化的开环结构（点B）。

• 添加扩展控制可以提高现有网络的性能。例如，没有扩展控制的开环网络通过添加部分扩展控制可以平均提高11.4%，通过添加全面扩展控制可以提高18%。改进的范围在10%～20%之间，这通常也是监管部门要求电力公司实现的目标范围。这种改进实现起来非常快，只取决于附加控制设备的交付和安装时间。

然而，必须注意的是，图6.16中所示的改进是针对平均情况，而实际上，停电持续时间是基于平均值分布的，每个负荷点停电持续时间的柱状图如图6.17所示。可以看到

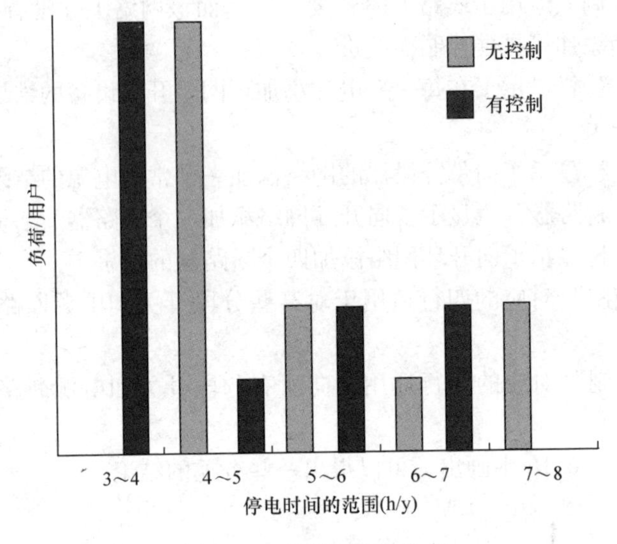

图6.17　故障时间的分布

• 控制级别为零时，两个负荷点停电超过7h。而部分控制则没有超过7h的停电。

• 控制级别为零时，最大的一组停电时间为4～5h。部分控制将其减少到3～4h。

• 如果对年平均停电时间超过5h的用户支付罚款，那么部分控制可以减少罚款。

通过研究综合设计方法1～方法4和方法8引起的地下线路停电持续时间的变化，以同样的方式，可以更详细地查看停电（持续和瞬时）是如何随着目前所考虑的方法而变化的。图6.18显示了持续停电的变化。

参照图6.18，从基本网络开始每年有一个持续停电次数的计算值。接下来可以转到分段器来进一步发展基本网络。如果只研究控制级别为零的情况，可以发现添加多个分段器增加了持续故障次数，这是因为分段器本身不时地发生故障。重要

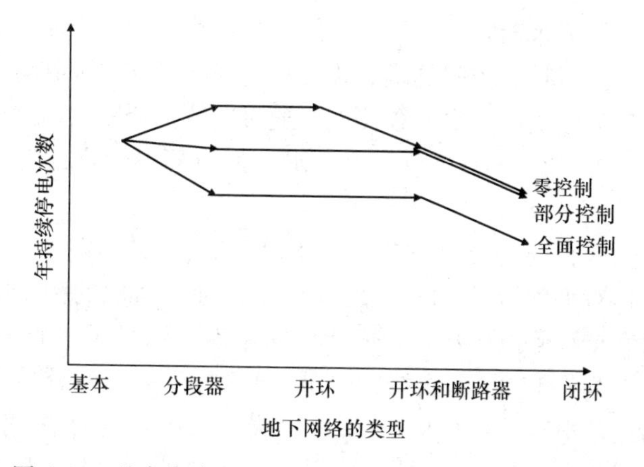

图 6.18 基本线路在不同改进方式下持续停电次数的变化

的是，为了改善性能添加到网络中的设备必须具有很大的正净收益。类似地，常开联络开关也会导致停电次数的小幅增加，尽管它可以显著减少年平均停电时间。添加线上断路器开始减少了持续停电次数，因为断路器的下游故障不再使断路器的上游用户停电。出于同样的原因，添加更多的断路器和闭环选项中的持续备用电源可以避免更多的用户停电次数。

研究一下带部分控制的情况，可以发现通过添加扩展控制，某些停电由 1h 的手动切换时间（因此为持续停电）变成了 2min 的扩展控制切换时间（此为瞬时停电）。该图显示持续停电次数减少了，但图 6.19 显示出瞬时停电次数由零开始增加。如果分段器故障率为零，则持续停电次数的改善将更好。

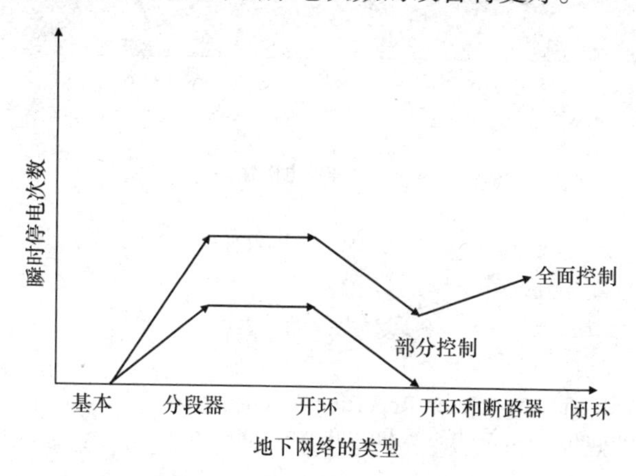

图 6.19 基本线路在不同改进方式下瞬时停电次数的变化

分析两个图（6.18 和 6.19），有趣的是，图 6.19 显示出当闭环网络中添加了完全控制时瞬时停电次数增加了。参考图 6.13，考虑电缆故障 F4，该故障由电源断路器 B 和网络断路器 CB3 的正确动作来清除。故障区段可以通过打开定义了故

障区段边界的两个开关来断开，然后可以闭合先前跳开的两个断路器来恢复所有受影响用户的供电。没有扩展控制的话，恢复供电需要1min的切换时间，因此所有断电用户都被归类为经受了一次持续停电。通过向这两个断路器之间的中间开关添加扩展控制，供电可以在2min后恢复。因此，所有断电用户都将被归类为经受了一次瞬时停电。

按照与停电时间相同的分析方法，关于停电的计算可以针对每个负荷点来进行，而不是仅仅针对平均情况。图6.20显示了目前所考虑的例子中采用了零和部分控制时的瞬时和持续停电次数。它显示出采用零控制时所有11个用户负荷点有零次瞬时停电（A列）和0~1次持续停电（E列）。采用部分控制时，其中五个用户负荷点的持续停电次数由0.9~1.0之间减少为0.4~0.5之间（D列），但是代价是它们的瞬时停电次数从零增加到0.4~0.5之间（C列）。因为瞬时停电不像持续停电那样令人讨厌，所以这五个用户负荷点受益于扩展控制；剩余六个用户负荷点的瞬时停电（B列）和持续停电（F列）次数不变。

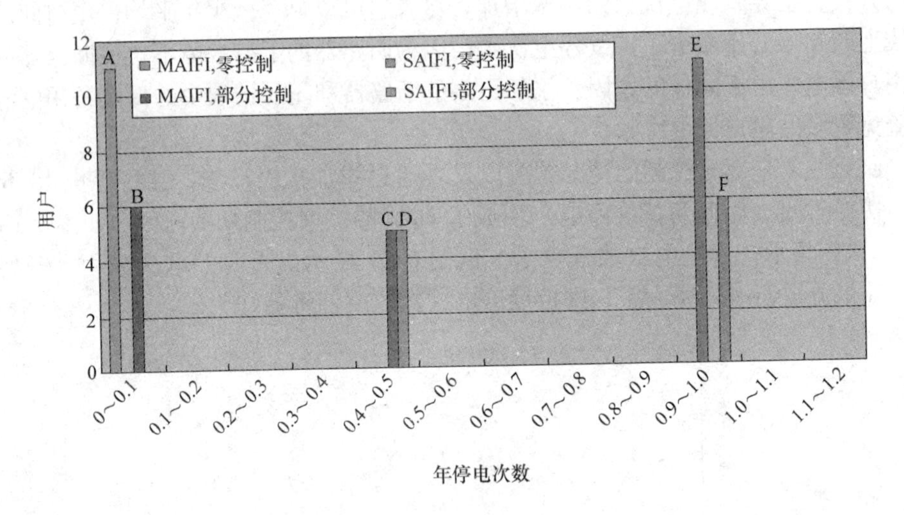

图6.20　停电分布

参考文献

1. U.K. National Fault and Interruption Reporting Scheme.
2. S&C Electric Company Inc., Web site, http://www.sandc.com.

第7章

用于控制和自动化的通信系统

7.1 引言

通信链路是配电自动化的重要组成部分，电力行业已经在很多应用中使用通信系统长达数十年。虽然本地自动化方案可以只利用电压的损失或其他判断标准来启动切换操作，但大多数大规模的部署需要通信来启动动作或向中央控制中心报告。简单地说，通信系统提供了发送端（发射器）和接收器之间的连接链路，许多不同的媒介被用来传输信号，包括铜线、无线电、微波、光纤甚至卫星。DA 很少依赖“完全未开发”的情况，因为对于通信和控制而言基础设施可能都是现成的，其中媒介和协议都已经建立好了。通常，DA 通信设施必须扩展、替换、补充或包含现有的媒介，并将现有媒介嵌入到总的通信架构中。

在 20 世纪 90 年代中期在美国进行的一项针对 26 个早期馈线自动化项目的调查确定了工程中采用的通信媒介和类型如图 7.1 所示，主要类型是无线电。

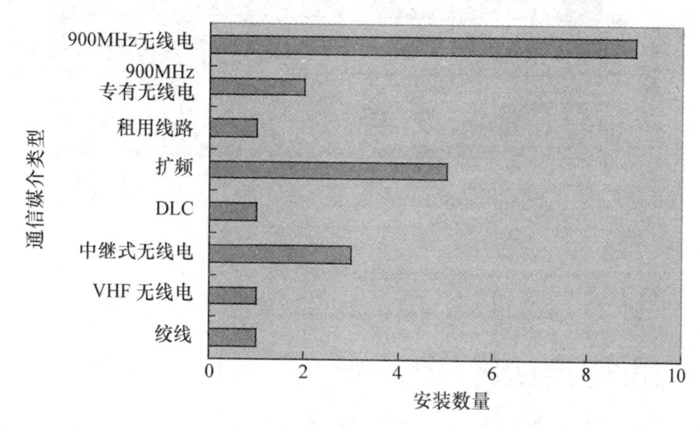

图 7.1　DA 使用中的主要通信系统

调查得出进一步结论，当考虑每类通信媒介的平均安装时间时，工业界有着不同的阶段，且已经到了无线电占主导地位第三阶段（见图 7.2）。

这项早期调查的趋势继续延续，并在 5 年后被美国以外电力公司进行的调查所

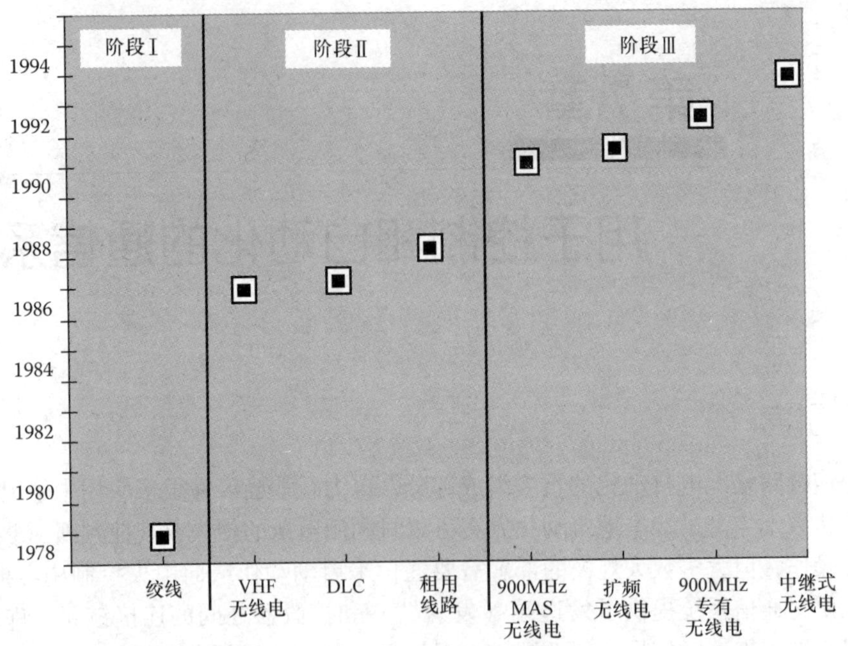

图 7.2　各类通信的平均安装年份

证实。这显示出双向无线电（见图 7.3）是最常用的通信形式，但也还有光纤、蜂窝通信甚至卫星等新型通信形式。

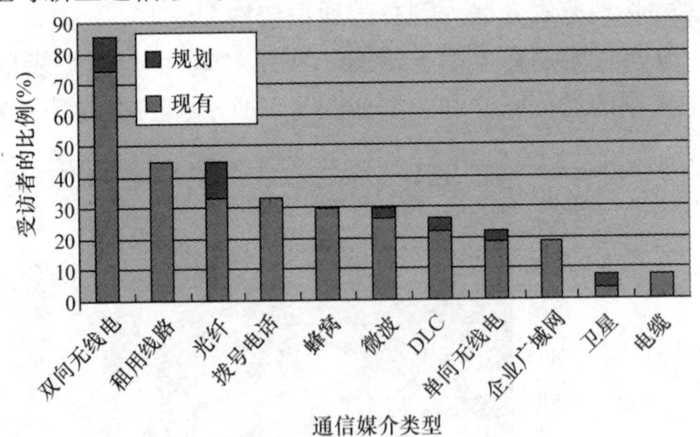

图 7.3　相应电力公司现在使用中或规划的 DA 通信类型

7.2　通信与配电自动化

通信本身就是一个非常复杂的主题。通常通信系统的组件通常参照国际标准化组织（ISO）开放系统互连（OSI）七层参考模型（ISO 标准 7498），七层分别为应用层、表示层、会话层、传输层、网络层、数据链路层和物理层。所有这些层不一定适用于本章讨论的系统，由于本章的目标是强调 DA 通信，所以只列出了基本概念并予以介绍。

物理链路，将在 7.3 节中详细介绍，提供了馈线设备发送和接收单元之间的通信媒介，通信信号通过诸如铜线等物理媒介进行传输，如连接两个设备的 RS－232 电缆就是一种物理链路。馈线自动化经常用到光纤、电线或无线物理链路。

通信协议，将在 7.6 节中详细介绍，可以指定接收消息的设备地址、发送消息的设备地址、消息中数据类型的信息（如控制命令）、数据本身以及差错检测或其他信息。有些协议已经成为行业标准，但大多数协议只是在特定领域中被广泛接受。无论是否存在标准，大多数协议都有一些需要解释的地方，必须在实际实施时得到解决。

不同通信选项存在着不同的优势和缺点，而选择合适的通信技术取决于许多因素（这些内容将在第 7.6 节中做更详细的介绍），不同的公司要求和目标、物理电网的配置、现有的通信系统等因素都可能会影响通信系统的部署方式。DA 的目标是提高系统性能，这意味着高质量的服务和改进的通信设施，这些服务必须提供更多针对单个控制和自动化的可能性，以此通过测量改进对电网整体的掌握、提高供电质量、向自动读表迈进以及提供其他服务。为了取得成功并具有成本效益，可能必须采用新的通信架构和协议。与输电系统的通信相比，必须集成更多的点，但每个点的数据量更小。数据的重要性不尽相同，必须按照优先级进行处理。为了为配电系统设计合适的通信方式，除了理解单纯的通信，配电运行和实践的详细知识也是至关重要的。考虑到通信系统架构，通过允许根据数据、拓扑和通信类型自主管理分区的系统概念来支持混合通信是有优势的。这样的概念涉及通过智能节点控制器或网关联系在一起的通信设施的结构化，这些控制器或节点可以处理通信接口、数据和协议转换，并独立下载用于自动化和需求侧管理（DSM）的控制算法。

7.3　配电自动化通信物理链路选项

图 7.4 显示了可用于配电自动化应用的不同通信技术。

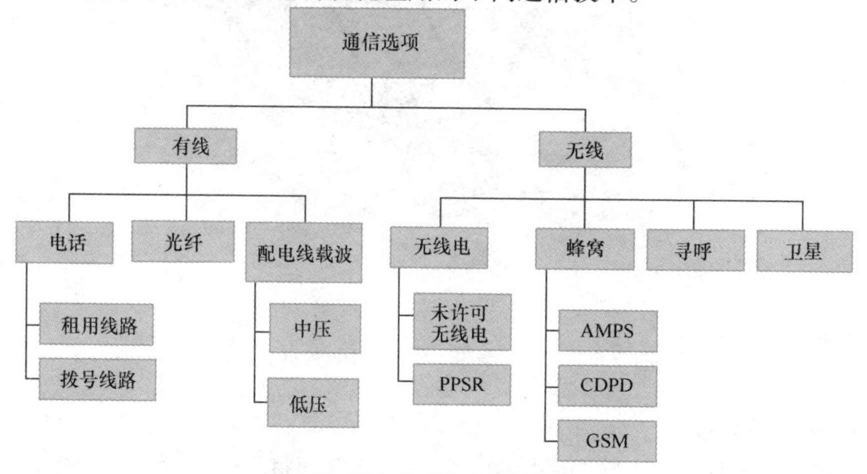

图 7.4　配电自动化通信技术选项

7.4 无线通信

通信技术方面的最新进展已经引起了电力公司在数据传输方面的新兴趣。无线通信技术是指不需要发射器和接收器间物理链路的技术，过去，用于这一过程的标准媒介是专门租用的电话线。但是，由于近年来的技术进步，通过蜂窝通信、卫星和其他无线通信进行传输数据变得更加可行。

7.4.1 未许可的扩频无线电

这种通信媒介包括在主从分组无线电之间进行通信的模拟或数字技术。扩频RF分组无线电使用具有低发射功率的固定分组无线电节点网络，并且通常占用902～928MHz的频带。数据传输方式是从节点到节点的中继数据包，每个节点分配有一个专门的地址。干扰和冲突通过对无线电进行编程使其通过数百个信道连续循环来最小化，信道之间通常间隔0.1kHz。

7.4.2 VHF、UHF窄带分组数据无线电（许可/未许可）

如果能正确使用，数据无线电是一种可靠的通信方式，它的投资和服务成本相当低。特别是在VHF频段，可以实现很大面积的覆盖，100km的跳跃（非视距）也是很可能的。信道间距通常为12.5kHz/25kHz。使用VHF和UHF（见图7.5）频段许可的频率会增加可靠性，因为没有其他用户被许可使用相同的频率。最近，带隔行扫描的前向纠错（FEC）也已经应用于这些产品，进一步提高了覆盖范围和安全性。其他重要功能有避免冲突、点对点和无线网络测试功能。它的速度取决于信道间隔，一般为9.6～19.2kbps，典型的范围为10～100km（取决于系统）。模拟和数字系统都可行，但在DA通信中首选数字系统。

图7.5 典型的窄带VHF/UHF数据无线电

7.4.3 无线网络理论

在扩频和窄带数据无线电系统中，配电网运营商将不得不运行通信网络。这通

常由自己的电信部门具体执行，或外包给单独的电信公司或通信网络设备供应商。为了便于进行，需要一些关于无线电网络理论的知识。

通常，通信是点对点或点对多点，如图7.6和图7.7所示。

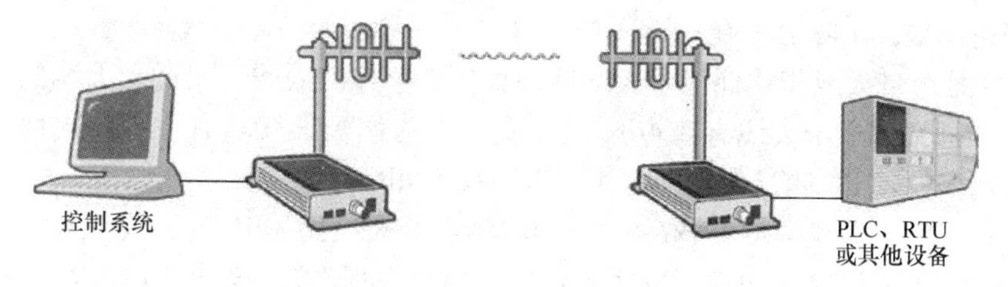

图7.6　点对点通信

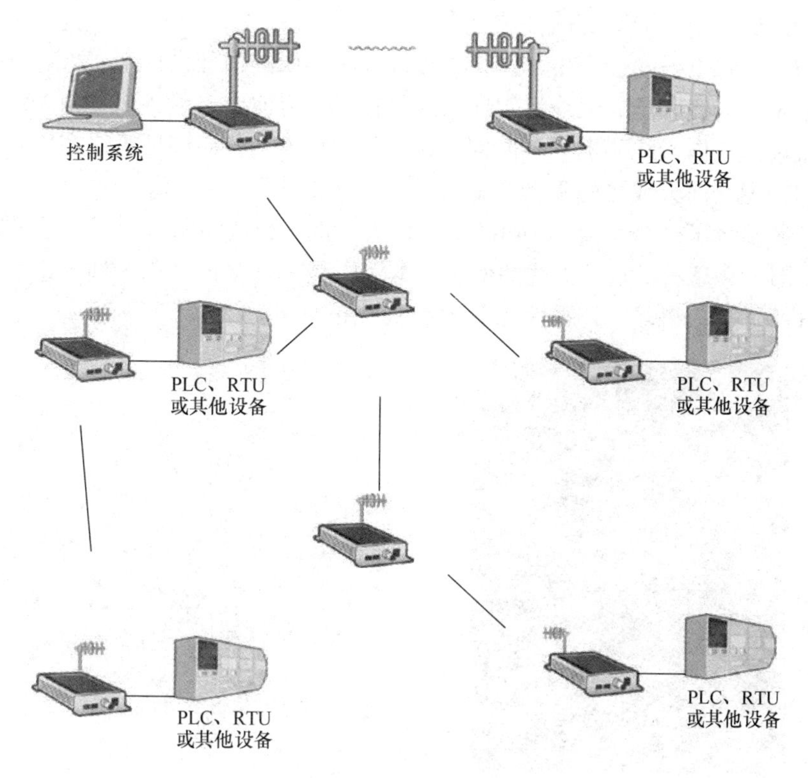

图7.7　点对多点通信

1. 天线

选择正确的天线对通信链路至关重要。天线和天线系统的设计涉及相当复杂的物理、数学和电路理论，下面是一些有助于理解无线电网络中天线原理的基础知识。

天线增益是用来衡量天线收发无线电信号的能力。天线的增益以分贝为单位进行测量，分贝是与参考基准进行比较的单位，“dB”之后的字母表示使用的参考基准。

dBi 是衡量天线相比各向同性天线能力程度的单位，各向同性天线是在所有方向上同时发射信号的天线，包括上下方向（垂直）。这种天线的增益为 0dBi（只是一种理论模型，实际上不存在）。

dBd 是衡量天线相比偶极子天线能力程度的单位。因此，偶极子天线的增益为 0dBd。但通常偶极子天线有 2.4dBi 的增益，因为偶极天线具有比各向同性天线更多的可用增益。dBi 测量值加上 2.4 可以转换为 dBd。

分贝越高，天线的增益越高。如 6dBi 增益的天线比 3dBi 的天线接收信号的水平更高。增加天线增益的唯一方法是将天线信号发射/接收模式（电磁场）集中在比各向同性天线的全向模式更小的区域内。这可以用一副双筒望远镜来进行比较，看到的物体更清晰，但看到的区域更小。

集中和聚焦电磁场会产生增益，这可以通过天线的物理设计来实现。主要有两类天线：定向天线和全向天线：定向天线只在一个方向上辐射，而全向天线在所有方向上辐射。全向天线不应与各向同性天线混淆，虽然各向同性天线在所有三维方向上辐射，但全向天线可能不会在垂直方向上（上或下）辐射。

图 7.8 显示了一个增益为 14dBi 的定向天线例子，场强图显示了天线的最大辐射方向。图 7.9 显示了全向天线的例子，本例中是一种接地平面天线。E 平面代表电场，H 平面代表磁场，E 平面和 H 平面彼此正交。

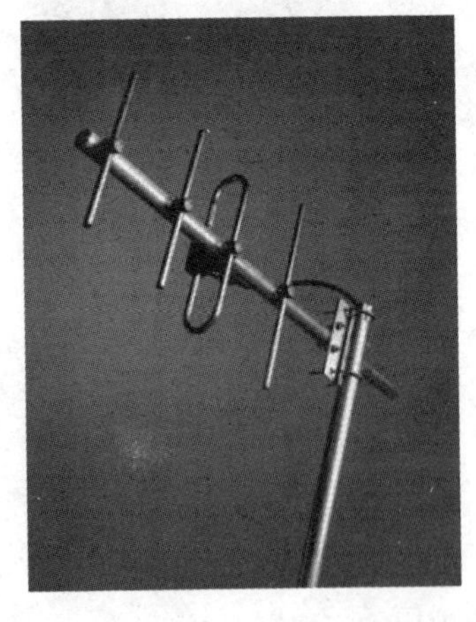

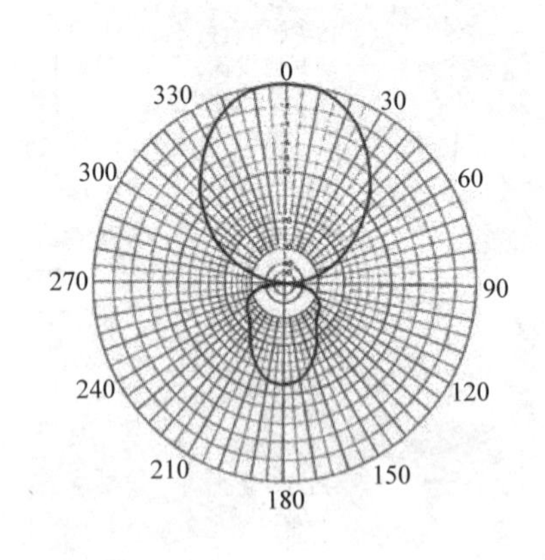

图 7.8　定向天线

一个重要因素是天线增益和无线电输出功率之间的平衡，应该注意的是，将接收机灵敏度提高 3dBm 相当于将输出功率加倍。除了无线电设计本身外，接收机灵敏度还取决于天线和天线的安装。在很多情况下，使用高增益天线比增加发射机功率更有效。例如，在 2W 无线电发射机上用 6dBm 的增益天线代替 0dBm 天线，相当于将发射机功率从 2W 增加到 8W。

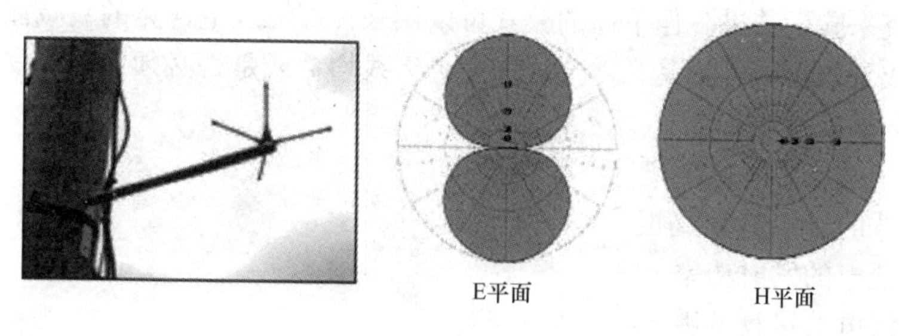

图7.9　全向天线

2. 衰落储备

衰落储备表示接收的信号强度和无线电接收机灵敏度之间存在多少裕度，单位为dB。如图7.10所示，A处以33dBm（2W）的功率发射信号，经过一段距离到达B处后信号水平已经下降到－100dBm。因为B处无线电接收机灵敏度为110dBm，所以裕度为－10dBm。

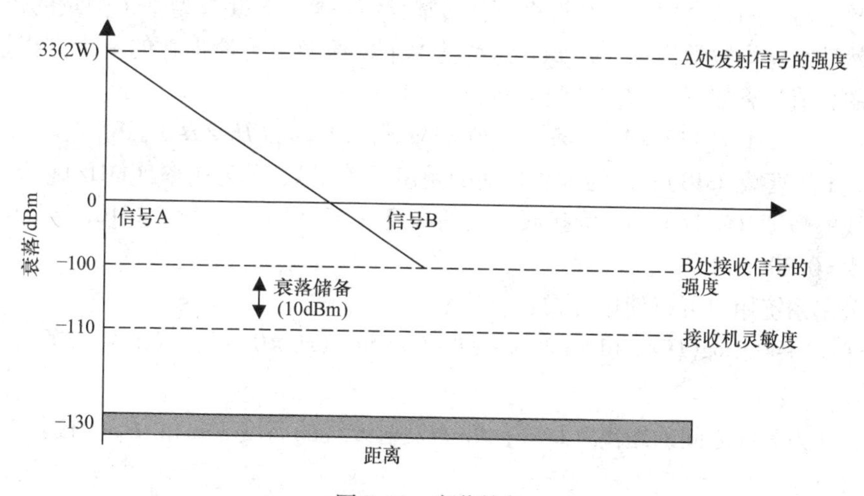

图7.10　衰落储备

在非常嘈杂的环境中，本底噪声水平可能高于接收机灵敏度（例如，在上例中大于110dBm）。在这种情况下，增加接收机灵敏度或使用更高接收增益的天线没有用。如果不能消除噪声源，唯一的解决方法是增加传送功率，使接收无线电处的信号强度高于噪声。在某些情况下，移动接收天线也可以减小噪音的影响。

3. 无线电链路计算

本节包含一些视距和非视距情况下计算无线电“链路预算”的有用公式。注意，这些计算是基于某些情况的假设，只能用来指导无线电网络的设计，实际上很多因素会对无线电链路产生影响。

无线电网络的规划一般首先通过专业软件包在电脑上对网络进行仿真，然后通过实地调查来验证结果。但下面的公式可以用来计算无线电链路的衰减储备是否可以接受，或者如果不可接受，需要增加多少天线增益或是否必须使用转发器。

已知的因素往往有：

- 两个站点之间的距离
- 天线的（可能）高度
- 无线电的发射功率
- 无线电的接收灵敏度
- 天线增益

4. 非视距传播的计算

要做的第一个计算是传播损耗，它表明信号强度因为发射机和接收机之间的距离影响降低了多少。为此采用 Egli 模型，Egli 模型假设了“平均山岭高度约为 50 英尺（15m）的平缓起伏地形”，是一种简化模型[1]。因为这种假设，所以不需要发射机和接收机之间的地形海拔数据。相反，针对地面上发射机和接收机天线的高度调整自由空间传播损耗。与许多其他传播模型一样，Egli 模型基于测量的传播路径，然后简化为数学模型。在 Egli 这种情况下，模型由传播损耗的单个方程组成，衰减的数值计算如下；示例见例 1 和例 2。

$$A=[117+40\times\log D+20\times\log F-20\times\log(H_t\times H_r)]\mathrm{dB} \tag{7.1}$$

式中，A 为衰减（dB）；D 为天线之间的距离（英里）；F 为频率（MHz）；H_t 为发射天线的高度（英尺）；H_r 为接收天线的高度（英尺）；1 英里 =1610m =1.61km，1 英尺 =0.305m。

公制系统用户可以使用公式：

$$A=[117+40\times\log(D\times1.61)+20\times\log F-20\times\log((H_t\times0.305)\times(H_r\times0.305))]\mathrm{dB} \tag{7.2}$$

式中，D 为天线之间的距离（km）；H_t 为发射天线的高度（m）；H_r 为接收天线的高度（m）。

例 1：$D=12.5$ 英里（20km），$F=142$ MHz，$H_t=65$ 英尺（20m），$H_r=16$ 英尺（5m）。

$$\begin{aligned}A&=[117+40\times\log 12.5+20\times\log 142-20\times\log(65\times16)]\mathrm{dB}\\&=(117+43.8764+43.0457-60.3406)\mathrm{dB}=143.6\mathrm{dB}\end{aligned}$$

该例表明，经过 12.5 英里（20km）的距离，142 MHz 的 RF 信号将衰减 143.6dB。

例 2：增加天线高度 2 倍，$D=12.5$ 英里（20 公里），$F=142$MHz，$H_t=130$ 英尺（40m），$H_r=32$ 英尺（10m），则

$$\begin{aligned}A&=[117+40\times\log 12.5+20\times\log 142-20\times\log(130\times32)]\mathrm{dB}\\&=(117+43.8764+43.0457-60.3406)\mathrm{dB}=131.6\mathrm{dB}\end{aligned}$$

天线高度增大 2 倍得到 12dB，意味着信号经过 12.5 英里（20km）少减弱

了 12dB。

现在可以使用下式对计算进行扩展，以此计算任意一个因素，示例见例 3 和例 4。

$$FM = S_{rx} + P_{tx} + G_{tx} + A + G_{rx} - C_1 \tag{7.3}$$

式中，FM 为衰落储备；S_{rx} 为接收机的灵敏度（dBm）（使用 + dBm 而不是 - dBm）；P_{tx} 为发射器 RF 输出功率（dBm）；G_{tx} 为 TX 天线增益（dB）；A 为大气衰减（dB）（见上文）；G_{rx} 为接收器（RX）天线增益（dB）；C_1 为电缆/连接器损耗（dB）。[⊖]

例 3：无线电链路在理论上可能吗？计算衰落储备 FM

距离为 3 英里（5km），天线高度 1 为 65 英尺（20m），天线高度 2 为 16 英尺（5m），无线电发射功率为 33dBm（2W），无线电接收灵敏度为 110dBm，频率为 456MHz，天线增益 1 为 3dBd，天线增益 2 为 6dBd，电缆/连接器损耗为总共 4dB，衰落储备为待计算。

则 $A = [117 + 40 \times \log 12.5 + 20 \times \log 456 - 20 \times \log(65 \times 16)]\text{dB} = 129\text{dB}$

$FM = S_{rx} + P_{tx} + G_{tx} + A + G_{rx} - C_1$

$FM = 110\text{dBm} + 33\text{dBm} + 3\text{dBd} - 129\text{dB} + 6\text{dBd} - 4\text{dB} = 19\text{dB}$

衰减储备为 19dB，是可以接受的，无线电链路应该是可行的。

例 4：主天线应该装得多高？

距离为 12.5 英里（20km），天线高度 1 为待计算，天线高度 2 为 64 英尺（20m），无线电发射功率为 33dBm（2W），无线电接收灵敏度为 110dBm，频率为 142MHz，天线增益 1 为 3dBd，天线增益 2 为 6dBd，电缆/连接器损耗为总共 4dB，衰减储备为 20dB。

则计算允许的最高大气衰减为

$$FM = S_{rx} + P_{tx} + G_{tx} + A + G_{rx} - C_1$$

$$A = S_{rx} + P_{tx} + G_{tx} + G_{rx} - C_1 - FM$$

$$= 110\text{dBm} + 33\text{dBm} + 3\text{dBd} + 6\text{dBd} - 4\text{dB} - 20\text{dB} = 128\text{dB}$$

使用上面的式（7.1）计算天线高度：

$$A = 128\text{dB} = [117 + 40 \times \log 12.5 + 20 \times \log 142 - 20 \times \log(X \times 64)]\text{dB}$$

$$20 \times \log(64X)\text{dB} = [117 + 40 \times \log 12.5 + 20 \times \log 142 - 128]\text{dB}$$

$$20 \times \log(64X)\text{dB} = 75.9\text{dB}$$

$$X = (10^{75.9/20})/16 \text{ 英尺} = 97.5 \text{ 英尺} = 30\text{m}$$

5. 视距传播的计算

当没有可以干扰无线电信号的地形或障碍物时，应使用下面的公式。第一个要

⊖ 为了简化，采用了一个 4dB 的电缆/连接器损耗平均值，该值包括了 Rx 和 Tx 站。在某些情况下，该值很大，但仍然是假设天线电缆安装正确。

计算的是自由空间损耗（FSL，示例见例5～例8），FSL值表示信号强度因为发射器和接收器之间的距离降低了多少，FSL为自由空间损耗，且

$$\mathrm{FSL(dB)} = 20 \times \log(\lambda/(4\pi R)) \tag{7.4}$$

式中，R为发射和接收天线之间的距离（视距），单位为m。

$$\lambda = C/f = 300/f \tag{7.5}$$

例5：f=460MHz，距离＝10，000m（10km）（6.2英里），则

$$\lambda = C/f = 300/460\mathrm{m} = 0.65\mathrm{m}$$

$$\mathrm{FSL} = 20 \times \log\ (0.65/4\pi \times 10,000)\ \mathrm{dB} = -105.7\mathrm{dB}$$

例6：f=460MHz，距离＝20，000m（20km）（12.4英里），则

$$\lambda = C/f = 300/460\mathrm{m} = 0.65\mathrm{m}$$

$$\mathrm{FSL} = 20 \times \log(0.65/4\pi \times 20,000)\ \mathrm{dB} = -111.7\mathrm{dB}$$

例7：

$$f = 142\mathrm{MHz}$$

距离＝10，000m（10km）（6.2英里），则

$$\lambda = C/f = 300/142\mathrm{m} = 2.11\mathrm{m}$$

$$\mathrm{FSL} = 20 \times \log(2.11/4\pi \times 10000)\mathrm{dB} = -95.5\mathrm{dB}$$

例8：f=142MHz，距离＝40，000m（40km）（24.8英里）

$$\lambda = C/f = 300/142\mathrm{m} = 2.11\mathrm{m}$$

$$\mathrm{FSL} = 20 \times \log(2.11/4\pi \times 40000)\mathrm{dB} = -107.5\mathrm{dB}$$

由此可以得出结论，在例1中如果发射功率为33dBm（2 W），则接收机天线处的信号强度为33db－105.7db＝－72.7db（不考虑发射机处的电缆损耗）。如果接收机灵敏度为110dBm，就会正常工作，但对于链路可行性计算存在更多因素。这些通过与非视距链路相同的公式进行计算，只是用自由空间损耗代替大气衰减A。

现在可以使用下面的公式对计算进行扩展，以此计算任意一个因素：

$$FM = S_{\mathrm{rx}} + P_{\mathrm{tx}} + G_{\mathrm{tx}} + \mathrm{FSL} + G_{\mathrm{rx}} - C_1 \tag{7.6}$$

式中，FM为衰落储备；S_{rx}为接收机灵敏度（dBm）（使用＋dBm而不是－dBm）；P_{tx}为发射机RF输出功率（dBm）；G_{tx}为发射天线增益（dB）；FSL为自由空间损耗（dB）（见式（7.4））；G_{rx}为接收机天线增益（dB）；C_1为电缆/连接器损耗（dB）。

例9：需要的接收机灵敏度

使用上面例2的数据并假设每个站点的天线增益为3dB：

$$FM = S_{\mathrm{rx}} + P_{\mathrm{tx}} + G_{\mathrm{tx}} + \mathrm{FSL} + G_{\mathrm{rx}} - C_1$$

$$S_{\mathrm{rx}} = P_{\mathrm{tx}} + G_{\mathrm{tx}} + \mathrm{FSL} + G_{\mathrm{rx}} - C_1 - FM$$

$$S_{\mathrm{rx}} = 33\mathrm{dBm} + 3\mathrm{dBd} - 111.7\mathrm{dB} + 3\mathrm{dBd} - 4\mathrm{dB} - 20\mathrm{dB} = -96.7\mathrm{dBm}$$

例10：需要的总的天线增益

使用上面例8的数据及40km（24.8英里）视距：

$$FM = S_{rx} + P_{tx} + G_{tx} + \mathrm{FSL} + G_{rx} - C_1$$

$$G_{tx} + G_{rx} = GA\text{（总增益）}$$

$$FM = S_{rx} + P_{tx} + \mathrm{FSL} + GA - C_1$$

$$GA = FM + S_{rx} - P_{tx} - \mathrm{FSL} + C_1$$

$$GA = 20\mathrm{dB} + 110\mathrm{dBm} - 33\mathrm{dBm} - 107.5\mathrm{dB} + 4\mathrm{dB} = -6.5\mathrm{dB}$$

结论：为了得到大约20dB的衰落储备，每个站点需要3dBd的天线增益。

7.4.4　集群系统（公共分组交换无线电）

公共分组交换无线电（PPSR）将数据分组发送到无线电基站，无线电基站又通过公共商业网络发送。PPSR网络使用蜂窝频段外的专用多信道无线电频率在智能设备之间提供双向通信，这种通信技术工作在810～855 MHz频段，并使用专有的分组数据协议。该技术几乎在全国范围内都可用，吞吐量通常为19.2kbit/s。

7.4.5　蜂窝

通过蜂窝的电路交换数据（AMPS）。通过蜂窝的电路交换数据（通过蜂窝调制解调器的高级移动电话服务）使用模拟蜂窝网络进行数据传输。数据流通过蜂窝AMPS网络发送到蜂窝基站，蜂窝基站又通过公共网络传送到目的地。调制解调器到调制解调器的专用蜂窝式电路建立起来，并且在整个数据传输会话期间保持开放。这种通信技术最适合冗长的数据密集型传输。

蜂窝数字分组数据（CDPD）。CDPD是通过蜂窝技术的分组交换数据，由一群主要的手机运营商设计和开发，并与现有的AMPS蜂窝基础设施兼容。CDPD将数据分组发送到蜂窝基站，蜂窝基站又通过公共网络发送。CDPD将数据流分成数据包，并以突发方式发送，根据需要沿着空闲信道“跳跃”。

全球移动通信系统（GSM）。GSM是一种数字蜂窝通信系统，已经在全球迅速获得了认可。GSM最初由欧洲开发，用来处理数据传输。该技术提供各种数据服务，用户比特率高达9600b/s。短信服务（SMS）是一项GSM特有的服务，允许用户发送和接收高达数十字节的点对点字母数字消息。GSM具有与综合业务数字网（ISDN）的互操作性，有提供全球解决方案的潜力，它的数字传输具有良好的清晰度、低静电噪声和高安全性。

7.4.6　寻呼技术

寻呼是一种无线技术，通常以卫星为基础提供字母数字和全文数据的单向通信传输。当数据传输只要求在一个方向时，它可以作为蜂窝技术的替代方案。

7.4.7　卫星通信——近地轨道

卫星通信是一种很吸引人的技术，主要因为它具有为电力公司提供全球自动化解决方案的能力，通过商业卫星进行的卫星通信用于高速、点对点的应用。新兴技术包括近地轨道卫星（LEO）的集合或“星座”。LEO位于距离地球400～700英里的非静止星座中，并使用低于1GHz（“小”LEO）和1～3GHz（“大”LEO）的频段，许多LEO已经到位或将在未来几年内到位。由于卫星数量庞大，这些卫星的覆盖面很广。

7.5 有线通信

有线通信技术包括发射机和接收机之间的物理链路，其中有下述的诸多选项。

7.5.1 电话线

在公司监测点和运行中心之间使用租用线路的专用连接是用于电力公司应用中实时数据通信的最受欢迎的媒介之一。它们应用于通信骨干网的许多部分。这种技术在大多数地理区域中得到广泛应用，特别是在城市/郊区。这是一种成熟的技术，传输信息的方法很多。缺点是运行和维护的相关成本高。

拨号电话线通过语音公共交换电话网（PSTN）来传输数据。数据在建立了设备间的调制路径后进行传输，通常是在主终端单元和远程终端单元（RTU））之间。由于电话服务的成本（如果可用），该技术不适合实时应用，并且可能受限于较低的数据传输速度和较低的容量。

7.5.2 光纤

光纤电缆越来越受到电力公司的欢迎。光纤传输光脉冲，具有几乎无限的信道容量。光纤电缆通常用于地下配电自动化；但光纤也可以用在架空配电馈线中。缺点是铺设光纤的成本。

7.5.3 配电线载波

配电线载波（DLC）使用配电线作为传输信号的导线，因此具有成本效益，特别是在大多数变电站位于在地下并由电缆供电的城市地区。DLC 也可用于混合的地下和架空网络。现代 DLC 技术允许 CENELEC 频率范围内的总数据传输速率为36kbit/s，因此可以快速地传输控制命令、报警和测量结果。

虽然电力线通信是 IT 科技界最近报道的一项技术，但它实际上是电力供应商中的一项旧标准，并且在 100 多年前就发布了第一个相关的专利。通过高压线的传统 DLC 开始于 20 世纪 20 年代，用于保护和通信；用于负荷调度和费率切换的单向通信系统几十年来已经成为许多欧洲国家不可或缺的一部分；基于 PLC 的婴儿监控电话二十多年来一直是标准的应用。

到目前为止，商用 PLC 要么用作只有电力公司支付得起的昂贵的高端技术，要么被视为不能很好工作的垃圾产品。现在的目标是将这项技术用于商业应用，从窄频带的公司运行到为公众提供宽带互联网。目标是将商用和居民用 PLC 用作一项即插即用技术，使其不需要或几乎不需要在技术或工程上进行预先配置，从而相对婴儿电话的价格而言具有最大的可靠性。

PLC 在过去十五年取得的巨大进步主要由三个因素驱动：

（1）与用于智能数字信号处理的 PLC 调制解调器相关的研发和生产的降价。

（2）全球电力市场的放松管制、无数员工的裁员以及为了降低配电隔间的成本而对远程控制日益增长的需求。

（3）公寓、建筑物和社区内对计算机和宽带网络不断增长的需求；当前该领域的新兴技术可以分为内部（“室内”）技术和接入（“户外”）技术。

PLC由于大范围的电力系统导线及其阻抗而变得很复杂，PLC要通过电力系统导线运行并满足通信行业对周围环境的法规要求。电力公司的配电网本来是为了有效分配50Hz或60Hz电力而设计，并不是为了与其他通信频率一起工作而设计。出现的挑战是：

- 主要在电缆网络中的信号衰减。
- 各种可能类型的噪声产生的信号干扰。
- 线路情况随时间变化很大。
- 由连接的设备或无线电台和其他EM噪声源注入的噪声。
- 还存在很多政府监管机构尚未确定的问题以及电力公司专用频段与国际ITUT无线电频率间的不一致，一个例子就是工作时与CENELEC - A频段上限相冲突的标准时间收发器。
- 这种技术必须与无线电、GSM或PSTN等已经部署的成熟系统进行竞争，尽管PLC在基础设施成本方面有着巨大的优势，但业务和工作模式需要进行适当的规划和维护。

1. 纹波控制系统

纹波控制系统主要用于负荷调度和费率切换。注入信号的功率非常高，频率低于3kHz，一般在1.5kHz频率以下。这种信号的优点是频率仍然接近电网频率，因此能够以非常低的衰减通过变压器沿着电网传播。数据速率非常低，只能进行单向通信。纹波控制的发射器（见图7.11）体积非常大，而且价格昂贵，尽管当前的

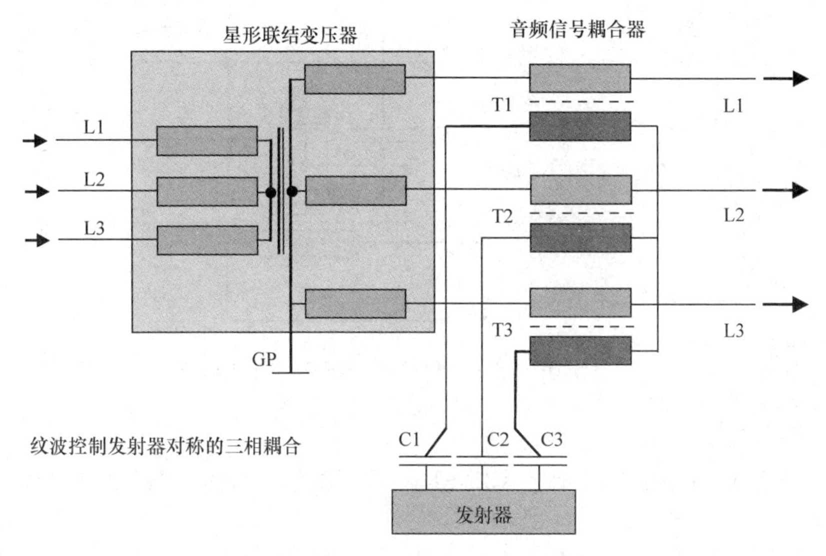

图7.11 纹波控制发射器的三相耦合示意图

技术有些过时，且电网频率的谐波有时会干扰纹波控制系统，但它仍然是最常用和可行的、基于电力线的商用通信技术。

波纹控制系统可以与无线电广播电台进行比较，与广播电台一样波纹控制系统正在努力实现100%的覆盖。纹波控制系统典型的输出功率在10~100kW之间，特殊情况下功率可以高达1MW。

2. 传统PLC

自20世纪20年代以来，高压PLC一直是一种常用技术，它通过高压线作为电力公司专用的通信网络，主要的应用包括网络控制、电网保护和监控。过去，PLC曾经是模拟通信系统的领域，但是现在越来越多地被数字通信系统所取代，其数据速率高达几百kb/s，典型系统目前的速率高达每通道36kb/s。

PLC系统的可用频率范围在15~500kHz之间（通常在30kHz以上）。由于耦合设备成本的增加，采用了更低的频率。高压PLC采用4kHz的信道间隔，频率越低，不采用转发器的可能传播距离就越大，有运行中的链路长达1000km却不带中间转发器的例子。

PLC系统的最大输出功率限制为10W。相对较低的输出功率与通过线路的波导特性相结合会产生非常低的RF干扰。

高压PLC系统通常是具有大量已确定的耦合阻抗和衰减特性的点对点通信系统。如图7.12所示，线路陷波器是一种用作信号频率谐振器的巨大线圈，定义了信号的传播方向和耦合阻抗，这样的设备可能非常笨重。

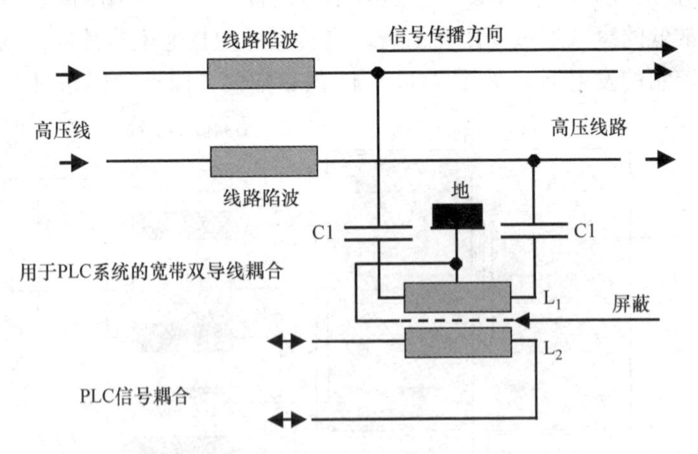

图7.12　用于高压PLC系统的宽带双导线耦合

3. 窄带PLC

根据EN 50065，所有工作在CENELEC频段的通信技术通常被概括为窄带技术（见图7.13）。

美国和日本有不同的规定。由于不使用长波无线电系统，这些国家的PLC系统频率上限约为500kHz。大多数工作在CENELEC频段的高速PLC系统数据速率

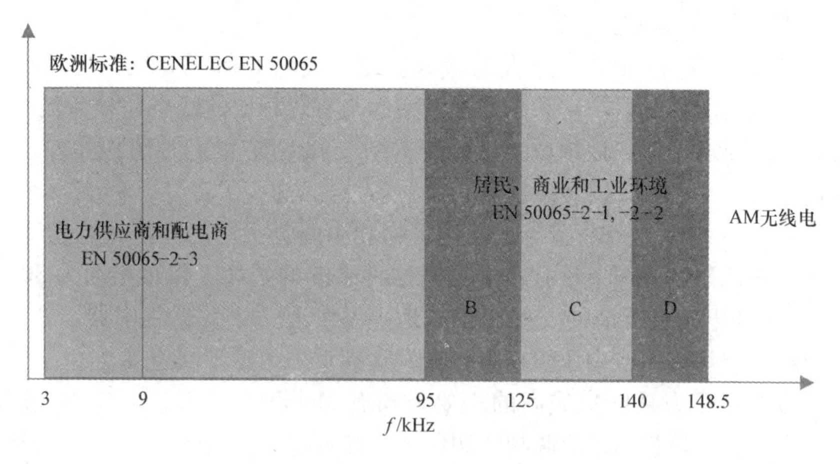

图 7.13　根据 EN 50065 的频率分配

高达 1Mb/s，是针对美国和日本市场设计的。EN 50065 -2 -1/ 2/3 频段分配对于直接连接低压用户的电网而言是有意义的；对于通过中压电力线（1 ~36 kV）工作的通信系统，由于没有连接居民用户，这种分配没有什么意义。根据 EN 50065，中压 PLC 系统可以工作在所有频段。

4. 宽带 PLC

宽带 PLC 系统的工作频率高达 30MHz（见图 7.14）。这些技术主要用于 IT 相关的通信系统。市场上已经有数据速率高达 30Mb/s 的成熟系统。

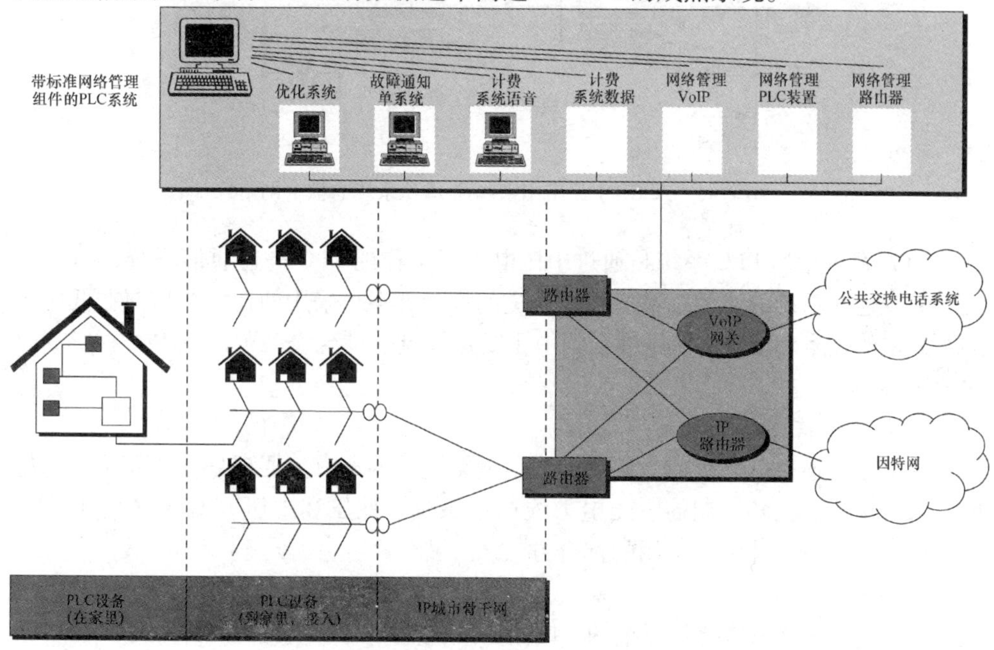

图 7.14　带标准网络管理组件的 PLC 系统

宽带 PLC 技术可以分为三大类：

（1）内部（室内）PLC 系统是替代有线或无线电 LAN 的系统。与无线电相比的优点是电磁波的低发射功率和高数据速率；与有线相比的优点是对基础设施的安装没有要求或要求很低。该领域的主要技术基于 Intellon 的芯片组，并涉及许多产品集成商。

（2）接入（室外）PLC 系统是在建筑物和中间骨干网之间进行高速率数据传输的系统。在低压电力线上没有转发器时这种系统的平均工作距离约为 300m，通常在 MV/LV 变电站或所谓的友好用户的地下室中有一个数据集中器。在这一点，他们可以通过租用线路或中压线路将数据发送到下一个骨干网连接。

生产设备和作为系统集成商的主要公司有 MainNet、DS2、ASCOM 和 Xeline。DS2 拥有许多基于其芯片组的调制解调器生产许可，从通信的角度来看，DS2 似乎拥有最成熟的技术。从系统的角度来看，MainNet 与其相关的德国集成商 PPC 合作，似乎处于领先地位。ASCOM 似乎在某种程度上处于 DS2 和 MainNet 之间。ASCOM 耦合网络如图 7.15 所示。

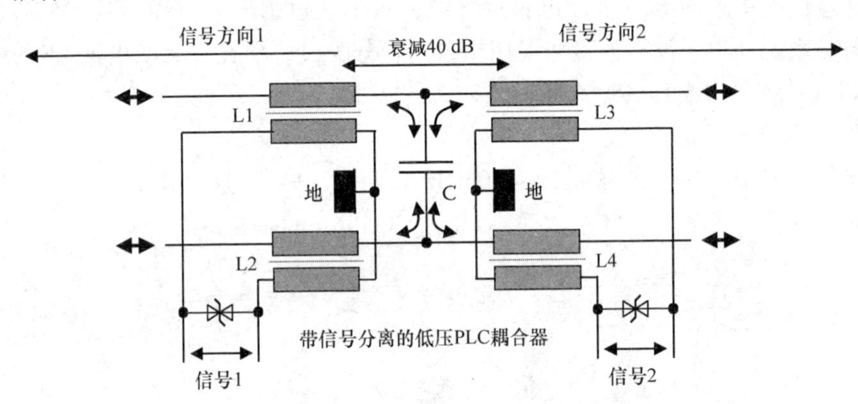

图 7.15　ASCOM 提出用来隔离 PLC 系统的耦合网络

（3）宽带中压 PLC 系统是通过中压电力线工作的 PLC 高速通信系统，目前还没有关于这些系统的可用标准。除了先进的耦合方案，采用的技术与目前在低压线路上采用的技术相似。将信号耦合到中压线路的电容耦合设备可以从 PPC、Eichhof 和 Effen 获得。

5. 载波通信技术

本节涉及通过电力线建立实用的通信网络所需的所有主要部分，主要关注的是用于自动化、监控和控制的中压电力线通信系统。低压和中压 PLC 系统的主要区别在于所需的可靠性和所采用的耦合方式。

6. 电线和电缆

通过电力线的波传播是复杂的，因为必须处理多导体电力线。许多计算需要很高的数学水平，甚至对高级的从业人员而言，结果也是难以理解的。下面将介绍一些

基本的概念和专业术语，线路的传输参数由其主要参数推导得出。对本章用到的公式推导感兴趣的读者需要参考相关的文献。所有的值参照图 7.16，架空线典型的阻抗特性变化如图 7.17 所示，地下电缆典型的特征阻抗变化如图 7.18 和表 7.1 所示。

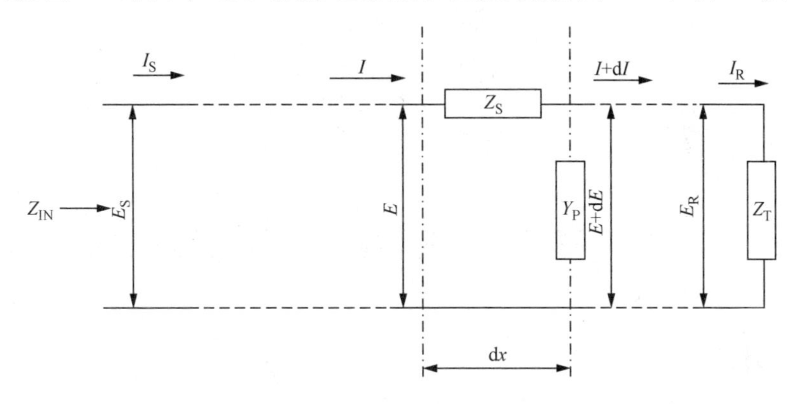

图 7.16　基本线路单元

一般解由下面的方程给出，其中 γ 为传播系数

$$\frac{d^2I}{dx^2}=-\frac{dE}{dx}(G+j\overline{\omega}C)\times I=(R+j\overline{\omega}L)(G+j\overline{\omega}C)=\gamma^2\times I$$

$$\gamma=\sqrt{(R+j\overline{\omega}L)(G+j\overline{\omega}C)}$$

特征阻抗由下式给出

$$Z_0=\frac{E_S}{I_S}=\sqrt{\frac{(R+j\overline{\omega}L)}{(G+j\overline{\omega}C)}}$$

线路方程如下式所示

输入阻抗：　$$Z_{IN}=Z_0\cdot\frac{Z_T+Z_0\tanh\gamma l}{Z_0+Z_T\tanh\gamma l}$$

衰减（单位 dB/km）：　$\alpha=|\gamma|\mathrm{cosrad}(\gamma)\times 8.686$

弧度（km）：　$\beta=|\gamma|\mathrm{sinrad}(\gamma)$

当线路不中断时，沿着线路传播的信号会被部分地反射（或者如果线路开路或短路则完全反射），并且反射回输入端。类似地，如果特性阻抗不同的两条线路连接在一起，也会有反射。

回波损耗的定义：　$$RL=20\log_{10}\left|\frac{Z_T-Z_0}{Z_0-Z_T}\right|$$

电压传输系数：　$$\mathrm{VTC}=\frac{2Z_T}{Z_0+Z_T}$$

传播的相速度是波长和频率的乘积

$$V_P=\lambda f=\frac{2\pi f}{\beta}=\frac{\alpha}{\beta}$$

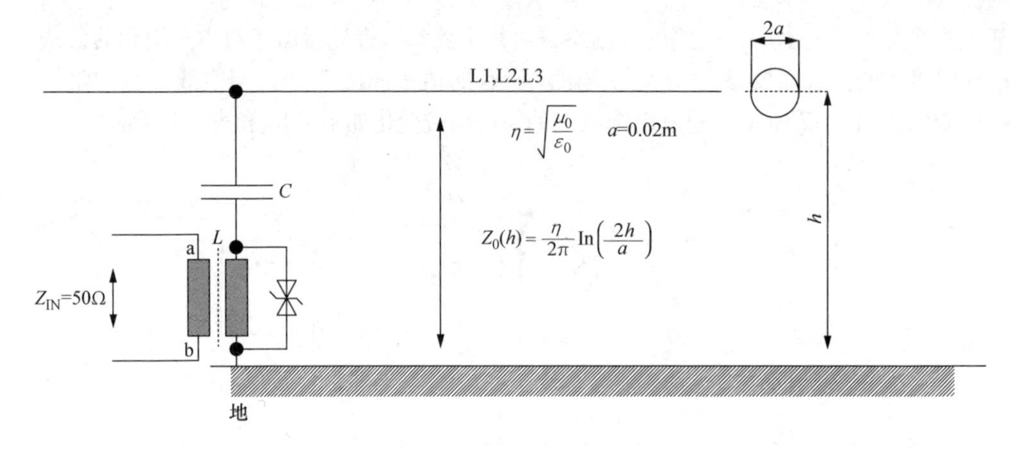

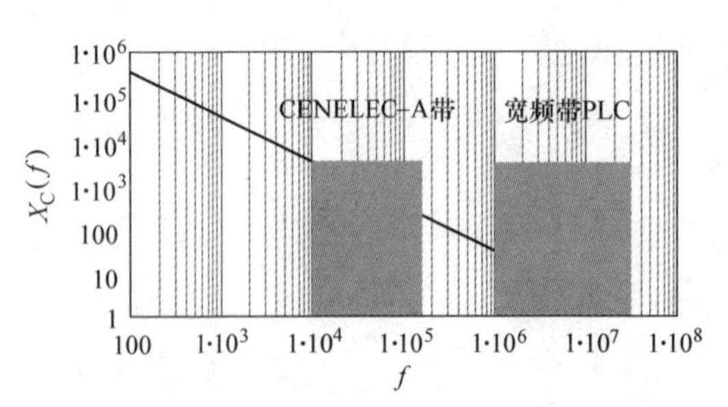

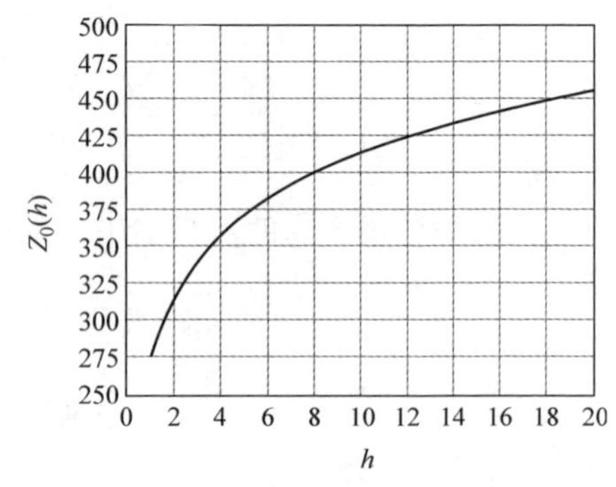

图 7.17　架空线典型的阻抗特性

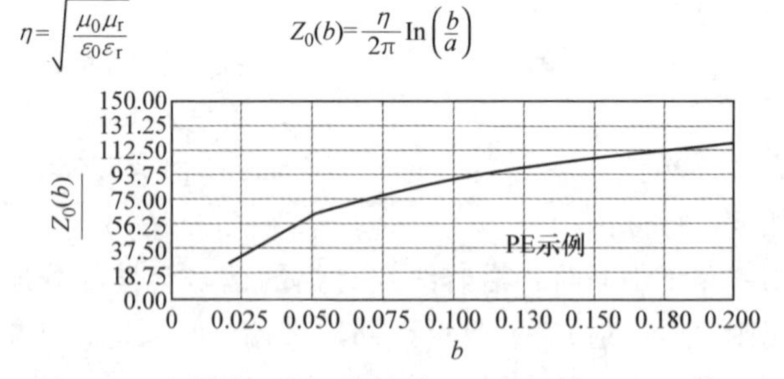

图 7.18　电缆典型的阻抗特性

表 7.1　几种地下电缆的参数

	纸/油	PVC	PE	VPE	EPR
绝缘阻抗/Ω	10^{15}	$10^{11}\sim10^{14}$	10^{17}	10^{16}	10^{15}
$\tan\delta\times10^{-3}$	3	10 ~ 100	0. 1	0. 5	2 ~ 3
ε_r	3. 5	3 ~ 5	2. 3	2. 3 ~ 2. 5	2. 7 ~ 3. 2

相速度：
$$V_P \underset{\omega \to \infty}{\to} \frac{1}{\sqrt{L \cdot C}}$$

组速度：
$$V_G = V_P - \gamma \frac{dV_P}{d\gamma} = \frac{d\omega}{d\beta}$$

阻抗失配可能导致均匀线路输入阻抗轨迹上的纹波和输电线上的阻抗故障。纹波的频率与测试端沿线向下的距离相关。

7. 关于中压电缆的总评

每个流过交流电的导体都被正弦电磁场包围。磁场中的另外一个导体可以分别感应出电压或电流，取决于是开路还是闭合电路。

必须区分两种不同类型的铺设方式：一种是将电缆铺设成三角形，一种是将电缆铺设在一个平面上（见图7.19）。

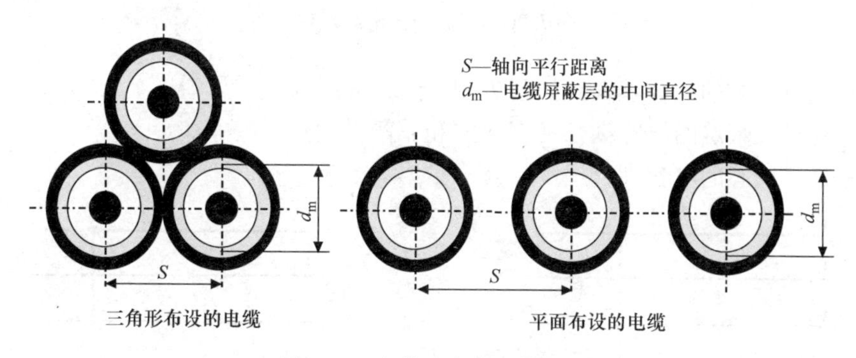

图7.19　电缆沟中的电缆布局

常见的是，三角形布设的电缆由三条电缆周围的金属铠装施加的机械应力进行保护。铠装分为两种不同的类型：不与周围土壤绝缘的金属铠装和通过塑料护套与周围土壤绝缘的金属铠装。

电缆和电线通常需要满足沿线各种不同的要求。因此，在确定截面类型之前，必须看一下他们特定的电气功能以及影响系统可靠性和预期通信参数的气候和运行因素。图7.20显示了足以支持电缆屏蔽通讯的最新的高压电缆结构。

一般来说，每种带绝缘屏蔽的电缆足以用作这种类型的通信媒介。如果使用的是铠装电缆，则离信号注入点第一个100m之后的电缆屏蔽层和电缆铠装之间不存在短路。

8. 信号耦合方法

中压线路的耦合技术是非常关键。耦合装置必须便宜、小巧，才能放到变电站里。一般来说，可以采用与PLC系统相同的技术；但是这会极大地增加每个通信点的成本，中压PLC也将永远竞争不过其他技术。所以，当谈到中压系统的耦合技术时，也是讨论一种折衷。

有三种将信号耦合到中压电缆的基本方式：

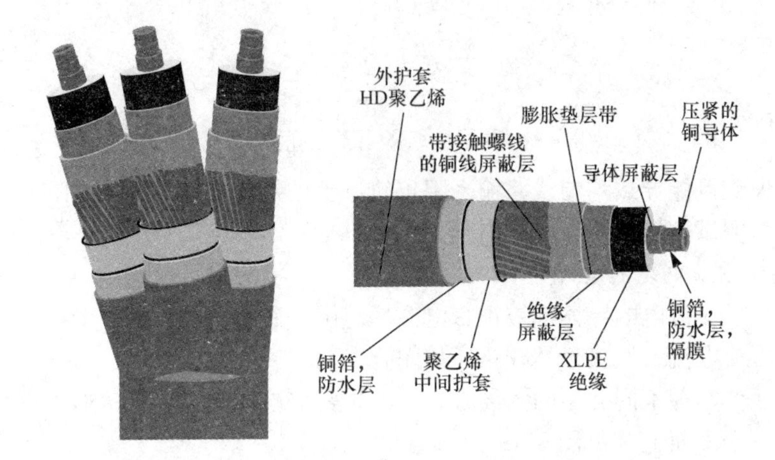

图 7.20　三芯中压电缆示例

- 通过线芯的电容耦合，如图 7.21 所示
- 通过屏蔽层的电感耦合（侵入式和非侵入性）
- 通过线芯的电容耦合

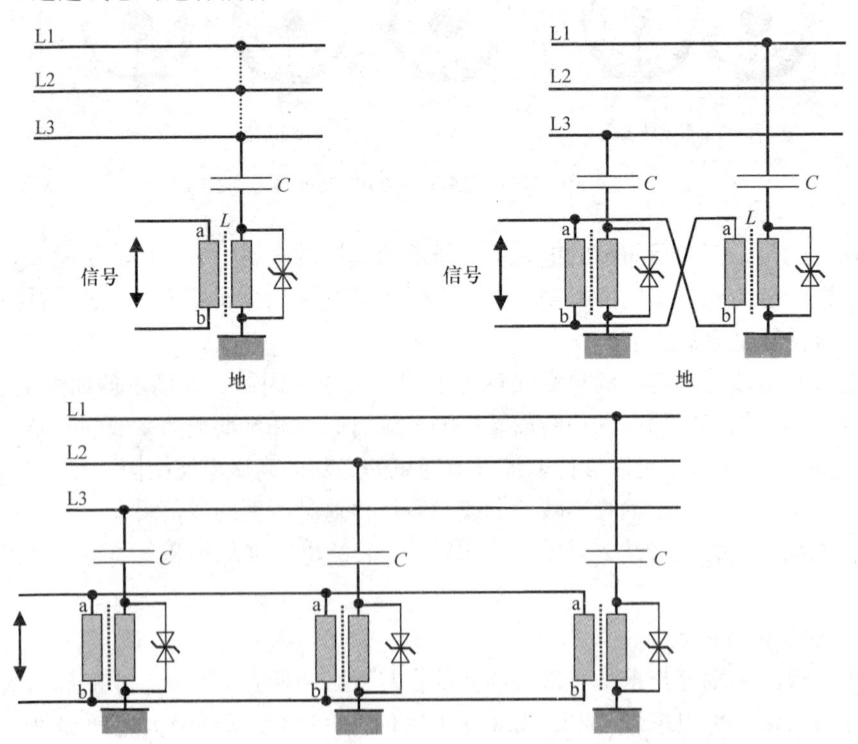

图 7.21　到中压线路的电容耦合方法

第一种方法是在线芯上施加一个电压，而电感耦合是向线路中注入一个电流。

其他方法如定向耦合或与线芯的变压器耦合，要么效率不高，要么太贵。

当准确了解了电网到底是什么样的以及深刻理解了实际的信号传播路径后，会发现电感耦合是一种非常有用的方法。用于信号耦合的电感耦合有三种主要类型。

9. 到线芯的电感耦合

电感耦合是最常见的方法，它可以用于架空线和电缆。由于约25Ω的低特性阻抗，电缆在50kHz以下的低频段内非常关键。

图7.22显示了与屏蔽层侵入式连接的电感耦合，其中信号流过绝缘的电缆屏蔽层并通过大地返回。

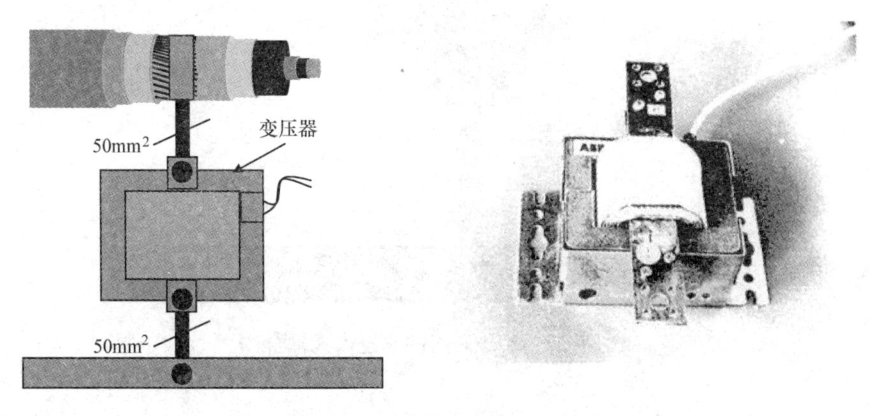

图7.22　到屏蔽层的侵入式耦合

图7.23显示了与屏蔽层非侵入式连接的电感耦合，其中信号流过绝缘的电缆屏蔽层并通过大地返回。与侵入耦合相比，非侵入性的通信路径较差。

图7.24显示了与电缆芯非侵入式连接的电感耦合，其中信号流过绝缘的电缆芯并通过大地返回。该方法适用于所有电缆，但最大的缺点是耦合很弱，或者由于线芯磁饱和的原因，耦合器对导线中的电流有很强的依赖性。

所有的电感耦合方法都有一个很大的缺点，那就是它们依赖负荷，最差的是到线芯的非侵入式耦合器。除了电缆类型之外，变电站的接地方式对屏蔽有很大影响。在图7.24中，短垂直接地体显示了这种接地系统的HF依赖性。

图7.25中，插入地面深度为L的单个短棒的波阻抗由下面的等式给出

$$Z_{\mathrm{rod}}(f)=\frac{1}{2\pi\sigma_{\mathrm{g}}L}\left(\ln\left(\frac{\sqrt{2}\delta_{\mathrm{g}}(f)}{\gamma_0 a}\right)-\mathrm{j}\,\frac{\pi}{4}\right)$$

式中，L为深度，且$L<\delta_{\mathrm{g}}(f)$；

$\delta_{\mathrm{g}}(f)$为土壤中的趋肤深度，$\delta_{\mathrm{g}}(f)=\dfrac{1}{\sqrt{\pi f\mu_0\sigma_{\mathrm{g}}}}$；

σ_{g}为土壤导电率，$\sigma_{\mathrm{g}}=\dfrac{1}{100\Omega\cdot\mathrm{m}}$，且$\sigma_{\mathrm{g}}>\omega(f)\varepsilon$；

a为接地棒半径（$1\gg a$），$a=0.03\mathrm{m}$；

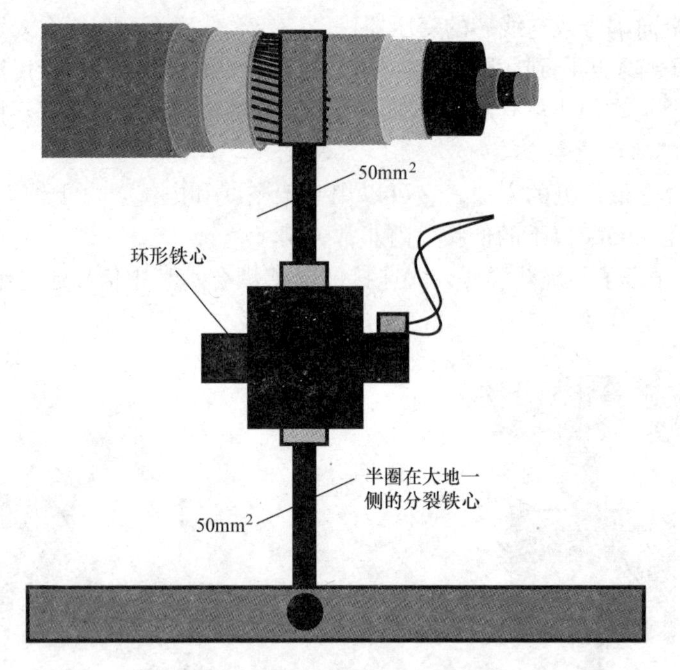

图 7.23　到屏蔽层的非侵入式耦合

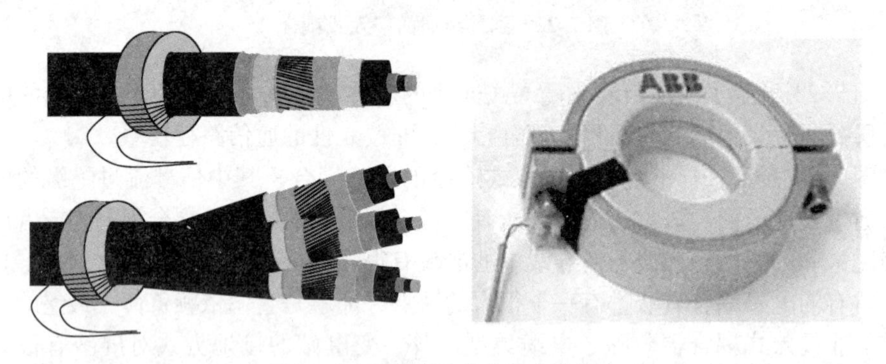

图 7.24　到电缆芯的非侵入式耦合

常数：$\gamma_0 = 1.781$；

$\mu_0 = 4\pi \times 10^{-7} \frac{H}{m}$。

阻抗表达式中长的一项一般是 10 的数量级，因此波阻抗主要是电阻性，并且基本上与频率无关。该阻抗公式基于直埋电缆的传输线模型，如图 7.26 所示，尽管 $Z_{\text{Ground Return}}$ 值有一些波动，但是 $Z_{\text{Core Return}}$ 对传输信号影响最大，等效电路的阻抗值为 $Z_{\text{Core Return}}$。仿真和测量显示，对于高阻接地电缆（开关打开）和低阻接地电缆，信号强度可以在高达 60dB 的范围内变化。但是显而易见，在 $Z_{\text{Ground Return}}$ 很

小的情况下，$Z_{\text{Core Return}}$的变化并不重要。

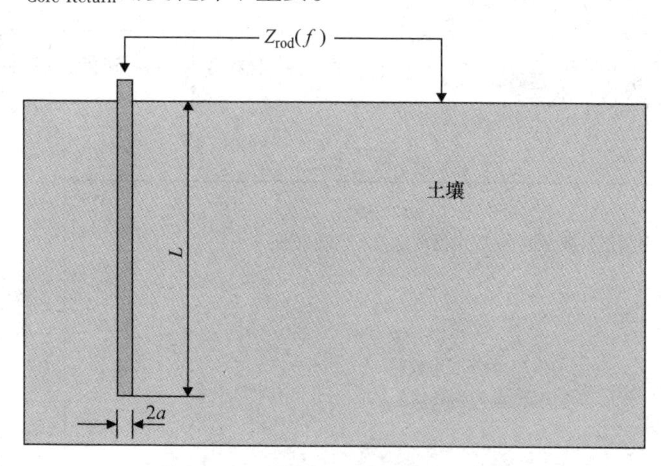

图 7.25　垂直接地极的圆截面示意图

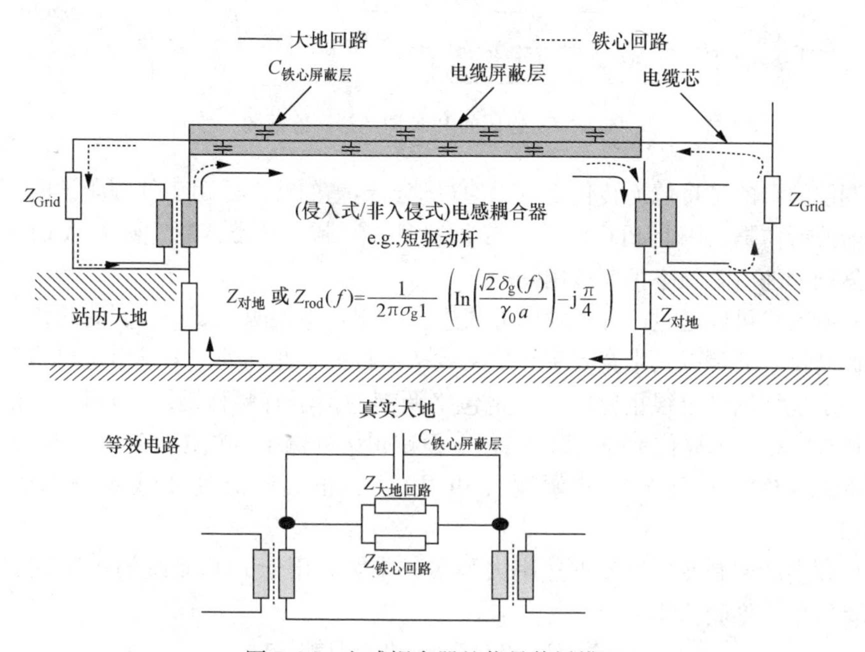

图 7.26　电感耦合器的信号传播模型

提前说哪个值占主导很困难，而且需要很多专业知识；因此，需要进行现场测量。然而，电感解决方案的简单性和低成本将证明这些额外的测量是有必要的。

10. 电力线载波系统的调制和编码

电力线通信既没有共同的调制方式也没有共同的编码方式。所有类型的扩频调制和正交频分复用（OFDM）都很普遍，而且越简单的方法越成功，目标是在所有可能的噪声和衰减条件下建立可靠的通信系统。由于这不是一本关于通信的书，因

此集成在最先进的PLC调制解调器中的专用功能将基于图7.27进行简单说明。

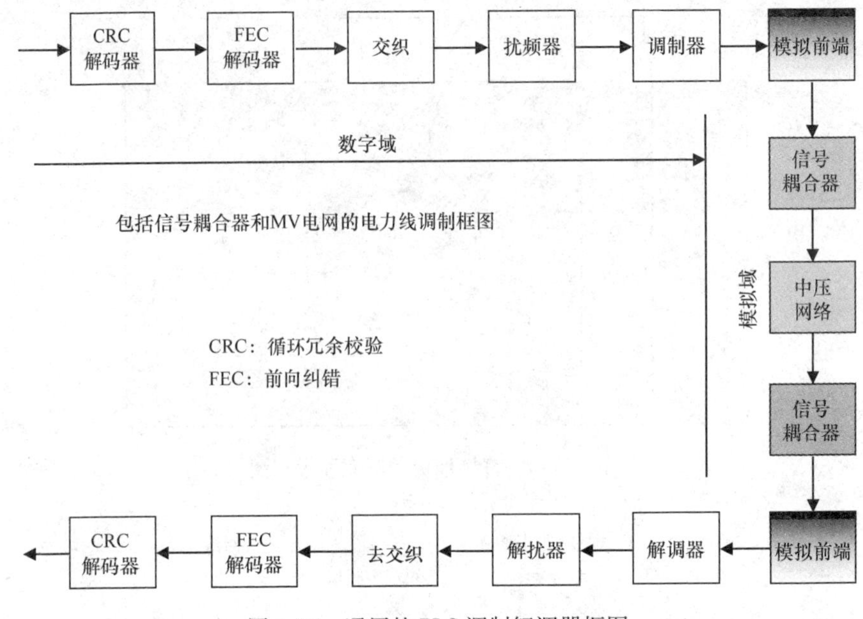

图7.27　通用的PLC调制解调器框图

调制的目的是将位流转化为可以通过信道传输的波形。由于低频段被电网频率及其谐波所占据，因此PLC仅采用带通类型的调制。基带调制意味着从0Hz到最大所需频率的所有频率都要被用到。

载波频率可以通过三种不同的方式进行调制：①振幅；②频率；③相位。

调制技术通常以其带宽效率和功率效率为特征。此外处理的是恒定包络调制还是非恒定包络调制也很重要的。恒定包络调制的例子有频移键控（FSK）、相移键控（PSK）和最小移位键控（MSK）；非恒定包络的例子有幅移键控（ASK）、正交幅度调制（QAM）和多载波调制（MCM），如正交频分复用或离散多音调制（DMT）。

扩频类的调制使用比数据速率大得多的带宽。用于PLC系统的扩频调制有三种主要类型，见表7.2。

表7.2　PLC系统的扩频调制方法

跳频	FHSS	分为快速跳频和慢速跳频系统。快速跳频系统每比特调频不止一次，慢速跳频几个比特调频一次
直接序列	DSSS	DSSS系统将调制信号第二次混合在伪噪声中。结果是线路上的信号看起来像噪声
线性调频	线性调频	基本调制与定义好的变化频率相混合。该技术广泛应用于雷达

所有这些系统的优点是对窄带干扰机的高抗干扰性，并且可以解决信道中的非

线性。最大的缺点是需要复杂的接收器和长时间的同步。

主要的编码类型有两种：一种是所谓的信源编码；另一种是信道编码。信源编码用于数据压缩和语音编码；信道编码用于提高噪声通信信道的性能。信道码又分为前向纠错（FEC）码和差错检测码，FEC 的典型例子有块码、卷积码、级联码和网格码。维特比算法经常对卷积码进行解码。

大多数 FEC 算法需要至少两倍的传输数据。这意味着，对于少量有缺陷的数据包，高级重复机制可以与编码一样高效。另一个问题是由于电力线信道上的编码而导致的报文延长。噪声的特征往往具有这样的形式，长报文比短报文成功的机会要低得多。

11. 现场调查和系统评估

中低压电网现场调查的目的是评估电网固有的通信参数。在全球范围内进行这种调查积累的十多年经验提供了足够多的证据表明，并不是每条线路或每个电网都适合窄带或宽带 PLC。

线路或电网的通信参数的确可以计算得出。然而，由于缺乏关于线路或网络当前状态和情况的数据，基于对网络的窄带或宽带通信潜力进行计算而做出的决定是不可靠且有风险的。相反，一旦进行针对现有网络的调查就可以提供足够和可靠的证据来支持线路或电网是否适合用于通信。

调查还可以提示对线路或电网进行监控来提高通信性能的可行性。调查结果、分析和给出的建议是公正的，不取决于技术提供者。然而，在已经选择好技术提供者的地方，在考虑到采用技术细节的情况下，可以进行调查来确定线路、电网及相关设备和系统的合理利用。

调查结果、分析和建议通过以下几点使公司管理层对将线路或电网作为通信媒介的可行性有了深刻理解：

- 无需进行昂贵的终端开路实验，进行这种实验是因为没有证据支持进行全面系统安装的决策是合理的。在几个确定的案例中，在系统安装之前没有进行调查，并且在合同执行期就已经确定了网络或某些部件的适用性。
- 无需通过小型安装项目来获得选择通信技术提供商的经验和证据。
- 为电力公司提供确凿的证据来选择合适的通信技术，满足其进行有效及经济适用的网络管理所需的通信要求。
- 具有向第三方需要宽带通信的应用提供线路或网络的潜力。
- 为网络运营商创造机会，使其可以根据确凿的证据创建业务案例并制定准确的投资规划。
- 可以公正地选择最合适的通信技术供应商。

12. 准备调查所需的数据

要执行线路或网络调查，应区分线路和网络的特性。对于低压网络，只需要基本的准备工作：

(1) 准确的网络文档。

(2) 保证不受干扰地进入所选的测量点。

对中压电网的调查更具挑战性。它要求网络运营商对网络进行准备，并向调查团队提供全面支持，如

(1) 提供被调查网络最新的单线图，包括：

1) 确认的架空线和电缆分段。

2) 每个线路分段的长度。

3) 确认的电缆接头，如果已知。

4) 带横截面细节的电缆类型。

5) 配电网中常开联络开关的位置。

6) 电压水平。

7) 网络中性点接地类型：

- 直接接地。
- 经接地电阻接地和接地电阻值。
- 补偿接地。
- 综合上述形式的接地及控制方案和时间设置的细节。

8) 变电站和开关设备的布局以及开关设备接地和电缆接地的细节。

(2) 在网络中的测量点安装耦合设备，由监控系统公司选择和提供。

(3) 在测量期间不受限制和干扰地访问测量点。

(4) 经过培训和授权、执行设备切换操作和网络重构的人员。

(5) 运送到现场和约定的地点。

(6) 考虑的网络故障隔离切换策略。

13. 所需的测量

根据采用的耦合方法，现场调查所需的测量是不同的。此外，网络拓扑和通信网络的应用对于这种早期阶段所需的工作而言非常关键。可以在电力线上进行以下类型的测量：

- 衰减
- 信噪比（SNR）
- 噪声（联合时频域）
- 脉冲响应
- 群延迟
- 阻抗

基本的衰减测量对于了解大体的 PLC 通信性能是必要的。强烈建议在所有常用网络条件下检查重要的自动化点。当采用电感耦合器时，所谓的三点检验是必不可少的，如图 7.28 ~ 图 7.30 所示。

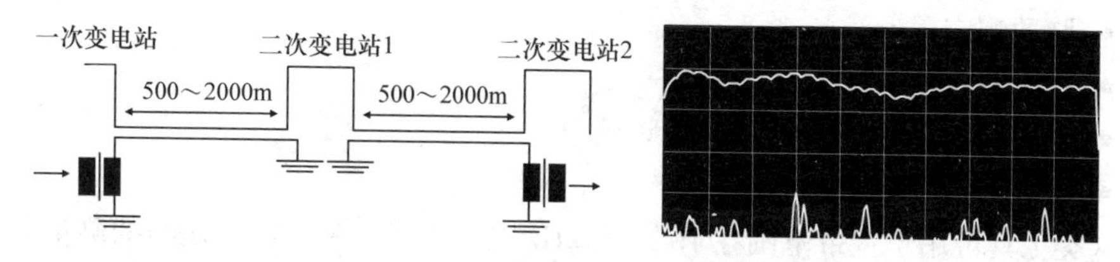

图7.28　三点测量1 +测量的传递函数

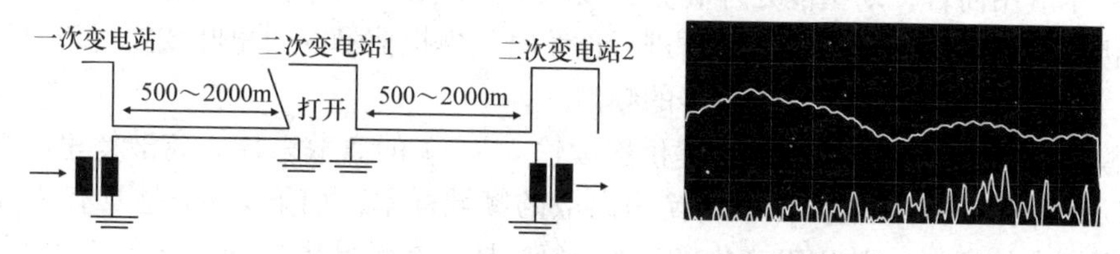

图7.29　三点测量2 +测量的传递函数

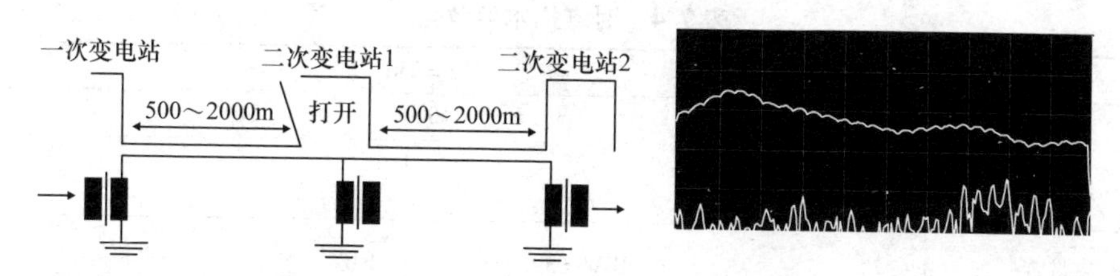

图7.30　三点测量3 +测量的传递函数

三点测量的本质是评估基于屏蔽层/大地的通信质量。采用侵入式电感耦合器时，测量结果（见表7.3）可以作为进行进一步DLC系统规划的参考。

表7.3　预期结果

测量	结果
1	足够的通信质量 SNR >30dB
2	与测量值1相比，信号衰减至少20dB
3	与测量2相比信号增强

可以假设专用区域内的通信参数和同类型的电缆有着相似的行为特性。如果外部绝缘不同，需要对专门的电缆类型重复测量，或者如果土壤发生变化，如从浸水地到花岗岩山脉，则需要对专门的区域重复测量。

14. 现场测量的工具

对于PLC来说，对通信线路适用性的测量很重要，因为大多数时间信道是时变和不明确的。好的测量工具通常具有以下功能：

- 信号衰减/传递函数
- SNR

- 脉冲响应
- 相对群时延
- 噪声测量（在频域或联合时频域中）
- 阻抗测量

这类工具可用于宽带范围在10～150kHz之间以及1～30MHz之间的测量。

15. PLC测量工具的基础知识

对于应用而言，期望能处理和分析频域中的信号。对于模拟信号，可以通过频谱分析仪轻松实现。在数学上通过进行连续时间模拟信号的傅里叶变换可以复制该过程，傅里叶变换给出了模拟信号的频谱。

模数转换器（ADC）的输出提供连续输入 $x(t)$ 的离散采样。离散傅里叶变换（DFT）将离散的时域输入样本转换为离散的频域样本，如果 $x(n)$ 是具有 N 个输入数据样本的序列，则DFT产生的序列 $x(k)$ 具有在频域中平均分布的 N 个样本，见表7.4。

表7.4　时域样本离散化

框长	框长=256
采样频率	$f_s=10000$
采样周期	$t_{采样}=\frac{1}{f_s}$
分辨率带宽	RBW=39.063　　$\text{RBW}=\frac{f_s}{框长}$
输入信号[$x(t)$]为1000Hz，用200Hz的信号进行调制。	$x_{in}(t)=\sin(2\pi t\times1000)+\sin(2\pi t\times200)$
信号（x_{in}）的离散傅里叶变换归一化为 k	$X(k)=\frac{2\sum_{n=0}^{框长-1}x_{in}(n\,t_{采样})\,e^{-j2\pi n\frac{k}{框长}}}{框长}$ 0.5框长
传递函数（dB）	$A(k)=20\log\left(\frac{1}{\lvert X(k)\rvert}\right)$

DFT可以看作输入信号与许多正弦曲线的相关性或比较，从而对输入信号的频率内容进行评估。例如1024点的DFT需要正弦信号的1024个输入采样和正弦曲线的1024个点。采用从$-f_s/2$到$+f_s/2$平均分布的1024个不同频率的正弦波。

DFT的每次循环都用正弦信号检查输入信号，以查看输入信号中存在多少该频率的信号。对1024个频率中的每一个都重复检查，换句话说DFT是输入信号$x(t)$与1024个内部保存的正弦信号之间的交叉相关。

测量工具基于数据采集卡，数据采集卡以最大500kHz对输入信号进行采样。采样值被收集成一组值（数据框），采样值的数量是样本中的数据框长度。采样频率除以数据框长度得出分辨率带宽。标准的设置为500，000个采样、1024个采样的数据框长度产生488Hz的分辨率带宽（RBW），见表7.5。

表7.5　采样数据处理过程

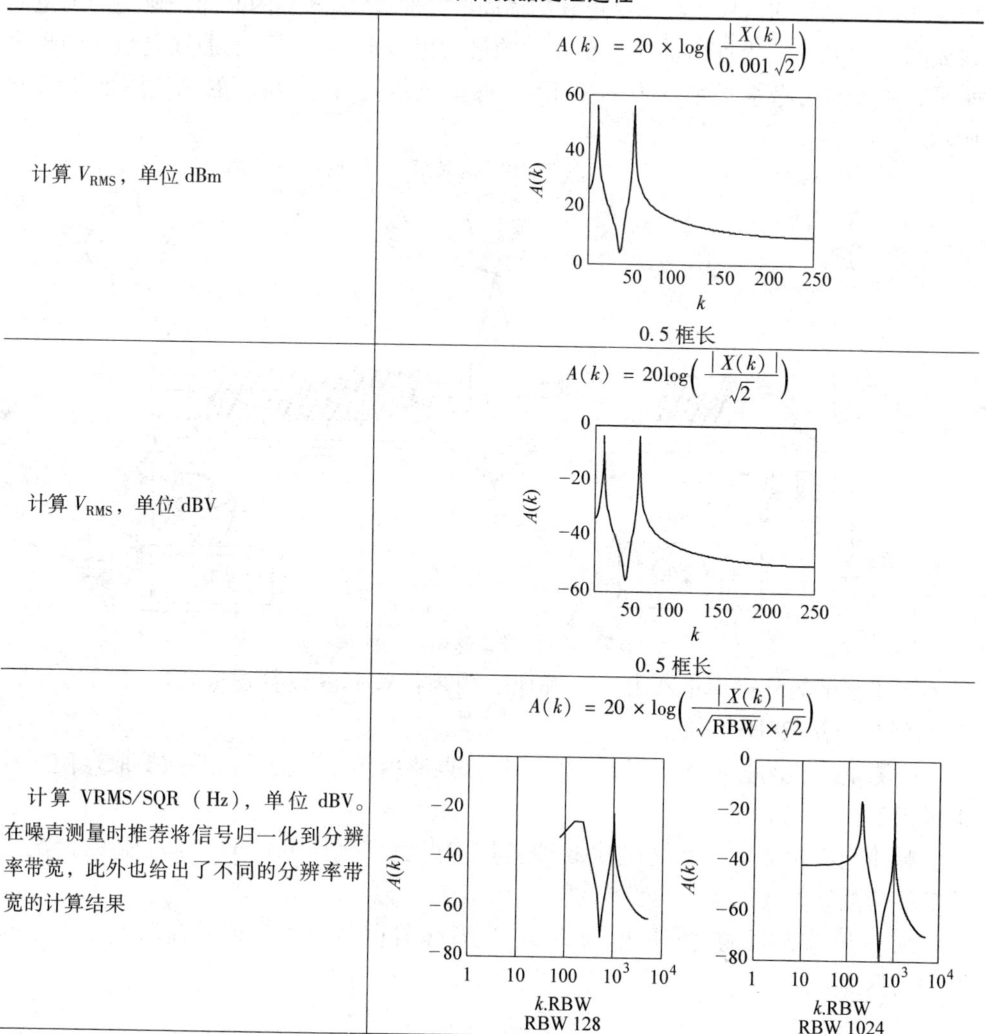

计算V_{RMS}，单位dBm	$A(k)=20\times\log\left(\frac{\lvert X(k)\rvert}{0.001\sqrt{2}}\right)$ 0.5框长
计算V_{RMS}，单位dBV	$A(k)=20\log\left(\frac{\lvert X(k)\rvert}{\sqrt{2}}\right)$ 0.5框长
计算VRMS/SQR（Hz），单位dBV。在噪声测量时推荐将信号归一化到分辨率带宽，此外也给出了不同的分辨率带宽的计算结果	$A(k)=20\times\log\left(\frac{\lvert X(k)\rvert}{\sqrt{\mathrm{RBW}}\times\sqrt{2}}\right)$ RBW 128　RBW 1024

（续）

输出信号 $X(k)$ 与 k 相关。为了计算频率，必须将 k 乘以 RBW。结果显示为 V_{RMS}/SQR(Hz)，单位为 dBV	$A(k)=20\log\left(\frac{\lvert X(k)\rvert}{\sqrt{RBW}\times\sqrt{2}}\right)$ 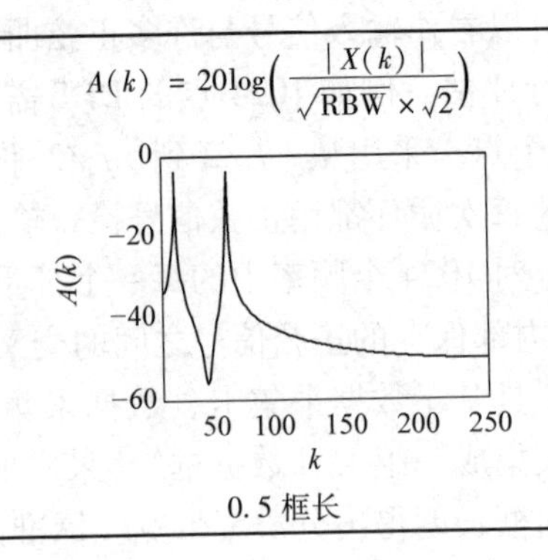 0.5 框长

传输信号相对噪声的曲线可以根据图 7.31 进行测量。DLC 测量工具注入一个 10～110kHz 之间的信号，在每个连续扫描周期之间有 3s 的空闲时间，典型的测量曲线如图 7.32 所示。上面的曲线是接收到的最大信号水平，下面的曲线是当前的噪声水平，注入的信号水平平均为 +20dBV（峰值电压）。输入响应的测量图如图 7.33 所示。

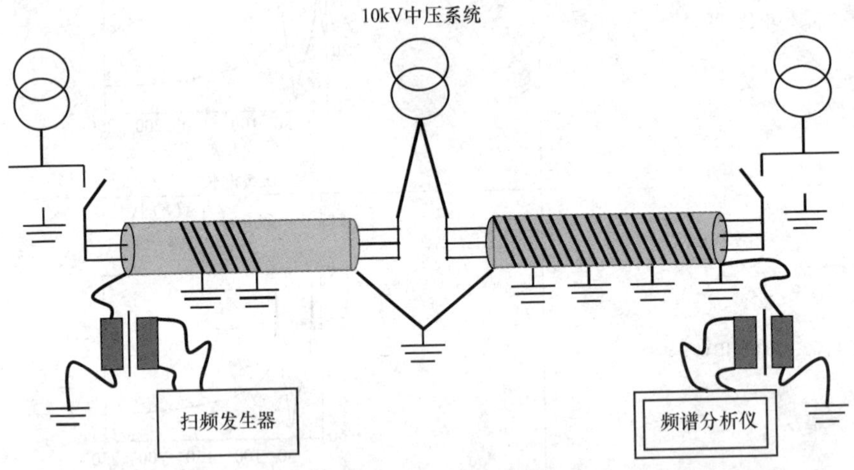

图 7.31　信号传递函数的测量

上述测量的分辨率带宽为 488.28Hz，由采样频率除以数据框长度（500k 个样本/ 1024 = 488.28Hz）给出。

当测量线路的脉冲响应时，在信号注入点使用伪噪声信号，并在提取点使用数据采集工具。

脉冲响应测量是一种仅在 SNR 非常好但误码率（BER）仍然非常高的情况下才需要的测量方式。

图 7.34 中测量的时间尺度为 2μs，这意味着信号注入和信号提取点之间总的脉冲延迟为

$$50\times2\mu s=1\times10^{-4}s$$

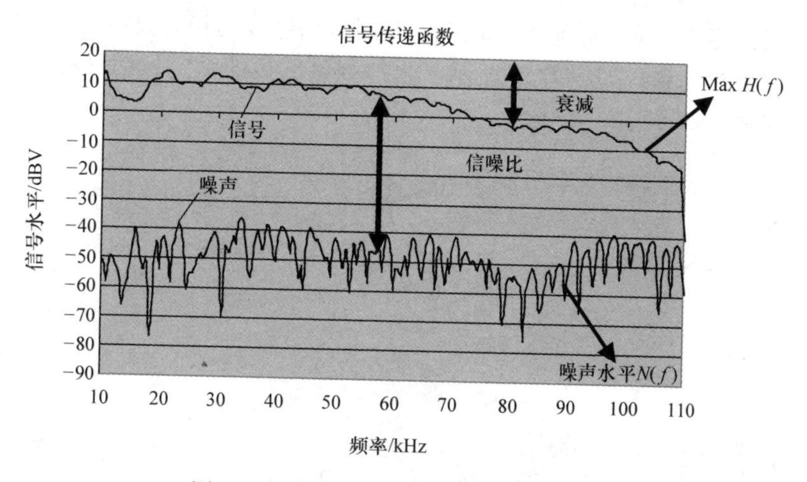

图 7.32　典型的信噪比测量曲线（SNR）

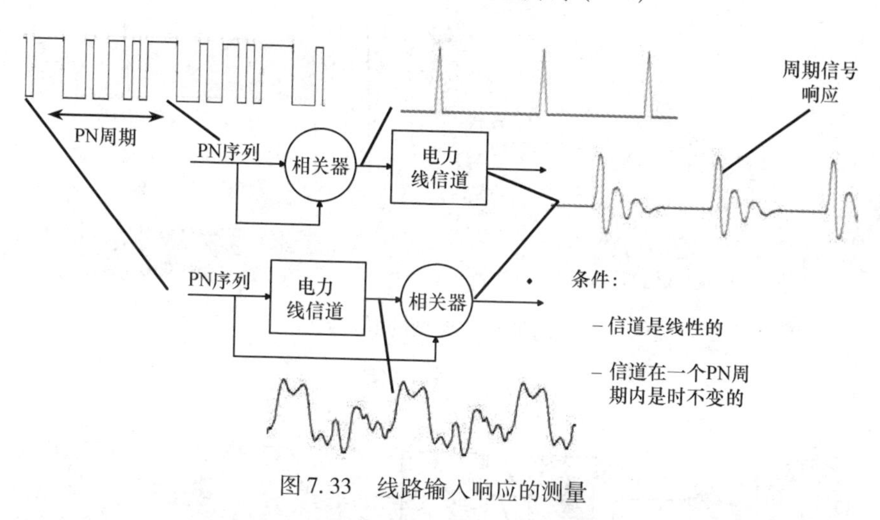

图 7.33　线路输入响应的测量

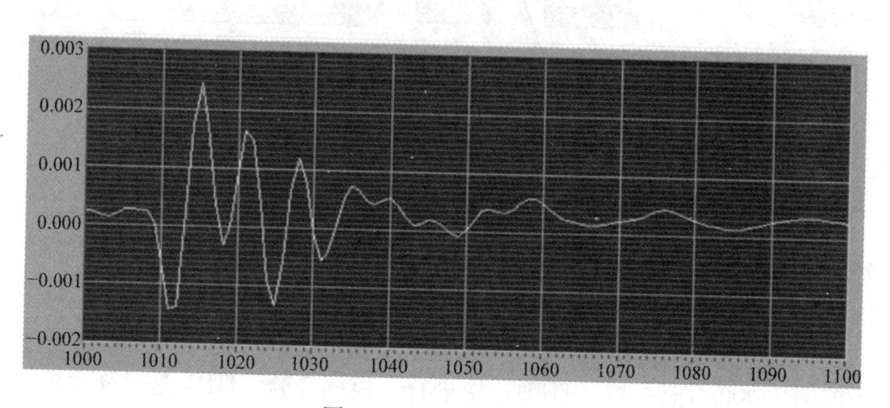

图 7.34　脉冲测量结果

群延迟是定义了通信信道上不同频率相对传播速度的相对数字，群延迟可以通过脉冲响应进行计算，如图 7.35 所示。阻抗测量的目的是测量信号注入点处的电源阻抗（见图 7.36）。

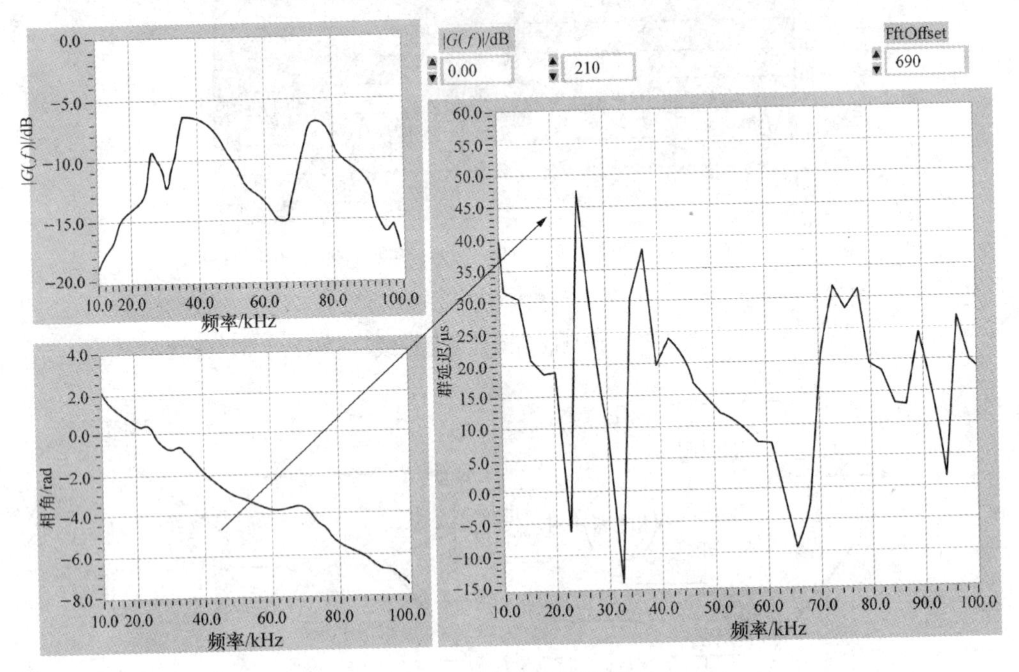

图 7.35　典型的群延迟

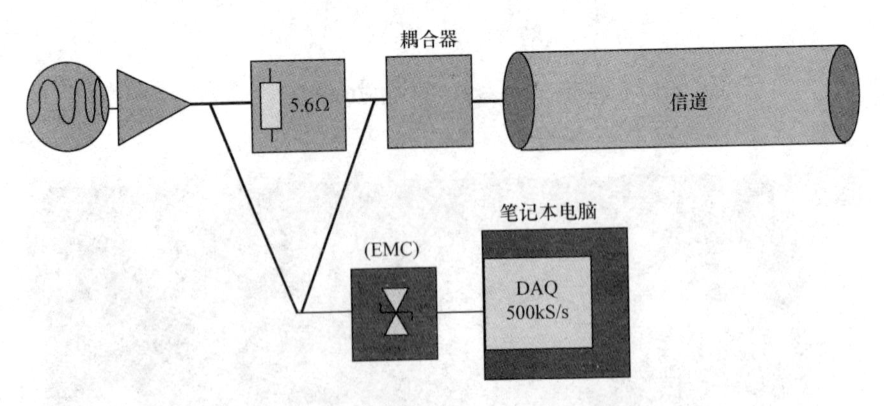

图 7.36　阻抗测量的设置（10～110kHz）

噪声测量在联合时频域（JTFD）中进行。根据经验，JTFA 是最强大的噪声分析工具之一。

16. 电力线噪声简介

需要关注电力线上三种不同类型的噪声：

- 连续波干扰
- 脉冲噪声
- 白噪声

脉冲噪声由感性负荷的投切引起，并且会产生脉冲，导致接收器在几十甚至几百微秒的期间内饱和。这些脉冲的上升时间非常快，实际上不可能完全滤除。脉冲通常是电网频率的两倍，为100Hz或120Hz，并且由于各种负荷的投切，每半个周期内就会有许多脉冲。

更糟糕的是，这些脉冲能够使电力线本身振铃。由于网络及其连接的负荷有电感和电容，它们可能会发生谐振，谐振频率取决于瞬时负荷，从而在通信频带内的频率处产生持续数周期的衰减波形。对于调制解调器来说，这看起来像发生在某些频率处的连续波干扰，这些频率随负荷情况变化而无法预测。

最后，白噪声可能也是一个问题，特别是在需要高接收增益的情况下工作时（见图7.37和图7.38）。

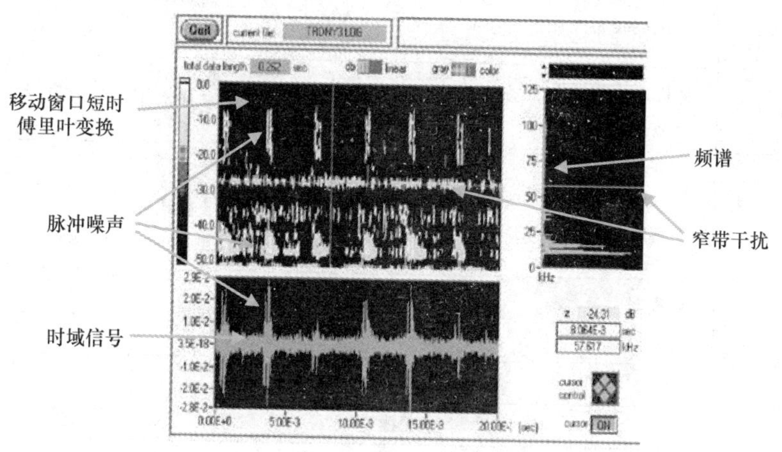

图7.37　JTFA测量窗口的解释

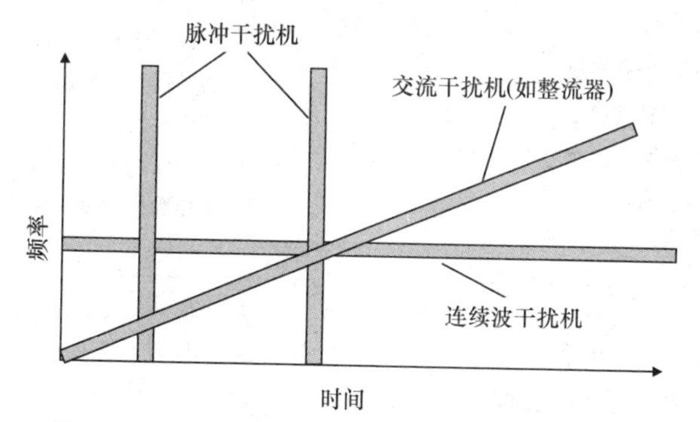

图7.38　JTFA图的解释（白噪声覆盖了整个面积）

17. 低压电力线载波

耦合到低压网络比耦合到中压网络更简单，低压 DLC 主要用于远程读表或断电。读表可以通过单向通信来实现，这种单向通信可以在较长的周期内具有相对低的数据传输速率。信号从仪表传送到收集点，通常是 MV/LV 变压器，如果继续通信的话，可以将通信媒介改为更高容量的有线或无线系统。在某些情况下，如果安装在配电变压器的电源侧，则使用中压 DLC。

7.5.4 通信方式总结（见表 7.6）

表 7.6 通信方式

类型	优点	缺点
有线系统		
电话		
PSTN（模拟）	网络可用性 语音和数据通信	没有实时应用 可靠性取决于 PSTN 的情况 运营成本高
PSTN（数字）	每条接线 2^8 个用户	没有实时应用 运营成本高
低成本光纤	防电磁干扰性强 高数据速率	单位安装成本高
DLC	接入用户拥有的配电网 运营成本很低	与电网一对一 通常不支持语音通信 安装（电容式）时需要断电
有线电视	高数据速率 高负荷能力	系统的覆盖面和可用性
无线		
无线电		
传统无线电系统	只需非常小的基础设施 系统廉价 适应现有协议 频率管理简单 适合实时应用（响应时间短） 由电力公司拥有 部署灵活	只适合小型 SCADA 系统 只适用于农村、视距情况 通常没有集成接口 抗干扰性强 只有轮询模式可用 工作频率的可获得性
中继式无线电	已经安装的网络仍然可用 比使用手机便宜 通常由电力公司拥有	实时数据通信容量有限 如果没有为其他应用建立的基础设施，基础设施成本高

（续）

类型	优点	缺点
	无线电	
分组数据无线电网络	连接的可用性，良好的覆盖率 容量大 针对高数据吞吐量进行了优化	有限的实时功能 只有数据通信 非常高的基础设施成本 高运营成本（取决于系统）
低成本分组数据无线电	成本低，无需基础设施 由电力用户拥有	数据吞吐量非常有限 只有数据通信 没有可用的标准
	蜂窝	
蜂窝移动电话网络	在市区和人口稠密的交通沿线覆盖良好	没有实时应用 运营成本高 其他用户可能数据超载
	寻呼	
双向寻呼	便宜 易于安装	时间延迟 可用性 针对短数据消息进行了优化
点对多点地面微波系统	系统由电力公司拥有 高数据速率 实时通信（响应时间短） DCEs与许多子系统兼容	安装成本高 只有视距内覆盖
	卫星	
高轨道同步卫星微波系统	覆盖广 用户拥有自己的HUB 高数据速率	安装成本高 相对较大的天线
低轨道卫星电话系统	覆盖广 易于安装 天线小 最便宜的卫星系统	没有实时应用 不能全球运行 用户非常依赖服务提供商 运营成本高 数据速率低 只有数据通信

7.6　配电自动化通信协议

通信协议定义了通信设备之间数据传输的规则。简单来说，通信协议是发射机和接收机之间使用的“语言”。图 7.39 显示了本节将要描述的通信协议。每个通信协议的起源及其基本结构都包括在其中。

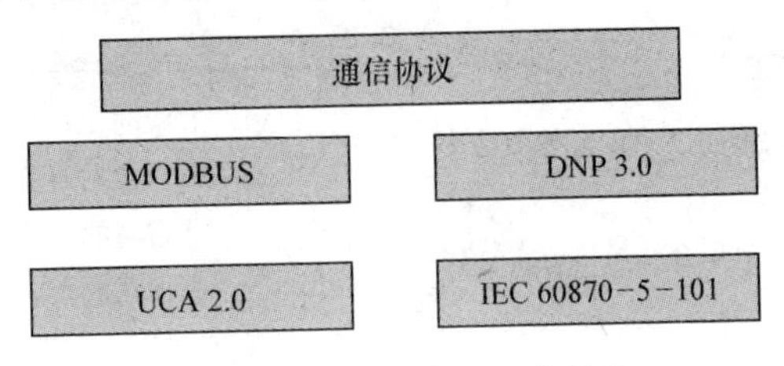

图 7.39 配电自动化通信协议

7.6.1 MODBUS

由于可编程逻辑控制器之间传输控制信号的必要性，Schneider Automation™的子公司 Modicon 在 1978 年创建了 MODBUS®。MODBUS 协议定义了控制器识别和使用的消息结构，而不管它们经过何种网络（即通信媒介）进行通信。MODBUS 描述了控制器请求访问另一个设备的过程、它如何响应其他设备的请求以及如何检测错误，制定了消息域格局和内容的公共格式，其基本结构如下：

1. 层

MODBUS 协议用于建立智能设备之间的主从通信，具有 ASCII 和 RTU 两种串行传输模式。对于 ASCII 串行传输模式，消息中的每 8 位字节作为两个 ASCII 参数发送，其中对于 RTU，消息中的每 8 位字节作为两个 4 位十六进制字符发送。每个串行传输模式有不同的优点和缺点。RTU 模式的一个优点是它具有更大的字符密度，因此在相同的波特率下它可以传输更多信息。ASCII 的优势在于它允许长达 1s 的时间间隔而不会导致错误。

2. 帧

表 7.7 显示了 ASCII 串行传输模式下 MODBUS 协议的消息帧结构。

ASCII 帧以冒号（:）字符开头（ASCII 3A 十六进制），以回车换行（CRLF）符（ASCII 0D 和 0A 十六进制）结尾。所有其他域可以使用的字符为十六进制的 0，…，9，A，…，F。在通过 ASCII 传输模式下的 MODBUS 进行通信的网络中，连接的设备监测网络总线不断寻找冒号字符。当接收到冒号时，每个设备解码下一个域，也就是地址域，以此确定该域是否包含自己的地址，然后采取适当的操作。在消息中，字符之间的时间间隔可以长达 1s；如果间隔更大，则接收设备会认为发生了错误。表 7.8 显示了 RTU 串行传输模式下 MODBUS 协议的消息帧结构。

表 7.7 ASCⅡ 消息帧

开始	地址	功能	数据	LRC 检查	结束
1 个字符（:）	2 个字符	2 个字符	n 个字符	2 个字符	2 个字符（CRLF）

表 7.8　RTU 消息帧

开始	地址	功能	数据	LRC 检查	结束
T1 - T2 - T3 - T4	8 位	8 位	$n\times8$ 位	16 位	T1 - T2 - T3 - T4

RTU 帧以至少 3.5 个字符时间的停顿间隔开始。所有其他域可以使用的字符为十六进制的 0，1，…，9，A，…，F。在通过 RTU 传输模式下的 MODBUS 进行通信的网络中，连接的设备连续监测网络总线，包括停顿间隔时间内。当第一个域也就是地址域到达时，每个设备对其进行解码，以此确定该域是否包含自己的地址，然后采取适当的操作。在最后一个传输的字符之后，有一个至少 3.5 个字符的类似时间间隔来标记消息的结束。

地址域包含两个字符（ASCII）或 8 位（RTU）。从设备的有效地址范围为十进制数 0，…，247。由于 0 是用于所有从设备都能认识的广播地址，所以从设备的地址范围为 1，…，247。主设备将从设备的地址放在消息的地址域中，从设备通过把自己的地址放在地址域中回应主设备，以便主设备知道哪个从设备做出回应。

功能域包含两个字符（ASCII）或 8 位（RTU）。有效的代码范围为十进制的 1，…，255。当消息从主设备发送到从设备时，功能代码域告诉从设备执行哪种操作。这些操作可以是读取开/关状态，读一组寄存器的数据内容，写入指定的线圈或寄存器等。当从设备响应主设备时，它使用功能代码来指示是正常（无误）回应还是有某种错误发生（称为异议回应）。对于正常回应，从设备仅回应最初的功能代码；而对于异议回应，从设备返回一个等同于最初代码的代码，但最重要的位置设为逻辑 1。对于异议回应，从设备的数据域包含一个独特的代码，告诉主设备发生了哪种错误。

数据域由两个十六进制数的集合构成，范围为十六进制的 00 到 FF，这可以由一对 ASCII 字符或一个 RTU 字符组成。在主设备发送到从设备的消息中，数据域包含从设备必须用于执行功能代码所定义行动的附加信息。这包括诸如离散的寄存器地址、要处理项的数量以及域中实际数据的字节数。对于正常回应，从设备发送到主设备的消息的数据域包含请求的数据。如上一段所述，对于异议回应，从设备数据域包含一个独特代码，主设备可用它来确定下一步行动。在某些情况下，数据域可以不存在或者长度为零，这是由于所请求数据的简单性，其中功能域自己就提供了所有的信息。

错误检测域取决于所讨论的 MODBUS 串行传输模式。对于 ASCII，错误检测域包含两个 ASCII 字符。错误检测字符是通过对消息内容进行纵向冗长检测（LRC）计算得出的，不包括开始的冒号和结尾的 CRLF 符。LRC 字符作为消息的最后一个域附加在 CRLF 字符前面。对于 RTU，错误检测域包含一个用两个 8 - 比特字节实现的 16 - 比特数值。错误检测域是通过对消息内容进行循环冗长检测（CRC）得出的，CRC 域附加在消息的最后一个域中。

3. 校验和

采用 MODBUS 协议的串行网络采用奇偶校验和帧检测两种错误检测方法，以此检测传输错误。奇偶校验（奇或偶）可以应用于消息的每个字符，帧检测（LRC 或 CRC）应用于整个消息。字符检测和消息帧检测都在主设备中生成，并在传输前应用于主内容。

用户可以采用偶校验、奇校验或完全无校验等选项对奇偶校验进行配置。如果选择了奇校验或偶校验，“1”位则算到每个字符的数据部分，奇偶位将被发送，以允许从设备检查传输错误。奇偶位设置为 0 或 1，产生总共偶数或奇数个“1”位，在发送消息之前计算奇偶位并将其应用于每个字符的帧。接收设备计算“1”位的数量，并将结果与附加到帧的数字进行比较。如果数字不同，说明有错误；但是，偶校验只能在字符帧捡起或丢弃了奇数个位的情况下检测并判定错误。

如表 7.7 所示，采用 ASCII 模式的消息包括一个基于 LRC 方法的错误检测域。LRC 域为 1 个字节，包含一个 8 位二进制值，无论奇偶校验如何，都会进行应用。传输设备计算 8 位二进制数并将其附加到该消息中，接收设备接收消息，计算 LRC 并将计算结果与其接收的 LRC 域 8 位值进行比较。如果值不相等，则发生了传输错误。LRC 通过将消息连续的 8 位字节相加并丢弃进位来进行计算。LRC 计算不包括消息结尾的冒号字符和 CRLF 对。

如表 7.8 所示，采用 RTU 模式的消息包括一个基于 CRC 方法的错误检测域。CRC 域为 2 个字节，包含一个 16 位二进制值，无论奇偶校验如何，都会进行应用。传输设备计算 16 位二进制数并将其附加到该消息中。接收设备接收消息，计算 CRC 并将计算结果与其接收的 CRC 域 16 位值进行比较。如果值不相等，则发生了传输错误。

CRC 的第一步是将 16 位寄存器全部预置为 1，然后进程开始将消息中连续的 8 位字节与寄存器内容进行计算。CRC 的生成包括每个字符的所有 8 位字节，起始位、停止位和奇偶都不参与 CRC 计算。在 CRC 生成期间，通过异或（EXOR）功能将每个 8 位字符添加到寄存器内容中。然后，结果向最低有效位（LSB）的方向移动，最高有效位（MSB）以零填充。LSB 被提取出来并进行检测，如果 LSB 为 1，则寄存器与一个预设的固定值进行异或运算；如果 LSB 为 0，则不进行异或运算。重复该过程直至完成八次移位操作，第八次移位之后，下一个 8 位字节与寄存器当前值进行异或运算，再重复进行 8 次上述的移位操作。在消息的所有字节都执行完后，寄存器最终值就是 CRC 值。当 CRC 值附加到消息中时，首先加入低位字节，接着是高位字节。

4. 功能码

MODBUS 支持的功能码见表 7.9，功能码以十进制格式列出。

表7.9　MODBUS 功能码

功能码	名称
01	读取线圈状态
02	读取输入状态
03	读取保持寄存器
04	读取输入寄存器
05	写单个线圈
06	预置单个寄存器
07	读取异常状态
08	诊断
09	编程 484
10	轮询 484
11	获取通信事件计数
12	获取通信事件日志
13	程序控制器
14	轮询控制器
15	写多个线圈
16	预置多个寄存器
17	报告从设备 ID
18	编程 884 / M84
19	重置通信链路
20	读取通用参数
21	写入通用参数
22	屏蔽写 4x 寄存器
23	读/写 4x 寄存器
24	读 FIFO 队列

7.6.2　DNP 3.0

DNP 3.0 提供了变电站计算机和主站计算机进行数据和控制命令通信的规则。Westronic 公司也就是现在的 GE Harris 在 1990 年创建了分布式网络协议 DNP，然后将 DNP 协议从专有协议更改为公共域协议，并于 1993 年公布了 DNP 3.0 Basic 4 协议规范文档。1993 年 11 月，由电力公司和供应商组成的 DNP 用户组获得了协议的所有权。1995 年，DNP 技术委员会成立，负责向 DNP 用户组推荐技术规范变更和进一步发展。DNP 3.0 基本结构如下：

1. *层*

DNP 是分层协议，包括三个层和一个伪层。国际电工委员会（IEC）将这种分

层结构称为增强性能架构（EPA），图 7.40 显示了 EPA 在 DNP 3.0 中的应用环境。

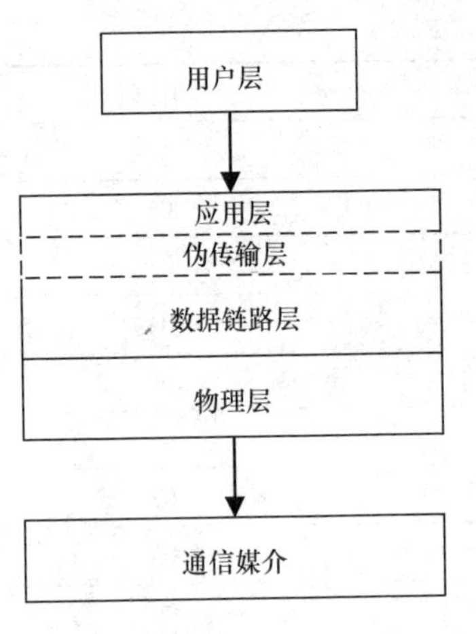

图 7.40　DNP 分层架构

应用层对从伪传输层接收到的完整信息进行响应，并根据用户数据的需要构建信息，然后，构建的信息被传递到伪传输层进行分段。数据链路层从伪传输层接收分段信息，并将它们发送到最终的目的地——物理层。当要发送的数据量对于单个应用层信息来说太大时，可以构建多个应用层信息并依次发送。这些信息彼此独立，并且所有信息都有一个指示来表明还有更多信息在路上，最后一个信息除外。对于多个应用层信息，每个特定的信息称为分段；因此，信息可以是单分段信息，也可以是多分段信息。重要的是要注意，来自主设备的应用层分段通常是请求，而来自从设备的应用层分段通常是对这些请求的响应。从设备也可以发送不经请求的信息，这称为未经请求的响应。

如前所述，伪传输层将应用层消息分段成多个和更小的帧由链路层来发送，或者在接收时将帧重新组合成较长的消息由应用层来接收。对于每个帧，它插入一个单字节的功能码来标示数据链路帧是消息的第一帧、最后一帧或两个消息的最后一帧（对于单帧消息）。

数据链路层的责任是使物理链路可靠。为了提高数据传输的可靠性，数据链路层包含了错误检测和重复帧检测。数据链路层发送和接收被称为帧的数据包。数据链路帧的最大长度为 256 字节。

物理层主要涉及正在对 DNP 协议进行通信的物理媒介，DNP 协议一般通过简单的串行物理层来实现，如 RS－232 或 RS－485。该层处理媒介状态（如空闲或繁忙），以及媒介上的同步（如启动和停止）等。

2. 帧

帧是通过物理层传送的完整消息的一部分，其结构可以分为报头和数据段。

同步	长度	链接控制	目的地址	源地址	CRC

图 7.41　DNP 报头段

报头段如图 7.41 所示，包含帧的大小、主设备地址和远程设备地址以及数据链路控制信息等重要信息。表 7.10 简要描述了报头的各子段。

表 7.10　DNP 数据段

<table>
<tr><th colspan="2">区块 1</th><th rowspan="2">其他区块</th><th colspan="2">区块 n</th></tr>
<tr><td>用户数据</td><td>CRC</td><td>用户数据</td><td>CRC</td></tr>
</table>

每个报头都以两个同步字节或起始字节开头，帮助远程接收器确定帧从哪里开

始。长度确定帧中剩余的八位字节数，其中不包括CRC错误检测字节，长度的最小值为5，最大值为255。链路控制或帧控制字节用在发送和接收链路层之间，目的是协调其动作。

目的地址和源地址如其名所示，分别指处理数据的设备和发送数据的设备。DNP最多允许65，520个单独地址，并且每个DNP设备应该有属于它的唯一地址。三个DNP地址为个别应用所预留，如“全体呼叫报文”，其帧应该由所有设备进行处理。目的地和地址域为2个八位字节，其中第一个八位字节为最低有效位，第二个字节是最高有效位。CRC为一个2个八位字节的域，有助于进行循环冗长检测。

如表7.10所示，数据段通常被称为有效载荷，包含来自DNP前一层的数据。用户数据域包含除帧的最后一块以外用户定义数据的16个八位字节，最后一块根据需要包含1~16个八位字节。一对CRC八位字节包括在其中，每16个八位字节一对CRC，以此保证可以检测到传输错误。数据有效载荷中的最大字节数为250，不包括CRC字节。

3. 对象

DNP利用对象让从设备知道需要哪种信息。在描述DNP中定义的对象前，先介绍一些定义。

在DNP 3.0中，“静态”一词与数据一起使用，称为当前值。然后，静态二进制输入数据是指双状态设备当前的开或关状态。静态模拟输入数据包括在传输的那一时刻模拟信号的值。DNP 3.0中的事件一词与发生的重要事情有关，事件发生在二进制输入从ON变为OFF时或者模拟值的变化超过了其设置的死区限值时。

DNP可以按不同格式来表示数据。静态、当前值、模拟数据可以用下面的变体号码来表示：

1——一个带标志的32位整数值

2——一个带标志的16位整数值

3——一个32位整数值

4——一个16位整数值

5——一个带标志的32位浮点值

6——一个带标志的64位浮点值

标志为一个八位字节，包含一系列信息，如源是否在线、数值是否包含重启值、与源的通信是否丢失、数据是否被强制以及数值是否超出范围。

事件模拟数据可以由以下变体表示：

1——一个带标志的32位整数值

2——一个带标志的16位整数值

3——一个带标志和事件时间的32位整数值

4——一个带标志和事件时间的16位整数值

5——一个带标志的32位浮点值

6——一个带标志的 64 位浮点值

7——一个带标志和事件时间的 32 位浮点值

8——一个带标志和事件时间的 64 位浮点值

从静态和模拟数据的各种格式可以看出，如果静态模拟和模拟事件数据都使用相同的数据格式，用户就不能区分哪个是哪个。为了避免混淆，DNP 采用了对象编码，为静态模拟值分配的对象号码是 30，为事件模拟值分配的对象编号为 32。通过这种方式，静态模拟数据可以用六种格式呈现，而事件模拟值可以用八种格式呈现。DNP 3.0 中的所有有效数据格式都由对象号码和变体号码来标识。用于 SCADA / DA 的 DNP 3.0 对象组见表 7.11。

表 7.11　用于 SCADA / DA 应用程序的 DNP 对象组

对象组	对象表示	对象号码范围
二进制输入	二进制（状态或布尔）输入信息	1 ~ 9
二进制输出	二进制输出或中继控制信息	10 ~ 19
计数器	计数器	20 ~ 29
模拟输入	模拟输入信息	30 ~ 39
模拟输出	模拟输出信息	40 ~ 49
时间	任意分辨率下以绝对或相对形式表示的时间	50 ~ 59
类	数据类或数据优先级	60 ~ 69
文件	系统文件	70 ~ 79
设备	设备（不是点）信息	80 ~ 89
应用	软件应用程序或操作系统进程	90 ~ 99
备用数字	备用或自定义数字表示	100 ~ 109
未来扩展	未来或自定义扩展	110 ~ 254
保留	永久保留	0 和 255

对于每个对象组，存在一个或多个数据点。数据点是其对象组指定类型的单个数据值。

4. 功能码

应用层分段以应用层报头开始，后面紧跟着一个或多个对象标题/对象数据组合，该应用层报头被细分为应用控制代码和应用功能代码。应用控制码包含以下信息，并且包含一个滚动的应用层滚动号码，有助于检测丢失或失序片段。

- 分段是单分段还是多分段
- 是否请求了应用分段确认
- 分段是否是未经请求的

应用层功能码标示消息的实际目的，即从设备应该做什么。DNP 3.0 仅允许每个消息进行一次请求操作，并且功能代码适用于所有包含的对象。DNP 3.0 中提供

的功能代码见表7.12。

对于表7.12，功能码3、4和5分别为选择、操作和直接操作，适用的继电器操作代码域见表7.13。

表7.12　DNP功能代码

功能码	功能名称
0	确认
1	读
2	写
3	选择
4	操作
5	直接操作
6	直接操作－无确认
7	立即冻结
8	立即冻结－无确认
9	冻结和清除
10	冻结和清除－无确认
11	随时间冻结
12	随时间冻结－无确认
13	冷启动
14	热启动
15	初始化数据
16	初始化应用
17	开始应用
18	停止应用
19	保存配置
20	启用自发消息
21	禁用自发消息
22	分配类
23	延迟测量

表7.13　继电器操作代码域

代码	指示
1x	脉冲开
3x	闭锁开
4x	闭锁关

（续）

代码	指示
81x	跳闸（脉冲）
41x	闭合（脉冲）

应用层对象标题包含指定一个对象组、对象组中的变体以及对象变体内一系列数据点所需的信息。请求消息分段仅包含请求读取的对象组标题、变体和数据点范围，响应分段消息除了对象标题之外还包含所请求的对象数据。

5. 异常报告

对于每个对象组，都有包含更改数据的数据点，更改数据仅指那些在特定对象组内发生改变的数据点。例如，如果对象组号码 1 表示二进制输入，而对象组 2 表示二进制输入的更改数据，那么当组 1 中的数据点发生变化时，将为对象组 2 创建相同数据点的更改事件。那些仅包含更改数据的报告称为 DNP 3.0 中的异常报告或 RBE。

DNP 将其中的对象组和其中的数据点分为 0 类、1 类、2 类和 3 类。0 类表示所有静态、未更改的事件数据，1 类、2 类和 3 类表示更改事件数据的不同优先级。对于每个更改数据点，时间可以与更改相关联，每次检测到数据值的更改可以认为是一次更改事件。DNP 3.0 规定按涉及不同类型更改事件数据的请求要求进行类数据扫描。

7.6.3 IEC 60870 -5 -101

IEC 60870 -5 是由国际电工委员会 57 技术专委会开发的通用协议定义，是一系列由基本标准和配套标准组成的标准文件。为了获得特定的配置，配套标准要与选取的部分基本标准进行整合。本节将简要介绍 IEC 60870 -5 -101 配置文件，它是用于 RTU -IED 通信的消息结构。

1. 层

基本的参考模型有七层。但是，用在 IEC 60870 -5 -101 配置文件中的简化参考模型层数较少，被称为增强性能结构（EPA）模型。主站和子站一起执行称为应用进程的本地应用任务，总站和从站之间的通信基于通信协议。

图 7.42 显示了用于两个站之间通信过程的 EPA 模型。根据该图，站 A 和站 B 之间的通信过程从站 A 层栈顶部应用数据的接收开始。应用数据经过所有层，收集控制协议工作所需的数据，直到它们出现在底部。该消息在站 A 的底部通过通信媒介发送，并由站 B 的底部接收。现在，该消息经过所有层，这样一来，所有控制数据都被丢掉，直到原始应用数据由顶层接收并传给站 B 中的应用进程。

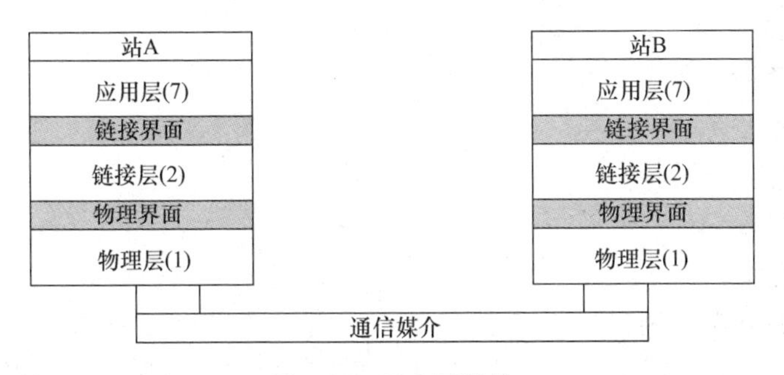

图 7.42　IEC 层结构

2. 帧

图 7.43 显示了源自分层结构的 IEC 消息结构。图中显示的所有数据域由 1 个或更多八位字节的八位字节串组成。应用服务数据单元（ASDU）是从一个站的应用进程发送到另一个站应用进程的数据块，对于 IEC 60870－5－101，ASDU 等同于应用协议数据单元（APDU），因为其中没有加入应用协议控制信息（APCI）。

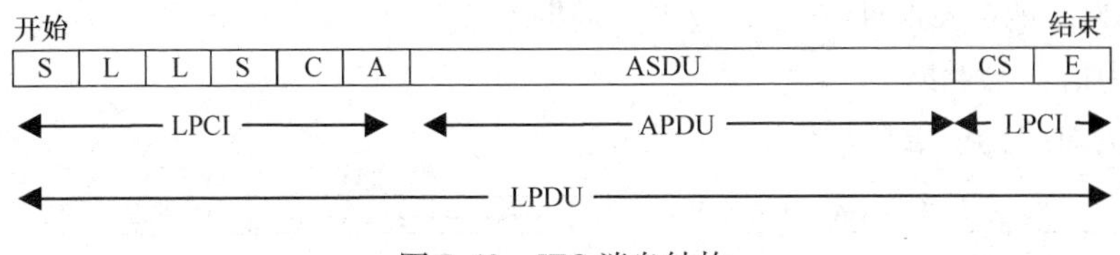

图 7.43　IEC 消息结构

链路层将自己的链路协议控制信息（LPCI）加到 APDU 中形成了链路协议数据单元（LPDU）。LPDU 作为连续的帧进行发送，在异步字符之间没有空闲间隔。IEC 60870－5－101 的帧可以分为报头和主体，报头由 $S+L+L+S$ 字符组成，主体包含剩余的字符。LPCI 由下式组成

$$\mathrm{LPCI}=S+L+L+S+C+A+CS+E$$

式中，S 为带固定定义位模式的启动字符；L 为长度字符，指定了八位字节ASDU＋$C+A$ 的字节长度；C 为链接控制字符；A 为链接地址域；CS 为校验和字符；E 为带固定定义位模式的结束字符。

3. *应用层规约*

IEC 60870－5－101 为应用协议、应用功能和应用服务数据单元定义了两套规约，应用功能如下：

- 站初始化
- 通过轮询的数据采集
- 循环数据传输
- 事件采集
- 一般询问

- 时钟同步
- 命令传输
- 集成总量传输
- 参数加载
- 测试过程
- 文件传输
- 传输时间延迟的采集

适用于应用的不同类型 ASDU 的通用布局如图 7.44 所示。各数据域的说明如下：

T 为类型标识（1 个数据字节）。

Q 为可变结构限定词（1 个数据字节），表明信息对象或信息元素的数量。

C 为传送原因（1 或 2 个数据字节），包括周期/循环、自发、请求/被请求、激活等。

CA 为公共地址（1 或 2 个数据字节），区分站的地址/站特定部分的地址。

OA 为信息对象地址（1、2 或 3 个数据字节）。

IE 为信息元素集。

TT 为时间标记信息对象。

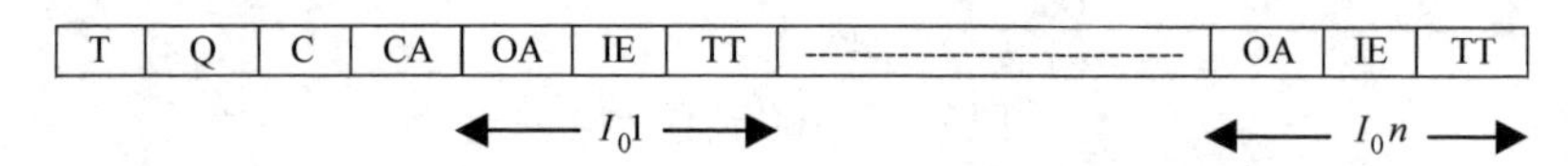

图 7.44　IEC 60870－5－101 应用服务数据单元结构

7.6.4　UCA 2.0，IEC 61850

作为综合公共事业通信（IUC）计划的一部分，电力科学研究院（EPRI，美国）于 1998 年 11 月启动了公共设施通信体系结构项目。UCA 的 1.0 版以与 14 家电力公司的讨论为基础，UCA 2.0 从 UCA 1.0 发展而来，一般分为用于实时数据库交换的 UCA2.0 和用于现场设备的 UCA2.0，本节将对后者进行简要介绍。EPRI 赞助了相关研究活动，目标是开发常用现场设备的对象模型。制造业消息规范（MMS）论坛工作组和变电站综合保护、控制和数据采集项目在这些研究活动基础上发展而来。变电站和馈线设备通用对象模型（GOMSFE）以综合方式包含了前面介绍项目的结果。

1. *层*

UCA 2.0 协议基于开放系统互连参考模型进行组织，而七个层集成了通信协议。在 UCA 2.0 中，实时数据采集和控制应用采用了应用层标准 ISO/IEC 9506 和制造业消息规范，其中包括了读、写、变量报告和事件管理。

2. *对象和 GOMSFE*

用于实时设备访问的 UCA 2.0 开发了详细的对象模型，该模型标识了支持各

设备类基本功能所需的变量集、算法等。这些对象模型具有命名变量，而不是点列表。当通过 MMS 访问对象时，通用数据格式和变量与对象模型相关联。

现场设备对象模型主要有两个层次：基本和专用。基本模型是现场设备的基本模型，如开关控制；专用模型允许多种定义和应用，如断路器控制或断路器重合闸控制。

每个现场设备对象模型包括对现场设备功能或应用的描述、功能框图和对象模型。对象模型是从其他对象接收控制命令（二进制和模拟）、设置改变（二进制和模拟）和指示数据（二进制和模拟）的设备功能或应用的模型。对象模型维护相关数据（参数、设置）和指示数据（二进制和模拟），输出控制指令和指示数据。

对象模型组件包括：

- 配置参数：决定设备设置并且不会经常变化的数值。该参数包括任意数据类型（可见字符串、位串等）、二进制值和模拟值。
- 设置：决定设备运行并且可能经常变化的数值。设置包括任意数据类型（可见字符串、位串等）、二进制值和模拟值。
- 运行：表示模型为了执行功能而实际输出的决策或指令的数值。运行包括二进制控制和设定点。
- 状态：表示与设备功能直接相关的指示或数值。状态包括二进制状态值（布尔或位串）、模拟值。
- 相关参数：与模型功能相关的数值。相关参数包括任何数据类型、状态值和模拟值。

7.7 配电自动化通信架构

7.7.1 中央 DMS 通信

配电网可以通过由 SCADA、远程终端单元和变电站控制㊀组成的系统进行监测、监控、控制并实现自动化。通信架构必须覆盖配电层级，并通过不同的链路（光纤、微波、本地网络、电话线、DLC 无线电等）连接所有监控和二次控制设备。配电系统控制和自动化通信系统的设计，特别是在应用 DLC 时，必须考虑到主要系统的层次结构和监控设备的不一致性。

异构架构包括许多不同的 SCADA、RTU 和 IED 类型，这些类型采用了不同的通信协议和应用协议。传统远程控制网络的 SCADA 已经通过直接线路或点对点链路从其前端连接到了远程终端单元。RTU 也可以在相同的通信链路上进行通信，RTU 本身可以作为子 RTU 的控制单元。

为了将异构系统和子系统集成到架构中，必须对以下两个方面进行区分：

（1）应用视图，由执行应用功能的对象组成。

㊀ 变电站控制系统（SCS），也称为变电站自动化（SA）。

（2）通信协议及其转换。

DA 通信的部署方式很大程度上取决于电力公司对 DA 本身的目标。随着电力公司划分为不同的实体，更多的配电公司使用了集成了配电自动化功能的配电管理系统。

将变电站和馈线自动化设备整合到电力公司 DMS 系统中取决于几个因素，其中包括

• 通信协议。现场单元必须能够与遗留系统进行通信，或者遵守标准协议以便以后进行集成。

• 与基础设施、铜线路、无电线、微波或光纤相关的可用传播媒介。

• 自动化策略，如果这是为特定馈线选定的策略或者是系统的通用部署。

与大中型变电站的通信需要高容量和频繁的数据传输，该数据链路被视为采用微波、光纤或专用线路的电力公司 WAN㊀通信基础设施的一部分。相比之下，在馈线自动化控制层级低端所需的小型变电站和馈线设备通信在整个服务区域分布有更多的目的地，尽管所需的数据流量更少。

将配电馈线集成到 SCADA/DMS 的两种常见通信方法如图 7.45 所示：

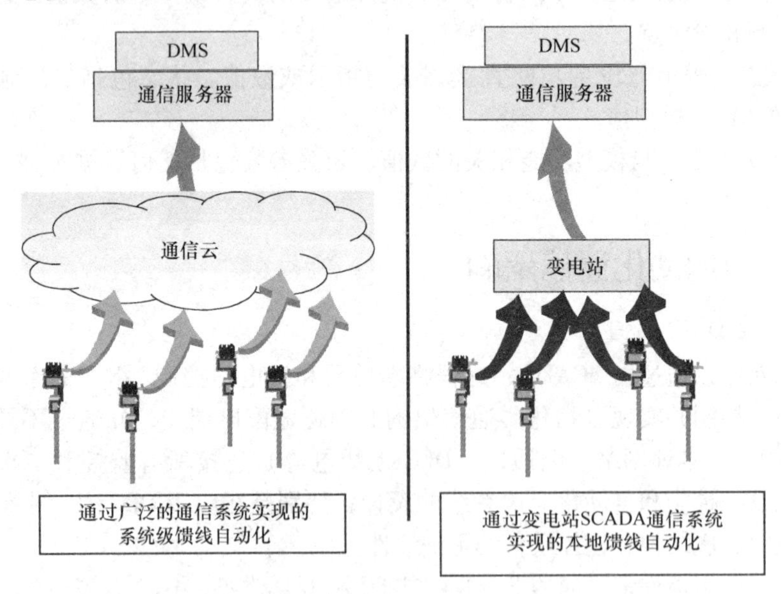

图 7.45　配电自动化和通信媒介

• 中央 DMS 系统。如左图所示，当通信媒介（通常是无线）在整个服务区域可用时，全系统的实施方案是合适的。通信系统用来对接所有馈线设备，如重合闸和分段器，并从远程现场单元检索信息进行中央处理。

㊀ 广域网。

• 本地智能控制器。右图显示了适用于渐进式实施或电网选定区域的本地分层实现。对于这种情况，本地无线电将与智能节点进行通信，如可以发起本地自动化的 RTU，并向中央 DMS 系统报告状态。

在 SCADA 级，可以假设自发流量起源于 SCADA 系统，并且每个 SCADA 系统控制许多响应 SCADA 请求的从站（RTU）。

7.7.2　异常轮询和报告

在典型的 SCADA 系统中，终端设备会被定期轮询状态、电流等信息。某些系统按照异常报告的原则运行，其中站点在事件发生时会自动报告事件（状态变化）。虽然现在很少采用这种方案，但将来可能会改变。一般来说，

（1）如果从设备很少有或根本没有与应用相关的处理，则从设备的轮询是合理的[⊖]。

（2）随着从设备变得越来越强大，它们能够执行本地功能（保护、重合闸）并生成事件。在这种情况下，异常报告可以更好地利用可用带宽。

这两种模式可以在一个系统中混合使用，如异常报告可能发生在轮询间隔期间。下面列出了每种模式的优缺点。

1. 轮询网络

（1）优点。这种系统的管理不是大问题，而且成本相对较低。相同的基础设施也可以用于手动分配信道上的语音通信，它还允许使用传统的轮询协议。

（2）缺点。在远端没有预计算的连续轮询会产生大量呼叫和非常重的数据负荷。因此，租用公共系统不是很经济；在高密度地点控制数千个 RTU 需要许多频率；报警一直延迟到本单元被再一次轮询。因此，不推荐该系统用于高密度区域的大量远程单元。

2. 事件驱动的网络

（1）优点。允许单个通道被相对大量的远程单元共享，因此很适合非常紧凑的（RTU/km^2）区域；短消息数据传输的延时通常较短，如报警；与轮询系统相比，遥测基础设施更便宜（不需要智能节点控制器），但功能和成本转移给了通信基础设施。

（2）缺点。通信网络本身的基础设施成本要高于轮询系统；连续轮询和集中循环测量更新会产生非常高的费用和数据负荷；延时、容量和过载预测有时很难确定，并可能在使用期内发生很大变化。

7.7.3　智能节点控制器/网关

在各种通信层级之间，智能节点控制器（INC）需要处理通信基础设施的上行链路和下行链路之间的通信量。INC 既可以在速度大致相同也可以在速度很不同的

⊖ WAN 不是很适合轮询操作，因为对设备进行访问要求打开连接的操作，除非可以保持大量打开的连接。这会降低对不合理延迟的响应时间。

载波技术之间，如连接无线电系统的高速 LAN 接口。另外，相同的 INC 设备可以支持系统中的路由选择和路径组织，系统可能在主要路径丢失时重选路由。

根据通信基础设施的要求来以最佳方式支持协议转换和信息封装的需求意味着灵活、可编程同时具有成本效益的平台，平台的针对对象从低端 INC 活动一直到用于处理多个计算机链接和快速数据传输的高端 INC/通信服务器。这些控制器也可以作为支持应用功能的平台，而这些应用功能分布在整个电网中。这些应用的范围涵盖了从扰动后电网自动重构所需的自动化支持到根据从更高级的中心下载的本地计划进行的负荷控制。

7.7.4 异构协议的互联

因为馈线级可能使用与 SCADA 系统不同的协议，所以可能需要关联不同的协议。这一般通过两种方法来完成：协议转换和封装。

（1）协议转换。通常，具有不同协议的子网通过网关互连，如通过 7 级连接的 OSI 项。这种方法的缺点是从一个协议到另一个协议的转换需要知道传输的应用数据的语义。

（2）封装。封装方法假定前端和 RTU 通过遥控协议进行通信，并且它们的请求和响应必须通过采用不同协议的不同子网络进行传输。在这种情况下，请求通过 WAN 按照协议 W 作为透明数据进行转发：中间网络原则上忽略了帧内容。然而，透明性不会扩展到寻址方案，因为所有帧都必须根据应用地址来配置一个地址。

7.8 配电自动化通信用户接口

所有配电自动化应用必须包含远程馈线设备和用户之间的接口，这些接口指示了由于维护和停电等原因引起的配电系统结构变化。通常，FA 是整个数据采集系统的一部分，它将信息报告给中央控制主站，中央主站有整个网络的集成 HMI。在某些情况下，主变电站 RTU 或 SA 对 FA 进行轮询。

7.9 配电自动化通信选择的一些考虑

电力公司的配电自动化通信方法在前面进行过简要介绍。如前所述，这些技术通常分为有线和无线。在选择通信技术之前，必须评估一些技术和经济问题。

对于通信技术的选择，了解电力公司的目标是非常重要的。需要考虑的问题有

- 方案中要集成的远程单元数量
- 要检索的信息量
- 一段时间内检索数据的频率
- 月成本或初始资本成本
- 通信网络、协议转换、现场电池等项目的维护

一些通信技术比其他通信技术更合适，这取决于具体的应用场景。用于广域部署的最优通信技术与针对特定配电馈线应用的最优通信技术不同。对于下面的例

子，可以使用通信成本、数据要求和单位数来生成选项表。表7.14只是一个例子，显示了五年后最具成本效益的技术选项。不同的场景是为了用于增加电力公司从远程现场设备检索的信息量，每个场景下每月大概的字节数显示在括号中，现场单位的数量反映了配电自动化应用的大小。

表7.14　最佳通信技术选项

场景/单位数	10单位	50单位	100单位	200单位	400单位	1000单位
A（190字节）	无许可的无线电	卫星	卫星	卫星	卫星	卫星
B（956字节）	无许可的无线电	无许可的无线电	卫星	PPSR	PPSR	PPSR
C（2048字节）	无许可的无线电	无许可的无线电	PPSR	PPSR	PPSR	PPSR
D（30626字节）	无许可的无线电	无许可的无线电	PPSR	PPSR	PPSR	PPSR
E（68346字节）	无许可的无线电	无许可的无线电	无许可的无线电	无许可的无线电	CDPD	CDPD

从表7.14可以看出，无许可的无线电通信技术是含最多10个远程设备的“小型”配电自动化应用的最佳解决方案。场景A检索了最少的信息，对于场景A下涉及50个或更多个现场单位的应用，卫星通信技术是最佳解决方案。电力公司或供应商可以根据成本和需要生成一个类似例子来确定最佳技术。

7.10　确定通信信道规格的要求

7.10.1　确认和未确认的通信

本节旨在给出指导方针，并展示如何计算分布式自动化和控制系统所需的通信速度或吞吐量。在人人都以每秒几MB的速度进行思考的世界里，有一种倾向认为速度越高，性能越好。

对于控制系统，令人感兴趣的参数不是通信速度，而是反应时间。反应时间本身由事情发生所需的时间（未确认的指令）来定义，如图7.46，或由确认事情发生了所需的时间（确认指令）来定义，如图7.47。

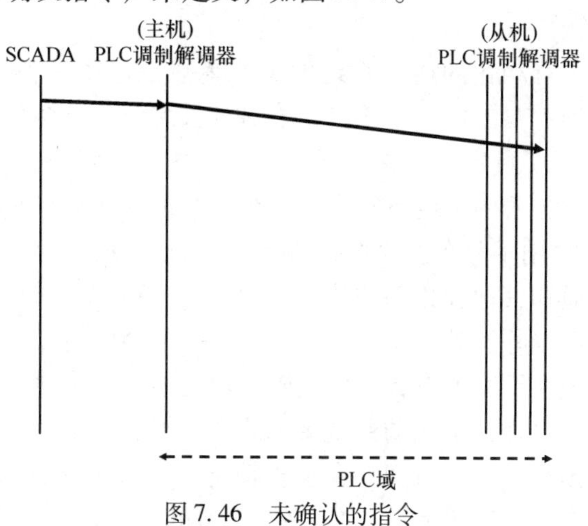

图7.46　未确认的指令

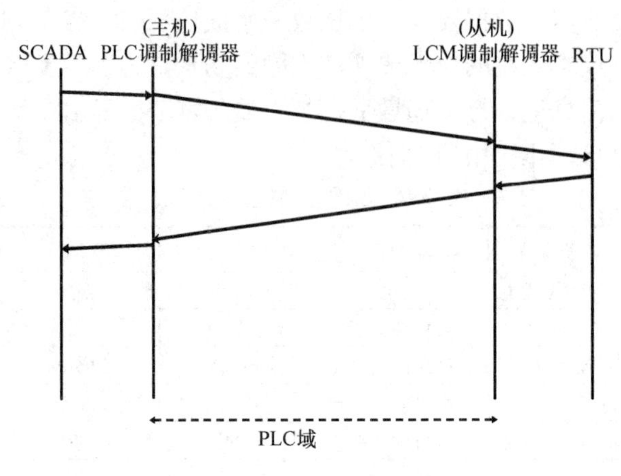

图 7.47 确认的指令

7.10.2 通信系统的特征

有两种主要的通信系统类型。一种在中央单元和远程终端单元之间一直有不间断的连续链接；另一种在数据交换之前才建立中央单元和远程终端单元之间的链接。公共交换电话系统是需要在中心站和远程终端单元之间建立链路的典型例子。不间断系统的例子是基于电力线的系统。下面的例子将显示在采用反应时间而不是通信速度时这些系统有什么不同。

假设两个系统的净数据速率为1200b/s，主设备（中央单元）和从设备（远程终端单元）之间完整的数据交换有 100 位。所以，对于不间断系统，做这项工作大概需要90ms。对于电话系统，首先需要拨号及分配线路等，这个过程至少要 2s。这意味着做这项工作需要大约 2.1s，导致总体数据速率约为 50b/s。

两个系统都标有 1200b/s 的数据速率。如果传输一个长数据序列，情况也是如此，但是如果将它用于不需要传输长数据文件的自动化，这就是一个具有误导性的参数。

下一个表征用于自动化的通信系统的重要参数是专用设备接入通信信道的方式。这里区别了两种主要的接入技术（所有其他技术都是这两种技术的组合）：

• 一种技术采用了负责控制接入通信信道的中央主设备。再用普通的老式电话系统做例子，这意味着中央设备一个接一个地给远程终端单元拨号要求更新。

• 另一种技术采用了分布在系统内部带相同优先级的单元。这意味着每个人都可以尽可能快地通知其他人相关的状态变化或紧急情况。再以 PSTN 为例，这只是意味着每个人都可以呼叫其他人。这类系统另一个众所周知的例子是以太网。

那么这样的系统在性能上有什么区别呢？很明显，带相同优先级的系统产生的平均通信负荷比带中央仲裁单元的系统要低得多。然而，在有突发事件的情况下，它可能会导致不可预测的反应时间。在这种情况下，每个人都试图使用通信系统，最后系统过载，没有人可以接入。这是自然灾害期间众所周知的场景，但采用中央

仲裁系统时情况并非如此，即使与带相同优先级的系统相比，它的平均性能要慢；当有灾害时，它的性能要好得多——这取决于应用中哪种仲裁方法最有效。

7.10.3　通信模型

图 7.48 显示了每个监视、控制，数据采集和自动化系统的通用设置，完全与采用的通信媒介无关。

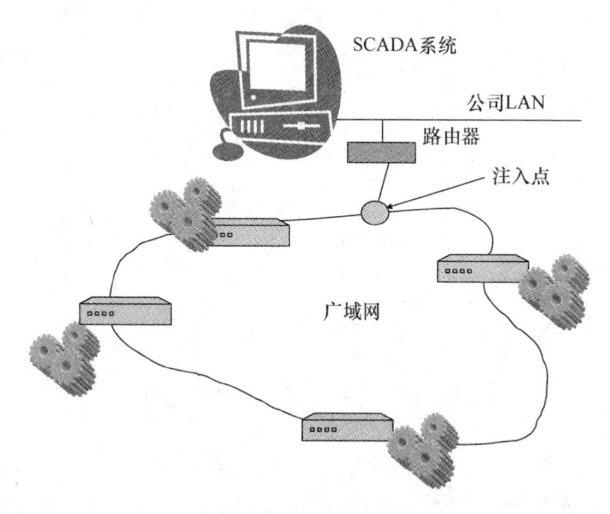

图 7.48　通用通信模型

7.10.4　反应或响应时间的计算

在进行总体性能计算时，主要工作就是确定要考虑的系统中发生的所有延迟。对此没有通用模型，但图 7.49 ~ 图 7.50 将给出一些关于所涉及原理的通用想法。

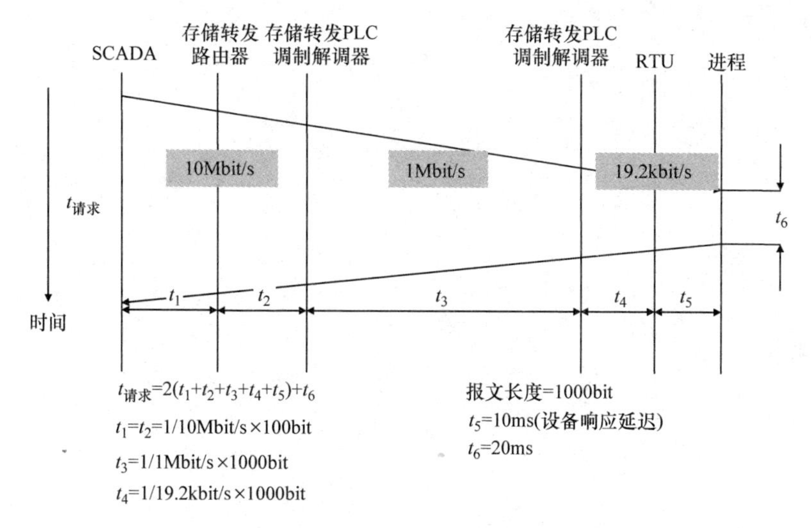

图 7.49　时间说明

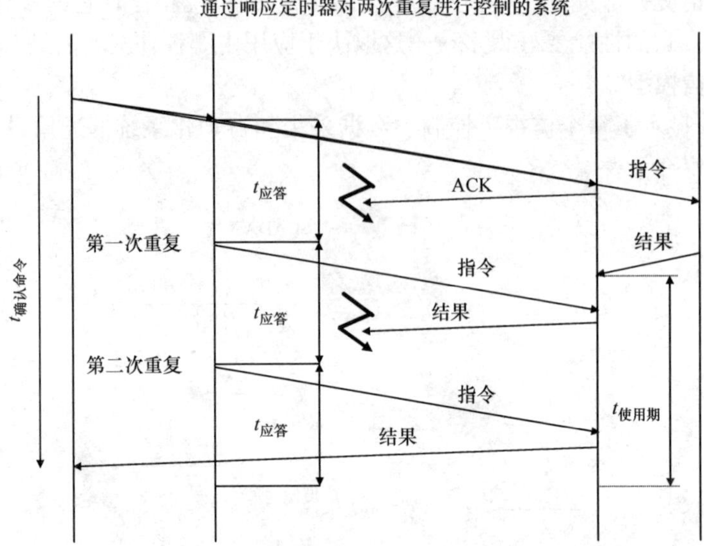

图 7.50　有额外延迟的时间说明

通常，关于系统内部时间的必要信息没有进行很好的记录，或者对用户而言不可用。从用户的角度来看，最好是测量传输某些信息所需的时间或通过进行一些测量来启用命令。当测量发送命令所需的绝对延迟和延迟抖动时，可以对整个系统性能进行很好的近似。

第8章

创建商业案例

8.1 简介

本章将提出创建商业案例的流程来证明配电自动化的合理性。尽管本章将主要重点放在扩展控制上，但是将探索并证明变电站自动化（SA）合理性的一般原则。将依据前几章中提出的概念，特别是那些关于配电系统、可靠性评估、故障定位和自动化逻辑的概念，详细解释一种方法后，最后将通过两个案例对此进行举例说明。

创建一个商业案例要综合考虑硬性收益和软性收益——那些可以进行经济性量化的收益和那些虽然无形但是影响对公司表现的看法的收益。是否可以用可靠数据估算收益是硬性和软性收益之间的主要区别。硬性收益可分为节省的投资（CAPEX）和降低的运营成本（OPEX），一些作者将这种合理性分为有形收益和战略收益。收益也可以是直接或间接的，直接收益由合理的应用直接产生，而间接收益则通过另一个依赖直接实现给出的数据的应用来实现。图8.1显示了分析中所划分的收益类型。

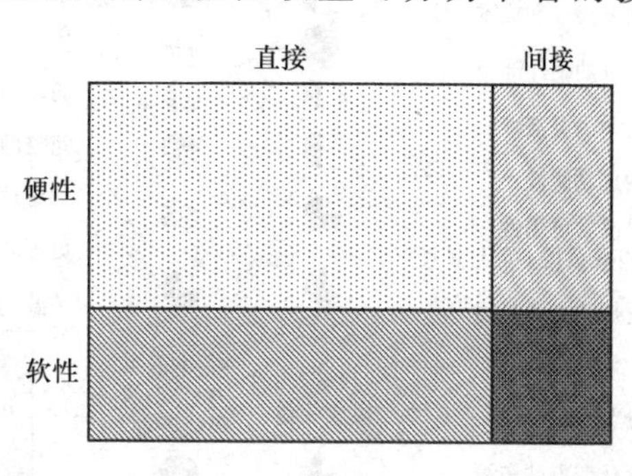

图8.1 硬性、软性、直接和间接收益的图形表示

间接收益的影响强调了DMS在公司的总体企业IT结构中的重要性，以及与其他企业IT应用（GIS、NAM、CIS/CRM、WMS、CMS、ERP等[㊀]）进行现实但无缝集成的需求。

软性收益不应该被忽视，因为它们可以间接影响企业其他活动。另外，重要的收益可能只会产生最小的硬性量化，进一步实施的DA功能会在网络的特定部分产

㊀ 地理信息系统、网络资产管理、用户信息系统/用户关系管理、工作管理系统、计算机维护管理、企业资源管理。

生不同类型的收益。在所有情况下，功能收益都必须量化为经济价值，评估 DA 价值的通用方法是基于收益机会矩阵的概念和通用收益的定义。这种基础将被延伸到对变电站和馈线自动化（FA）的具体评估。

8.2 变电站自动化为行业带来的潜在收益

电力行业的经验表明，应该可以从变电站和馈线自动化中获得收益，这个观点来自过去10年来完成的一系列行业调查。调查指明了电力公司可以从哪些地方获得收益，它将在探索如何产生收益时作为一种指导原则。

8.2.1 变电站控制和自动化的集成及其功能收益

围绕 DA 的基本思想是将组件集成到一个系统中。在文献 5 中，Tobias 提出了变电站自动化集成收益的主观评估方法，这种方法定义了三种不同水平的集成㊀：

（1）智能设备级。

（2）开关设备级。

（3）变电站级。

图 8.2 总结了评估结果，这种评估结果为制造商和电力公司（用户）都带来了收益[5]。从单个层次的收益可以推断出，更深的集成会增加收益。

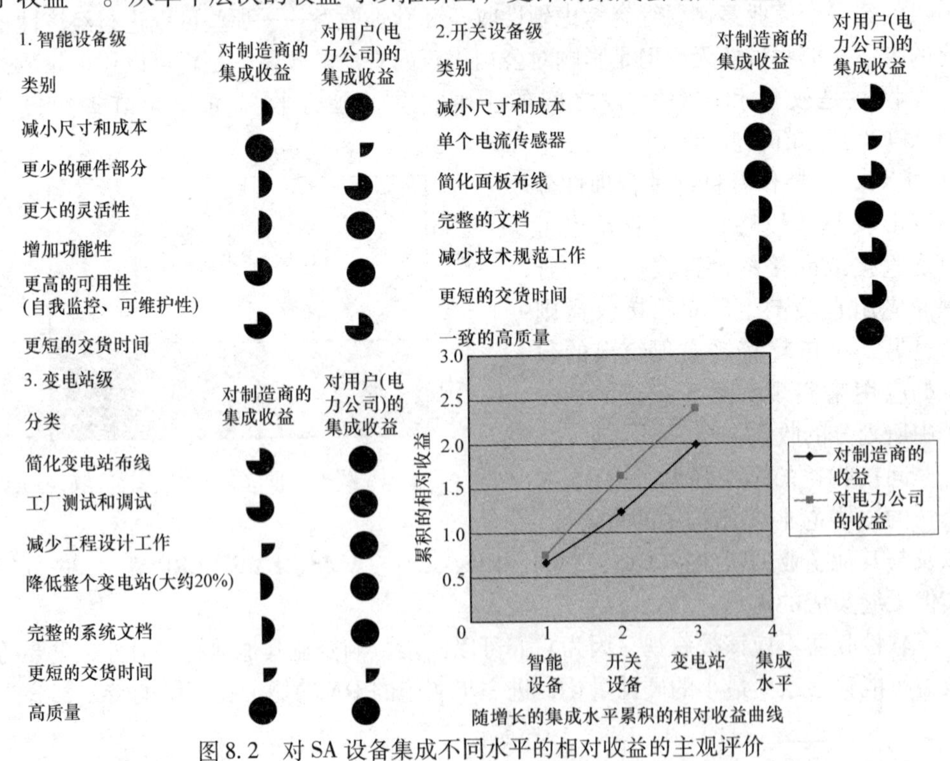

图 8.2 对 SA 设备集成不同水平的相对收益的主观评价

㊀ 相同的集成理念也适用于将自动化就绪作为集成最终水平的馈线设备。

牛顿－埃文斯研究所（Newton－Evans Research）在20世纪90年代中期进行的一项全球性调查表明了行业的观点。调查显示（见图8.3），除了资金不足之外，实施变电站自动化的最大障碍是经济合理性。超过100名受访者优先考虑从SA获得的经济收益，排名最高的两项收益是运行上的，即减少问题修复的响应时间以及降低运行和维护成本。

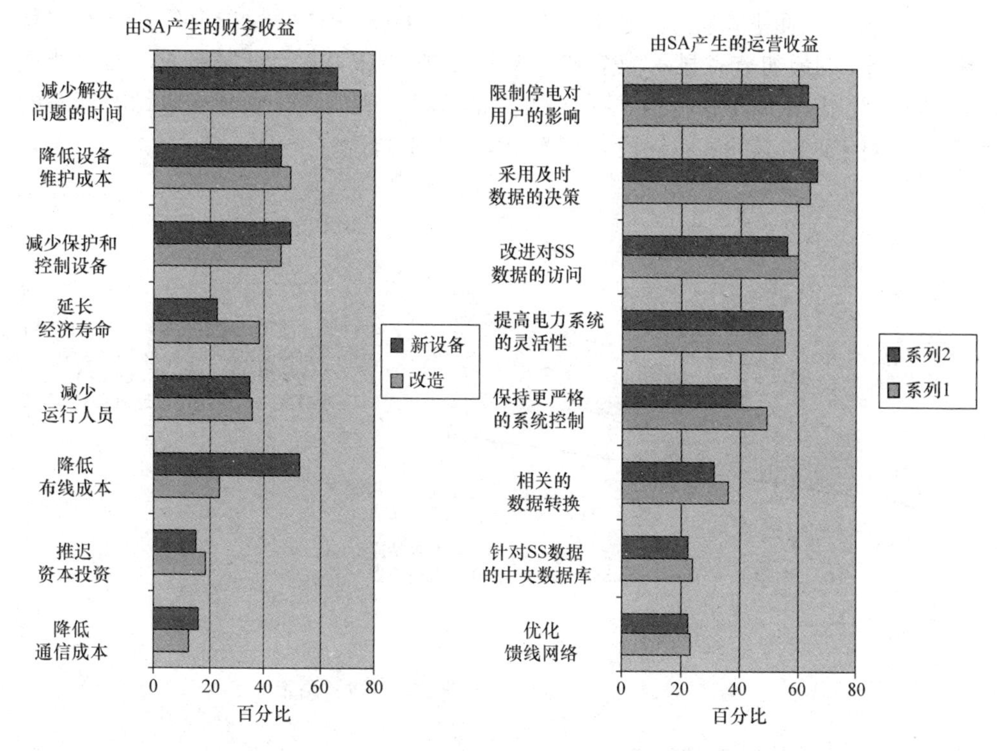

图8.3 1997年对变电站自动化产生的财务和运营收益进行的调查

其他收益由变电站资本投资的减少产生，减小的投资分为两类：源自项目时间尺度的减小或源自更小和更灵活的控制设备。确定新设计带来的收益相对容易，因为这些成本可以与以前的设计进行比较；但是运行收益有时是主观的，更难以量化。

排名最高的收益源自通过数据访问速度和系统灵活性进行提高的运行效率。无论是将现有系统进行自动化改造，还是建设新的自动化变电站，结果都是相似的。

该调查假设变电站的SCADA控制已经到位，与基于LAN的SA安装相比，收益就是现有非通信继电器的接线和到RTU的辅助触头之间的不同。

8.2.2 SCADA与SA

传统的变电站远程控制方法是将RTU作为SCADA系统的一部分。这种控制的直接收益源自能够远程操作开关以及更精确地监控电力系统状态，这将作为评估远程控制和监测的收益贡献的基本情况。如前所述㊀，真正的变电站自动化只能为电力系统运行提供很小的增量收益，主要收益源自对新建变电站或变电站扩建的运行维护成本和资本支出的改善。由于替换传统保护继电器的成本，将传统变电站控制改造为 SA 的费用可能不会产生收益，如图 8.4 所示。

图 8.4 显示了针对基本情况的控制（陡峭的梯度点划线）和全自动化变电站的年运营成本。通过基本情况解决方案（传统 RTU，非通信保护设备）直接实现新变电站 SA 的最初节省显示为节省“A”，成本“D”表示将现有变电站改造成 SA 的额外费用。阴影区域表示了每种方案的收益，表明对于新建变电站有即时的收益，而对于改造必须经过一段时间才能偿还改造费用。

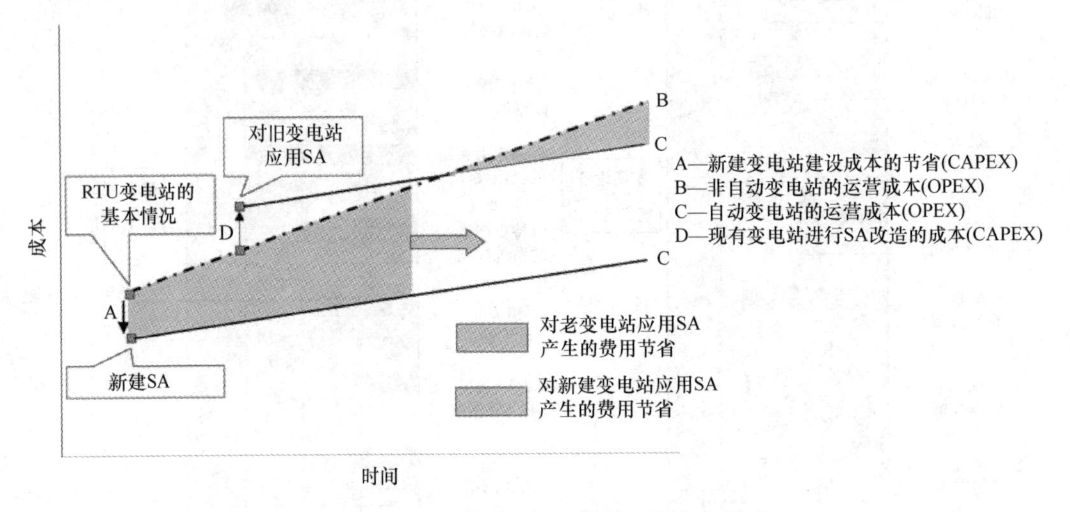

图 8.4 变电站控制和自动化的经济收益图示

8.2.3 行业声称的经济收益

在各种文献中发表的典型经济收益声称有可观的经济收益。在典型的四面板变电站的分析中，每块面板的成本大约为 25，000 美元，ABB[6] 提出，在相同的成本下一个面板就可以提供相同的功能，因此节省了 75% 的初始成本。

通用电气在其营销文件㊁中量化了变电站自动化的费用节省，如图 8.5 所示。文献中对这些收益的解释表明，一些馈线自动化功能可能已经被认为有助于通过远程馈线切换来节省资本支出。

KEMA 咨询公司[9] 给出了一个样本案例，其中由设备的连续在线诊断、馈线断路器的远程控制、馈线电容器组监测和电压控制产生的收益使得收益/成本比达到 2.14。

Black&Veatch[11] 介绍了一家中型电力公司进行 SA 的商业案例，该公司有 116

㊀ 第 2 章 2.9.2 节。

㊁ www.Geindustrial.com/pm GE 变电站自动化。

个变电站（16个电网变电站，40个中型和60个小型主配电站）。收益/成本比4.3源自以下年收益：

- 减少查找/修复问题的时间
- 减少运行和维护（SCADA、计量、保护继电器和记录仪）
- 远程操作
- 预测性变压器维护
- 变压器负荷平衡
- 减少人员出行时间
- 减少培训
- 资产信息/图纸管理

可以得出的重要结论是，大部分收益是由减少的人员和重新设计的业务流程而降低的运行和维护成本产生的。为了获得这些收益，电力公司必须准备好对其组织进行适当的变更和重新分配。

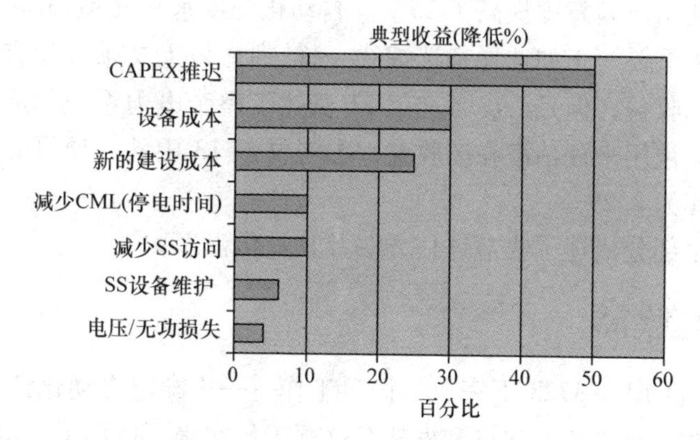

图8.5 以成本降低百分比表示的典型变电站自动化收益（通用电气）

8.3 馈线自动化为行业带来的潜在收益

对打算在馈线上实施自动化的电力公司进行的调查已经确定了那些通过自动化来执行的被感知到的优先功能需求。最近一次调查中电力公司报告的这些功能的优先级如图8.6所示，它将被用来引导对收益机会进行更详细的识别，并建立创建商业案例的流程。

关于馈线自动化的文献缺乏对货币收益的实质量化；然而根据电力公司的价值，所有这些构成了一个有力的商业案例。主要的收益是以减小的SAIDI/用户断电分钟数（CML）为基础的服务质量的改善。馈线自动化已被证明是灵活可靠的，可以减小中压线路33%的CML，超过了预期收益[17,18]。实现令人满意的SAIDI水平对维持用户忠诚度至关重要[20]，通过资产置换计划逐步实现设备自动化来增加经济价值是可能的。另外的好处是可以在线加载数据，从而能够及时强化网络。与

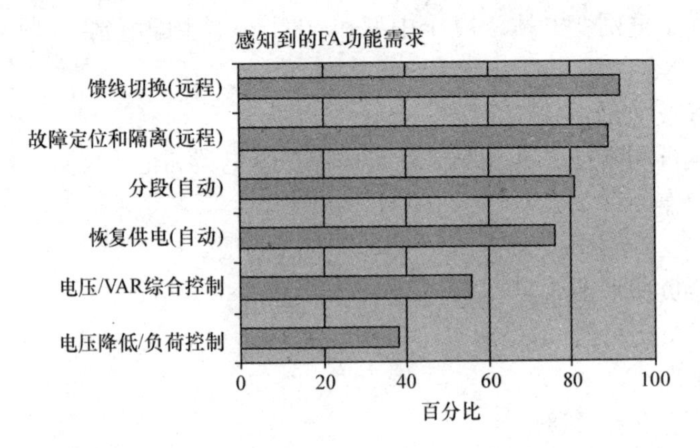

图 8.6　可以感知到的馈线自动化需求（来源：Newton Evans）

简单的隔离和恢复自动化相比，本文在解决简单的远程控制时得出这样的结论：部分自动化功能使用户满意度提高了 25%。自动化强度水平（AIL）的选择对于正的成本收益比至关重要，正如选择备选馈线一样[19]。以上文献都没有以货币形式详细地描述提到的收益，但是，参考文献 11 概述了整个电力系统集成模型的应用例子，该模型已经被用来评估潜在的收益；参考文献 13 中的一项研究结果显示整体正的成本收益比为 2.29。

本章的其余部分概述了收益评估方法及其量化程序。

8.4　一般性收益

在 EPRI 项目 EL－3728 下完成的详尽工作——“配电自动化评价指南”，[8] 将被用作研究收益分析方法的起点和框架，这项工作明确了适用于配电自动化功能的七类一般性收益。本书虽然没有涵盖自动读表㊀，但为了完整性，下文涵盖了涉及自动读表的第七类收益。

1. 类型 1

时间上推迟的资本（年）。这类收益是应用 DA 功能的结果，这些 DA 功能允许将资本购买推迟到未来的某个时间。这些收益用推迟投资的收益现值要求（PVRR）来表示。

收益 =（没有 DA 时所需设备在整个规划期内的 PVRR）—（有 DA 时所需设备在以具体 DA 设备安装时间开始的期间内的 PVRR）

这通常看作需要相同的主要设备，但推迟了安装时间。这类资本推迟是通过在相邻变电站之间切换负荷的能力来实现的，因此推迟了在负荷增长到相邻变电站容量不足之前安装额外变压器的需求（见第 3 章）。

㊀ 需求侧管理/负荷控制和自动读表虽然通常包含在 DA 中，但本书没有涉及。

2. 类型2

同一年资本替换。这种一般性收益反映了用实现DA的智能硬件对传统硬件的替换，常见的例子是用数字保护模块代替传统的机电继电器。电力公司必须仔细评估这类收益的成本，这是因为取决于如何评估新设备的初始成本或传统资产的剩余价值，收益可能是负的。另一个例子是在需要线路开关的地方采用费用更高的自动开关而不是手动设备，但是，如果没有DA控制设备的这项支出，其他的DA收益就无法实现：

收益＝在以具体DA设备安装时间开始的期间内的PVRR［基本系统硬件（采购价格＋安装费用）－配电自动化系统硬件（采购价格＋安装费用）］

3. 类型3

取决于硬件的运行和维护。该收益基于这样的假设，即为DA实现的数字（IED）设备更可靠并且维护成本更低。一个变电站自动化的典型例子是由通信IED提供的灵活性和远程询问能力，这可能允许进行远程更改设置和故障检修，从而减少工时和变电站巡检次数。

收益＝在以具体DA设备安装时间开始的期间内的PVRR［基本系统硬件O&M要求－DA系统硬件O&M要求］

4. 类型4

取决于自动化功能的操作和维护。这种收益与硬件无关，是由DA的安装带来的改进产生的结果。通常，通过DA数据记录功能的实现，从变电站和馈线处收集数据所需的工作量得以大大减少，这与已安装的旧系统无关，也可以从远程设备的运行中获得收益：

收益＝在具体DA设备安装时间开始的期间内的PVRR［受DA功能影响的基本系统硬件O&M要求－DA系统O&M要求］

以上述一般性收益为基础，每项DA功能都分配有一种或几种收益，其中为了计算收益会建立更加具体的关系式。

5. 类型5

推迟的资本，即由于需求减少而时移的资本。任何降低需求的DA功能都会释放对电力系统上游额外容量的需求，从而影响输电和发电。损耗最小化和VAR优化功能将改善网络中的损耗，从而降低对峰值容量的要求：

收益＝期间内的PVRR[（峰值发电成本/kW＋输电成本/kW）×（总kW的减少量）]。

6. 类型6

运行节省1，即由于需求减少而减少的用电量。这种收益是类型5的电量等价，可以将每年运行费用的节省与某项DA功能关联起来，需求损耗的减少可以通过损耗系数转化为每年电量损耗的节省：

收益＝期间内的PVRR［（减少的总kW数）×（运行小时数）×（适当的发

电和输电成本/kW·h)]

7. 类型7

运行节省2，即由于时移（电量）[⊖]而减少的用电量。尽管类似于类型6，但这种收益仅仅是源于负荷管理和自动（远程）读表的实施：

收益 = 期间内的PVRR{(总kW·h的减少/年)(运行时间/年)(从峰值转移到峰谷的千瓦时百分比)[峰值到峰谷的燃料成本差/(kW·h)]}

这种节省可以用来表示因为读表的改进而带来的精度、消除偷电和人力效率的提高，这些都是采用了全新计量程序的结果。

在缺乏公司管理所用的发电和输电成本典型值的情况下，有必要进行详细的系统研究，得出用于最后三种收益类型真实的发电和输电容量以及电量成本。此外，有必要进行详细的配电规划研究以便精确地确定考虑的期间内对配电网容量的需求，通过自动化释放的容量和其他运行收益都以该需求为基础。

总结

上面的一般性收益大致可以分为：

- 与硬件相关的资本和O&M收益（类型1、2和3）
- 由DA功能产生的与硬件无关的收益（类型4）
- 本质上由上游容量需求的减小产生的与容量和电量相关的收益（类型5、6和7）

预期收益的分类用来描述可以从哪些方面获得收益。商业案例的发展应该集中在那些能够获得最大利益和最能影响业务的功能上：如与发电和输电有关的收益不会影响配电公司的业务，除非容量可信度是费率结构中的一个变量或者超出供电需求限值时会产生罚金。采用筛选的方法可能会产生足够的收益，从而避免对所有类型的收益进行详细的研究。

8.5 收益机会矩阵

机会矩阵是对所处理的DA功能、实施的位置以及预期收益类别的简单概述，用到的收益类别是针对受影响的特定领域的一般性收益的扩展版本（见表8.1）。

表8.1 预计由DA实施产生直接和间接收益的领域的总结

直接收益	
与投资相关	
推迟	替换或减少
• 供电系统容量	• 传统的SCADA和RTU
• 增加配电站	• 变电站的常规仪表和记录仪

⊖ 自动抄表（AMR）和AMR系统在本书中不做考虑。

（续）

与投资相关	
• 增加/更换配电站变压器	• 传统控制器（电容器、调压器）
• 馈线间隔/网关/主馈线	• 传统保护
	• 变电站控制和监控接线
与运行和维护相关	
基于停电	运行节省和改进
• 因更快的恢复供电而增加的收入（节省的千瓦时）	• 减少变电站和馈线开关跳闸次数（开关和数据采集）
• 减少定位故障及恢复供电的人员时间	• 改进电压控制
• 以用户为基础	• 减少变电站和馈线损耗
• 减少用户投诉	• 节省维修和维护费用
• 提高对用户供电的可靠性	• 减少变电站读表的人力
	• 更快生成切换计划
	• 改进对设备故障的检测
	• 因远程馈线重构而更快恢复供电
间接收益	
• 能够远程更改数字保护设置	• 设备加载数据改进了资产管理
• 改进配电工程和规划的数据和信息	• 网络状态数据提高了用户满意度的感知质量—“闪光点”

现在根据实施的DA功能和获得收益的领域，将预期的直接收益分组，形成预期收益的机会矩阵（见表8.2）。最后一栏是为了说明在哪些方面运行改善的结果不能用节省来量化并归为软性收益。

机会矩阵用来指导确定DA备选功能的预期收益。

表8.2　DA功能/预期收益机会矩阵

自动化功能	DA领域		预期收益类别				
	SA①	FA②	投资③	停电	用户	运行节省	改进的运行
数据	√	√	√			√	√
数据监控	√	√	√			√	√
数据记录	√	√				√	√
电压/VAR综合控制	√	√	√		√	√	√
母线电压控制	√		√				√
变压器环流控制	√		√				
线路压降补偿	√		√				√

（续）

自动化功能	DA 领域		预期收益类别				
	SA①	FA②	投资③	停电	用户	运行节省	改进的运行
变电站无功控制	√		√			√	
馈线远端电压控制（相对于调压器控制）		√	√		√		√
馈线无功功率控制（电容器切换）		√	√			√	
自动重合闸	√	√	√	√			√
变电站							
远程开关控制	√		√	√	√	√	√
带通信 IED 的数字保护	√		√				
切负荷	√					√	
负荷控制	√		√	√		√	
冷负荷启动	√	√	√	√		√	√
变压器负荷平衡（相邻变电站容量）	√	√	√			√	√
馈线							
远程开关④		√	√	√	√	√	√
故障定位		√		√		√	√
故障隔离		√	√	√		√	√
恢复供电		√	√	√	√	√	√
重构		√	√			√	√

① 变电站自动化；
② 馈线自动化；
③ 被推迟和替换；
④ 远程馈线切换也被称为馈线部署切换并针对沿一次线路变电站外的所有开关。

8.6 收益流程图

为了研究商业案例的经济方面，功能收益一旦确定下来，就必须从经济方面进行量化。KEMA[7] 介绍的收益流程图为备选的自动化功能提供了一个总体视图，并展示了将功能收益转换为货币收益的步骤。DA 的通用框图如图 8.7 所示。

可以形成每个 DA 功能的框图并对其进行比较以确保收益不会被重复计算，因为通常实施更高的自动化会带来相似类别的增量收益。

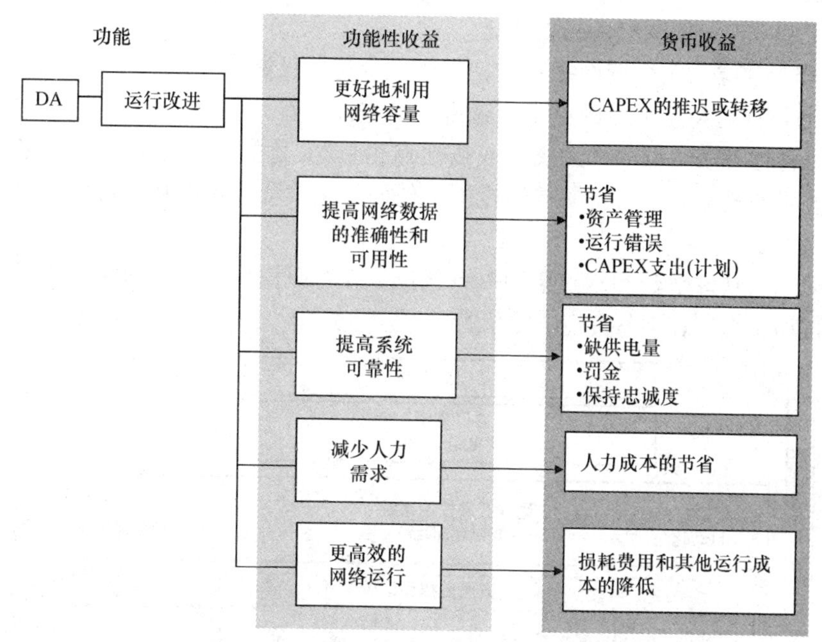

图 8.7　馈线自动化的通用收益流程图

8.7　依赖性以及共享和专有收益

8.7.1　依赖性

任何一个 DA 功能的实现都需要最低限度的硬件安装和相关的基础设施。安装完成后，其他 DA 功能可以以较小的增量成本进行添加，并带来显著的额外收益。充足的回报是一个增加更多功能的问题，这些增加的功能使用初始的基础设施投资并带来收益。通常情况下，合理的 DA 一定是多种功能的组合，每种功能都有助于整体的经济回报。

如前几章中探讨 DA 解决方案的发展，有两类分别关注不同控制层的自动化：

- 变电站控制和自动化
- 馈线控制和自动化

每类自动化的硬件基础设施都包括一个主控中心、主设备对自动化/远程控制的适应或准备以及将主站与远程单元相连接的通信系统。尽管中央主控对于 SA 和 DA 都很常见，但今天的计算机硬件无需很高的成本就可以很容易地调整大小或进行扩展，从而可以增加软件功能和控制点的数量。通信系统是这种基础设施的常见 DA 功能之间最大的依赖元素，通信系统的选择可能因 SA 和 DA 而异，前者的合理性只是基于对 SCADA/SA 收益的需求。与大量远程馈线开关的通信，特别是对于高 AIL 而言，由于服务区域内环境和地形的变化，可能需要不同的介质甚至不同类型介质的组合。如第 7 章所述，DA 通信系统可以采取多种形式，其中三种典型组合如下所示：

- 作为SA通信网络的拓展实施
- 作为独立的全系统网络实施，需要大量初始投资
- 通过针对特定地点的更小覆盖进行渐进式部署

第三种选择表示低功率无线电或按地点租赁/支付的移动电话通信链路，渐进式部署的好处是避免了大量的初始投资，任何小额投资都可以基于每个位置进行分配或支出。

自动化的硬件平台和基础架构一旦就位，就可以添加自动化功能。图8.8显示了两类自动化控制在DA实施中的依赖关系。

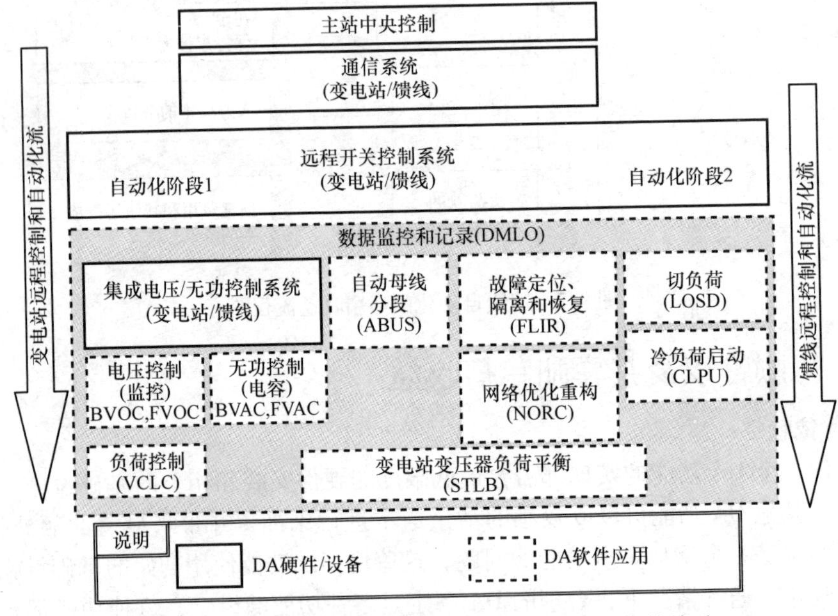

图8.8 硬件平台/DA基础架构和DA软件应用依赖关系

BVOC—母线电压控制 FVOC—馈线电压控制 BVAC—母线无功控制 FVAC—馈线VAR控制
VCLC—电压保持负荷控制 ABUS—自动母线分段 FLIR—故障定位、隔离和恢复 NORC—网络优化重构
STLB—变电站变压器负荷平衡 LOSD—切负荷 CLPU—冷负荷启动 DMLO—数据监视和记录

显然，远程切换的实施是所有DA的基础，其中变电站断路器的远程控制是传统的SCADA，并且变电站外增加的馈线远程控制表示FA的扩展控制。这支持了DMS的主要业务目标之一，即提高网络中的控制响应。一旦开关被远程控制，其他DA功能就可以作为软件应用进行添加，这些软件应用取决于快速打开和闭合开关的能力。因为第1章中定义的阶段1不提供模拟值的通信，监视和数据记录的可能程度以及其他应用实施的级别将取决于自动化阶段。

8.7.2 共享收益

许多DA功能贡献了共享收益，因此应该避免重复计数。此外，还有定义的功能和子功能，他们首先由必要的控制基础设施定义，其次由输电系统中的作用定

义。例如，远程馈线切换是一种所有其他控制依赖的基础功能，甚至在一定程度上，电压/VAR综合控制也依赖远程馈线切换。在变电站中，自动母线分段（ABUS）需要对开关进行远程控制，以便为运行人员提供状态信息以及对禁用该过程的控制。故障定位、隔离和恢复功能（FLIR）取决于有效的远程切换，网络优化重构（NORC）应用也是如此。此外，变电站变压器负荷平衡（STLB）可以看作NORC的一项子功能，因为它需要通过馈线开关在电源间转移负荷来平衡变电站变压器的负荷。电压保持负荷控制（VCLC）、冷负荷启动（CLPU）和切负荷（LOSD）也会产生相关的收益。EPRI项目所做的大量工作讨论了这些依赖关系以及许多页面文本和表格产生的收益之间的相互关系。图8.9对此进行了总结，该图显示了远程馈线开关控制和电压/无功综合控制两个主要功能，以及分为SA和FA应用的所有DA软件功能和子功能。每项功能得出的一般性收益显示在图中间，箭头表明了收益的来源。虚线表示主要的依赖关系，并指向特定一般性收益的外圈来表达共享收益的概念。为了避免进一步的复杂性，数据监测和在线记录（DMLO）功能产生的收益没有显示。

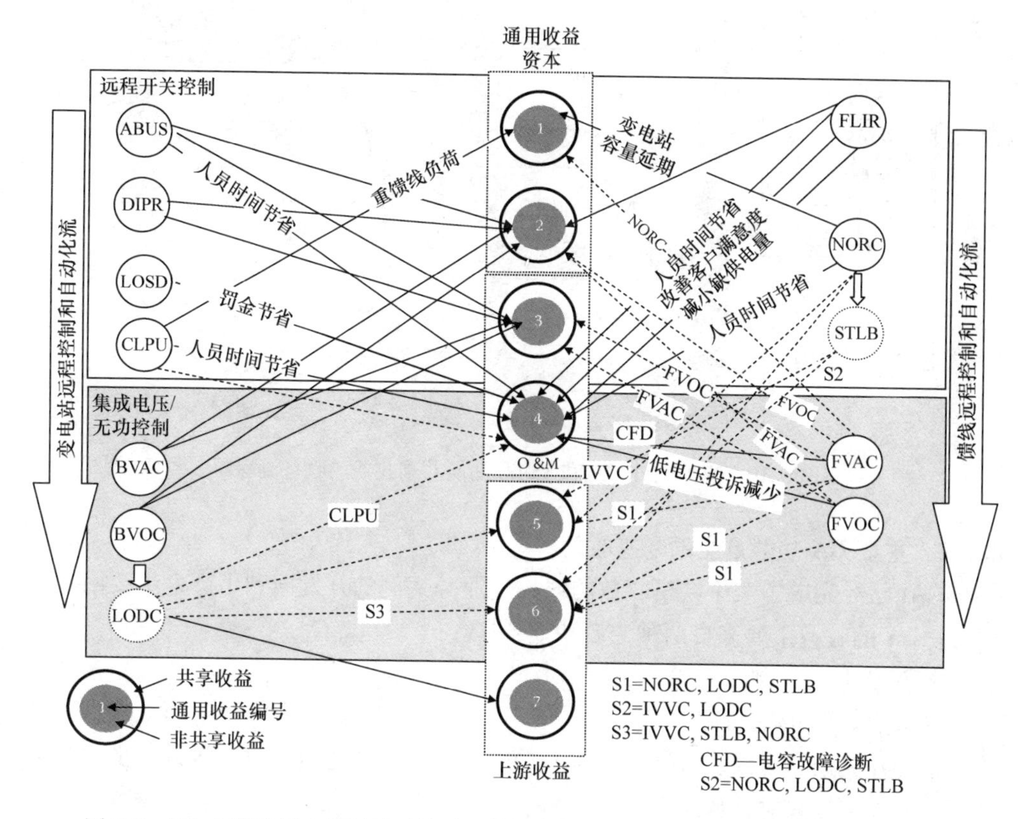

图8.9 DA功能和子功能显示了收益和依赖性的派生关系。一般性收益是资本推迟、资本置换、运行和维护，取决于硬件、运行和维护，取决于软件、因需求（容量）减少产生的资本推迟、因kW·h减小产生的运行节省、因时移而减小的kW·h产生的运行节省

主要的DA功能通过直接改善资本推迟和O&M产生收益。主要的共享收益发生在上游工厂，这些工厂的一般性收益为类型5和6。共享5和6类一般性收益的功能如图8.10中的收益流程图所示。减少网络元件的损耗降低了对发电和输电容量的需求，也降低了无论是购买还是自发电量的费用。每种DA功能的贡献受运行约束和戴维南定理的限制，因此，所实施的每种功能只会带来小幅改善。

次要的共享收益发生在与新控制设备的改进维护相关的馈线电压和无功控制功能之间（一般性收益类型3），这些新控制设备可能同时被电压/无功综合控制中的两种功能使用。此外，电压保持负荷控制与冷负荷启动之间在组合使用时存在依赖关系，从而更快地启动负荷，减少缺供电量，这可能降低一般性收益类型4中的运行成本。

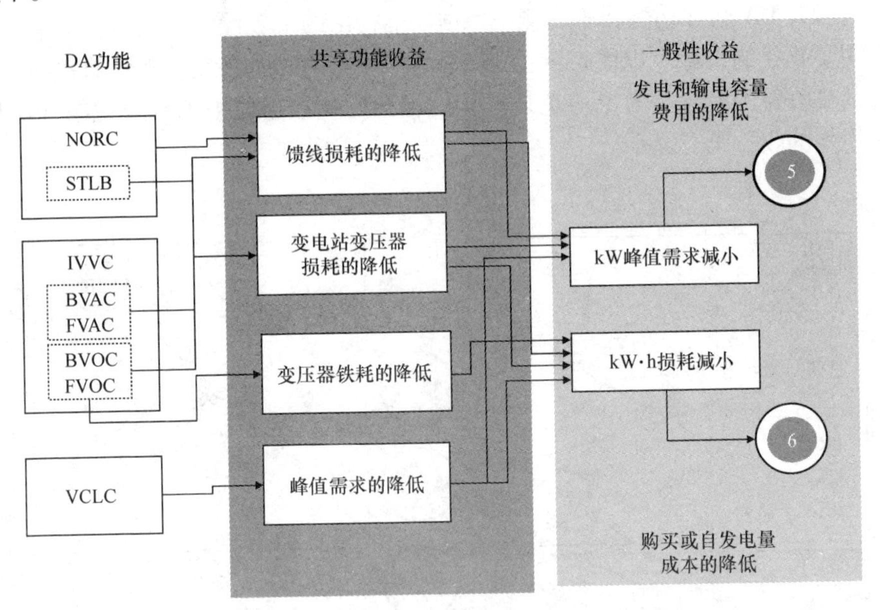

图8.10　NORC、IVVC和VCLC功能共享收益的收益流程图

8.7.3　主要DA功能产生的专有收益

现在已经完成了关于共享收益的讨论，业务案例的开发回到了产生主要回报的地方。DA的收益主要来自两种主要功能：

- 远程开关控制
- 电压/无功综合控制

远程开关控制可以引入许多其他子功能，这些子功能通过改进运行人员的决策过程来增加增量收益，从而提高行动的准确性和实施速度。

取决于所采用的自动化阶段[㊀]，收益的级别有所不同，这是因为提供的简单远

㊀ 见第1章。

程控制虽然没有模拟测量，但是与本地自动化（重合器和自动分段器）相结合，将产生与阶段2带模拟测量的完全集成的中央控制方案不同的结果。电压/无功控制与之类似，其中采用本地控制必须与采用完全集成的实施带来的潜在改进进行比较。

1. 远程开关控制收益流程图

图8.11中的收流程图显示了可以计算收益的不同领域，这将作为本章后面进行详细计算的基础。该流程图并不只针对SA或FA，因此，在进行详细计算时，应注意包含作为远程控制的一部分来实施的特定SA和FA功能产生的收益。

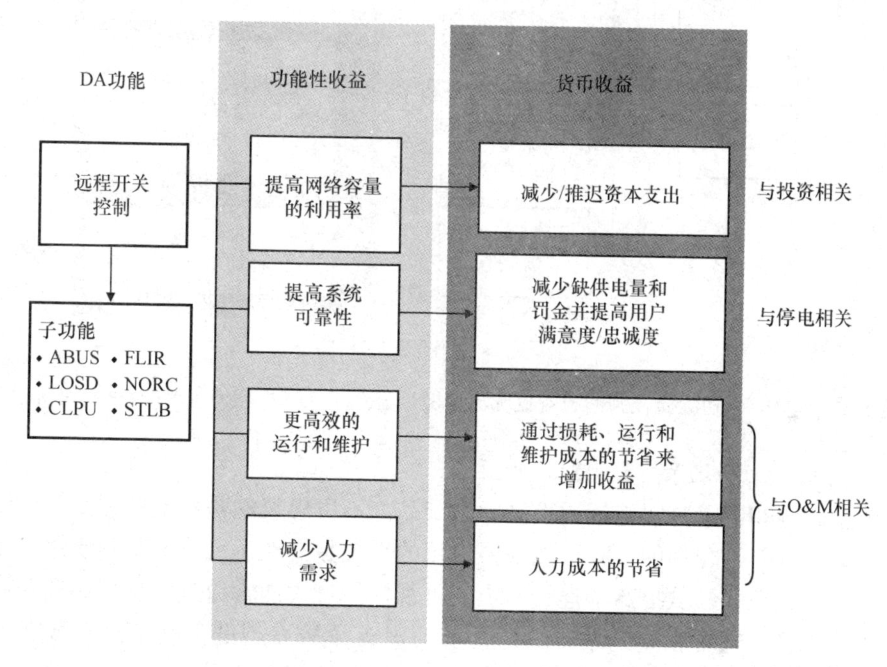

图8.11 远程开关控制的收益概况流程图，显示了从哪里获得主要的直接专有收益

2. 电压/无功综合控制收益流程图

与远程开关控制相比，电压/无功综合控制的应用范围更窄，因此其收益来自更小的领域。此外，收益也有被共享的可能，因为如功率因数校正等改善了电压控制，从而减轻了电压控制功能的压力。

与传统控制方法（电容开关控制和通过抽头变换进行的电压控制）相比，自动化的运行收益很小，并且是更优良的实时控制和功能集成的结果，而这些只有通过采用DMS网络模型的系统方法才可能对控制动作进行优化。新的分接头和现代的变电站电容器组控制预计可以节省维护费用，图8.12中的收益流程图对这些收益进行了描述。

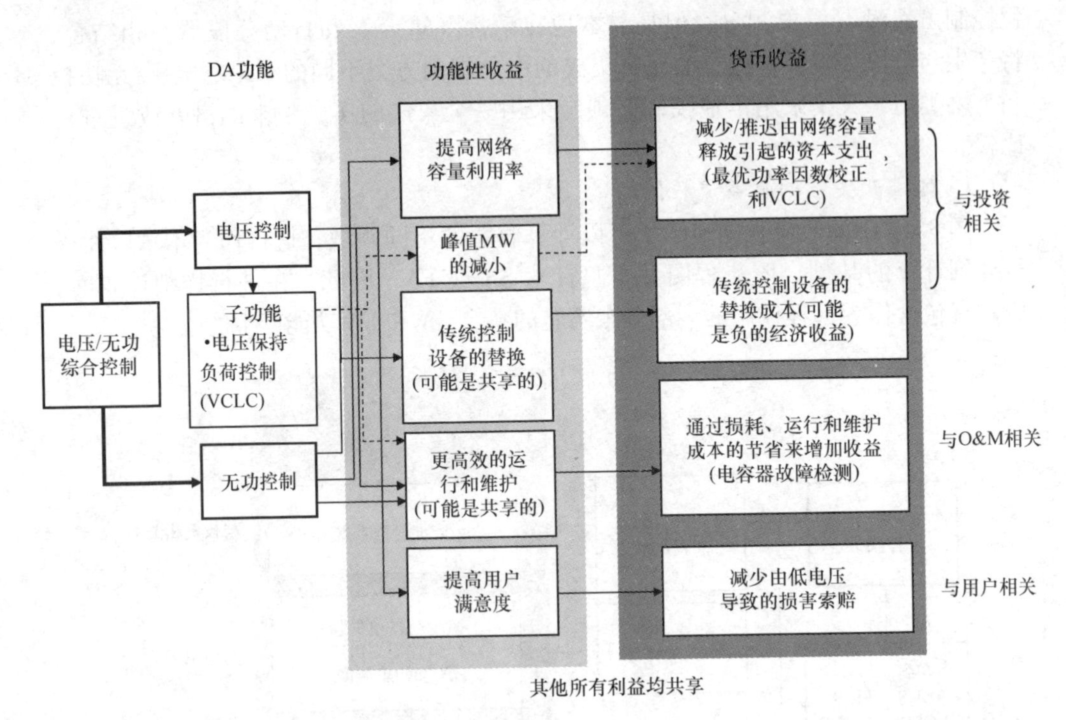

图 8.12　电压/无功综合控制的收益概况流程图，显示了从哪里获得主要的直接专有收益

3. 数据监测和记录（DMLO）收益

数据监测和记录是实施远程控制的副产品。不可思议的是，单单为此功能就实施一个系统可能是合理的，有可能变得可用的系统数据在运行人员一直使用多年积累的经验和知识的领域提高了运行人员的可视性。过去通常通过大量现场调查和在网络中某些点（通常在变电站）有限的实时电流读数获得的负荷信息，现在可以通过 DA 进行远程读取。这些额外的数据大大增加了运行人员和管理层的可视性，它为网络直接运行以外的网络容量改进规划、工程和资产管理活动提供信息。如图 8.13所示，这种累算收益应该视为间接收益。

这种 DA 功能作为一种独立的功能，其增量收益很难量化，因为许多产生收益的高级功能本身取决于监测功能提供的数据，而监测功能通常是 DA 实施的一个集成部分，如通过 DMLO 功能提高用户满意度应该看作在 FLIR 功能实施时就与 FLIR 功能集成在一起。如果没有实施 FLIR，则 DMLO 功能为运行人员提供宝贵的信息，以便进行对故障定位、隔离和供电恢复而言很必要的人工决策。对设备健康状况的监测会增加因知道何时 DA 功能可以产生收益而产生的收益。例如，如果电容器不能正常工作，VAR 控制将不会产生收益；因此，可以认为 DMLO 有助于通过减少电容器的修复时间而减少损耗，进而产生与能量相关的收益。

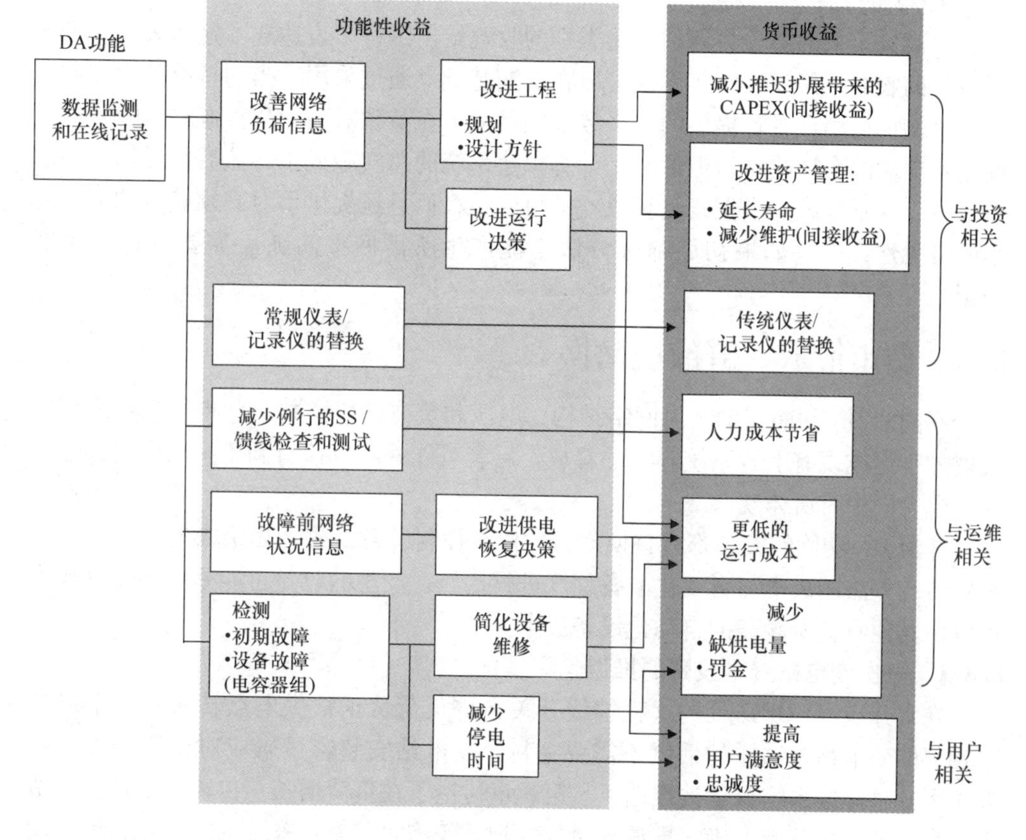

图 8.13　数据监测和在线记录的收益流程图

8.7.4　收益总结

正如前面的章节所述，实施的自动化水平能够持续为运行人员提供更多可用信息。此外，不同类型自动化设备的部署也会在某些用户经历的停电次数方面影响系统性能，从而降低停电频率。与运行人员决策下的远程控制相比，自动化程度的提高将显著缩短恢复时间。一旦馈线自动化得以实施，变电站负荷平衡带来的收益可以通过馈线自动化阶段 2[㊀]来获得。当模拟数据测量可用时，对工程、运行和资产管理决策进行改进是可能的，每项改进都可以带来收益。本章前面的部分已经表明 DA 的主要硬性收益来自以下几个方面：

- 与每种功能相关的资本推迟或网络资产替换
- 人员节省
- 与电量相关的节省
- 其他运行和维护节省

㊀　在第 1 章定义。

- 与用户有关的收益

本章接下来的部分为评估上述类别的收益给出了许多表达式。这些表达式推导了每年的收益，假设这些年度值可以在长期基础上通过采用适当的持有费用和期限而对个例也适用。尽管提出的大多数公式是为了在节省减去 DA 实施成本的基础上确定各功能的个体收益，但通常是计算拟建系统的总实施成本，然后再计算预期的总节省。这不仅减少了重复计算收益的可能性，而且还提供了对必须获得的节省大小的可见性，以及如果初始筛选方法不能产生所需回报而随后需要进行的深度分析。

8.8 资本推迟、释放或替换

不同的 DA 功能有助于对网络结构、电压和负荷进行控制，这将导致系统扩展投资的推迟或现有上游系统容量的释放。后者可能并不直接有利于配电公司，除非在供电合同中有所体现。

任何 DA 功能的安装都将替换现有的传统控制设备，或者如果未安装，可以用来对传统方法的成本与自动化准备程度进行比较。产生的收益可能是负的，反映了可以由其他收益所涵盖的自动化设备成本。

8.8.1 一次变电站资本投资的推迟

在常开点（NOP）处的远程馈线开关允许负荷从正常供电点转移到一个或多个相邻的变电站，这样的话就不需要在每个变电站安装容量来应对变压器意外事故，因此整体的系统容量被推迟了。第 3 章讨论了在负荷增长、传输容量及变电站固定容量步长的基础上确定推迟容量的规划。经济收益来自安装的时间和容量有没有带远程切换之间的差异，在目前的价值基础上，有三种方法：

（1）用规划期内年收益要求的现值表示的收益 = $d \sim N$ 期间内不带远程切换情况下容量要求的（变电站扩展步长成本 + 安装成本）×（持有费用 × PWF + O&M 年成本 × PWF）− $c \sim N$ 期间内带远程切换情况下容量要求的（变电站扩展步长成本 + 安装成本）×（持有费用 × PWF + O&M 年成本 × PWF）。

（2）只采用 FA 规划期间资本投资的现值和时间进行的简化分析。

（3）评估自动化工程更短的分期偿还期内收益的现值。

通过第 3 章第 3.2.9 节中的例子，表 8.3 对这些不同的评估结果进行了比较。

为了进行筛选，提出了一种基于系统进行估算的简化方法，它可以用于不同水平的解决方案，从整个系统到由相似的备用容量或负荷增长来定义的运行区域。边际容量的选择必须基于变电站的大小、数量和馈线结构进行仔细考虑，从而代表电力公司进行变电站扩建的规划标准。该方法开发了可用的变电站备用容量，然后对于给定的增长率，确定了在需要额外的变电站容量之前可能有多少年的延期。经济效益的值是延迟期后变电站投资成本减去基准年里产生收益的 DA 部分的投资之间的差额，全部以现值计算。

表 8.3　由 NOP 处的馈线自动化引起的变电站延期容量

资本		周期	方法 1——年度成本现值							方法 2——资本现值	
			转移现值	无 NOP 自动化		自动化前					
无 DA	有 DA			现值系数	现值/美元	转移现值/美元	自动化/美元	总计	现值/美元	无	有
200,000	50,000	1	18,879	0.934579	17,644		12,195	12,195	11,397	186,916	46,729
		2	18,879	0.873439	16,489		12,195	12,195	10,651		
		3	18,879	0.816298	15,411		12,195	12,195	9,954		
		4	18,897	0.762895	14,402		12,195	12,195	9,303		
	100,000	5	18,879	0.712986	13,460	9,439	12,195	21,634	15,425		71,299
		6	18,879	0.666342	12,580	9,439		9,439	6,290		
		7	18,879	0.62270	11,757	9,439		9,439	5.495		
		8	18,879	0.582009	10,988	9,349		9,439	5,494		
		9	18,879	0.543934	10,269	9,439		9,439	5,134		
	100,000	10	18,879	0.508349	9,597	18,879		18,879	9,597		50,835
200,000		11	37,357	0.475093	17,938	18,879		18,879	8,969	95,019	
总计					**150,533**				**98,092**	**281,934**	**168.863**
差别									**52,441**		**113.072**

基准年的平均变电站事故容量（$ASCC_0$）由以下公式给出：

$$ASCC_0 = [(TANC \times ACRF/100) - (TANC \times ACCP/100)] \times [1 - CPM/100]$$

式中，TANC 为总的区域额定容量（即区域内变电站的额定容量之和）；ACRF 为平均事故等级系数百分比（停电期间内可以持续供电区域内变压器额定容量的平均增长），取决于变电站的规划策略，而在 FA 下评估可用容量的远程切换时间很短，谨慎起见，事故等级应保持在正常水平；ACCP 为平均事故容量供应占变电站安装的总变压器容量的百分比，这意味着因事故而损失的容量，它应该近似于区域内损失了一个平均大小的变电站变压器，对于相对较小的区域，可以根据变电站的数量和变压器的大小来评估 MVA 值。但是，如果要对整个系统进行筛选，总安装容量的百分比似乎更合适；CPM 为容量规划边际百分比，这反映了可以为新安装的变电站容量提供足够备货时间的边际容量，取决于在变电站或全新站点处额外的变压器是否需要补贴，该值取决于变电站规模、设计方针以及该区域的负荷增长。

基准年的平均变电站释放容量（$ASRC_0$）是平均变电站事故容量（$ASCC_0$）和地区最大峰值需求（$APMD_0$）之间的差值

$$ASRC_0 = ASCC_0 - APMD_0$$

其中 $ASRC_0$ 必须远远大于 0，因为可以从变电站容量延期中获得收益。

变电站容量延期的年数 N 是负荷为了满足可用的平均事故容量或负荷加上释放容量而进行增长所需的年数：

$$N = \log\left[(\mathrm{APMD}_0 + \mathrm{ASRC}_0)/\mathrm{APMD}_0\right]/\log(1 + x/100),$$

式中，APMD_0为基准年里区域最大峰值需求；ASRC_0为平均变电站释放容量；x 为指数增长率（%）。

损失一个变压器后，远程切换将负荷从一个变电站转移到另一个变电站，由此产生的收益为

$$\text{收益} = (\mathrm{ASCS} \times \mathrm{Acost} \times CC) \times \mathrm{PVF}_0 \times [(\mathrm{DAC} \times \mathrm{PVF}_0) + (\mathrm{ASCS} \times \mathrm{Acost} \times CC) \times \mathrm{PVF}_N]$$

式中，ASCS 为每个变电站的平均变电站容量扩展步长占正常容量的百分比，该百分比必须针对一组相邻变电站的样本产生，然后应用到整个区域的正常容量；Acost 为进行变电站扩展时每 MVA 的平均线性成本；DAC 为与负荷转移收益相关的配电自动化成本；CC 为与特定设备相关的年持有费用；PVF 为现值系数；PVF_N为针对进行变电站容量扩展的年；PVF_0是针对 DA 实施或将要增加变压器容量的那一年即基准年。

下面的例子显示了这种筛选方法的应用，通过上面的表达式和表 8.4 中的数据得到以下结果。

表 8.4　变电站延期计算例子中使用的典型数据

		例 1：小区域的相邻组	例 2：大系统
地区最大峰值需求	APMD	118	1385
指数型负荷增长	X	2%	4%
变电站数量		3	30
变电站容量	30 60（2×30） 60（1×60） 90（3×30） 120（2×60）	—	—
总的区域额定容量/(MVA)	TANC	210	2250
负荷容量比		0.56	0.62
平均事故等级（%）	ACRF	100	100
平均事故容量供应占 TANC 的百分比	ACCP	等效为失去了 1 台 30MVA 变压器	等效为失去了 4 台 60MVA 变压器
容量规划边际百分比（%）	CPM	20	20
每 MVA 变电站容量的平均线性成本/$	ALCC	40，000	40，000

平均变电站释放容量等于零，因此例 1 不可能有变电站延期，而在例 2 中，考虑到各种运行边际的假设，释放容量大约为 235MVA，所以延期 4 年是可能的。

为了得出一些结论，有必要检查下两个例子中这种筛选方法的性能。每种方法对负荷增长、容量规划边际和平均事故容量供应变化的灵敏度如图 8.14 中的各例所示。

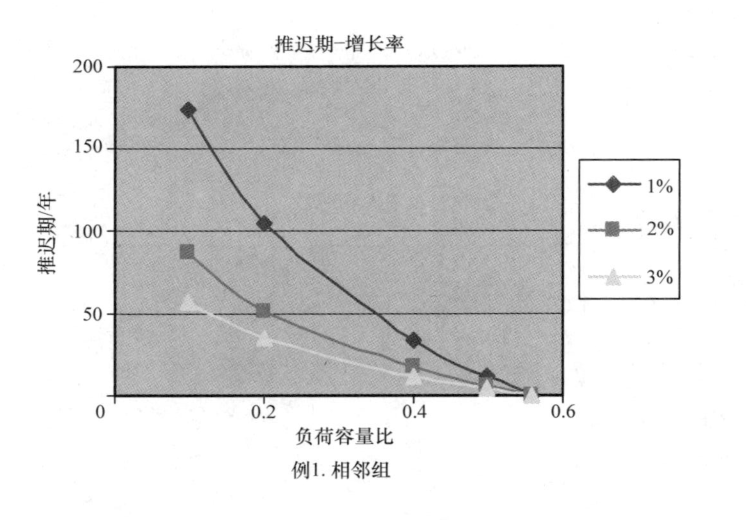

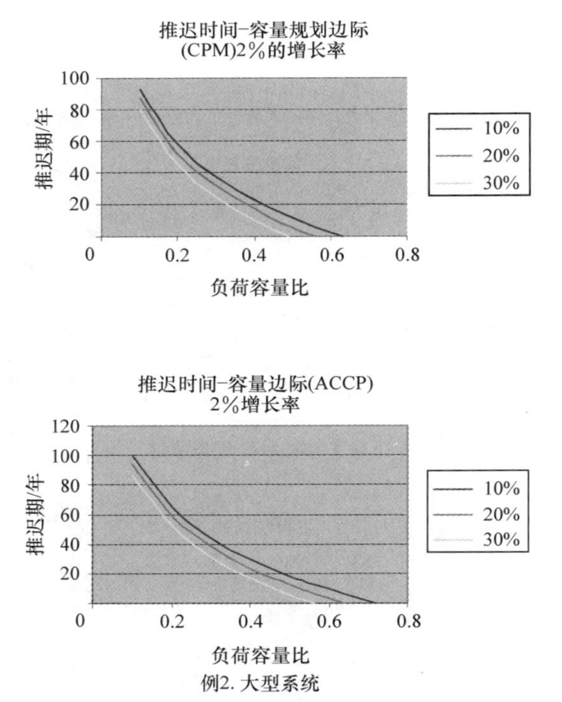

a)

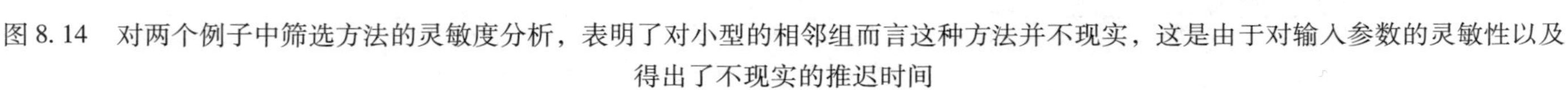

图 8.14　对两个例子中筛选方法的灵敏度分析，表明了对小型的相邻组而言这种方法并不现实，这是由于对输入参数的灵敏性以及得出了不现实的推迟时间

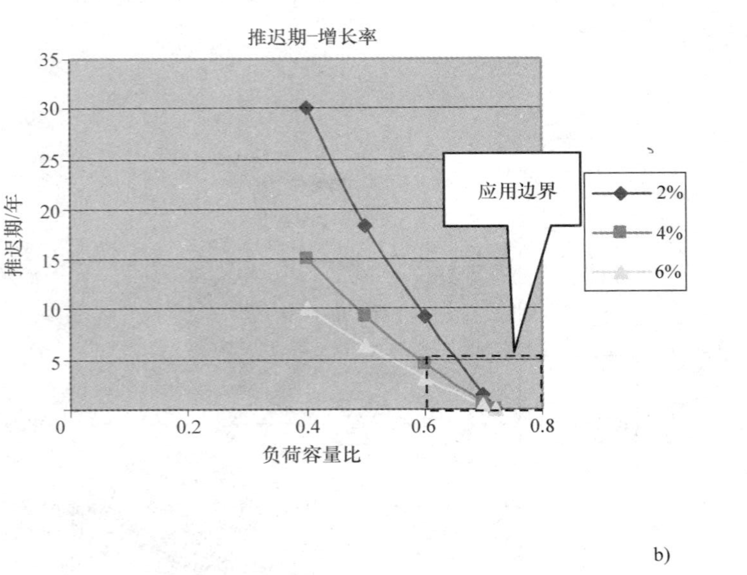

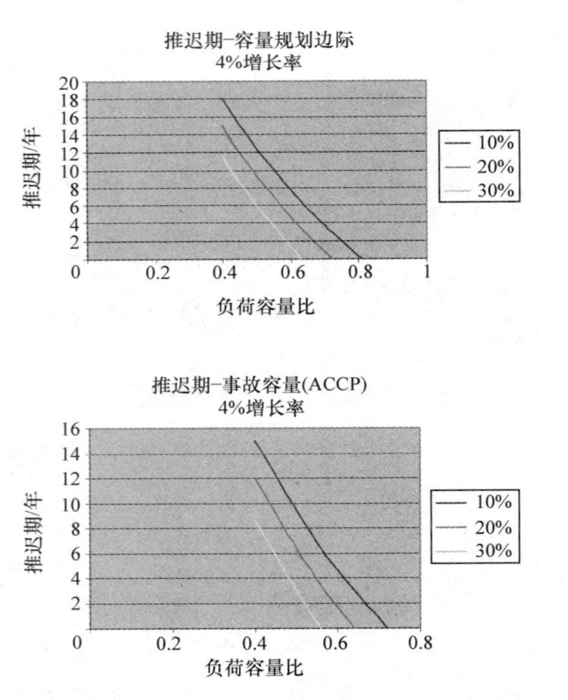

b)

图 8.14　对两个例子中筛选方法的灵敏度分析，表明了对小型的相邻组而言这种方法并不现实，这是由于对输入参数的灵敏性以及得出了不现实的推迟时间（续）

显然，在例1中，筛选方法对参数的变化太敏感，对于低负荷容量比（LCR）给出了过长和不切实际的推迟时间。这种筛选方法不应该用于检查小的区域，小的区域应该采用本节开头建议的传统规划方法进行检查。大系统的例子给出了现实可行的结果，然而由DA导致的变电站容量延期只发生在相对较高的负荷容量比情况下，这是因为在低负荷情况下每个变电站自己都有足够的容量，没有必要在变电站之间转移负荷。查看结果，可以提出一条经验法则，那就是对于正常的负荷增长和容量边际策略，变电站容量可能的延期应该在2~5年之间，如图8.14中标出的应用区域所示。

8.8.2　配电网容量的释放

1. VAR控制（VAC）引起的损耗减小

由自动的VAR控制导致的配电网容量延期被认为是最低限度的，因为传统的电容器控制会在系统峰值时采用VAR校正。DA的好处是控制的准确性和连续性，它提供了电量节省而不是需求节省。关于DA的文献将VAR控制作为一种重要功能来强调，如果系统没有功率因数校正并且这种补偿可以看成DA实施的一部分的话，那么这种观点是正确的。传统的做法是在规划阶段证明全部补偿设备的成本相对容量和损耗的节省是合理的，在补偿被认为是DA实施的一部分的情况下，则收益直接与以下各量相关：

需求减小为

$$电流_{(之后)} = 电流_{(之前)} \times (功率因数_{(之前)}/功率因数_{(之后)})$$

损耗减小为

$$损耗_{(之后)} = 损耗_{(之前)} \times [(功率因数_{(之前)}/功率因数_{(之后)})^2 \times 1]$$

2. 避免由于冷负荷启动功能增加馈线容量

冷负荷启动是指在供电恢复时出现的负荷增长。因为它通常指的是断电后启动时由于不一致而导致的稳定的（非瞬时的、电气和机械负荷）负荷增长，所以准确的定义很重要。通常，它不包括瞬时负荷，如重新通电后持续几秒钟的电机启动。

停电后的负荷增长取决于由随时间推移的负荷变化、负荷的天气灵敏度和24h负荷曲线定义的终端用户负荷类型及特性。为了确定负荷可能的增长，必须要考虑一天中的时间、停电的持续时间和天气灵敏度参数。虽然可以采用终端用户模型进行更详细的研究，但是他们很复杂，并且在没有对典型馈线进行实际测量的情况下，运行人员很可能已经获得了关于实际系统对一年及一天不同时间发生停电事故的反应的经验。

因此，他们开发了一个针对典型停电持续时间的负荷增长百分比估计值，该负荷增长应该在重新供电计划中进行补偿（典型值为2%~30%）。

避免在重新通电时CLPU导致的跳闸可以通过多种策略来实现：

- 确定或限制馈线的正常负荷以适应由于CLPU产生的负荷增长

- 在 LODS 功能下逐步恢复负荷的网络逻辑顺序切换
- 通过电压保持负荷控制来减小有效负荷
- 临时调整保护装置设置来防止在 CLPU 峰值期间跳闸

后三种策略可以作为综合的 DA 功能来实施，避免增加馈线容量的资本支出。因此，馈线容量延期的收益将抵消实施任一或所有 DA CLPU 功能的费用。

这种收益的计算方式与之前变电站的计算方式类似，但必须包含由负荷减小或远程切换导致的必需的释放容量。

8.8.3　上游网络和系统容量的释放

上游容量可以通过减少下游负荷来释放，负荷减小可以直接通过电压保持负荷减小来实现，也可以通过减小损耗的 DA 功能来实现。假设这种控制行为在系统峰值时最为有利，可以降低峰值容量的费用。基于年网络峰值时的 kW 负荷减小，下面给出了该收益的通用表达式。

由 DA 控制功能带来的发电和输电（G&T）容量释放产生的年收益为

收益 =(kW 负荷减小量)×(发电峰值容量费用[⊖]/kW + 输电峰值容量费用/kW)

在通过切负荷直接控制负荷的情况下，kW 负荷减小量的表达式为

kW 减小量 = 峰值负荷 kW LODS – 目标负荷 kW

在实施需求侧管理（终端用户切负荷）的情况下，可以用以下表达式来描述终端用户设备控制的程度：

kW 减小量 =(每个用户的平均可控负荷 kW)×(受负荷控制影响的用户数量)

在通过电压保持负荷控制减小峰值负荷的情况下，kW 负荷减小量的表达式为

kW 减小量 =(高于正常控制水平的电压变化)×(每单位电压减小量的负荷减小量%)×(电压控制下的配电负荷)

（高于正常控制水平的电压变化）和（每单位电压减小量的负荷减小量%）二者的典型值在 1 ~2 之间。

在 VAR 控制的情况下，kW 负荷减小量的表达式为

kW 负荷减小量 =(配电线路数量)×(每条线路因自动化产生的平均增量损耗减小 kW)

在网络优化重构或变电站变压器负荷平衡的情况下，kW 负荷减小量的表达式如下：

NORC 功能为

kW 负荷减小量 =(带负荷平衡潜力的总配电负荷 kW)×(相关线路的平均损耗%)×(DA 功能产生的损耗减小%)

STLB 功能为

kW 负荷减小量 =（带负荷平衡潜力的变电站变压器数量）×（平均 kW 损

⊖ 配电水平反映的发电 & 输电容量费用。

耗/变压器）×（DA 功能产生的损耗减小%）

带负荷平衡潜力的变电站变压器数量是指那些处于直接负荷平衡控制或可能进行馈线网络切换的变电站。许多规划研究表明，因非优化网络的最优馈线重构而导致的损耗减小大约为10%，典型的配电网损耗变化范围为5%～8%。

8.8.4 用自动化替换传统设备

自动化设备（数字保护继电器、电子电压/VAR 控制器等）的安装可能会替换用于变电站和馈线开关/断路器、电压调节器、并联电容器和数据记录仪的传统保护/控制设备。收益表达式采用相同的形式。

由传统保护的替换和带自动化的控制产生的收益为

收益＝[（要被替换或进行自动化改装的设备数量）×（资本成本＋传统设备的首次安装成本）×（年度持有费用）]－[（自动化控制/自动化就绪设备的数量）×（资本成本＋自动化的首次安装成本）×（持有费用）]

8.9 人力节省

这些节省分为三类，每种类型具有不同的重要性，取决于是否为 SA 或 FA 带来收益：

- 减少变电站运行人员和控制中心运行水平
- 减少变电站/馈线设备的巡视次数
- 人员时间节省（CTS）

前两项通常是由传统变电站的 SCADA 和 SA 产生的最重要的收益，而人员时间节省则取决于自动化强度水平和网络复杂性因数（NCF）且大致可以视为现场人员的减少。

8.9.1 降低变电站/控制中心的运行水平

人力节省只是简单地计算实施 DA 系统之前和之后的人员差异：

$$\text{年收益}=\text{实施 DA 前的人力成本}-\text{实施 DA 后的人力成本}$$

人力成本应该是那些与实施的功能相关的成本，或者那些与实施实时控制/自动化造成的组织结构变化相对应的成本。具体来说，人员的技能类别可能会改变，如通过一个现代 DMS 实施对手动控制室进行加强产生的成本降低如下：

$$\text{年收益}=\left[\left(\sum NS\times OR_{\mathrm{b}}\times \mathrm{MHR_b}\times \mathrm{NSH_b}\right)\times\left(\sum NS\times OR_{\mathrm{a}}\times \mathrm{MHR_a}\times \mathrm{NSH_a}\right)\right]\mathrm{PVF_N}$$

式中，NS 为每种费率类型的人员数量；OR_{b}为自动化之前采用的人力费率/类型；$\mathrm{MHR_b}$为自动化之前每次轮班的小时数；$\mathrm{NSH_b}$为自动化之前的班次数；OR_{a}为自动化后采用的人力费率/类型；$\mathrm{MHR_a}$为自动化后每次轮班的小时数；$\mathrm{NSH_a}$为自动化后的班次数；PVF_N为现值系数；N 为年。

8.9.2 减少巡视

DA 实施后远程监控现场的能力降低了与过去一样进行现场巡视的必要性，其中这些巡视对收集用于工程和规划的负荷数据以及为了维护目的的资产检查而言是很必要的。

年收益 = [DA 实施前的(巡视的站点数/年)(MHR/站点)(巡视次数/年)(IR) - DA 实施后的(巡视的站点数/年)(MHR/站点) × (巡视次数/年)(IR)] PVF_N

式中，MHR/站点为每个站点的巡视时间（人小时）；IR 为每小时的巡视员费率(货币/小时)；PVF 为现值系数；N 为年。

用于资产寿命评估的巡视仍然是必需的，但是由于状态监测，巡视次数应该大大减少。当计算站点巡视次数减少时，电力公司应考虑实施 DA 之前和之后进行巡视的类型。

8.9.3 人员时间节省

1. 开发针对停电相关收益的人员时间节省表达式

评估人员时间节省的能力是许多成本收益计算的基础，这是因为在逻辑上收益是通过从手动环境转移到远程控制/自动化环境而产生的。人员出行时间的节省会产生与停电和投资都相关的收益。

EPRI 提出了下面计算用于停电相关收益的年人员时间节省的基本关系式：

收益 = fn [(馈线上的故障数量、将要动作的开关数量、每个开关的切换时间、人员每小时的费率) × (自动化系统的切换时间、运行控制人员每小时的费率)] PVF

$$收益 = \lambda(L)\ [(\mathrm{MNST}/故障)(CR) \times (\mathrm{FAST}/故障)(OR)]\ \mathrm{PVF}_N$$

式中，λ 为馈线年故障率/单位线路长度；L 为线路长度；MNST 为手动切换时间，包括到开关位置的出行时间；CR 为人员每小时的费率（包括车辆成本）；FAST 为馈线自动化切换时间；OR 为运行人员每小时的费率（包括控制室间接费用）；PVF 为现值系数，N 为年。

EPRI 针对三个不同阶段的故障定位、故障隔离和故障后的恢复开发了各自的关系式。图 8.15 对此进行了总结。

应该注意，三种关系之间的唯一区别是需要确定每种情况下将要动作的开关数量。但是，现场人员执行切换的时间应该反映出行时间，出行时间在每种情况下可能不同而且要明白各地点的出行时间可能很费时。在对选定的备选馈线进行详细分析时，明确列举出所有馈线和网络中可能故障的切换动作是不现实的，应该对这种情况进行限制，因而需要一种更通用方法来筛选 FA 收益。

对于与基于停电的收益相关的 CTS，人员出行时间是馈线长度、馈线配置和结构、故障位置、开关设备的数量和位置的函数，当实施远程控制时还是自动开关设备位置和数量的函数。第 3 章中描述的网络复杂性因数和自动化强度水平将用来建立人员出行时间和产生的人员时间节省之间的关系，这种关系可以用作通用筛选方法的基础。这种方法考虑了电源馈线的断路器，这些断路器在传统 SCADA 下是自动的（远程控制），而且在 FA 中是连续增长的。

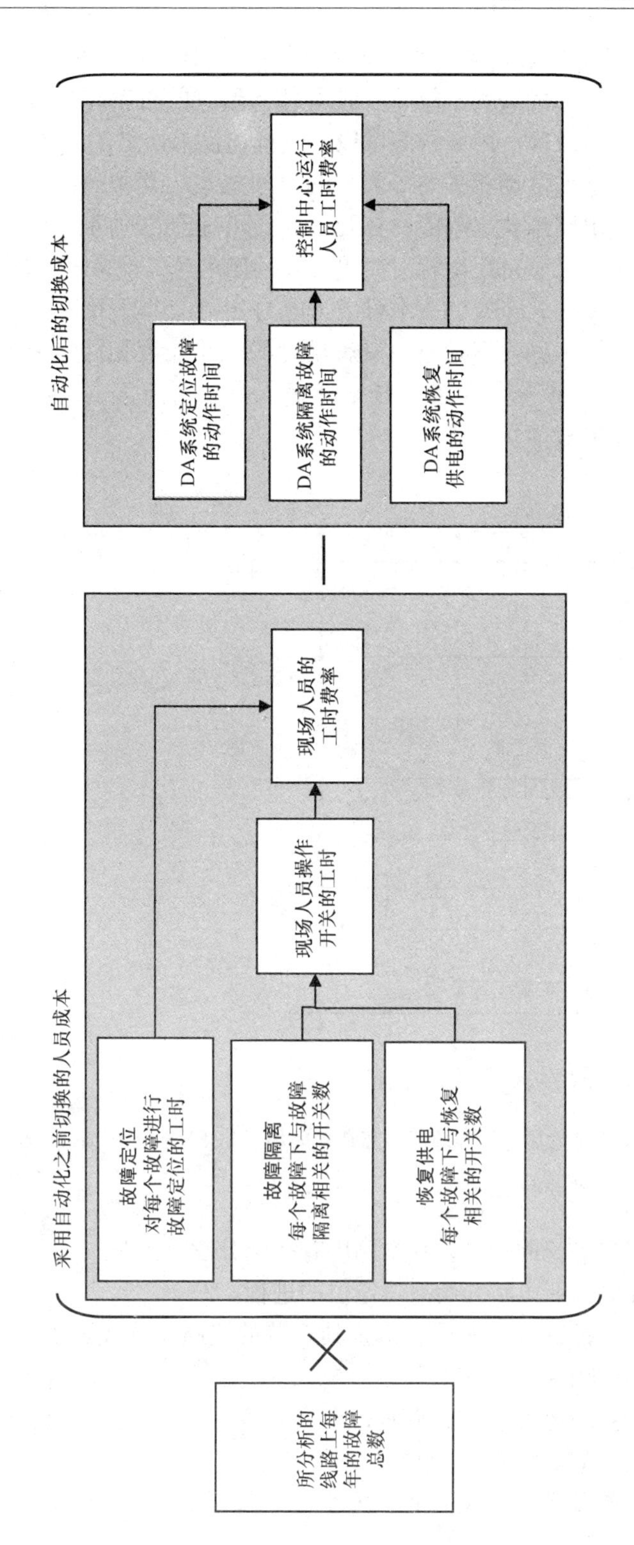

图8.15　与停电相关的人员时间节省产生的年成本效益计算

2. 在线路没有扩展控制的情况下人员的出行距离

对于最基础配电线上的每一个故障（没有任何形式的自动化），电力公司都需要分派一位人员来定位故障、断开故障区段、进行切换来恢复健康区段的供电并为故障维修做准备。与这些活动相关的是人员的时间成本，其中一部分是出行时间，包括到达现场、检查电路来找出故障并在开关点之间行进的时间；剩下的是操作开关设备的时间。计算人员出行距离相对简单，并且如果开关设备可以远程操作，那么许多出行时间可以取消，节省的成本可以为电力公司提供显著的经济效益。

在第3章中介绍了一些模型线路，所有模型的线路长度相同，为了方便起见，在图8.16中再次给出。根据给定的假设来考虑人员出行所需的时间，具体来说，针对直线路第五段上的故障。

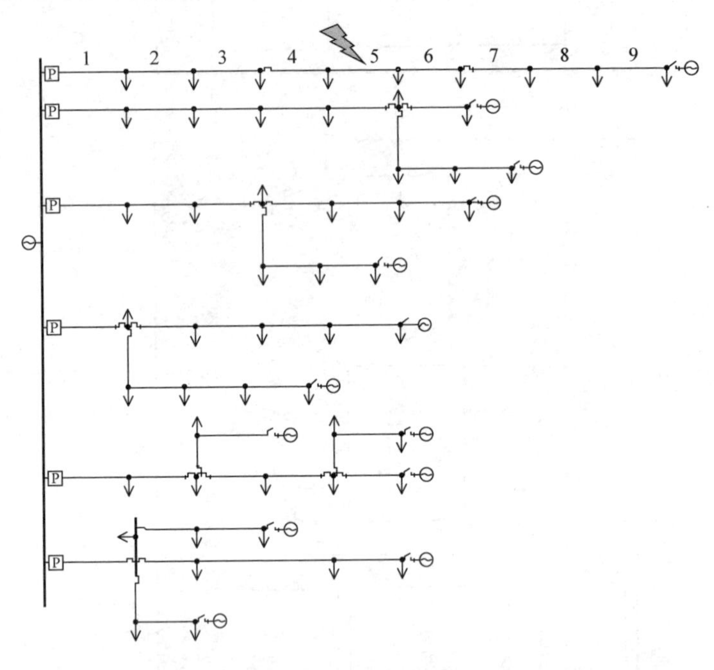

图8.16　用来发展一种经验网络复杂性因数（NCF）的通用馈线结构

先做以下假设：

- 线路分成许多等长的分段，在本例中有9个分段。
- 人员总是在电源变电站开始故障定位的进程。
- 在有T型接线的地方，人员会检查其下游的线路，这代表了最长的线路以及包含故障的最大可能性。
- 当发现故障并确定为永久故障时，人员在最近的上游断开点隔离故障，然后返回重合电源断路器来恢复一直到断开点的供电。
- 如果备用电源可用并且故障是永久性的，人员随后在最近的下游断开点隔

离故障，并通过闭合常开联络点恢复断开点以下线路的供电。

● 如果断开点是可以带电操作的开关，那么它可以手动控制，在这种情况下人员需要行进到开关处来操作它，它也可以通过 SCADA 控制，在这种情况下人员不必行进到开关处。

● 常开联络点可以手动控制，在这种情况下人员需要行进到开关处来操作它，它也可以通过 SCADA 控制，在这种情况下人员不必行进到开关处。

计算涉及到算出到每个可能故障位置的行进距离和时间，然后取平均值来表示线路平均点处的故障。例如，人员在电源变电站开始，则

（1）沿着线路的路径前行，找出 4.5 个分段后的故障。

（2）往回走 1.5 个分段打开上游隔离开关。

（3）往回走 3 个分段到电源变电站来闭合断路器。

（4）前行 6 个分段打开下游隔离开关。

（5）前行 3 个分段闭合常开联络开关。

（6）往回走 4.5 个分段到故障点来开始维修。

对第五分段中的故障，以上给出的总出行距离为 22.5 个分段。检查该线路上每个可能的故障位置，出行距离的范围为 18.5 到 26.5 个分段，总的出行距离为 202.5 个分段，平均值为 22.5 个分段。该平均值等于第五个分段中故障对应的出行距离，原因是第五个分段位于统一模型的中点。

重复计算其他每条线路，结果见表 8.5，注意该表包含了第 3 章中讨论和算出的每条线路的网络复杂性因数。这些结果已经用来发展一种经验公式以给出图 8.17中的直线。

表 8.5　人员出行时间的计算参数

线路编号	平均出行分段	为线路长度倍数的出行距离	网络复杂性因数
1	22.5	2.5	1.0
2	17.5	1.9	1.5
3	15.5	1.7	2.0
4	12.7	1.4	2.5
5	12.7	1.4	3.0
6	10.0	1.1	3.5

最佳拟合直线的经验方程为：

$$D(m) = 2.77 - 0.5 \times \mathrm{NCF}$$

式中，$D(m)$是人员出行的距离，为线路长度的倍数；NCF 是网络复杂性因数。

3. *在线路带扩展控制情况下的人员出行距离*

这套非自动化线路的计算可以扩展到开关设备添加了扩展控制（自动化）的情况。表 8.6 给出了针对不同自动化策略的结果，其中左手列第 3 种情况的 AIL 或自动化程度最高。

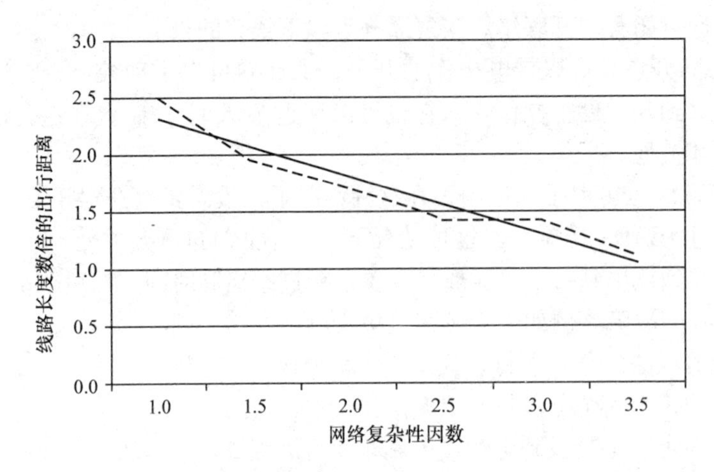

图 8.17　NCF 与人员出行距离之间的近似关系为线路长度的倍数

表 8.6　为自动化强度水平函数的人员出行距离

线路编号	网络复杂性因数	对于提及的网络扩展控制，为线路长度倍数的人员出行距离			
		手动控制（AIL =0%）	电源 CB	电源 CB 和 NOP	全部开关（AIL =100%）
1	1.0	2.5	1.7	0.9	0.5
2	1.5	1.9	1.1	0.9	0.5
3	2.0	1.7	1.2	0.7	0.4
4	2.5	1.4	1.2	0.7	0.3
5	3.0	1.4	0.9	0.6	0.4
6	3.5	1.1	0.9	0.6	0.3

表 8.6 中采用的自动化强度水平如下所述：

- “电源 CB” 这一列是指线路起点处变电站中的馈线断路器添加了扩展控制，扩展控制提供了从控制室闭合断路器的设施，从而不需要人员前往电源变电站操作断路器。因此，人员出行距离减少了。
- “电源 CB and NOP” 这一列是指除了电源断路器以外每个常开联络点也添加了扩展控制。这样的话就不需要人员前往常开联络点。
- “所有开关” 这一列是指除了电源断路器和常开联络点以外每个线路开关都添加了扩展控制，这样的话就不需要人员前往每个线路开关。另外，每个线路开关都装有故障指示器。

各列的 AIL 从左到右递增，最后一列 “全部开关” 表示 AIL 为 100%，实际中这种情况很少是合理的。

对于模型线路，最佳拟合直流的经验公式（见图 8.18）现在变为，对于没有扩展控制即 AIL 为 0% 的情况

$$D(m) = 2.77 - 0.50 \times \mathrm{NCF}$$

对于只有电源断路器扩展控制的情况

$$D(m) = 1.77 - 0.27 \times \mathrm{NCF}$$

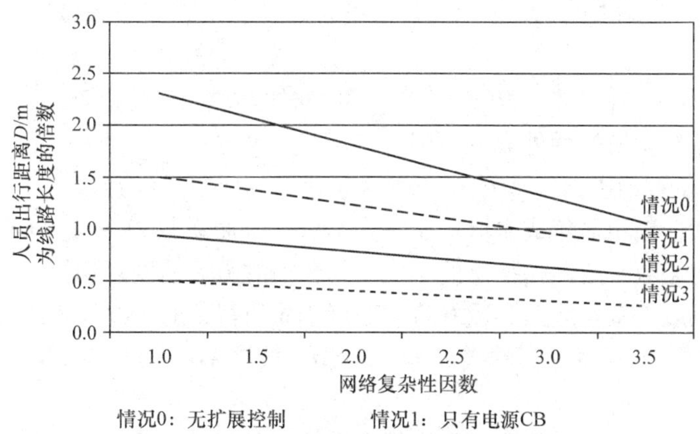

图 8.18　人员出行距离为 NCF 和 AIL 函数的经验关系图

对于电源断路器和 NOP 的扩展控制为

$$D(m) = 1.10 - 0.16 \times \mathrm{NCF}$$

对于所有开关的扩展控制，即 AIL 为 100% 的情况为

$$D(m) = 0.59 - 0.095 \times \mathrm{NCF}$$

由此可以看出，随着 NCF 的增加，人员的出行距离减少。因为相同长度的网络被打包在一个较小的区域里而不是组成一条较长的单线，并且因为有更多的 NOP，所以到最近适合的 NOP 的出行距离会减少。人员出行距离也会随着自动化强度水平的提高而减小，这是因为采用扩展控制的话无需在操作开关之前前往开关处。当引入线路长度时，情况将会发生显著变化，例如，农村馈线的 NCF 可能较低，这可以通过额外的长度来抵消。

4. 由人员出行距离减小而产生的年节省的计算

特别重要的是要注意，在故障隔离切换期间出行距离的节省要与故障修复并且线路恢复到正常状态后切换的相同节省相匹配。

到目前为止，只考虑了每次故障的人员出行距离，由实际线路长度（L）的倍数($D(m)$)来表示。因此，实际的人员出行距离（ACD）为

$$\mathrm{ACD} = D(m) \times L$$

现在，人员出行距离的货币成本取决于平均行进速度（速度）和人员及其交通工具每小时的成本（小时成本）。

$$\text{每次故障的成本} = \mathrm{ACD} \times \text{每小时的成本/速度}$$

现在对于任意线路，每年的故障数量为该线路的长度和该线路年故障率的乘

积，或者

$$故障 = 长度(L) \times 每年的故障率(\lambda)$$

所以，每年的成本为

$$年成本 = D(m) \times L \times 每小时的成本 \times L \times \lambda/速度$$

或

$$年成本 = D(m) \times L^2 \times 每小时的成本 \times \lambda/速度$$

考虑到恢复切换的额外成本，则

$$年成本 = 2D(m) \times L^2 \times 每小时的成本 \times \lambda/速度$$

通过该式，很明显年成本取决于系数 $D(m)$，而系数 D 又是 NCF 和自动化强度水平 AIL 的函数。故障切换总的年成本，包括故障后的恢复切换，可以通过公式来检验。假设以下基本线路参数并将它们用于先前得出的 $D(m)$ 表达式，其中线路长度（L）为 20km，每小时的成本 = 100USD，故障率（λ） = 每百公里每年 18 次故障，速度 = 每小时 10km。

表 8.7 给出了故障定位隔离和修复后供电恢复切换的年人员成本，其中可以清楚地看到节省为 AIL 的函数。当然，为了与安装自动化的资金成本进行比较，历年来的这些节省可以按照指定的资金成本进行资本化。

表 8.7　包括修复后恢复切换的故障切换年成本

线路编号	网络复杂性因数	年成本/kUSD			
		无控制（AIL = 0%）	电源 CB	电源 CB 和 NOP	全部开关（AIL = 100%）
1	1.0	3.3	2.2	1.4	0.7
2	1.5	2.9	2.0	1.2	0.6
3	2.0	2.5	1.8	1.1	0.6
4	2.5	2.2	1.6	1.0	0.5
5	3.0	1.8	1.4	0.9	0.4
6	3.5	1.5	1.2	0.8	0.4

1）特殊情况 1：架空网络添加电源自动重合闸。

到目前为止，该模型没有考虑到架空网络和地下网络之间的差异。如第 3 章所讨论的那样，两者主要区别在于架空网络会发生瞬时故障和永久性故障。该模型假设所有故障都会导致电源断路器跳闸并锁止，而不论故障是暂时还是永久的。通过为电源断路器增加自动重合功能，瞬时故障将不会导致电源断路器锁止，从而不需要派遣人员巡线。由于大约 80% 的架空线故障为瞬时故障，通过将故障率从现在的每百公里每年 18 次降低到该值的 20% 或每百公里每年 3.6 次故障来模拟实现电源断路器重合功能的效果，结果见表 8.8。

表 8.8　电源自动重合情况下包括修复后恢复切换的故障切换年成本，单位 kUSD

线路编号	网络复杂性因数	年成本/kUSD			
		无控制	电源 CB	电源 CB 和 NOP	全部开关
1	1.0	0.7	0.4	0.3	0.1
2	1.5	0.6	0.4	0.2	0.1
3	2.0	0.5	0.4	0.2	0.1
4	2.5	0.4	0.3	0.2	0.1
5	3.0	0.4	0.3	0.2	0.1
6	3.5	0.3	0.2	0.2	0.1

表 8.7 和表 8.8 之间的区别显示了可以通过添加电源自动重合而产生的节省。例如，NCF = 1 时，通过添加电源自动重合，每年可以节省 3.3 × 0.7(= 2.6) kUSD。

这些节省的资本化价值需要与提供重合功能的成本进行比较，这可能在经济上是有吸引力的。

2）特殊情况 2：城市地区的地下线路。

通常相比架空线路，地下线路长度较短，NCF 较高；因此，人员出行距离不那么重要，通过添加扩展控制而产生的节省也会减少。另外，由于故障率更低，每年的故障数量更少，因此地下系统的扩展控制在人员时间节省方面的经济收益通常很小。主要的例外是在人口非常稠密的城市，那里的平均出行速度可能非常低，还可能因为电力故障导致交通控制无法正常工作而使出行速度更低。同时，城市中的配电站可能很难访问。例如，可能有必要让门卫提供在正常工作时间以外访问变电站的途径。如果这些因素很普遍，需要详细的计算来表明添加扩展控制是否合理。

3）特殊情况 3：架空线路的临界长度。

对 $D(m)$ 表达式的检查表明，年成本以及年节省费用取决于线路长度的平方。因此，有趣的是看看能否推导出一个简易的经验法则来确定一个线路长度，其对应的人员时间节省总是可以证明添加扩展控制是合理的。

假设直线路（NCF = 1）带 FPI 的全面自动化的成本为 40 kUSD，项目寿命为 20 年，资本成本为 5%，那么为了盈利，投资需要每年节省 3.21 kUSD。

如果 NCF = 1 的线路没有扩展控制，$D(m) = 2.5$，而如果有全面的扩展控制，$D(m) = 0.5$。如果持续故障率是 10 次故障/100km/年，人员成本为 100USD/h，平均出行速度为 10km/h，则公式变为

$$3210 = 2 \times (2.5 - 0.5) \times L^2 \times 100 \times 10/100 \times 1/100$$

式中，L 的解为 28km。因此，任何长度超过 28km 的线路仅仅基于人员时间节省就可以证明添加全面自动化是合理的。

4）特殊情况 4：辐射型线路。

根据定义，辐射型线路没有可切换的备用电源，因此没有可考虑扩展控制的常

开联络点。图 8.17 包括了操作常开联络点的人员出行时间，因此辐射型线路的曲线幅值更小，尽管中点开关的扩展控制仍会产生一些节省。

5. 人员时间节省的快速估算工具

我们只考虑了用单馈线来推导人员时间节省的关系，对这些节省的财务价值的实际评估取决于许多与电力公司和网络特性有关的变量。财务要素虽然有许多（如每小时的人员费率、车辆成本、持有费用），但是对整个网络而言是共同的。网络特性因馈线而异，因此一种不需要对每条馈线进行详细描述的方法将会简化收益的评估过程。

一种比较方法被提出来，其中节省表示为一个百分数，这样的话如果电力公司知道自动化前或特定 AIL 下（如 SCADA 控制下的馈线电源断路器）人员时间的要素每年花费多少，那么就可以快速估算出由 NCF 表示的馈线在 AIL 增加时的百分比减小量。节省的包络线如图 8.19 所示。

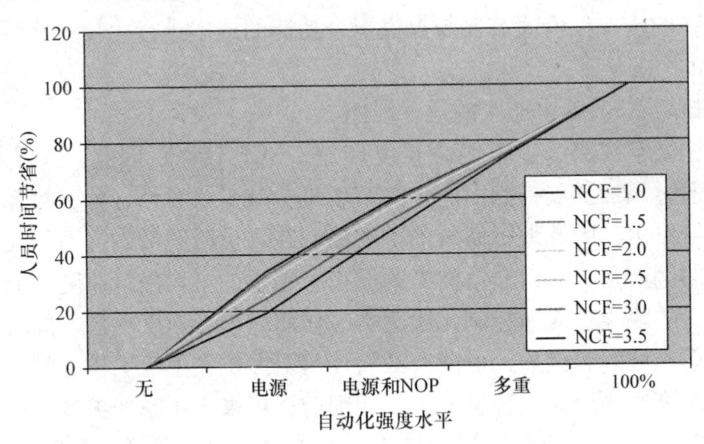

图 8.19　作为 AIL 和 NCF 的函数的人员时间节省百分比

例如，从图 8.19 中可以看到，对于一条标准的单位长度馈线：

• 通过只添加电源断路器的控制，对于简单网络（NCF = 1.0）可以产生 34% 的节省，对于复杂网络（NCF = 3.5）可以产生 19% 的节省。

• 通过添加电源断路器和常开联络点的控制，可以产生 47% ~59% 的节省，具体取决于网络类型。

• 通过对每个开关设备都添加控制，即使实际情况下不可能，那么将不需要故障后恢复切换和故障定位切换（即节省为 100%）。

这种方法可以用来对包含许多线路的整个网络或区域甚至可以通过加权数据对整个电力公司进行筛选。假设一个由 1000 条线路组成的电力公司可以按照表 8.9 进行分解。那么，可以根据经验公式计算距离的倍数 $D(m)$，并知道了各长度和 NCF 的线路的数量以及实际行进的距离。如果知道以百分比形式表示的节省，那么每条线路人员出行时间产生的实际节省就可以计算出来，而且所有线路的总节省

可以与没有扩展控制的总节省进行比较，从而得出一个百分数。当电力公司用这个百分数估算实际人员成本时，可以很快地估算出可能的节省。

在本例中可以看到，对于不断增加的自动化强度水平，可以产生32%、57%和78%的平均节省，并且如果电力公司估计目前的人员成本为2M USD的话，可能的节省确实是很显著的。

表8.9　根据NCF和增长的AIL产生的节省百分比进行分类的馈线类别列表

线路特定数据				无自动化		每条带选定扩展控制的线路的节省百分比			实际节省的人员出行距离/km		
数量	类型	NCF	km	*D*（*m*）	ACD/km	电源	电源和NOP	多重	电源	电源和NOP	多重
50	OH	1	5	2.27	568	34	59	78	193	335	443
30	OH	1	10	2.27	681	34	59	78	232	402	531
50	OH	1	15	2.27	1703	34	59	78	579	1004	1328
75	OH	1	20	2.27	3405	34	59	78	1158	2009	2656
50	OH	2	5	1.77	443	32	57	78	142	252	345
50	OH	2	10	1.77	885	32	57	78	283	504	690
25	OH	2	15	1.77	664	32	57	78	212	378	518
25	OH	2	15	1.77	664	32	57	78	212	378	518
45	OH	3	5	1.27	286	24	51	76	69	146	217
30	OH	3	10	1.27	381	24	51	76	91	194	290
40	OH	3	15	1.27	762	24	51	76	183	389	579
30	OH	3	20	1.27	762	24	51	76	183	389	579
50	UG	1	5	2.27	568	34	59	78	193	335	443
30	UG	1	8	2.27	545	34	59	78	185	321	425
50	UG	1	12	2.27	1362	34	59	78	463	804	1062
75	UG	1	15	2.27	2554	34	59	78	868	1507	1992
50	UG	2	5	1.77	443	32	57	78	142	252	345
50	UG	2	8	1.77	708	32	57	78	227	404	552
25	UG	2	12	1.77	531	32	57	78	170	303	414
25	UG	2	15	1.77	664	32	57	78	212	378	518
45	UG	3	5	1.27	286	24	51	76	69	146	217
30	UG	3	8	1.27	305	24	51	76	73	155	232
40	UG	3	12	1.27	610	24	51	76	146	311	463
30	UG	3	15	1.27	572	24	51	76	137	291	434
总计1000					20,568				6492	11，714	15，964

注：数量即每类馈线的数量；ACD即实际的人员出行距离。

8.9.4　与投资和运行节省相关的人员时间节省的计算

当通过馈线重构从以下几方面获得收益时，也涉及了人员时间节省：

- 因为动态最优重构产生的损耗减小（与运行相关的节省）
- 变电站容量的资本延期（与投资相关的节省）

这些人员节省完全取决于必须进行的开关动作的次数及其频率，损耗最小化取决于网络的负荷特性，后者与变电站变压器故障率有关。在这两种情况下，是否存在人员时间节省值得怀疑，因为如果不对开关尤其是 NOP 进行远程控制，这两种功能都不实用，并且只有涉及自动化实施的成本看上去是相关的。由这两方面得出的收益表示如下：

$$\text{年收益} = (\mathrm{NRS})(\mathrm{NSS})[(\mathrm{MNST})(CR) \times (\mathrm{STCO})(OR)]\,\mathrm{PVF}_N$$

式中，NRS 为每年重构集合的数量；NSS 为每个重构步骤的开关数量；MNST 为手动切换时间/开关（包括到开关位置的出行时间）；*CR* 为人员每小时的费率（包括车辆成本），STCO 为控制室操作员花费的切换时间/重构的开关；*OR* 为操作员每小时的费率（包括控制室的间接费用）；PVF 为现值系数；*N* 为年份。

假定实施的资本成本由另一种功能来承担，因此只需要考虑该投资的增量收益。

鉴于对基于停电收益的 CTS 进行估算需要考虑由故障位置决定的许多切换方案，针对运行和投资相关收益的 CTS 需要对要动作的开关进行一定的静态描述。尽管概念上更简单，但重构集合（切换计划）必须经过全面的工程分析和规划才能确定。

8.9.5 为 CLPU 更改继电器设置减少的人员时间和工作量

在电力公司通过手动更改一次变电站的保护设置来解决 CLPU 跳闸的情况下，DA 将允许为了 CLPU 事件远程更改设置，从而无需访问变电站去执行这项任务：

年收益 =（每年馈线停电的总次数）×（包含出行时间的更改保护设置所需的时间）×（人工费率）=（馈线故障率/单位长度/年）×（网络线路总长度）×（更改设置的时间，单位小时）×（人工费率/小时）

8.10 与电量相关的节省

电量的收益因停电或电网损耗（技术和非技术）而减小。停机时间的缩短减少了缺供电量（ENS），而电网的最优负荷分配也减少了技术性损耗。非技术性或商业性损耗在本书中不作考虑，他们更多地与来自网络和用户处计量的能量平衡相关。

8.10.1 因更快的恢复而减少供电量产生的节省

除非有连续可用的备用电源，否则电力系统中任何导致保护动作的故障都将造成一个或多个用户的停电，第 6 章已描述了这种损失如何用 SAIFI 和 SAIDI 等可靠性指标进行表征。作为自动化策略（保护和 AIL）函数的网络可靠性的影响已经在前面的章节中做过讨论，因此，收益计算中使用的指标值必须能够反映 DA 实施前后的网络性能。第 3 章还介绍了电量损失的大小对由馈线供电的用户组合导致的馈

线负荷特性的依赖性。年缺供电量（AENS）由下式给出：

AENS = SAIFI × CAIDI × 年负荷系数 × 特定负荷的年峰值需求。

通过对该电量应用适当的货币价值，年缺供电量可以转换为年收益损失（ARL）。就后面8.12节讨论的一种证明配电自动化合理性的收益而言，ARL可能与电力公司通过卖电获得的利润、用户缺供电量的成本或者应该承受的基于电量的罚金一样少，且为

ARL = AENS × 电量的成本

如果现在考虑一个典型的城市地下网络，可以根据表8.10利用SAIDI（SAIFI × CAIDI）的数据来计算故障导致的损失电量。

表8.10 来自典型城市地下网络的参数（该网络包括12个300kVA的MV/LV变电站，功率因数为0.9，年负荷系数为0.5①）

变电站	SAIDI	损失的电量/（kW·h）
7	0.712366	96
9	1.174950	159
12	1.174950	159
15	2.582590	349
16	1.174950	159
23	2.582590	349
24	2.582590	349
25	2.582590	349
28	2.582590	349
29	2.582590	349
33	0.712366	96
总计		3109

① 平均每个变电站为80个用户供电。

例如，如果单位售价与买价（利润率）之差为$0.02，那么电力公司每年将损失3109kW·h × $0.02 = $62。这个数目不大，但对于SAIDI值更高的网络，特别是长架空系统，损失相应地会更高。在证明自动化合理性方面，缺供电量的作用非常有限，除非缺供电量的值随着罚金或用户保留（用户忠诚度）的损失而增大。

$$年收益 = ALR_{NA} - ARL_{DA}$$

式中，ALR_{NA} = 没有自动化的年损失电量；ALR_{DA} = 带配电自动化的年损失电量。

由DA功能—远程馈线切换、FLIR和CLPC（VCLC）提供的恢复速度反映为可靠性指数SAIDI的改善。为了避免重复计算，必须要考虑各DA功能相关收益贡献的计算。

8.10.2 受控负荷减小导致的电量收益减少

1. 因用于负荷保持的电压控制引起的负荷减小

可以通过降低系统电压来将负荷降低到目标水平，只要目标在合法的工作电压

范围内（美国为114～126V，英国为（-10%～6%）×230V）是可以实现的。每个用户的负荷降低程度与负荷的电压依赖性以及馈线负荷点处负荷类型的百分比直接相关，这些信息很难确定，主要通过对负荷的动态特性进行专业研究积累得出的。与电压相关部分的典型值是AMDD[㊀]的20%，但对于空调负荷而言该值变化非常大。

因电压受控的负荷减小引起的年电量减少量为

ENS的值=(高于正常调节的电压变化)×(单位电压减小量的负荷降低百分比)×(电压控制下的配电负荷)×(8760)×(电量成本,单位$/kW·h)

电压变化的典型值在1～2V之间，负荷变化百分比的量级大概相同。

2. 因LODS引起的负荷减小

直接减小负荷或切负荷可以通过一组预定义的切换动作来逐步降低峰值负荷，也可以通过智能切换算法由相关的负荷值来确定候选开关。终端设备的直接负荷控制也是可能的（需求侧管理）。由此产生的收益减少估计如下：

ENS的价值=(每个用户的平均可控负荷,单位kW/用户)×(受负荷控制影响的用户数量)×(每年实施负荷控制的小时数)×(电量成本,单位$/kW·h)

8.10.3 因技术性损耗减少产生的电量节省

某些FA功能旨在通过以更优化的方式运行现有网络来减少网络损耗。这些损耗可以通过以下方式来减少：

- 改进的馈线调节器和并联电容器的电压/VAR控制
- 相邻变电站的变压器和互连馈线之间的负荷平衡

由馈电电压/VAR控制产生的损耗减少

1. 因改进的电压控制造成的配电馈线损耗减少（变压器铁耗）

馈线电压调节器的自动远程控制通常保持设定点的电压不变，其容差比传统方法更小。当在集成了控制变电站调节和补偿设备的整体DA中运行时，这种方式甚至更有效。保持小的电压容差可能会降低配电变压器的空载损耗（铁耗），空载损耗会作为电压增加量的功率函数而增大。

保持每条馈线设定点的电压不变可能产生的年收益为

收益=(每台馈线的配电变压器总数)×(每台变压器的平均铁耗)×(每单位电压变化对应的铁耗变化百分比)×(传统和设定点自动电压控制之间每单位的电压偏移变化)×8760 ×(电力公司每小时的电量成本)。

典型值如下：每台变压器的平均铁耗为小型（20kVA）到大型（1000kVA）配电变压器铭牌额定值的0.2%～0.5%，每单位电压变化的铁耗变化百分比为3%，传统和设定点自动电压控制之间每单位的电压偏移变化为1。

通过降低电压实现负荷减小而产生的收益假定电压不会超出电压调节限值。它

㊀ AMDD为平均最大多样化需求。

必须与电压减小对应的ENS相抵消（见第8.10.2节）。

2. 因改进的VAR控制（BVAR，FVAR）造成的配电馈线损耗减少

馈线可投切并联电容器的自动远程控制改善了电压调节，降低了无功潮流并提高了功率因数。由电压/ VAR综合功能内的最优VAR控制引起的损耗减小所带来的收益可通过下面的表达式进行估算。

由功率因数校正产生的年收益为

收益=(线路数量)×(因自动VAR控制造成的平均损耗减小)×(每年实施自动控制的小时数)×(电力公司每小时的电量成本)

馈线损耗的平均减小是通过考虑当前的损耗百分比和由安装的馈线电容器提供假定的功率因数校正来进行计算的。平均减少量可能只有大约100kW，有效控制的小时数大约为每年1300h。

对各条馈线逐个估算收益的话，要得出全系统的估计值很费时间，因此应该采用系统平均值进行一般性的估算。电力公司的电量成本也将在高峰和非高峰期之间变化，所以应该考虑损耗减小期间内的加权平均值。

总之，这种收益不是针对功率因数校正，而是针对电容器控制改善产生的收益。如果电力公司原来没有安装用于功率因数校正的电容器，那么这样做的收益应该与电容器的安装成本相抵消。但是，如果将电容器作为自动化方案的一部分进行安装，则应该用全部电容器的成本（初次加上远程控制）来抵消全部收益。

3. 因NORC和负荷平衡造成的损耗减少

旨在减小损耗的负荷平衡是通过网络重构来使损耗最小化的。在网络规划期间，NOP的选择通常是为了最小化峰值负荷下的损耗来进行确定的。就FA而言，网络重构是通过操作可以动态改变馈线网络的远程控制馈线开关来实现的，它通常由DMS服务器中的中央损耗最小化应用来驱动。通过FA的重构只有在需要改变NOP的位置时才会产生收益，重构只有在相邻馈线具有明显不同的日或季负荷曲线来证明定期重构是合理的或者永久失去了一台变电站变压器或一条主要馈线时才会发生。

由负荷平衡的馈线重构产生的年收益为

收益=(重构线路的负荷,单位kW)×(平均网络损耗百分比)×(通过重构实现的损耗减小百分比)×(每年实施自动控制的小时数)×(电力公司每小时的电量成本)

如果只实施了STLB，则替换网络数据来显示那些只在DA功能下的变压器，收益表达式修改如下：

收益=(DA功能下的变压器数量)×(平均负荷损耗/变压器,单位kW)×(由DA功能实现的损耗减小百分比)×(每年实施自动控制的小时数)×(电力公司每小时的电量成本)

虽然损耗最小化的应用现在经常出现在DMS规范中，但作者得出了这样的结

论：考虑到数据潜在的不准确性、网络内部有限的自由度以及为了很少的价值重复执行可能会造成用户断电的重构切换的实用性，这种应用对于最优规划系统的有效性是微乎其微的。最多只有季节性的重构可能是合理的。

8.11　其他运营收益

还有其他因 DA 的实施而产生的运营收益，有些是直接的收益，有些则是间接的。它们可以按以下标题进行分类：

- 维修和维护节省
- 改进的资产信息
- 改进的用户关系管理

8.11.1　维修和维护收益

实施 DA 功能所必需的现代智能电子设备的引入提供了更高的灵活性和通信能力以及更少的移动部件，这可能会减少对维护和修理的需求。灵活性也简化了设置和重置运行方式的任务。IEDs 是指一系列不同的保护装置，这些保护装置提供了自动重合、母线故障保护、瞬时和时间过流保护、变电站变压器保护、低频保护以及远程设备处的所有控制功能，如电压和 VAR 控制和故障指示。

与传统电磁设备相比，现代 IED 产生的一般性收益表达式做了这样的假设：新设备的故障率大大降低了，并且设备不需要定期检查和测试，所有诊断都是远程进行的。

年收益 =（传统电磁设备的维护成本 - 现代 IED 的维护成本）

= [（相同类型的 EMD 设备数量）×（设备类型的年故障率）×（纠正故障的工时）+（年度测试计划 × 设备类型的测试次数）×（进行测试的工时）] ×（EMD 技术人员的工时费率）—（替换 EMD 的 IED 数量）×（IED 类型的年故障率）×（恢复 IED 运行的工时）×（IED 技术人员的工时费率）

8.11.2　更好的信息产生的收益

1. 馈电电容器组故障的检测

VAR 控制功能可以控制电容器组的投切，可以对 VAR 的增长进行监控来确定电容器组是否发生了故障。监控带来的节省有三个方面：

- 检查次数的减少，其节省可以按照第 8.9.2 节解释的那样进行计算
- 减小因电容器组发生故障导致的损失
- 避免因电容器组发生故障导致的容量要求

计算相关收益的各表达式之前已经在 8.8 节、8.8.2 节和 8.10.3 节中进行了介绍。电容器组故障的小时数是电容器组故障率和巡检次数的函数，决定了损失的电量节省。在非常严重的情况下，因熔断器熔断或机械控制故障而被迫退出的可投切电容器组可能占电容器组总数的 20%，并且会因为检查周期而持续数月。图 8.20中的收益流程图总结了可能的收益。

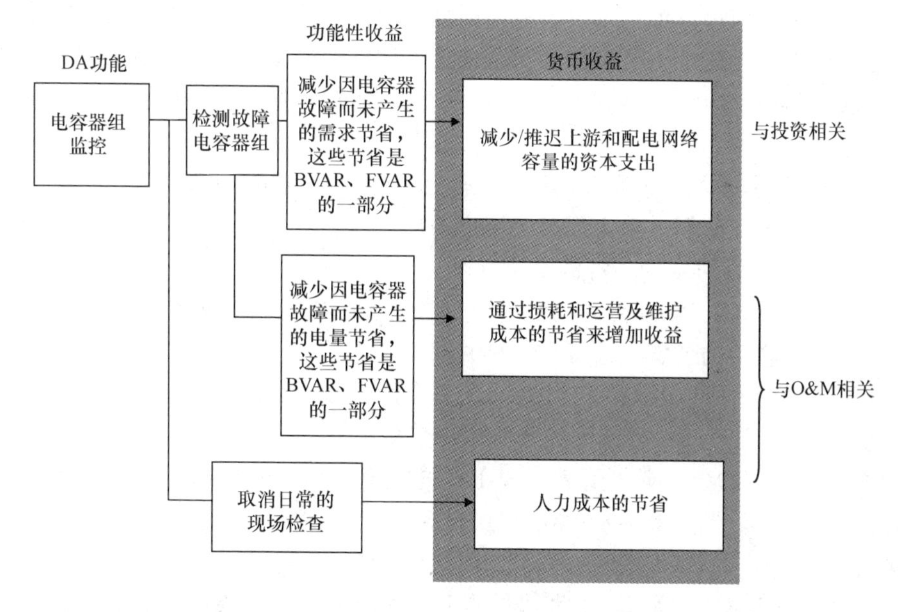

图8.20 作为DA VAR控制功能一部分的电容器监控的收益流程图

2. 基于当前信息的改进运行决策

最新的系统故障前状态和负荷信息将使运行人员能够重新组装系统，以在最短的时间内实现最大的恢复。另外，通过高级决策工具的实施，故障和剩余健康网络过载的可能性也将降低。这种收益是主观的，属于软收益，因为它需要评估信息的价值或者可以避免的不良运行决策的价值，为

年收益 =（由不良运行操作导致的故障数量）×（每次故障的评估价值）×（由更好的数据产生的预期改善百分比）

3. 基于改进数据的改进工程和规划决策

配电系统规划一直存在着数据缺乏而且不准确的问题。DA提供了改进网络数据模型特别是负荷和加载信息的数据模型的机会，这些信息产生的收益将改进容量的扩展规划以及资产的利用和管理。这些改进的价值也是主观的，这种收益不仅应该看作软收益，也应该看作间接收益。收益关系与改进的决策制定类似，改进的资产管理的收益可能是一个百分数，其基数为网络资产总额或年CAPEX总额而不是监控的设备数量。资产利用率5%的改进最小值可以看作是更好的信息产生的结果。年收益为

年收益 =（监测的设备数量）×（每个设备的数据评估价值）

8.11.3 改进的用户关系管理

许多DA功能为用户提供更好的服务和信息，从而提高用户满意度。这种改进的“闪光点”很难量化，因为这些改进是给人的感觉，例如如果一个电力公司在一个小时内恢复供电却不能为用户提供任何关于停电的信息，那么这家公司给人的

感觉就是不如一家可以为用户投诉电话回复事故信息但一小时后才恢复供电的公司有能力。用户投诉的价值可以作为罚金来进行评估，但是罚金在之前的收益计算中已经看成了 ENS 的价值，电力公司需要赋予声誉某种罚金之外的价值。可以考虑以下收益：

（1）停电时间的缩短提高了用户满意度。与 FLIR 功能相结合的远程切换提供了更快的恢复供电时间，从而提高了用户的满意度。

（2）低压投诉的减少。对低电压（低于法定水平）造成的设备损坏的投诉应该通过作为 DA 电压/VAR 综合功能一部分的改进电压控制来减少。

上述两种收益的节省表达式有一种共同形式：

年收益 =（用户投诉减少百分比）×（每个用户投诉的成本）×（每 1000 个用户的平均投诉数量）×（DA 控制下的线路用户数量/ 1000）

EPRI 报告中给出的典型值表明，在美国每个用户投诉的成本估计在 200 ~ 500 美元之间，投诉数量大概为每 1000 名用户 3 ~ 5 个。由停电产生的用户投诉的减少是因 FLIR 而产生的 SAIDI 改善的函数，可能在 5% 左右。

（3）用户忠诚度/保留。很大数量的工业和商业用户需要可靠的电力供应才能进行他们的业务进程。如果供电不能满足用户在停电次数、电压跌落和尖峰、供电电压谐波方面的需求，那么进程必须停止，其业务也将不能生产或面临额外的成本。

考虑一个生产医用短半衰期放射性同位素的工厂实例。生产过程是这样的，该产品迅速制造出来后由快递公司紧急送到附近的机场以便立即发送给客户，任何供电故障都会影响生产，这意味着浪费的产品和 7 万美元的成本。该工厂位于城市地下网络上，该网络受连接到相同电源变电站的大型架空馈线上瞬时故障引起的电压跌落的影响，而工厂的设备对这些电压跌落非常敏感。

评估停电成本的主要因素是用户收到的停电通知。例如，许多敏感用户可以容忍停电，如果他们能收到例如提前两小时的通知，将能够重新安排生产，而相应的停电成本虽然可能不是零，但会比没有通知的停电低。但是，大多数停电是网络故障的直接结果，并且通常在没有给出通知的情况下发生。

这些用户因停电所遭受的损失，对于他们自身当然直接就是成本，但不是当地电力公司的成本。然而，随着用户成本的上升，将存在一个点，在该点处他们将停止从电力公司获取不良电力而自己独立发电。假设自己的发电质量良好，当“电力公司的供电成本 + 供电故障的成本 > 本地发电的成本”时，他们将抛弃当地的电力公司。

损失电量的估计成本占本地发电成本的比例可以视为用户保留指标的决策比率，它提供了一种用户可能何时考虑自己发电来代替电力公司供电的指示。下面的例子给出了在一个电力公司表现很差的地区中的研究结果，所有指标大于 1 的用户都有望安装自己的发电设备。图 8.21 显示了已经准备使用自己的发电代替电力公

司供电的用户数量。

这代表了电力公司的供电损失，不仅仅针对上面讨论的每年几个小时，而是针对每年 8760 个小时，这也意味着电力公司将用户连接到公司网络上做出的资本投资没有对所花费的资本产生任何回报。

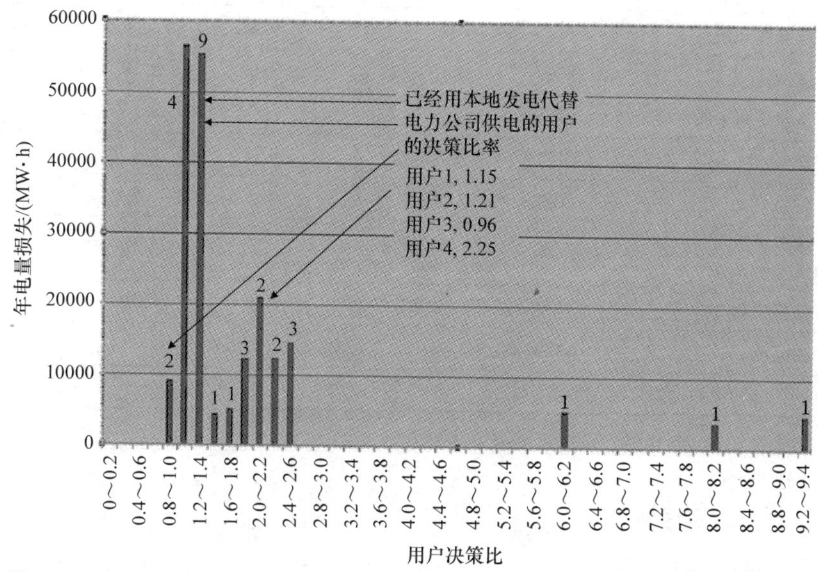

图 8.21　用户决策比率/忠诚度，显示每个决策比率下各段的用户数量以及对于电力公司而言有风险的年 MW · h

8.12　配电自动化功能和收益总结

DA 收益的量化采取了迂回方式，从一般考虑和建议的机会矩阵开始。在发展特定 DA 功能产生的主要收益类型的具体收益表达式之前，首先讨论了功能的依赖性和可能的收益共享的重要性。最后的任务就是通过建立一个交叉引用了 8.8 ~ 8.11 节中所有收益表达式的修正的收益机会矩阵来完成这项工作。

8.13　经济价值 - 成本

无论在故障持续时间、故障频率和恢复或使进一步事故最小化所需的相关资源方面事故对业务的技术成本是多少，对于贯穿始终的事件都有一个货币价值。因此，所有的功能收益都需要转换为货币价值。有的成本很简单，但是 ENS 计算中用到的电量成本有不同的解释，本节将对此进行探讨，见表 8.11。

由电力公司来量化的供电质量差的成本与用户量化的成本不同，差距越大，电力公司处于用户采取补救措施中的风险就越大。在决定补救计划的值以及将功能收益转换为货币收益时，电力公司必须意识到用户的临界值。本节将通过考察电力公司赋予电量成本的不同值来结束收益计算的讨论，特别是在评估缺供电量时。

表 8.11 针对含收益表达式的 DA 功能和章节的交叉引用表

	缩写	资本推迟/替换	人力节省	电量节省	其他运营节省
远程开关控制	RSWC	8.8.1	8.9.1，8.9.4	8.10.1	
故障定位、隔离和恢复	FLIR		8.9.4	8.10.2	8.11.3①
网络最优重构	NORC		8.9.5	8.10.3	
变压站变压器负荷平衡	STLB			8.10.3	
冷负荷启动	CLPU	8.8.3	8.9.6	8.10.1	
切负荷	LOSD				
集成电压无功控制无功控制	VARC	8.8.3		8.10.3	8.11.2
电压保持负荷控制	VCLC	8.8.3		8.10.3	8.11.3①
数据监控和记录	DMLO		8.9.2，8.9.4		8.11.2
基于 IED 的控制和保护设备					8.11.1②

① CRM 收益。

② 维修和维护。

8.13.1 电力公司成本

1. 传统的

在评估任意自动化投资的收益－成本比时，电力公司根据针对每年运营成本（负担的工时费率、维护成本、电量成本等）和资本成本的标准成本核算惯例来计算其利润。在配电公司仍然保留供电业务的情况下，电量成本不同于电力公司的平均购买价格，或者作为给终端用户售价的机会成本而变化。损失的成本是直接成本，是电量成本与达到适应损失的网络容量所必需的容量投资部分的组合。大多数电力公司通常已经制定了一套电量价值策略，作为其供电的服务成本的一部分。实际上，缺供电量的经济价值本身，通过这种评价方式并不足以证明任意的网络性能改进措施与基于罚金的方式相比是合理的。

2. 罚金

在一些放松管制的国家，监管机构正在设计罚金形式的激励措施，在某些情况下以奖金的形式，来直接鼓励电力公司改善其性能。这些都专注于产出，任何性能改进项目都可以与具体的经济罚金值进行比较。在罚金制度下，收益成本比的计算主要由缺供电量产生的价值决定，这是因为监管者倾向于将该价值设置的更接近用户的停电成本而不是电力公司的停电成本。主要标准涉及未经通知的停电，并且通常基于停电、持续时间或者两者的组合。下面是典型示例：

- 基于停电次数的罚金，针对的是一年内经历多于预定次数（如 5 次）的停电的每位用户。
- 基于停电持续时间的罚金（1），针对的是一年内累积的停电总时间多于预

定时间（如6h）。

- 基于停电持续时间的罚金（2），针对的是超过预定持续时间（如18h）的每次用户停电。
- 与停电和需求相关的罚金，该罚金作为实际断电负荷的函数来增加基于停电次数的罚金。这意味着可能不是居民用户的更大的用户，与更高的罚金相关联。
- 与停电持续时间和电量相关的罚金，该罚金作为实际断电负荷的函数增加基于停电持续时间的罚金。这种罚金基于因停电而未供给用户的电量（kW·h），同样意味着可能不是居民用户的更大的用户，与更高的罚金相关联。

图8.22显示了大多数罚金的关键决定性参数，其中有两个持续时间阈值：

- “A”是将故障在统计学上定义为永久或持续（瞬时/永久边界）的持续时间。这因国家而不同，也随着监管期而异。典型值为5min，但在英国已从最初的1min延长到了现在的3min。
- “B”是永久停电持续时间足以证明罚金合理性的持续时间。
- “A”和“B”之间的间隔表示罚金是基于停电的累积或者是实际停电持续时间和断电负荷的函数。

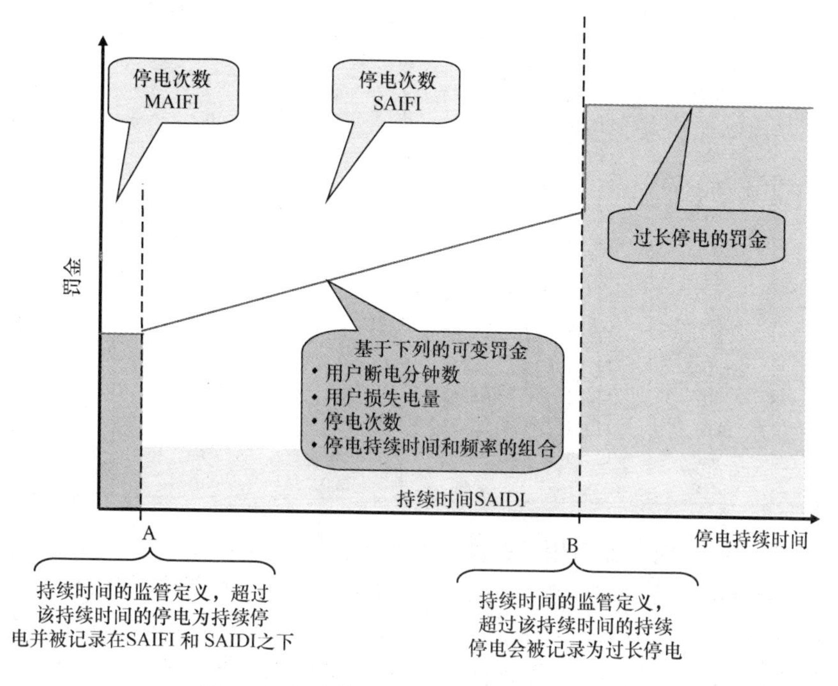

图8.22　罚金的类型和定义的阈值的总结

有的监管部门规定，罚金以现金的形式支付给受影响用户，而其他监管机构将罚金直接加到电力公司身上，例如通过对允许的年运营利润进行限制。两者都为电力公司提供了一种衡量其配电网向用户供电的有效性的方式，并为改进提供了一定的财务动机。

这些罚金的作用可以通过考虑一些适用于长农村网络的典型值来进行说明。农村长架空线路由30km的架空线来模拟，用一个电源变电站处的断路器来控制。由于该断路器未配备自动重合，系统上的所有故障都会导致断路器跳闸，无论是瞬时还是永久故障。

模拟的架空线故障率为每年每百公里37.2次瞬时故障及12.4次永久故障。维修时间为5小时，三个分段开关可以在1小时内动作。

有12个负荷点，每个负荷点带80个用户，每个负荷点总的变电站负荷为300kVA。

有了这些信息，线路的平均可靠性可以被计算出来，结果如下：

- SAIDI = 每年36.51小时
- SAIFI = 每年11.51次停电

表8.12显示了可靠性指标和结果沿馈线的分布情况。

表8.12 典型馈线的可靠性指标

变电站	用户	SAIFI	SAIDI	负荷	电量损失/（kW·h）	
					每位用户	总计
7	80	11.51	23.72	300	40.04	3203
9	80	11.51	23.72	300	40.04	3203
12	80	11.51	21.76	300	36.72	2937
15	80	11.51	26.66	300	44.98	3599
16	80	11.51	26.66	300	44.98	3599
19	80	11.51	48.65	300	82.09	6567
23	80	11.51	48.65	300	82.09	6567
24	80	11.51	48.65	300	82.09	6567
25	80	11.51	48.65	300	82.09	6567
28	80	11.51	48.65	300	82.09	6567
29	80	11.51	48.65	300	82.09	6567
33	80	11.51	23.72	300	40.04	3203
平均	na	11.51	36.51	na	na	na
总计	960	na	na	3600	na	59，146

考虑到讨论的罚金如何用于样本网络，可以发现以下几点：

（1）基于停电次数的罚金。由于单个的保护点（电源断路器），所有用户每年的停电次数相同，均为11.51次。因此，如果罚金机制是向每年有5次以上停电的每位用户支付50美元，电力公司将需要支付960×$50即$48000的罚金。但是，实际的停电是由瞬时故障和永久性故障引起的，如果瞬时故障可以由电源重合闸处理，那么只需要计算永久故障引起的实际停电的罚金。其结果将是持续停电的显著下降，以及对应罚金的减少。

（2）基于停电持续时间的罚金（1）。如果罚金机制是向每年停电超过6h的每

位用户支付40美元，电力公司将需要支付960×$40即$38400的罚金。但是，如果机制改为向每年停电超过30h的用户支付60美元，那么只有由变电站19、23、24、25、28和29供电的用户才符合条件，电力公司将需要支付480 ×$60即$28，800的罚金。

（3）基于停电持续时间的罚金（2）。给出SAIDI数据的表格显示了该年份的总停电持续时间，但不会将总停电持续时间分解为不同故障的不同持续时间，因为大多数可靠性软件都假设给定网络位置处的故障总是具有相同的恢复时间，无论恢复是通过切换还是通过维修。实际上，因为切换时间和维修时间还取决于其他因素如恶劣的天气状况等，这会拖延切换和维修时间。因此，实际停电持续时间会有所变化，但这种变化不会影响这里显示的平均年停电持续时间。

但是，如果实际测量显示30位用户发生一次超过一定限值的停电，则可以计算这方面的罚金。假设罚金基于$75，适用情况是每次超过18h的停电，那么电力公司需要每年支付30×$75即$2250的罚金。

（4）与停电次数和负荷相关的罚金。这类罚金以停电次数和用户负荷的乘积为基础，单位为kW。相关负荷可以是负荷的最大需求，也可以是故障时的负荷。如果假定最大需求量，那么从表中可以看到，针对停电的乘积为11.51×12×300=41,436（kW），如果罚金费率为$1.5/kW，那么电力公司将需要每年支付$62,154。

罚金的实际分配取决于单个用户的负荷，例如，负荷为100kW的用户将产生$1,727的罚金；而负荷为5kW的用户，可能为居民用户，每年会产生$86的罚金。

如果罚金基于停电时的负荷，则需要通过自动读表来直接测量停电时的负荷或者根据负荷曲线和停电的开始时间进行额外的计算。因为停电的负荷不可能超过最大需求，因此与负荷相关的实际罚金会变少。

（5）与停电持续时间和负荷相关的罚金。这类罚金以缺供电量的值为基础。通过计算模型中的各变电站的负荷，并假设功率因数为0.9，负荷系数为0.5，可以计算出一年中因故障而缺供的电量。从表中可以看出结果为每年59，146kW·h。

在撰写本书时，挪威的监管机构已经开始对工业或商业用户的每kW·h缺供电量处以38挪威克朗（NOK）或约$4.20的罚金，并对其他用户的每kW·h缺供电量处以2 NOK或约$0.20的罚金。如果使用这些费率，若所有用户都是工业或商业用户，则电力公司需要支付59146×$4.20即$248k的罚金；或者如果所有用户都是非工业或非商业用户，电力公司需要支付59，146×$0.20或$11.8k的罚金。实际上，用户类型的混杂会保证实际的罚金在这两个极值之间。

电力公司可能招致的实际罚金可以很容易地通过故障和停电报告计划来确定，如由英国供电企业运营的国家故障和停电报告计划（NAFIRS）。当用来计算罚金的报告计划由支付罚金的同一组织控制时，监管机构很自然的要进行随机检查。这种系统可以通过一种拨号报告设备来创建，这种设备安装在几个关键的个体用户处来报告供电故障。

3. 典型的罚金

基于性能的监管（PBR）在全球范围内日益普及，因为停止服务的监管正在变得过时。监管者正在为配电公司引入 PBR 计划来缓解监管流程的负担、改善用户服务、增加电力公司股东的利润以及降低用户的费用。

（1）北美。“金融时报”[㊀]介绍了北美 PBRs 的一些例子。PBR 的严重程度因州而异，重点是鼓励如实报告性能统计数据，就像对威斯康星州和伊利诺伊州电力公司新的报告要求那样，而不是像加利福尼亚州和纽约州实施的那样完成预定义的可靠性标准和罚金。但是，监管者可以很自然地使用这些信息对电力公司进行基准测试并设定平均性能数据。在威斯康星州，电力公司每年都要报告可靠性统计数据（SAIFI，SAIDI 和 CAIDI）及网络改进项目、可靠性计划、已完成和计划的维护等年度报告的细节，以及按地区划分的用户满意度指标。在伊利诺伊州，所有电力公司每年都要报告他们的可靠性指标（SAIDI，SAIFI，CAIDI 和 MAIFI）、网络改进预算和提高可靠性的措施。对于每次事件，如果停电超过了 3h，影响了 10，000 个或更多用户，就必须提交特别报告。表 8.13 列出了加利福尼亚州的监管者在 1999 年为 San Diego Gas&Electric 批准的 PBR。

表 8.13 1999 年加利福尼亚州的监管机构为 San Diego Gas & Electric 批准的 PBR

	目标值	诱因值/百万美元	最高奖励小于或等于	最高罚金等于或大于
		系统可靠性		
SAIDI	52 分钟/年	3.75	52 分钟/年	67 分钟/年
SAIFI	0.90 次停电/年	3.75	0.75 次停电/年	1.05 次停电/年
MAIFI	1.28 次停电/年	1.00	0.95 次停电/年	1.58 次停电/年
		员工安全性		
OSHA 报告率	8.8	3	7.6	10
		用户满意度		
非常满意	92.5%	1.5	94.5%	90.5
		呼叫中心响应		
60s 内回复的呼叫	80%	1.5	95%	65%

（2）斯堪的纳维亚。监管者正在引入他们自己的 PBR，监管机构为整个国家制定了一条平均性能曲线，并为低于平均性能的电力公司制定了罚金激励措施，良好的可靠性表现是对投资模型的正面补充。

在挪威，2001 年引入了基于电量的罚金，对持续停电（ >5min）的商业/工业

㊀ Davies，R.，基于性能的可靠性监管，金融时报能源部分，电子资源。

用户的费率为38NOK/(kW·h)，对居民用户的费率为4.2NOK/(kW·h)。

在瑞典，2003年引入了完全不同的方法。所有的配电网投资、运营成本和可靠性都与一个合成的电网价值模型（GVM）进行比较，该模型对所有瑞典电网公司的性能进行了标准化处理。

芬兰采用了与瑞典类似的方法，使用数据包络分析（DEA）对电力公司性能进行基准测试，从而为每家电网公司制定了一个效率值取代GVM。

（3）英国。进入第三个监管期后，英国已经推出了一个为期三年的信息激励计划（IIP），该计划将迫使电力公司向监管者提供重要的运营和投资数据作为设定的奖金，即罚金激励的回报。该计划运行期为监管期的最后3年，并为每家配电公司设定了目标来反映提交给监管者和外界的个体CAPEX和OPEX计划。

该计划分为两大类，即风险收益（RAR）和超常表现红利，后者也被称为超常表现区（A of O）。

1）风险收益。风险收入计划对网络性能和电力公司被允许获得的收益进行平衡。实际上，这意味着如果供电质量不满足预定目标，那么电力公司的收益就会减少。应该注意的是，减少的是实际收益，而不仅仅是那些收益的利润率。

每个电力公司为平均停电次数（SAIFI）和平均停电持续时间（SAIDI）设定了一个目标，图8.23中对全国的SAIFI和SAIDI进行了总结。

左图显示了每年停电的目标曲线，其中2004/5年的目标得到加强。在每年的年末，实际的历史指标与目标曲线进行比较：

- 如果性能好于目标，则没有收益处于风险之中，但同时，至少在该计划的这一部分，电力公司不会从超出目标的性能中获得收益。
- 如果性能低于目标水平，则电力公司的收益会按比例减少，直至预定的最大值或最差点。最差的情况通常比实际的目标水平高出20%，并且已经被用来防止实施过高的罚金，例如在天气极端恶劣的期间内。

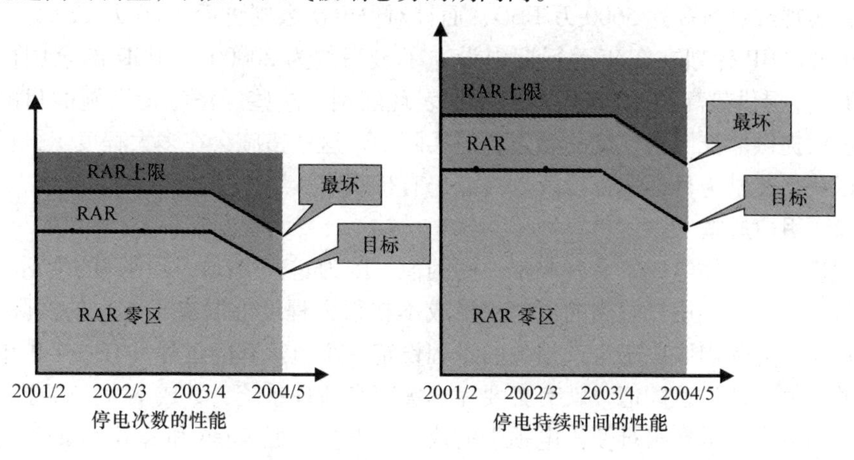

图8.23 英国信息和激励计划（IIP）基于全国的情况

经过3年运行期，如果不是所有电力公司达到目标，实际累计的收益将停止增长，总计约5500万美元。

图8.23显示了针对停电持续时间的类似情况，其中目标曲线和最差水平进行了明确定义。同样，目标在第三年收紧，并且总的3年RAR接近14000万USD。停电次数和持续时间的性能是针对每个电力公司分别测量得出的，因此，电力公司很可能只有针对一个而不是两个测量的目标。

2）超常表现红利。RAR方案已经被开发出来用于奖励那些提供了超出目标值服务的电力公司，如图8.24所示。

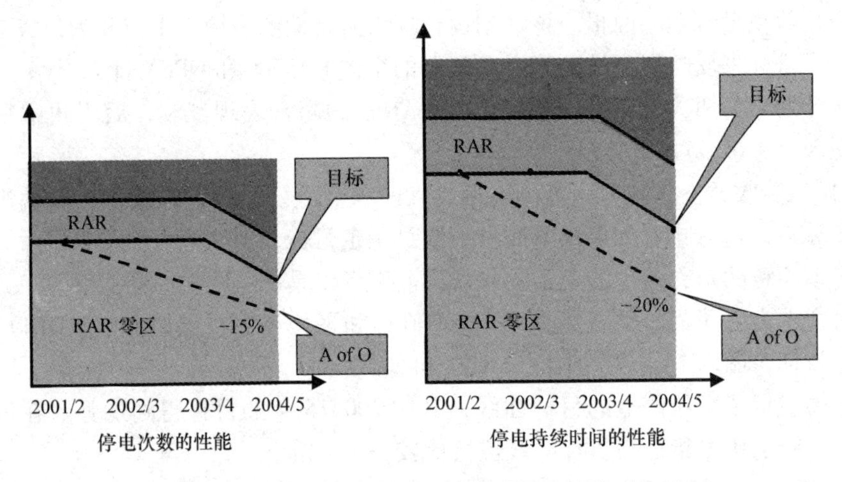

图8.24　IIP基于全国的情况，显示了机会区域（A of O）

只有电力公司同时达到持续时间和停电次数的目标时，才会支付超常表现红利。对于停电次数，将对最大不超出目标15%的改善按比例支付红利。对于持续时间，将对最大不超出目标20%的改善按比例支付红利。针对持续时间，三年总的超常表现红利将高达5600万USD，而针对停电次数则将近2400万USD。

因此，IIP计划在3年运行期内设立了最高约为20000万USD的全国性罚金（RAR）并提供最高约为9000万的超常表现红利。这些经济激励措施的目的是为电力公司提供监控网络性能的动力，但实际中，这些措施会在多大程度上鼓励电力公司以获得奖励为目标进行投资这一点仍有待观察。

8.13.2　用户成本

用户看到的停电成本具有非常不同的值，因为它直接反映了用户的生活，更重要的是生产损失。用户看到的供电故障成本在很大程度上取决于电力的实际用途，大用户通常为他们取决于生产损失的进程设定一个值。有的过程具有一个停电持续时间的阈值，超过该阈值，就有必要完全关闭和清理系统，其成本大大高于达到阈值之前的成本。虽然很难使供电损失的成本一般化，但Allen和Kariuki的研究已经证明在评估用户成本方面非常有用[1,2]。该研究能够根据用户的停电持续时间和类

型确定单个、非计划停电的典型成本，给出了相对用户年用电量进行标准化后的成本，见表8.14，其中，标准化后成本的单位为GNP/年用电量MW·h/规定持续时间的停电。

表8.14　不同停电时间下的年停电成本

负荷种类	停电次数				持续时间			
	0 0	0.0167 1	0.333 20	1 60	4 240	8 480	24 14，400	小时数 分钟数
商业	0.46	0.4800	1.640	4.910	18.13	37.06	47.58	
工业	3.02	3.1300	6.320	11.94	32.59	53.36	67.10	
居民	0.00	0.0000	0.060	0.210	1.440	1.44	1.44	
大用户	1.07	1.0700	1.090	1.360	1.520	1.71	2.39	

注：持续时间为零的停电表示暂时停电的成本——MAIFI。

这些标准化数据可以根据当地经济情况通过比例系数进行调整。Kennedy[3]给出了发展中国家、OECD和东欧/前苏联的人均国民生产总值，然后调整这些数据得出人均购买力平价（PPP，实际收入指标）（见表8.15）。利用上述关系来估计这些地区停电的相对价值，例如，Allen和Kariuki提供的数据[1,2]适用于经合组织中的英国，所以当考虑发展中国家时系数为3300/19500即0.17。另外，这些数字可以转换为本地货币或可接受的基准货币，如通过当前汇率（如1£=1.40美元）转换为美元。

表8.15　根据经济区域选定的人口数据

	人口		收入，国民生产总值/美元			
	百万	（%）	十亿	（%）	人均费用	人均PPD
发展中国家	4450	75.5	3800	13	850	3300
OECD	900	17.0	25.000	84	27.500	19.500
EE/FSU	400	7.5	800	4	2000	5500
总计	5750	100.0	29，600	100	5150	7000

8.13.3　经济价值

配电公司赋予每次停电的经济价值对其业务至关重要，因为改善用户供电质量的投资必须与收益进行权衡，其中一些是主观的。下面的例子采用了上面讨论的不同成本，将很好地说明这一点。所讨论的场景是在一个发展中国家，其系统的增长已经超过了现有的投资，产生的后果就是降低了一个工业园区的供电质量，而在这个工业园区，一个专业的工业用户正在承受供电质量差的困扰。峰值负荷为2MW，此时功率因数为0.9、负荷系数为0.72，则可靠性统计数据见表8.16，年用电量为

$$
\begin{aligned}
\text{年 MW} \cdot \text{h} &= \text{需求量 MW} \times \text{负荷系数} \times \text{功率因数} \times \text{一年中的小时数/年} \\
&= 2 \times 0.72 \times 0.9 \times 8760\text{MW} \cdot \text{h/年} = 11353\text{MW} \cdot \text{h/年}
\end{aligned}
$$

表 8.16 工业园区供电点的可靠性水平

指标	初始情况	改善情况	改善程度（%）
MAIFI	9.28	4.99	46.2
SAIFI	2.52	1.44	42.9
SAIDI	9.14	4.78	47.7
CAIDI	3.63	3.31	8.8

1. 公司停电价值

该用户的停电对电力公司的价值计算如下，假定当地的电量售价等效为 0.05 美元/kW·h，利润率为 10%。就电力公司售电损失的利润而言，年平均停电成本为

用户每年的用电量 MW·h × SAIFI × CAIDI × 售电量的利润率 = 11353 × 2.52 × 3.63 × 0.05 × 0.1 × (1000/8760) 美元/年 = 59.3 美元/年。

向该用户售电的年收益 = 11353 × 0.05 × 1000 美元/年 = 567650 美元/年。

用户可能采用补救措施安装自己的发电设施而造成收益损失的年风险利润为

用户的年用电量 MWh × 售电量的利润率 = 11353 × 0.05 × 0.1 × 1000 美元/年 = 56765 美元/年。

2. 用户停电成本

用户的年停电成本计算如下。通过计算用户的平均停电时间，从表 8.16 可以看出 CAIDI 为 3.63h，从表 8.14 可以看出工业用户的停电成本在 11.94（1h）~ 32.59（4h）之间。例子中的停电成本根据表中两点之间的线性插值可以确定为 18.10（3.63h）。由于用户是在处于发展中国家，并且更喜欢用美元作为基准货币，因此成本数字需要按照前面所述的系数进行调整，如下所示：

标准化的停电成本(NIC) = GBP × 成本调整系数 × 汇率

= 18.10 × 0.17 × 1.4 美元 = 4.31 美元/年用电量 MW·h/持续 3.63 小时的停电

现在，将该标准值调整为该用户每年 11，353MW·h 的用电量，则

单次停电成本（SIC） = NIC × 年用电量 MW·h = 4.31 × 11353 美元 = 48，931 美元/持续 3.63 小时的停电。

负荷总线平均每年经历的停电次数由 SAIFI 的值（2.52）给出。持续停电（ASIC）的年成本为

ASIC = 48，931 × 2.52 美元 = 123，307 美元。

瞬时停电的年成本（AMIC）为表 8.14 中针对工业用户零停电持续时间（3.02）调整后的 NIC 乘以负荷的平均瞬时停电频率（MAIFI）为

AMIC = 0.72 × 9.28 × 11353 美元 = 75856 美元

用户总的年停电成本为

总的平均年停电成本 = ASIC + AMIC = 199，163 美元

用户自己评估的 2h 停电成本验证了 Allen 和 Kariuk 方法得出的持续停电成本。

3. 经济价值的比较

评估平均年停电的不同经济价值在电力公司面临供电质量问题时提供了一定的视角。电力公司的结论是，通过安装一些重合器和远程控制形式的自动化，可以显著提高母线处的可靠性水平。这种改进的成本约为 3.72 万美元，如果按 5 年进行分摊，年成本为 7，440 美元。相比之下，用户评估了以 46 万美元或 5 年内每年 9.2 万美元的资本投资来安装和运行自己发电设备的可能性，其年运行成本为 0.056 美元/（kW·h）。最后需要考虑的是，该国准备实行的放松管制正在考虑采用挪威的罚金模型，该模型将工业用户价值设定为停电的每 kW·h 电 4.75 美元。表 8.17 给出了各种选项下产生的成本的价值。

表 8.17 不同停电价值及其对 DA 决策过程影响的比较

	情况 1	情况 2	情况 3	情况 4
	初始状况	网络改进	用户安装自己的发电	规定的罚金
公司	USD/年	USD/年	USD/年	USD/年
因每年停电造成的售电量利润损失	59	31	0	31
风险收益/损失的收益	567650		567650	
风险利润/损失的利润	56765		56765	
用于改进的资本支出		7440		7440
因改善而未支付的罚金				26971①
客户				
电量成本（1）	567650	567650	635768	567650
停电成本（2）	199163	102586		102586
发电投资成本（3）			92000	
总的用户成本（4）	766813	670236	727768	670236
总成本（4）占停电成本（2）的百分比（%）	25	16	0	16

① 电网改善前后的罚金差异（$56313 at SAIFI 2.52，CAIDI 3.63；$29342 at SAIFI 1.44，CAIDI 3.31）。

针对这种情况，可以得出以下几点：

- 在本例中，减小损失售电量的纯经济价值本身不足以支付实施网络改进项目的成本（情况 2）。
- 电能质量的初始状况使电力公司面临重大收入损失的风险。其他用户的行为可能会在其他地点复制，从而进一步增加收益损失。

• 初始状况（情况 1）对用户的经济成本高于通过安装和运行他们自己的发电设备来改善情况的成本。

• 虽然电力公司无法通过对损失售电量的节省进行严格的成本计算来证明实施网络改进项目的合理性，但是如果用户安装了自己的发电设备，未能进行改进将使企业面临每年损失收益的巨大风险。这种机会损失远高于改进项目的成本，因此通过机会成本的方法证明合理性在这种情况下似乎是有效的。

• 基于挪威模型的罚金环境提供了重要的激励措施，从而允许电力公司在 2 年内收回投资。

这个例子是为了说明经济价值不能仅仅基于电力公司的成本核算惯例，而必须考虑一些周围的主观（软性）问题，特别是顾客对其业务需求和忠诚度的理解。尽管只考虑了一个用户，但分析时可以考虑工业园内的其他用户，这些用户虽然还没有意识到供电质量差的成本，但会增加风险收益或可能为了更好的供电质量接受更高的电量成本。

8.14 结论

本章首先将收益分为四类：直接和间接，软性和硬性。一旦按年计算，投资成本和年收益可以用来指导投资决策，可采用的公认方法有

• 成本相对节省的累积现值；
• 显示投资回收期的收支平衡分析；
• 内部收益率（IRR）等。

无论采用哪种方法，将收益分为四类的思想，其中电力公司决定哪些收益基于可靠数据并因此是“硬性”而不是“猜测”或“软性”收益，将向决策者提供对商业案例中不确定性的清晰认识。图 8.25 显示了 10 年期间产生收益的累积现值以及在这种情况下软性收益相对较小的贡献。

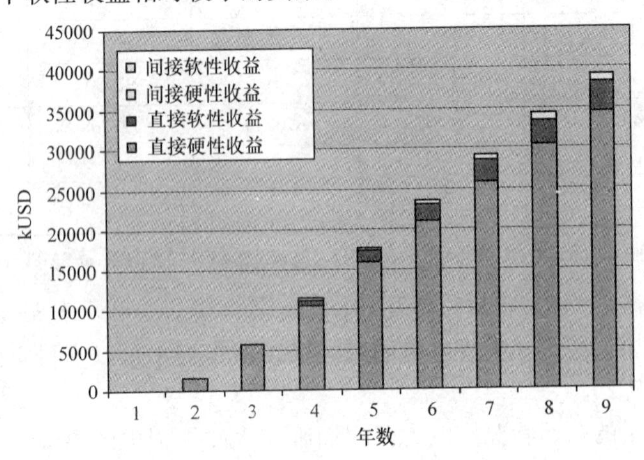

图 8.25　DA 项目收益流的累积现值

如图8.26所示，同样的收益信息可与10年内分摊的年化投资成本进行比较。在这种实施和财务假设下，系统投资回收期约为3年，间接和软性收益对决策而言几乎没有不同。

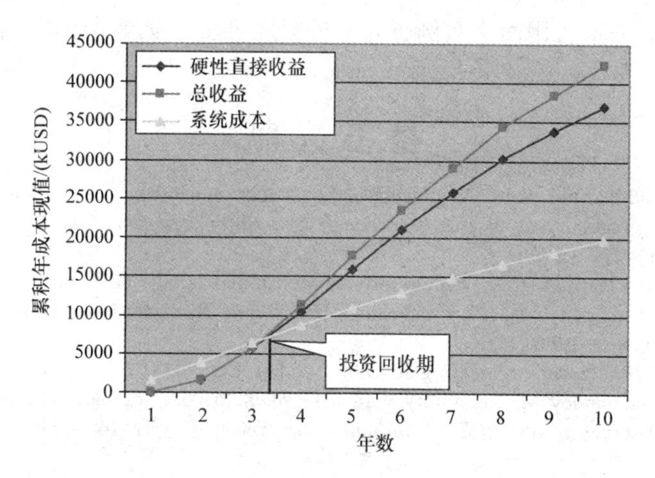

图8.26　采用年收益和投资支付的累积现值分析的投资回收期

内部收益率是指年成本的累计现值等于分摊期内节省的累计现值时的利率。对于同一个例子，这种情况如图8.27所示。内部收益率是成本现值与收益现值的比率为1时的测试利率，在这种情况下内部收益率为47.3%。

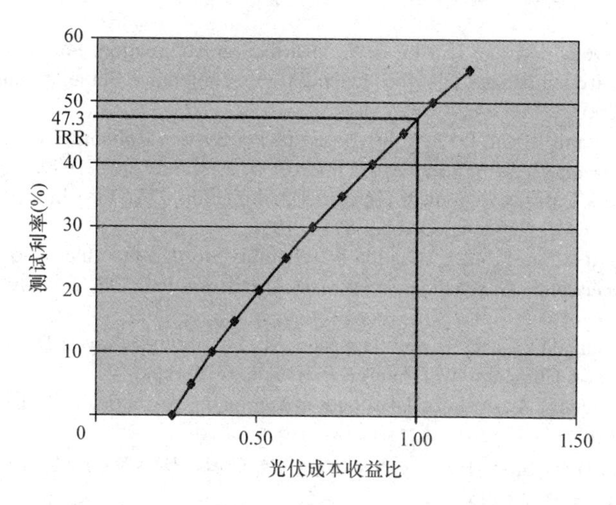

图8.27　确定内部收益率的相对成本vs测试利率图

本章的目的是将创建配电自动化业务案例所需的所有组成部分集合在一起。每个案例都会有所不同，并且有必要对可用数据、运行环境和业务优先级等所有因素进行评估。某些中央应用功能仅在响应时间方面产生了渐进式改进，因此证明合理性的唯一方法就是考虑这些小改进产生的收益。在持有费用、折旧和税收方面对经济评估原则的处理是非常基本的，如果需要进行超出本书范围的更复杂分析，建议读者参阅介绍盈利能力和经济选择的专业文献。

本书的最后一章将用两个案例研究来举例说明如何发展关于两个截然不同的实施的商业案例。

参考文献

1. Allan, R.N. and Kariuki, K.K., Applications of customer outage costs in system planning, design and operation, *IEE Proceedings Generation, Transmission, Distribution,* 143, 4, July 1996.
2. Allan, R.N. and Kariuki, K.K., Factors affecting customer outage costs due to electric service interruptions, *IEE Proceedings Generation, Transmission, Distribution,* 143, 6, Nov. 1996.
3. Kennedy, M., *IEE Power engineering Journal,* London, Dec. 2000.
4. Billinton, R. and Pandey, M., Reliability worth assessment in a developing country — residential survey results, *IEEE Transactions on Power Systems,* 14, 4, Nov. 1999.
5. Tobias, J., Benefits of Full Integration in Distribution Automation Systems, Session Key Note Address, CIRED 2001, Amsterdam, June, 18–21, 2002.
6. Ackerman, W.J., Obtaining and Using Information from Substations to Reduce Utility Costs, ABB Utility Engineering Conference, Raleigh, NC, March 2001.
7. Bird, R., Substation Automation Options, Trends and Justifications, DA/DSM Europe, *Conference Proceedings,* Vienna, Oct. 8–10, 1996.
8. EPRI, Guidelines in Evaluating Distribution Automation, Final Report, EPRI EL-3728, Nov. 1984.
9. Delson, M., McDonald, J. and Uluski, R.W., Distribution Automation: Solutions for Success, Utility University, DistribuTECH 2001 Preconference Seminar, San Diego, Feb. 4, 2001.
10. Chowdhury, A.A. and Koval, D.O., Value-Based Power System Reliability Planning, *IEEE Transactions on Industry Applications,* 35, 2, March/April 1999.
11. Bird, R., Business Case Development for Utility Automation, DA/DSM Europe, *Conference Proceedings,* Vienna, October 8–10, 1996.
12. Kariuki, K.K. and Allan, R.N., Evaluation of reliability worth and value of lost load, *IEEE Proceedings, Generation, Transmission, Distribution,* 143, 2, March 1996.
13. Laine, T., Lehtonen, M., Antila, E. and Seppanen, M., Feasibility Study of DA in a Rural Distribution Company, *VTT Energy Transactions*, Finland.
14. Burke, J., Cost/Benefit Analysis of Distribution Automation, American Electric Power Conference.
15. Clinard, K., The Buck Stops Here — Justifying DA Costs, *DA&DSM Monitor,* Newton Evans Inc., May 1993.
16. Born, J., Can the Installation of GIS be Decided by Cost/Benefit Analysis, *Proceedings AM/FM/GIS European Conference VIII,* Oct. 7–9, 1992.
17. Walton, C.M. and Friel, R., Benefits of Large Scale Urban Distribution Network Automation and their Role in Meeting Enhanced Customer Expectation and Regulator Regimes, CIRED, 2000.

18. Cepedes, R., Mesa, L., and Schierenbeck, A., Distribution Management System at Epressas Publicas de Medellin (Colombia), CIRED 2000.
19. Jennings, M. and Burden, A.B., The Benefits of Distribution Automation, DA/DSM Europe, *Conference Proceedings,* Vienna, Oct. 8–10, 1996.
20. Staszesky, D. and Pagel, B., International Drive Distribution Automation Project, DistribuTech, San Diego, Feb. 2001.
21. Isgar, P., Experience of Remote Control and Automation of MV (11 kV) substations, CIRED, 1998.
22. Ying, H., Wilson, R.G. and Northcote-Green, J.E., An Investigation into the Sensitivity of Input Parameters in Developing the Cost Benefits of Distribution Automation Strategies, DistribuTech, Berlin.
23. Burke, J.J., Cost/Benefit Analysis of Distribution Automation, *IEEE Power Engineering Proceedings.*
24. Phung, W. and Farges, J.L., Quality Criteria in Medium Voltage Network Studies.
25. Wainwright, I.J. and Edge, C.F., A Strategy for the Automation of Distribution Network Management Functions, DA/DSM Europe, Vienna, Oct. 8–10, 1996.

第9章

案例研究

9.1 简介

前面章节中讨论的概念应用不可避免地需要适应真实情况才能对特定公司的业务优先级和承受的压力进行解释。在开发需要经受管理审查的商业案例时，需要对所需数据的可用性和质量进行折衷。本章将通过两个案例对基于第8章方法的配电自动化进行说明，在开发这些商业案例时，将试着根据收益的贡献和软硬程度确定收益的优先级。

9.2 案例1：长的农村馈线

9.2.1 性能评估

该案例中的系统是一个北欧的真实网络，包括一个带单个16MVA变压器的电源变电站，变压器为20kV母线供电。网络加载的最大负荷为8159kVA，为2272个用户供电。电源变电站位于图9.1的中心，选择由变电站指向北的三条线路中的一条（加粗的），这条馈线包括：

图9.1　案例1中长的农村馈线的地理网络图

- 位于电源端3.9km长的电缆
- 39.2km的架空线
- 725个用户
- 1508kVA的最大负荷
- 17个开关和开关熔断器
- 变电站处由SCADA控制的馈线电源断路器

大约在线路中间处还有一个20/10kV的变压器，用来将原先10kV的系统电压

升高到离电源最近区段的20kV。该线路没有扩展控制（FA）。

虽然电网性能在除恶劣天气以外的情况下被认为是可以接受的，但准备放松管制的电力公司正在考虑对其网络引入馈线自动化，并且想看一下收益是否足以证明这种实施是合理的。

研究的第一步是将电网性能制成正式表格并预测扩展控制下性能的改善。现有的性能水平通常根据停电记录来确定，停电记录可以用来校正基于可靠性的规划模型，而该模型用来预测不同 AIL 下的性能。这种预备分析给出了表 9.1 中增长的自动化水平下的结果，其中

- 0 级 AIL——无扩展控制
- 1 级 AIL——将扩展控制和自动重合添加到电源断路器
- 2 级 AIL——在 1 级基础上将扩展控制添加到常开联络开关
- 3 级 AIL——在 2 级基础上将扩展控制添加到中点开关
- 4 级 AIL——在 3 级基础上将扩展控制添加到 10 个线上开关

表 9.1 不同 AIL 下的馈线性能水平

	扩展控制的水平				
性能水平	0 级	1 级	2 级	3 级	4 级
MAIFI	0	31.39	31.39	31.39	31.39
SFIFI	27.44	7.29	7.29	7.29	7.29
SAIDI	96.28	25.42	20.24	18.33	12.44
CAIDI	3.51	3.49	2.78	2.51	1.71

计算中用到的数据如下：

- 瞬时故障率为每 100km 72 次故障
- 永久故障率为每 100km 24 次故障
- 手动开关的切换时间为 1h、1.5h 或 2h，具体取决于到电源的距离
- 所有远程控制开关的切换时间为 10min
- 所有线路故障的维修时间为 5h

9.2.2 人员时间节省

人员时间节省（CTS）被认为是获得的主要收益之一并被选为第一种进行评估的收益，CTS 通过第 8 章推导出的表达式进行计算，这些节省的计算周期为 10 年，利率为 6%。

由线路图可见，选择的馈线有三个端和两个常开联络点（NOP）。根据公式，其 NCF 为 3。

线路长度为 43.6km，永久故障率为每 100km 每年 24 次故障，瞬时故障率为每

100km 每年 72 次故障。电力公司的人员成本为每小时 84 USD，考虑到当地的地形，每小时 20km 的平均速度是合适的。可以计算表 9.2 所示的各自动化强度下的 $D(m)$，并将其用于 8.9.3 节的公式。

- AIL0——无扩展控制（初始状况或基准情况）
  $D(m)=1.27$；因此，年成本为（$2\times1.27\times43.6\times43.6\times84\times72/100\times1/20$）USD = 14，601 USD
- AIL1——只有电源断路器的自动重合和扩展控制：
  $D(m)=0.96$；因此，年成本为（$2\times0.96\times43.6\times43.6\times84\times24/100\times1/20$）USD = 3679 USD
- AIL2——电源断路器和 NOP 的扩展控制：
  $D(m)=0.62$；因此，年成本为（$2\times0.62\times43.6\times43.6\times84\times24/100\times1/20$）USD = 2376 USD
- AIL3——电源断路器、NOP 和一个开关的扩展控制：
  $D(m)=0.47$；因此，年成本为（$2\times0.47\times43.6\times43.6\times84\times24/100\times1/20$）USD = 1801 USD
- AIL4——所有开关和 NOP 的扩展控制：
  $D(m)=0.31$；因此，年成本为（$2\times0.31\times43.6\times43.6\times84\times24/100\times1/20$）USD = 1188 USD

结果见表 9.2，表中还给出了这些节省的净现值，其中，项目寿命期为 10 年，利率为 6%。不同 AIL 下节省相对 FA 实施成本的比较如图 9.2 所示。

表 9.2　不同自动化水平 AIL 下人员时间节省的比较

	扩展控制的水平			
	AIL1	AIL2	AIL3	AIL4
与 AIL0 相比每年的总节省/kUSD	10.9	12.2	12.8	13.4
与 AIL0 相比 6% 利率下 10 年后节省的净现值/kUSD	80.4	90.0	94.2	98.7

有趣的是，至少对这条长的农村架空馈线，一直到 AIL3 10 年的收益都大于资本支出，由此可以得出结论，至少在本例中扩展控制的投资显然是合理的。

9.2.3　网络性能和罚款

监管机构可能对配电网表现差的电力公司处以罚款，而考虑典型的罚款如何应用于网络可能是有用的。三种最可能的罚款结构是基于

- 停电持续时间，其中如果年停电持续时间超过规定值的话电力公司需要支付罚款。
- 停电频率，其中如果一年中停电次数超过规定值的话电力公司需要支付罚款。停电可能是瞬时的（如不超过 3min），也可能是永久的，或者是二者的组合。

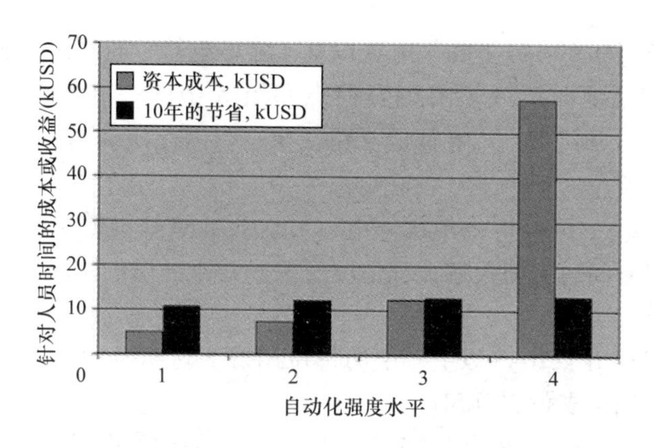

图 9.2 样本馈线上不同 AIL 下节省相对实施成本的比较

• 最长停电持续时间，其中电力公司向最长停电持续时间超过规定值的每位用户支付罚款。

图 9.3 给出了 AIL0 和 AIL3 两种扩展控制水平下相同网络的 SAIDI 和 SAIFI 的散布图，从图中可以看到明显的集群。为了清楚起见，图中添加了组名 A ~ D，如组 A 表示每年停电 35.2 次的负荷，此处停电持续时间在每年 100.3 ~ 132.1h 之间变化。因此，平均停电时间 CAIDI 在 2.85 ~ 3.75h 之间变化。

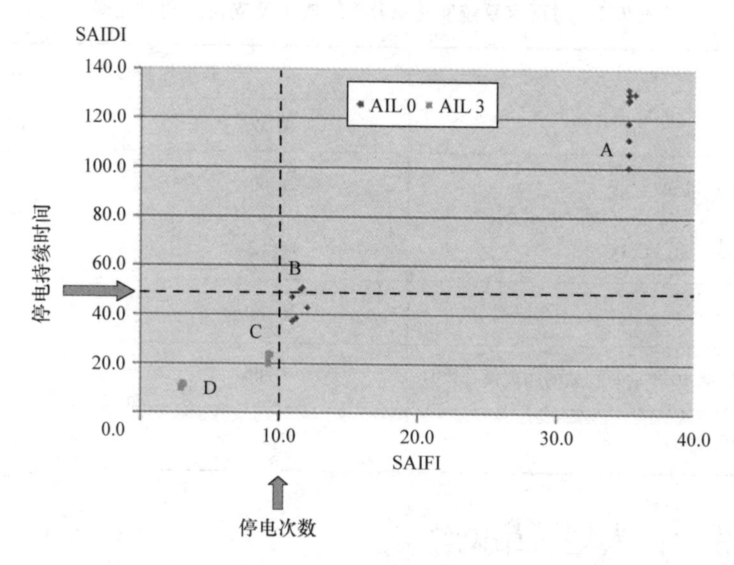

图 9.3 馈线上负荷点的年停电持续时间和停电频率的散布图

如果考虑对每年 10 次以上的停电处以基于停电次数的罚款，则可以看到，对于 AIL0，需要向网络上的所有用户（组 A 和组 B）支付罚款。但是，通过添加 AIL3，移到了组 C 和组 D，二者都低于罚款水平，因此添加 AIL3 的扩展控制产生了经济效益。

如果考虑对每年 50h 以上的停电处以基于年停电持续时间的罚款，那么可以看到，对于 AIL0，需要向组 A 所有的负荷点和组 B 中的一点支付罚款。通过添加 AIL3，移到了组 C 和组 D，二者都低于罚款水平，因此添加 AIL3 的扩展控制产生了额外的经济效益。

如果发生了超过 24 小时的单次停电，可能会导致基于最长停电持续时间的罚款，并且该持续时间通常与极端天气情况有关。对于考虑的网络，没有这么严重的停电故障。

假设向每年经历了 10 次以上停电的每位用户支付 40 USD，对每年经历了 50h 以上停电的每位用户支付 35 USD。

现在，因为组 A 和组 B 中有 45 个有资格获得基于停电频率的罚款的负荷点，并且每个负荷点平均有 12 个用户，那么每年基于停电频率的罚款计算如下：

停电频率罚款 =45 × 12 × 40 USD = 21600 USD

因为组 A 和组 B（一部分）中含有 35 个有资格获得基于停电持续时间的罚款的负荷点，那么该罚款计算如下：

停电持续时间罚款 = 36 × 12 × 35 USD = 15120 USD

表 9.3 总结了以上结果，结果表明 12.5 kUSD 的投资显然是合理的。

表 9.3　对现有系统实施 AIL3 的成本及支付的罚款比较

	扩展控制的水平	
	AIL0	AIL3
停电频率罚款/kUSD	21.60	0
停电持续时间罚款/kUSD	15.12	0
总罚款/kUSD	26.72	0
当利率为 6% 时 10 年后总罚款的净现值/kUSD	197.00	0
估计项目投资成本	NA	12.5

9.3　案例 2：大型城市网络

第 2 个案例基于亚洲某发展中国家一个非常大的城市网络。电力公司拥有的整个网络（二次输电网和配电网）都是手动操作的。最近的私有化已经对其管理层产生了改进系统性能并使操作实践现代化的压力。网络包括 66kV 和 33kV 的二次输电和 11kV 的中压配电，11kV 主要是为小型开关站和环网柜供电的电缆。大约有

100个电网变电站和8000个配电站，电力公司有2500MW的峰值负荷㊀并为大约2百万个用户供电。控制由五个分散的控制中心执行，主要进线供电点和二次输电的控制由针对所有二次输电和电网变电站的主控制室进行协调，其中切换由到电网变电站的电话来发起，所有电网变电站都是可以操作的。11kV系统的协调由四个运行分区的控制中心进行，控制中心通过电话联系要操作的电网变电站，通过无线电联系线路切换和维修人员。

通过推导或可用数据，下面将在减小人工成本、减小缺供电量和资产管理等方面对DMS产生的收益进行检验。

9.3.1 预备分析：人员时间节省

DMS的商业案例需要涵盖整个网络，因此，需要采用一种实际的筛选方法。选定一个被认为是典型结构的网络分区，在此基础上进行基本的分析来得出停电数据、网络复杂性因数和因增加自动化强度水平产生的人员时间节省。选定的区域包括2个电网变电站和29条11kV馈线，代表了网络的1/50，该区域通过运行单线图进行建模（见图9.4）

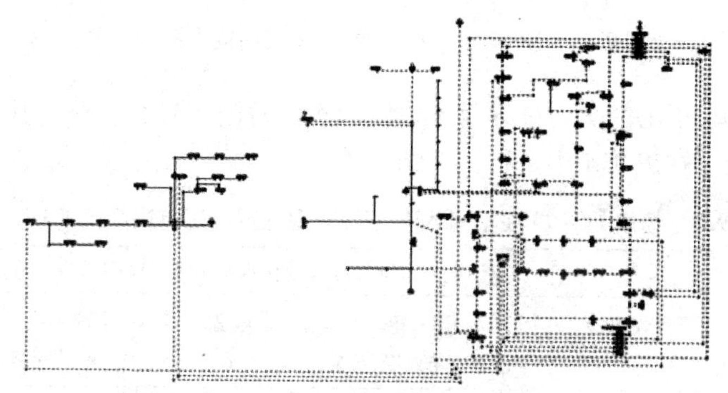

图9.4 整个11kV网络的1/50样本模型

尽管并不知道馈线分段的长度，但是经验表明运行示意图上的距离多数情况下也是足够精确的。计算所有29条馈线的NCF，考虑下面五种AIL情况：

- 情况1，现有系统（没有远程控制）
- 情况2，现有系统带电源断路器的SCADA控制㊁
- 情况3，现有系统带电源断路器和第一个开关变电站断路器的SCADA控制
- 情况4，现有系统带电源断路器、第一个开关变电站断路器和所有常开联络点的SCADA控制
- 情况5，现有系统带电源断路器、第一个开关变电站断路器、所有常开联络点和主馈线上第一个开关变电站和NOP之间额外开关的SCADA控制

数据有限，因此对不同NCF下增长的自动化水平带来的人员时间节省对比进行分析。本例包括了表示网络第一个开关变电站远程控制的自动化水平，因为这类

㊀ 例子中所有的公司数据经过了处理以隐去真实的地点

㊁ 该SCADA只应用于所有的电网变电站，并控制着11kV馈线电源断路器上游的所有断路器。

馈线布局先前没有进行过检验。对本例计算第3章提出的节省比较曲线，结果按之前所述的相同形式进行表示，如图9.5所示。

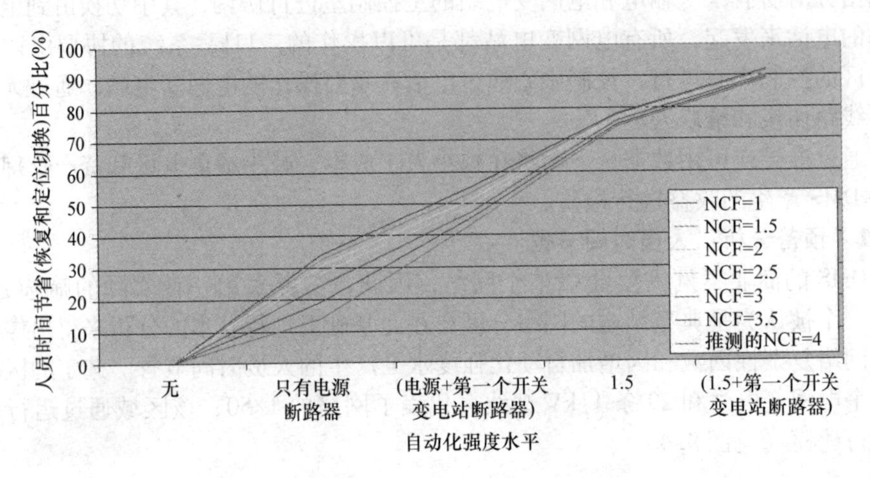

图9.5　为AIL和NCF函数的人员时间节省百分比

根据图9.5给出的关系推导每条馈线的人员时间节省百分比，其中馈线11－29的结果作为例子在表9.4中进行了总结。

表9.4　馈线11－29在不同AIL下相对现在系统运行进程的CTS比较

馈线名	计算	亚洲电力系统每种自动化水平下人员时间节省百分比				
		仅电源CB	电源CB+第一个开关变电站断路器	电源+1.5	电源+第一个开关变电站断路器+1.5	所有
11	1.0	34	55	78	92	100
12	3.5	19	45	75	89.5	100
13	1.5	32	53	78	91.5	100
14	**4.0**	**14**	**43**	**70**	**89**	**100**
15	1.5	32	53	78	91.5	100
16	3.0	24	47	76	90	100
17	1.5	32	53	78	91.5	100
18	1.0	34	55	78	92	100
19	**4.0**	**14**	**43**	**70**	**89**	**100**
21	2.0	31	51	77	91	100
22	3.0	2.4	47	76	90	100
23	1.5	32	53	78	91.5	100
24	1.5	32	53	78	91.5	100
25	3.0	24	47	76	90	100

（续）

馈线名	计算	亚洲电力系统每种自动化水平下人员时间节省百分比				
		仅电源CB	电源CB+第一个开关变电站断路器	电源+1.5	电源+第一个开关变电站断路器+1.5	所有
26	1.0	34	55	78	92	100
27	1.0	3.4	55	78	92	100
28	1.5	32	53	78	91.5	100
29	1.0	34	55	78	92	100
	2.02	31	51	77	91	100

注：NCF=4时的加粗数字是推出的。

分析结果给出了针对1/50网络样本的平均人员时间节省，该结果将用来对整个系统进行估算。总之，电网变电站处SCADA的引入使故障定位、隔离和恢复的人员出行成本立即减小了31%。第一个开关变电站的自动化进一步减小了20%，而NOPs的自动化又减小了另外的26%。馈线自动化产生的CTS的边际改善在AIL很高时为零（见图9.6）。

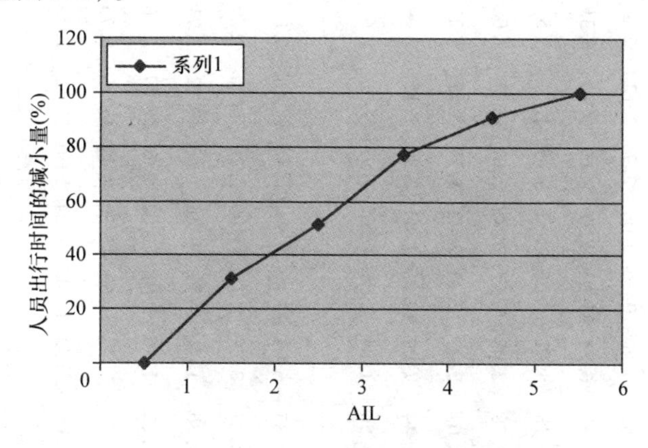

图9.6　AIL增加时CTS的改进百分比

9.3.2　预备分析：网络性能

可用的停电数据很有限，只能以一致的全系统方式收集有限时间内的统计数据。统计数据经过检查、插值计算和取平均值后得出一种标准作为分析的基础。样本网络应该对每年16h的SAIDI、每年4次的SAIFI以及4h的CAIDI做出解释。为了给出令人满意的结果，采用90min的切换时间和8h的维修时间对该分析模型进行相应地校正。对于密集的城市网络，尽管切换位置之间的距离较短，90min的切换时间相对较长但却反映了亚洲大城市中进行本地切换操作和出行速度慢的实际情况。只有在缺乏能够准确提供这种统计数据的完备的故障和事故报告系统的情况下才有必要进行估算。表9.5给出了针对之前相同的馈线（11~29）的分析结果以及总的结果。

表 9.5　样本网得出的结果

线路名称	情况 1：无 SCADA			情况 2：只有电源断路器					情况 3：电源和第一个开关变电站断路器					情况 4：电源断路器加 1.5					情况 5：电源断路器，第一个开关变电站断路器加 1.5				
	SAIFI	SAIDI	CAIDI	SAIFI	SAIDI	SAIDI % Imp	CAIDI	CAIDI % Imp	SAIFI	SAIDI	SAIDI % Imp	CAIDI	% Imp	SAIFI	SAIDI	SAIDI % Imp	CAIDI	CAIDI % Imp	SAIFI	SAIDI	SAIDI % Imp	CAIDI	CAIDI % Imp
11	1.8	10.6	3.78	2.8	10.39	1.80	3.71	1.85	2.8	10.36	2.08	3.7	2.12	2.8	5.55	47.54	1.98	47.62	2.8	5.55	47.54	1.98	47.62
12	6.31	36.2	5.73	6.31	35.94	0.69	5.7	0.52	6.31	35.91	0.77	5.69	0.70	6.31	31.65	12.54	5.02	12.39	6.31	31.65	12.54	5.02	12.39
13	5.51	19.5	3.53	5.51	19.26	0.98	3.49	1.13	5.51	19.23	1.13	3.49	1.13	5.51	14.07	27.66	2.55	27.76	5.51	14.07	27.66	2.55	27.76
14	2.08	8.1	3.89	2.08	7.85	3.09	3.77	3.08	2.08	5.55	31.48	2.67	31.36	2.08	5.69	29.75	2.73	29.82	2.08	4.95	38.89	2.38	38.82
15	3.22	12.5	3.87	3.21	12.2	2.01	3.79	2.07	3.21	12.11	2.73	3.77	2.58	3.21	7.02	43.61	2.18	43.67	3.21	7.02	43.61	2.18	43.67
16	7.09	19.6	2.77	7.09	19.39	1.17	2.73	1.44	7.09	19.25	1.89	2.71	2.17	7.09	10.9	44.44	1.54	40.40	7.09	109.9	44.44	1.54	44.40
17	1.84	6.72	3.65	1.84	6.49	3.42	3.52	3.56	1.84	3.56	47.02	1.93	47.12	1.64	4.22	37.20	2.29	37.26	1.84	3.03	54.91	1.64	55.07
18	—	—	—	—	—	—	—	—	—	—	—	—	—	—	—	—	—	—	—	—	—	—	—
19	6.04	27.7	4.58	6.04	27.46	0.83	4.54	0.87	6.04	27.43	0.94	4.54	0.87	6.04	24.61	11.12	4.07	11.14	6.04	24.61	11.12	4.07	11.14
21	2.29	7.98	8.34	2.29	7.75	2.88	3.38	2.87	2.29	5.18	35.09	2.26	35.06	2.29	4.59	42.48	2	42.53	2.29	2.57	67.79	1.12	67.82
22	1.71	5.49	3.21	1.71	5.25	4.37	3.07	4.36	1.71	2.79	49.18	1.63	49.22	1.71	3.25	40.80	1.9	40.81	1.71	2.42	55.92	1.41	56.07
23	1.16	3.86	3.32	1.16	3.62	6.22	3.12	6.02	1.16	3.01	22.02	2.6	21.69	1.16	2.36	38.86	2.03	38.86	1.16	2.14	44.56	1.84	44.58
24	0.75	2.98	3.96	0.75	2.79	6.38	3.71	6.31	0.75	1.63	45.30	2.17	45.20	0.75	2.02	32.21	2.68	32.32	0.75	1.72	42.28	2.29	42.17
25	2.33	15.1	6.49	2.33	14.88	1.59	6.38	1.69	2.33	13.42	11.24	5.76	11.25	2.33	13.51	10.65	5.8	10.63	2.33	13.49	10.78	5.79	10.79
26	—	—	—	—	—	—	—	—	—	—	—	—	—	—	—	—	—	—	—	—	—	—	—
27	0.64	3.17	4.93	0.64	2.94	7.26	4.57	7.30	0.64	2.91	8.20	4.52	8.32	0.64	2.5	21.14	3.88	21.30	0.64	2.5	21.14	3.88	21.30
28	3.59	11.4	3.16	3.59	11.1	2.20	3.09	2.22	3.59	7.9	30.40	2.2	30.38	3.59	7.05	37.89	1.96	37.97	3.59	7.05	37.89	1.96	37.97
29	2.21	5.61	2.54	2.21	5.41	3.57	2.45	3.54	2.21	5.39	3.92	2.44	3.94	2.21	5.23	6.77	2.37	6.69	2.21	5.23	6.77	2.37	6.69
Total	3.58	14.2	3.96	3.58	13.92	1.63	3.89	1.77	3.58	12.74	9.96	3.56	10.10	3.58	10.44	26.22	2.92	26.26	3.58	10.15	28.27	2.84	28.28

在每个电力系统中，性能总是相对平均值变化，如图9.7中建模的两个电网变电站所示。

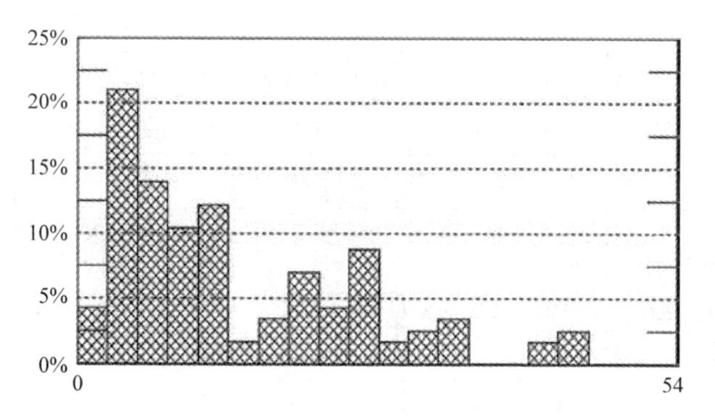

图9.7 两个电网变电站模型上的SAIDI分布

表9.6给出了电量节省的估计值。考虑到每个负荷点的SAIDI和相同的负荷系数0.55，对每个负荷点进行估算。必须注意的是，因为每个负荷点实际的负荷值和负荷系数是未知的，给出的估算值只能作为一种提示，进一步的工作可能会得到更可靠的数据。预备分析提供了继续创建由自动化获得预期收益的商业案例的基础。

表9.6 增长的自动化水平下缺供电量的节省

每个变电站的负荷和负荷系数恒定		每年损失的电量					以情况1为基准每年节省的电量							
位置		情况1	情况2	情况3	情况4	情况5	情况2	百分比	情况3	百分比	情况4	百分比	情况5
线路	11	6983	6855	6836	3664	3664	128	1.8	147	2.1	3320	47.5	3320
线路	12	41805	41511	41478	36553	36553	294	0.7	327	0.8	5251	12.6	5251
线路	13	16049	15886	15863	11608	11608	163	1.0	186	1.2	4440	27.7	4440
线路	14	12022	11658	8247	8449	7344	364	3.0	3775	31.4	3573	29.7	4678
线路	15	8214	8051	7995	4636	4636	163	2.0	219	2.7	3578	43.6	3578
线路	16	51809	51186	50813	28771	28771	623	1.2	997	1.9	23038	44.5	23038
线路	17	4438	4285	2351	2786	1997	154	3.5	2087	47.0	1653	37.2	2441
线路	19	45695	45301	44244	40610	40610	394	0.9	441	1.0	5085	11.1	5085
线路	21	6587	6390	4277	3783	2117	197	3.0	2310	35.1	2804	42.6	4470
线路	22	8151	7795	4149	4827	3592	356	4.4	4002	49.1	3324	40.8	4559
线路	23	5727	5375	4476	3506	3177	353	6.2	1251	21.8	2221	38.8	2550
线路	24	2952	2763	1618	2000	1703	190	6.4	1334	45.2	953	32.3	1249
线路	25	37424	36827	33214	33429	33377	597	1.6	4210	11.2	3995	10.7	4047

（续）

每个变电站的负荷和负荷系数恒定		每年损失的电量					以情况 1 为基准每年节省的电量						
位置		情况 1	情况 2	情况 3	情况 4	情况 5	情况 2	百分比	情况 3	百分比	情况 4	百分比	情况 5
线路	27	524	484	480	412	412	39	7.5	44	8.4	111	21.3	111
线路	28	16848	16490	11731	10472	10472	358	2.1	5118	30.4	6377	37.8	6377
线路	29	925	893	889	864	864	32	3.4	36	3.9	61	6.6	61
线路	网络示例	266155	261750	239672	196371	190898	4405	1.7	26483	10.0	69785	26.2	75.257

1. 人力节省

人力节省由以下方面产生：

- 因实施 SCADA 而降低的电网变电站人工水平
- 不同 AIL 下 11kV 馈线系统故障定位、隔离和恢复产生的人员时间节省
- 将五个控制中心合并为一个中央控制室而减少的控制室人员
- 提高由电网变电站运行人员完成的记录和故障报告以及准备中央汇总系统报告的效率

2. 电网变电站降低的人工水平

收益由自动化前后的人工成本得出。通过综合考虑实施自动化后电网变电站不同轮班的人员配备和运行人员类型的变化，可以得出收益为

年成本节省 =（每个变电站节省的工时）×（变电站数量）×（每小时的工时费率）-（运行和维护 SCADA 系统的工时）×（SCADA 运行人员每小时的工时费率）

本例中的数据如下：

在 100 个电网变电站中，每个变电站每 24h 有 3 次轮班，每次轮班有 2 名运行人员。另外，为各变电站指派了 100 名初级工程师和 25 名助理工程师，其中每位助理工程师负责 4 个变电站。

管理层已经决定，随着 SCADA 的实施可能会重新分配人员以适应无人变电站的引入。表 9.7 给出了自动化实施前后每月人工水平的成本差。新的人员将会代替现有电网变电站三班轮换的人员，并负责变电站维护管理、故障检修、为 SCAD A 系统提供数据以及维护 RTU 和 SCADA 接口。则每年因电网变电站人工减少而产生的人工节省收益为

年收益 =（自动化前人工成本）-（自动化后人工成本）=（178750 - 23320）×12 \$ = \$1,865,160

表 9.7 电网变电站人工成本

人工分类	职位/级别/类型	人员数量	月薪/$	月薪总额/$
自动化前	运行人员	600	220	13200
	助理工程师	25	550	13750
	初级工程师	100	330	33000
			总额	178750
自动化后	软件工程师	10	550	5500
	硬件工程师	10	550	5500
	助理工程师	8	550	4400
	初级工程师	24	330	7920
			总额	23320
自动化收益（每月）			差值	155430

3. 故障定位、隔离和恢复产生的人员时间节省

人员出行时间节省由关于网络状态的远程位置信息产生，从而可以更快地定位和隔离故障。这种改进随着特定的电压网络而不同。配有完全有人电网变电站的二次输电网络运行起来类似于带人工报告断路器动作的慢 SCADA 系统，而 11kV 系统完全取决于现场人员报告。因此，人员节省的改进主要通过网络自动化来实现。

通过计算现在的年人工成本来估算整个网络现在的年人工成本（见表 9.8）。利用表 9.2 中预备分析给出的节省百分比来得出表 9.9 中的实际节省。

表 9.8 人工费率

总成本/USD					
数量			每月费率/USD	每月	每年
乘务员	固定成本	1	556	556	
	运行成本	1	2667	2667	
每车的人员成本	工人	6	220	15840	
	助理工人	6	160	11520	
	助手	10	110	13200	
每车的总成本		75		43782	3283667

表 9.9 在非自动化基准系统上不同 AIL 的人员时间节省增量

人员节省	情况 1	情况 2	情况 3	情况 4	情况 5
研究得出的节省百分比	0	31	51	77	91
各情况之差		31	20	26	14
增加的美元	3283667	1017937	656733	853753	142511

4. 控制室人员的减少

中央 DMS 的实施将允许从一点对整个网络进行控制，因此用于中压运行的四个控制中心的相关活动可以进行合并，并转移到二次输电控制组现在所在的中央主控室。主控室现在的活动也可以通过较少的人员进行，自动化前的人员配备包括四个分区，每个分区有三个轮班，每个轮班有三位运行人员。主控室的人员配备为每个轮班四位运行人员。将控制合并到一个可能带多站 DMS 的控制室中可以减少并合并人员配备，从而产生以下节省。

（1）自动化前：

总运行人员数量	48
平均每月负担的人工成本	$270/人/月
每年总的控制室人工成本	48×270×12 $ = $155520

（2）自动化后：

日班（2）	运行人员 8 人	工资	$360/月
	主管 2 人	工资	$400/月
夜班	运行人员 2 人		
	主管 1 人		

新控制中心总的人工成本 =［(8+2)×360+(2+1)×400］×12 $ = $57600

年收益 =（现在控制室的人工成本）−（新控制室的人工成本）= $155520 − $57600 = $97920

5. 报告准备和运行图维护的减少

现在，电网变电站人员记录每天的日志和与各变电站相关的事件，有一个专门的小组集中汇编这些日志，这个小组也负责维护单线运行图。通过实施 DMS 这项功能将变得更加容易，并且由新控制室的支持人员来维护这项功能。

因取消了一位助理工程师和三位技术人员组成的中央报告协调小组而产生的节省为

年节省 =（1×650+3×330）×12 $ = $19680

6. 因更快的恢复产生的损失电量节省

损失电量的节省是通过自动化造成的更快的恢复时间来实现的。这种改善根据特定的电压网络而不同。

通过对停电统计数据进行分析并考虑到因实施 SCADA 产生的典型改善，二次输电网络的改善估计约为 6%。预备分析中估算了不同 AIL 下 11kV 网络的节省。只能得到电力公司 1 年的统计数据，这些数据被用来量化因停电损失的电量。根据记录，售电的平均利润根据账单确定为 0.017 $/kW·h（单位），二次输电网络每年因停电损失的电量为 230MkW·h，对于 11kV 网络为 535MkW·h。表 9.10 给出了因实施 SCADA 和四种馈线自动化而节省的电量。

表 9.10 不同 AIL 下缺供电量节省的列表

	损失电量/(MkW·h)	估计的节省百分比	节省电量/(MkW·h)	利润值/$
二次输电	233	6.00	14	237660
11kV 网络				
自动化 AIL	535	增量		
情况 2		1.7	9	154615
情况 3		8.3	44	754885
情况 4		16.2	87	1473390
情况 5		1.80	10	163710

9.3.3 成本节省的总结

表 9.11 总结了人工成本和缺供电量的节省，表中还列出了将会产生收益的 DA 功能。

表 9.11 不同类型和 AIL 下成本节省收益的总结

节省类别	数值/($/年)	DA 功能
电网变电站中减少的人工水平	1865160	SS（SA）网中的 SCADA
控制室人员的减少	97920	
报告准备和运行图维护的减少	19680	
人员时间节省（11kV 网络中）	1017937	情况 2
	656733	情况 3
	853753	情况 4
	142511	情况 5
缺供电量的减小二次输电网络	237660	SCADA
	154615	情况 2
	754885	情况 3
	1473390	情况 4
	163710	情况 5

9.3.4 SCADA/DMS 的成本

实施 DMS 的成本可以自下而上得出，并可以分为下面五个主要类型：

- 主系统的适应性改造/准备
- 中央 SCADA（硬件平台、软件、数据工程、安装）
- DMS 应用（基本的和高级的），包括配电网模型的数据工程
- 远程数据采集（RTU、DTU 等），包括安装和测试
- 通信系统

表 9.12 给出了本例中估算的 SCADA DMS 系统成本。

表 9.12 自动化系统实施成本（单位：USD）

阶段 1			
控制室硬件			220000
软件（SCADA，DMS）			1300000
电源			45000
通信接口			600000
模拟大屏幕			450000
其他			220000
电网变电站用的 RTU（情况 2）			3350000
			6590000
电网变电站适应性改造（传感器等）			1750000
			8340000
阶段 2			
馈线自动化			
FSWS	800	0.15	26000000
RMCs	2000	0.10	4444000
			4044000

9.3.5 成本收益和回收期

回收期按 7.5% 的年利率进行计算，系统的折旧期为 10 年，平准化持有费用为 19%。假设 DA 系统分阶段实施，见表 9.13，收益稍后也分阶段产生。

表 9.13 项目投资支付期和产生的收益时间表

自动化实施阶段	投资年数	收益年中部分/全部收益
SCADA（电网变电站和 11kV 馈线断路器（AIL 情况 2））	1 & 2	2/3 起
FA 情况 3：第一个开关变电站	2 & 3	3，4/5 起
FA 情况 4：常开联络点	2 & 3	3，4/5 起
FA 情况 5：额外的馈线中间开关	3 & 4	5，6/7 起

在给定的折旧期下，回收期为 3 ~ 4 年，如图 9.8 所示。

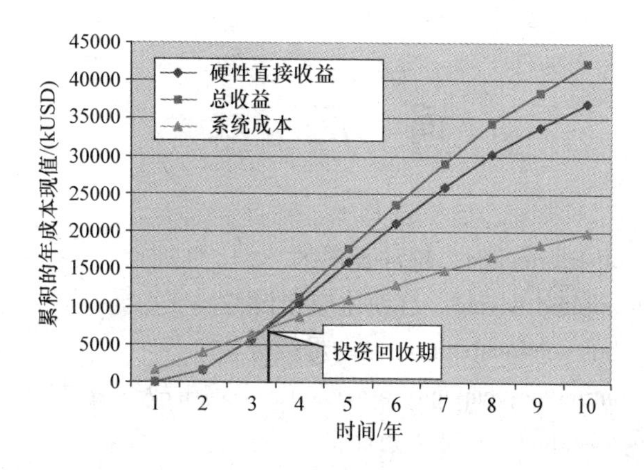

图9.8 考虑7.5%的利率和10年折旧期时系统成本和收益的累积现值曲线

决策过程还应该建立在考虑IT系统快速老化时折旧期应该多长的基础上。本例中，估计需要6年才能完全支付投资（见图9.9）。

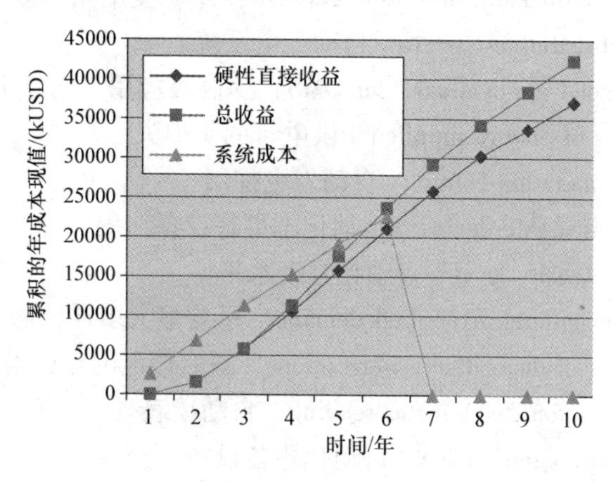

图9.9 考虑7.5%的利率和6年折旧期时系统成本和收益的累积现值曲线

9.3.6 结论

这两个商业案例已经说明了第8章中的思想如何应用于不同的项目，每个案例所要求的观点有很大的不同。挑战是聚集齐与将要实施的主要功能相对应的技术性收益并将它们转换为货币收益。首先，需要对主要收益进行排名来看一下是否有必要搜寻更多的收益，难以确定的收益为共享收益，主要是因为每种主要收益之上的附加收益只是增量收益。硬性和软性收益的分类允许决策制定者对最终的评估结果做出判断。

词 汇 表

A of O Area of outperformance 超常表现区

AAD Automation applied device 自动化应用设备

ABUS Automatic bus sectionalizing 自动母线分段

ACCP Average contingency capacity provision 平均事故容量供应

ACD Actual crew distance 实际人员距离

Acost Average linear cost per MVA for substation expansion 变电站扩张时每 MVA 的平均线性成本

ACRF Average contingency rating factor 平均事故等级系数

ACSC0 Average contingency substation capacity 平均变电站事故容量

ADS Automated distribution system 自动配电系统

ADVAPPS Advanced applications (for DMS) 高级应用（对于 DMS）

AENS Annual loss of energy supplied 供电量的年损失

AGC Automatic generation control 自动发电控制

AID Automation infeasible device 自动化不可行设备

AIL Automation intensity level 自动化强度水平

AMDD Average maximum diversified demand 平均最大多样化需求

AMIC Annual cost of momentary interruptions 瞬时停电的年成本

AMR Automatic (automated) meter reading 自动读表

APD Automation prepared device 自动化预备设备

API Application program interface 应用程序界面

APMD 0 Area peak maximum demand in base year 基准年的地区峰值需求

ARD Automation ready device 自动化就绪设备

ARL Annual revenue lost 年收益损失

ASCII American Standard Code for Information Interchange 美国信息交换标准码

ASIC Annual cost of sustained interruptions 持续停电的年成本

ASRC0 Average substation released capacity 平均变电站释放容量

AVC Automatic voltage control 自动电压控制

BCC Backup control center 备用控制中心

Bit 比特，数字数据、计算量的最小单位

Bps Bits per second 比特/秒（bit/s）

BVAR Bus VAR control 母线无功控制

BVOC　Bus Voltage control　母线电压控制

Byte　字节：一般为8个比特，是最小的可寻址存储单元

Capital cost　资本成本

CC　Annual carrying charge　年持有费用

Channel Bandwidth　信道带宽

CIM　Common information model　公共信息模型

CIS　Customer information system　用户信息系统

Closed Ring　闭环

CLPU　Cold load pick up　负荷冷启动

CML　Customer minutes lost　用户断电分钟数

CMMS　Computerized maintenance management system　计算机维护管理系统

Combined Neutral and Earth（CNE）　合二为一的中性和接地线系统

CPM　Capacity planning margin　容量规划边际

CR　Crew hourly rate（including vehicle cost）　人员每小时的费率（包括车辆费用）

CRGS　Control room graphics system　控制室图形系统

CRM　Customer relationship management　用户关系管理

CROM　Control room operations management　控制室运行管理

CSF　Comma separated format　逗号分隔的格式

CTS　Crew time savings　人员时间节省

Customer Outage　用户停电

Customer Outage Costs　用户停电成本

D（m）　Crew distance traveled　人员出行的距离

DA　Distribution automation　配电自动化

DAC　Distribution automation cost　配电自动化成本

Data Telemetry　数据遥测

dBm（decibels below 1 milliwatt）　1毫瓦以下的分贝

DCC　Distribution control center 配电控制中心

DCE　Data communication equipment　数据通信设备

Decibel（dB）　分贝，测量信号强度的单位

DFC　Load class diversity factor　负荷类型多样化系数

Disturbances　扰动

DLC　Distribution line carrier　配电线载波

DMLO　Data monitor and logging　数据监测和记录

DMS　Distribution management system 配电管理系统

DNC　Dynamic network coloring　动态网络着色

DOS　Digital operating system　数字操作系统

Downstream 下游（针对网络中特定的某点，下游指远离电源的一侧）

DSM Demand side management 需求侧管理

DTE Data terminal equipment 数据终端设备

EIT Enterprise information technology 企业信息技术

EMD Electro magnetic device 电磁设备

EMS Energy management system 能量管理系统

ENS Energy not supplied 缺供电量

EPRI Electric Power Research Institute（美国）电力研究院

FA Feeder automation 馈线自动化

Fade Margin 衰落储备

FAST Feeder automation switching time 馈线自动化切换时间

FAT Factory acceptance test 出厂验收测试

FLIR (FLISR) Fault location isolation and supply restoration 故障定位、隔离和恢复

Flow Control 流量控制

FPI Fault passage indicator 故障指示器

FSK Frequency shift keying 频移键控

FVAR Feeder VAR control 馈线无功控制

FVOC Feeder voltage control 馈线电压控制

GIS Geographic information system 地理信息系统［不要与气体绝缘变电站（gas insulated substation，GIS）相混淆］

Grounding (Earthing) 接地（grounding 为美国的术语，earthing 为英国的术语）

GSM Global system mobile 全球移动通信系统

Harmonic Distortion 谐波畸变

HMI Human－machine interface 人机界面

HV 高压网络（33～230kV 及以上）

HVDC High－voltage direct current transmission system 高压直流输电系统

I/O Input/output 输入/输出

ICCP Inter control center protocol 内部控制中心协议

IEC International electrotechnical commission 国际电工委员会

IED Integrated electronic device 智能电子设备

IIP Information incentive program 信息激励计划

Interruptions 停电

IR/MHR Inspectors manhour rate 巡视员的工时费率

IRR Internal rate of return 内部回报率

IS&R Information storage and retrieval system 信息存储和检索系统

IT Information technology 信息技术
L Circuit length 线路长度
LAN Local area network 局域网
LCF Load class factor 负荷类型系数
LFC Load flow calculation 潮流计算
LM Load model 负荷模型
Load Break Elbow 负荷分断弯头
LODS Load shedding 切负荷
LV（Low Voltage） 低压
Master 主机
MCC Main or master control center 主要的或主控制中心
MHR/site 在每个站点巡视的持续时间，单位工时
MHRa Manworker hours per shift after automation 自动化后每次轮班的工时
MHRb Manworker hours per shift before automation 自动化前每次轮班的工时
MNST Manual switching time 人工切换时间
Multiple RTU Addressing 多 RTU 寻址
MV（Medium Voltage） 中压
N Year 年
NCF Network complexity factor 网络复杂性因数
NOP Normally open point 常开点
NORC Network optimal reconfiguration 网络优化重构
NS Number of staff per rate classification 每种费率类型下的员工数目
NSHa Number of shifts after automation 自动化后的轮班数目
NSHb Number of shifts before automation 自动化前的轮班数目
O&M Operations and maintenance 运行和维护
OASIS Organization for the Advancement of Structured Information Standards 结构化信息标准促进组织
OD Outage detection 停电检测
OLF Operator load flow（DLF，dispatcher load flow） 调度员潮流
OLTC On load tap changer 有载分接开关
OM Outage management 停电管理
Open Loop Network 开环网络
OR Operator hourly rate 运行人员每小时的费率
ORa Operator power rates/classification used after automation 自动化后采用的人力费率/类型
ORb Operator power rates/classification used before automation 自动化前采用的人

力费率/类型

OTS Operator training simulator（DTS，dispatcher/distribution TS） 调度员培训模拟器

Packet Switched 分组交换

Pantograph Disconnector 双臂伸缩式隔离开关

Parity 奇偶性

PBR Performance/penalty – based rates 基于性能/罚款的费率

PC Personal computer 个人电脑

PDS Program development system 程序开发系统

Peer – to – Peer 点对点

Permanent Fault 永久故障

PLC Programmable logic controller（sometimes acronym used for） 可编程序逻辑控制器［有时会用作电力线载波的缩写词（PLC，power line carrier）］

PMR Post – mortem review 事后分析

Point – to – Multipoint 点对多点

Poll 轮询

PQ Power quality 电能质量

Primary Substation 一次变电站

PVF Present value factor 现值系数

PVRR Present value of revenue requirements（annual） 收益要求的现值（年）

Radial Feeder 辐射状馈线

RBM Risk – based maintenance 基于风险的维护

Repeater 中继器

Revenue Cost 收益成本

RFSW Remote feeder switching 远程馈线切换

RISC Reduced instruction set code 精简指令集

RMU Ring main unit 环网柜

Rotating Center Post Disconnector 水平旋转式隔离开关

Routing of Messages 消息路由

RSSI Received signal strength indication. 接收的信号强度指示

RTU Remote terminal unit 远程终端单元

SA Substation automation 变电站自动化

SAT Site acceptance test 现场验收测试

SCADA Supervisory control and data acquisition 监控和数据采集

Separate Neutral and Earth（SNE） 单独的中性和接地线网络（SNE）

Slave 从机

SOE Sequence of events 事件顺序记录

SRN Survey number 调查编号

STLB Substation transformer load balancing 变电站变压器负荷平衡

Switched Alternative Supply 可切换备用电源

Switching Points 开关点

TANC Total area normal capacity 总的地区额定容量

TCM (TCMS) Trouble call management (system) 投诉电话管理

TCP/IP LAN protocol LAN 协议

Temporary Fault 瞬时故障

Transceiver 收发器

TTD Time tagged data 时间标记的数据

UML Unified modeling language 统一的建模语言

Unsolicited System 未经请求的系统

Upstream 上游（针对网络中特定的某点，上游指朝向电源的一侧）

VCLC Voltage conservation load control 电压保持负荷控制

VDU Video display unit 视频显示器

WAN Wide area network 广域网

WG Working group (IEC, CIGRE) 工作组

WMS Work order management system 工作次序管理系统

XLPE Cross - linked polyethelene 交联聚乙烯（地下电缆上一种常用的绝缘方法）

XML Extensible markup language 可扩展标记语言

λ Feeder annual outage rate/unit circuit length 馈线年停电率/单位线路长度

图书在版编目（CIP）数据

配电系统的控制和自动化/(瑞典) 詹姆斯·诺思科特·格伦等著；郝全睿译. —北京：机械工业出版社，2019. 7
（智能电网关键技术研究与应用丛书）
书名原文：Control and Automation of Electrical Power Distribution Systems
ISBN 978-7-111-63144-6

Ⅰ. ①配…　Ⅱ. ①詹…　②郝…　Ⅲ. ①配电系统 - 自动控制系统　Ⅳ. ①TM727

中国版本图书馆 CIP 数据核字（2019）第 131743 号

机械工业出版社（北京市百万庄大街 22 号　邮政编码 100037）
策划编辑：付承桂　责任编辑：李小平
责任校对：王明欣　封面设计：鞠　杨
责任印制：张　博
三河市国英印务有限公司印刷
2019 年 9 月第 1 版第 1 次印刷
169mm × 239mm · 22. 75 印张 · 469 千字
0 001—1 900 册
标准书号：ISBN 978-7-111-63144-6
定价：119. 00 元

电话服务	网络服务
客服电话：010 - 88361066	机　工　官　网：www. cmpbook. com
010 - 88379833	机　工　官　博：weibo. com/cmp1952
010 - 68326294	金　　书　　网：www. golden - book. com
封底无防伪标均为盗版	机工教育服务网：www. cmpedu. com